数字经济创新驱动与技术赋能丛书

数据治理

概念、方法与实践

U0191014

主　编◎石秀峰　李晓燕　赵　佳

副主编◎申　镇　吴元全　蒋梦琴

参　编◎刘　宏　毕　珍　牛清娜　郭田奇

　　　　林子雨　夏小云　肖西伟　张靖笙

机械工业出版社

CHINA MACHINE PRESS

本书是一本数据治理领域的实战型手册，共 8 章，内容包括：数据治理的基本概念、数据治理的价值、数据治理的核心职能、实施数据治理的前提、实施数据治理的五个阶段、数据治理的十大核心能力建设、数据治理工具与技术、数据治理行业实践案例。本书语言通俗易懂，体系完整，案例丰富，系统全面地介绍了数据治理的目标、价值、方式、方法、工具等相关知识，可以帮助读者快速理解数据治理的概念，认识数据治理的架构，掌握数据治理的基本方法。

本书配套提供数据治理专题讲座视频、拓展的项目案例集。

本书读者对象主要是 CEO、CDO、CIO、CTO，以及数据治理、企业数字化转型领域的相关管理者和项目负责人。本书也适合作为高校数字经济、数据科学与大数据技术、大数据管理与应用等专业的数据治理相关课程教材。

图书在版编目（CIP）数据

数据治理：概念、方法与实践 / 石秀峰，李晓燕，赵佳主编. -- 北京：机械工业出版社，2024.11.
（数字经济创新驱动与技术赋能丛书）. -- ISBN 978-7-111-77192-0

Ⅰ. TP274

中国国家版本馆 CIP 数据核字第 2024XG4892 号

机械工业出版社（北京市百万庄大街 22 号　邮政编码 100037）
策划编辑：王　斌　　　　　　责任编辑：王　斌　王华庆
责任校对：郑　婕　王　延　　责任印制：常天培
北京机工印刷厂有限公司印刷
2025 年 2 月第 1 版第 1 次印刷
184mm×240mm · 24.75 印张 · 552 千字
标准书号：ISBN 978-7-111-77192-0
定价：129.00 元

电话服务　　　　　　　　　　网络服务
客服电话：010-88361066　　机 工 官 网：www.cmpbook.com
　　　　　010-88379833　　机 工 官 博：weibo.com/cmp1952
　　　　　010-68326294　　金 书 网：www.golden-book.com
封底无防伪标均为盗版　　机工教育服务网：www.cmpedu.com

前　言

在数字化的浪潮中，数据已成为企业决策和业务运营的核心生产要素。随着数据规模的不断扩大和数据来源的多样化，企业数据的治理和管理面临诸多挑战。为了应对这些挑战，企业需要建立一套科学、完善的数据治理体系，对数据进行全面、有效的管理。数据治理不仅有助于提升企业的决策效率和业务表现，更是企业数字化转型和可持续发展的重要保障。通过实施数据治理，企业可以更好地应对数据规模和复杂性的挑战，提高数据的质量和可靠性，保障数据的安全性，从而更好地利用数据进行决策和业务运营。

本书全面深入地探讨了数据治理的各个方面，从基本概念到核心价值，从实施前提到核心能力建设，以及工具与技术、行业实践案例等，旨在为企业提供一套完整的数据治理方案。

本书共 8 章。

第 1 章介绍了数据治理的基本概念、发展历程和驱动因素，为读者提供了数据治理的总体框架。

第 2 章深入探讨了数据治理的价值，从多个角度阐述了数据治理对于企业的意义。

第 3 章详细介绍了数据治理的核心职能，包括数据治理的十项核心职能、数据治理核心职能之间的关系。

第 4 章讨论了实施数据治理的前提，包括认识企业数据的构成、找准数据治理的对象、把握数据治理的关键点、规避数据治理的误区以及理解数据治理的三个模式等。

第 5 章介绍了实施数据治理的五个阶段，包括数据治理蓝图规划、数据治理落地实施、数据治理成效评估、数据治理问题改进和数据治理长效运营。

第 6 章探讨了数据治理的十大核心能力建设，包括数据战略管理、数据架构管理、元数据管理、数据标准管理、数据质量管理、数据安全管理、主数据管理、数据分析应用、数据服务、数据运营等。

第 7 章介绍了常用的数据治理工具与发展中的数据治理技术。

第 8 章通过分享多个行业的数据治理实践案例，让读者更加深入地了解数据治理在实际应用中的效果和价值。

本书撰写的目的在于为企业提供一套科学、实用的数据治理方案，帮助企业有效地管理和利用数据，提升竞争力。通过阅读本书，读者将获得对数据治理的全面了解，掌握其实施方法和工具，为企业的数字化转型和发展奠定坚实基础。同时，本书也有助于推动数据治理领域的理论研究和实践探索，促进企业与政府、学术界的交流与合作。

值得一提的是，本书由来自用友集团、美林数据、厦门大学、御数坊、百分点科技等企业和高校的十余位数据治理与数据资产管理领域的行业专家联合编写，各位参与编写的专家花费了大量的时间讨论、构思、撰写这本书，毫无保留地贡献了自己的智慧，确保了本书内容既具备扎实的理论基础，又包含丰富的实践案例，能够对广大从业者提供非常有价值的指导和启发。特别感谢厦门大学夏小云女士对促成本书出版做出的突出贡献。

本书配套提供数据治理专题讲座视频、拓展项目案例集，可访问厦门大学数据库实验室官网获取（dblab. xmu. edu. cn）。

编　者

目　录

第6章 数据治理的十大核心能力建设 /184

第 1 章
什么是数据治理

数据治理（Data Governance）是组织中涉及数据使用的一整套管理行为，由企业数据治理组织发起并推行，是关于如何制定和实施针对整个企业内部数据的商业应用和技术管理的一系列政策和流程。近几年，数据治理作为数据的核心管理手段，得到了政府、企业、个人的高度关注，伴随着理论、法律、政策、产业的一系列实质性变化，各方正在将数据治理纳入到政务活动、企业治理、经营管理等领域，数据治理的理念、法规、方法、工具也得到了蓬勃发展。

本章首先介绍数据治理的基本概念，然后介绍数据治理的发展历程，辨析数据治理的十个关键词，接着辨析数据治理的几种模式，最后介绍数据治理的驱动因素。

1.1　数据治理的基本概念

1.1.1　数据的定义

数据是指对客观事件进行记录并可以鉴别的符号，是对客观事物的性质、状态以及相互关系等进行记载的物理符号或这些物理符号的组合，是可识别的、抽象的符号。

数据有很多种，比如数字、文字、图像、声音等。随着人类社会信息化进程的加快，我们在日常生产和生活中每天都在不断产生大量的数据。数据已经渗透到当今每一个行业和业务职能领域，成为重要的生产要素。从业务创新到管理决策，数据推动着企业的发展，并使得各级组织的运营更为高效，可以说，数据将成为每个企业获取核心竞争力的关键要素。数据资源已经和物质资源、人力资源一样，成为国家的重要战略资源，影响着国家和社会的安全、稳定与发展。因此，数据也被称为"未来的石油"，如图 1-1 所示。

数据和信息是两个不同的概念。信息是较为宏观的概念，它由数据的有序排列组合而

成，传达给读者某个概念方法等，而数据
则是构成信息的基本单位，离散的数据没
有任何实用价值。数据和信息是不可分离
的，信息依赖数据来表达，数据则生动具
体地表达出信息。数据是符号，是物理性
的；信息是对数据进行加工处理之后得到
的并对决策产生影响的数据，是观念性的。
数据是信息的表达、载体，信息是数据的
内涵，是形与质的关系。数据本身没有意
义，只有对实体行为产生影响时才成为信
息。信息基于业务语境或者功能语境进行

图 1-1 数据是"未来的石油"

逻辑推理就可以形成知识，用来指导客观世界。数据、信息和知识的关系如图 1-2 所示。

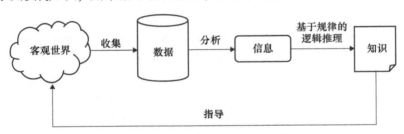

图 1-2 数据、信息和知识的关系

1.1.2 数据与数据资产

数据是数据资产的基础，而数据资产管理则是对数据和数据资产进行管理和优化，帮助
企业实现业务目标。有效的数据资产管理可以提高数据的质量和可用性，降低数据管理成
本，增强企业的竞争力和创新能力。

1. 数据资产

数据资产（Data Asset）是指由组织（政府机构、企事业单位等）合法拥有或控制的数
据，以电子或其他方式记录，例如文本、图像、语音、视频、网页、数据库、传感信号等结
构化或非结构化数据，可进行计量或交易，能直接或间接带来经济效益和社会效益。

在组织中，并非所有的数据都构成数据资产，数据资产是对组织具有实际利益或潜在应
用价值的一组数据项或数据实体，形成数据资产需要对数据进行主动管理和有效控制。

2. 数据资产管理

数据资产管理（Data Asset Management）是指对数据资产进行规划、控制和供给的一组

活动职能，包括开发、执行和监督有关数据的计划、政策、方案、项目、流程、方法和程序，从而控制、保护、交付和提高数据资产的价值。数据资产管理必须充分融合政策、管理、业务、技术和服务，确保数据资产保值增值。

数据资产管理包含数据资源化、数据资产化两个环节，可以将原始数据转变为数据资源、数据资产，发挥数据的价值，为数据要素化奠定基础。数据资产管理架构如图 1-3 所示。

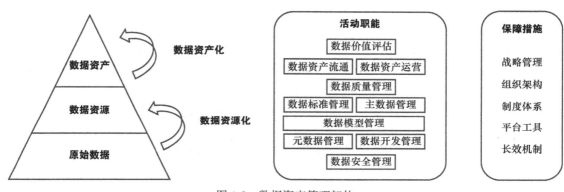

图 1-3　数据资产管理架构

数据资源化通过将原始数据转变数据资源，使数据具备一定的潜在价值，是数据资产化的必要前提。数据资源化以提升数据质量、保障数据安全为工作目标，确保数据的准确性、一致性、时效性和完整性，推动数据内外部流通。数据资源化包括数据模型管理、数据标准管理、数据质量管理、主数据管理、数据安全管理、元数据管理、数据开发管理等活动职能。

数据资产化通过将数据资源转变为数据资产，使数据资源的潜在价值得以充分释放。数据资产化以扩大数据资产的应用范围、厘清数据资产的成本与效益为工作重点，并使数据供给端与数据消费端之间形成良性反馈闭环。数据资产化主要包括数据资产流通、数据资产运营、数据价值评估等活动职能。

无论是数据资源化还是数据资产化，均需要相关的数据管理组织架构的保障，以及数据管理制度与规范的保驾护航，也需要通过工具及平台对相关数据管理及应用活动进行落地。

1.1.3　数字化的定义

数字化是信息技术发展的高级阶段，是数字经济的主要驱动力。随着新一代数字技术的快速发展，各行各业利用数字技术创造了越来越多的价值，加快推动了各行业的数字化变革。

1. 数字化的概念

数字化分为狭义的数字化和广义的数字化。

（1）狭义的数字化

狭义的数字化，是指利用信息系统、各类传感器、机器视觉等信息通信技术，将物理世界中复杂多变的数据、信息、知识转变为一系列二进制代码，引入计算机内部，形成可识别、可存储、可计算的数字、数据，再以这些数字、数据建立起相关的数据模型，进行统一处理、分析、应用。

（2）广义的数字化

广义上的数字化，则是通过利用互联网、大数据、人工智能、区块链等新一代数字技术，对企业、政府等各类主体的战略、架构、运营、管理、生产、营销等各个层面，进行系统的、全面的变革，强调的是数字技术对整个组织的重塑。在数字化阶段，实现了人与人、人与机器、机器与机器之间的互联互通，从而形成一个全感知、全连接的数字世界，将原来的系统跟系统之间的互联互通，升级为人、机器之间的互联互通，实现万物互联。因此，数字技术能力不再只是单纯解决降本增效问题，而是逐步成为赋能模式创新和业务突破的核心力量。

在不同的场景、语境下，数字化的含义也不同：对具体业务的数字化，多为狭义的数字化；对企业、组织整体的数字化变革，多为广义的数字化。广义的数字化包含了狭义的数字化。

2. 数字化的内涵

数字化是利用新一代数字技术，打通企业信息孤岛，释放数据价值，以数据作为企业核心生产要素，通过数据驱动的智能化应用，变革企业生产关系，提升生产力，适应市场经济竞争环境，实现最大的经济效益。

（1）数字化打通了企业信息孤岛，释放了数据价值

信息化是充分利用信息系统，将企业的生产、事务处理、现金流动、客户交互等业务过程，加工生成相关数据、信息、知识来支持业务的效率提升，是一种条块分割、烟囱式的应用，而数字化则是利用新一代数字技术，通过对业务数据的实时获取、网络协同、智能应用，打通了企业数据孤岛，让数据在企业系统内自由流动，使数据价值得以充分发挥。

（2）数字化以数据为主要生产要素

数字化以数据为企业核心生产要素，要求将企业中所有的业务、生产、营销、客户等有价值的人、事、物全部转变为数字存储的数据，形成可存储、可计算、可分析的数据、信息、知识，并和企业获取的外部数据一起，通过对这些数据的实时分析、计算、应用来指导企业生产、运营等各项业务。

（3）数字化变革了企业生产关系，提升了企业生产力

数字化让企业从传统生产要素转向以数据为生产要素，从传统部门分工转向网络协同的生产关系，从传统层级驱动转向以数据智能化应用为核心驱动的方式，让生产力得到指数级提升，使企业能够实时洞察各类动态业务中的一切信息，并实时做出最优决策，进而合理配置企业资源，适应瞬息万变的市场经济竞争环境，最终实现最大的经济效益。

1.1.4 数据治理的定义

数据治理是对数据资产进行全面、系统、规范的管理和优化，以确保数据的决策过程始终正确、及时、有效和有前瞻性，同时确保数据管理活动始终处于规范、有序和可控的状态，最终实现数据资产价值的最大化。数据治理的目标是确保组织能够通过数据资产创造价值，同时提高数据的质量和可用性，降低数据管理成本，增强组织的竞争力和创新能力。

1. 数据治理的定义

数据治理是组织中涉及数据使用的一整套管理行为。由于切入视角和侧重点不同，关于数据治理的定义尚未形成一个统一的标准。在当前已有的定义中，以国际数据管理协会（DAMA）和国际数据治理研究所（DGI）两大机构提出的定义，最具有代表性和权威性，如表 1-1 所示。

表 1-1 "数据治理"的定义

机 构	定 义
DAMA	数据治理是指对数据资产管理行使权力和控制的活动集合（计划、监督和执行）
DGI	数据治理是包含信息相关过程的决策权及责任制的体系，根据基于共识的模型执行，描述谁在何时何种情况下采取什么样的行动、使用什么样的方法

2. 数据治理的内涵

上述定义较为概括和抽象。为了方便理解，从以下 4 个方面来解释数据治理的内涵：

（1）明确数据治理的目标

数据治理的目标就是在管理数据资产的过程中，确保数据的相关决策始终是正确、及时、有效和有前瞻性的，确保数据管理活动始终处于规范、有序和可控的状态，确保数据资产得到正确有效的管理，并最终实现数据资产价值的最大化。

（2）理解数据治理的职能

从决策的角度，数据治理的职能是"决定如何作决定"，这意味着数据治理必须回答数据相关事务的决策过程中所遇到的问题，即为什么、什么时间、在哪些领域、由谁做决策，以及应该做哪些决策；从具体活动的角度，数据治理的职能是"评估、指导和监督"，即评估数据利益相关者的需求、条件和选择以达成一致的数据获取和管理的目标，通过优先排序和决策机制来设定数据管理职能的发展方向，然后根据方向和目标来监督数据资产的绩效与是否合规。

（3）把握数据治理的核心

数据治理专注于通过什么机制才能确保做出正确的决策。决策权分配和职责分工就是确保决策正确有效的核心机制，自然也成为数据治理的核心。

（4）抓住数据治理的本质

数据治理本质上是对机构的数据管理和利用进行评估、指导和监督，通过提供不断创新的数据服务，为其创造价值。

1.1.5　数据治理工作范围

数据治理职能是指导所有其他数据管理领域的活动，它的目的是确保根据数据管理制度和最佳实践正确地管理数据，而数据管理的整体驱动力是确保组织可以从其数据中获得价值。因此，数据治理工作的范围和焦点依赖于组织需求。我国首个数据治理标准《信息技术服务 治理 第5部分：数据治理规范》（GB/T 34960.5—2018），对数据治理领域进行了细化，提出了数据治理的顶层设计、数据治理环境、数据治理域以及数据治理过程的总体框架，进一步明确了数据治理的工作内容和范围，具体如图1-4所示。

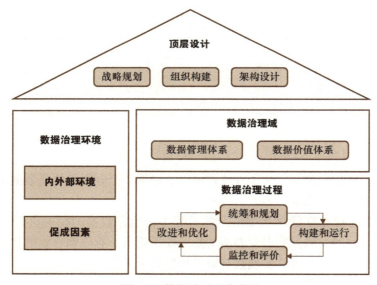

图1-4　数据治理工作范围

1. 顶层设计

顶层设计包含数据相关的战略规划、组织构建和架构设计，是数据治理实施的顶层规划，指导了数据治理相关活动的开展。

（1）战略规划

数据战略规划应保持与业务规划、信息技术规划一致，并明确战略规划实施的策略，主要内容包括：

- 理解业务规划和信息技术规划，调研需求并评估数据现状、技术现状、应用现状和环境。
- 制定数据战略规划，包含但不限于愿景、目标、任务、内容、边界、环境和蓝图等。
- 指导数据治理方案的建立，包含但不限于实施主体、责权利、技术方案、管控方案、实施策略和实施路线等，并明确数据管理体系和数据价值体系。
- 明确风险偏好、符合性、绩效和审计等要求，监控和评价数据治理的实施并持续改进。

（2）组织构建

组织构建应聚焦责任主体及责权利，通过完善组织机制，获得利益相关方的理解和支持，制定数据管理的流程和制度，以支撑数据治理的实施，主要内容包括：

- 建立支撑数据战略的组织机构和组织机制，明确相关的实施原则和策略。
- 明确决策和实施机构，设立岗位并明确角色，确保责权利的一致。
- 建立相关的授权、决策和沟通机制，保证利益相关方理解、接受相应的职责和权利。
- 实现决策、执行、控制和监督等职能，评估运行绩效并持续改进和优化。

（3）架构设计

架构设计应关注技术架构、应用架构和架构管理体系等，通过持续的评估、改进和优化，以支撑数据的应用和服务，主要内容包括：

- 建立与战略一致的数据架构，明确技术方向、管理策略和支撑体系，以满足数据管理、数据流通、数据服务和数据洞察的应用需求。
- 评估数据架构设计的合理性和先进性，监督数据架构的管理和应用。
- 评估数据架构的管理机制和有效性，并持续改进和优化。

2. 数据治理环境

数据治理环境包含内外部环境及促成因素，是数据治理实施的保障。

（1）内外部环境

组织应分析业务、市场和利益相关方的需求，适应内外部环境变化，支撑数据治理的实施，主要内容包括：

- 遵循法律法规、行业监管和内部管控，满足数据风险控制、数据安全和隐私的要求。
- 遵从组织的业务战略和数据战略，满足利益相关方需求。
- 识别并评估市场发展、竞争地位和技术变革等变化。
- 规划并满足数据治理对各类资源的需求，包括人员、经费和基础设施等。

（2）促成因素

组织应识别数据治理的促成因素，保障数据治理的实施，主要内容包括：

- 获得数据治理决策机构的授权和支持。
- 明确人员的业务技能及职业发展路径，开展培训和能力提升。

- 关注技术发展趋势和技术体系建设，开展技术研发和创新。
- 制定数据治理实施流程和制度，并持续改进和优化。
- 营造数据驱动的创新文化，构建数据管理体系和数据价值体系。
- 评估数据资源的管理水平和数据资产的运营能力，不断提升数据应用能力。

3. 数据治理域

数据治理域包含数据管理体系和数据价值体系，是数据治理实施的对象。

（1）数据管理体系

组织应围绕数据标准、数据质量、数据安全、元数据管理和数据生存周期等，开展数据管理体系的治理，主要内容包括：

- 评估数据管理的现状和能力，分析和评估数据管理的成熟度。
- 指导数据管理体系治理方案的实施，满足数据战略和管理要求。
- 监督数据管理的绩效和符合性，并持续改进和优化。

（2）数据价值体系

组织应围绕数据流通、数据服务和数据洞察等，开展数据资产运营和应用的治理，主要内容包括：

- 评估数据资产的运营和应用能力，支撑数据价值转化和实现。
- 指导数据价值体系治理方案的实施，满足数据资产的运营和应用要求。
- 监督数据价值实现的绩效和符合性，并持续改进和优化。

4. 数据治理过程

数据治理过程包含统筹和规划、构建和运行、监控和评价以及改进和优化，是数据治理实施的方法。

（1）统筹和规划

明确数据治理目标和任务，营造必要的治理环境，做好数据治理实施的准备，主要内容包括：

- 评估数据治理的资源、环境和人员能力等现状，分析与法律法规、行业监管、业务发展以及利益相关方需求等方面的差距，为数据治理方案的制定提供依据。
- 指导数据治理方案的制定，包括组织机构和责权利的规划、治理范围和任务的明确以及实施策略和流程的设计。
- 监督数据治理的统筹和规划过程，保证现状评估的客观、组织机构设计的合理以及数据治理方案的可行。

（2）构建和运行

构建数据治理实施的机制和路径，确保数据治理实施的有序运行，主要内容包括：

- 评估数据治理方案与现有资源、环境和能力的匹配程度，为数据治理的实施提供指导。

- 制定数据治理实施的方案，包括组织机构和团队的构建，责权利的划分、实施路线图的制定、实施方法的选择以及管理制度的建立和运行等。
- 监督数据治理的构建和运行过程，保证数据治理实施过程与方案的符合、治理资源的可用和治理活动的可持续。

（3）监控和评价

监控数据治理的过程，评价数据治理的绩效、风险与合规，保障数据治理目标的实现，主要内容包括：

- 构建必要的绩效评估体系、内控体系或审计体系，制定评价机制、流程和制度。
- 评估数据治理成效与目标的符合性，必要时可聘请外部机构进行评估，为数据治理方案的改进和优化提供参考。
- 定期评价数据治理实施的有效性、合规性，确保数据及其应用符合法律法规和行业监管要求。

（4）改进和优化

改进数据治理方案，优化数据治理实施策略、方法和流程，促进数据治理体系的完善，主要内容包括：

- 持续评估数据治理相关的资源、环境、能力、实施和绩效等，支撑数据治理体系的建设。
- 指导数据治理方案的改进，优化数据治理的实施策略、方法、流程和制度，促进数据管理体系和数据价值体系的完善。
- 监督数据治理的改进和优化过程，为数据资源的管理和数据价值的实现提供保障。

数据治理不是一次性的行为，而是一个持续性的过程，因此，组织在开展数据治理工作时，应在组织内多个层次上实践数据管理，并参与组织变革管理工作，积极向组织传达改进数据治理的好处以及成功地将数据作为资产所必须采取的行动。对于多数组织而言，实施正式的数据治理需要进行组织变革管理，以及得到来自最高层管理者的支持，如 CEO、CFO 或者 CDO。

1.2　数据治理的发展历程

1.2.1　萌芽期：数据概念的形成

数据治理发端于数据，没有数据，数据治理也就无从谈起。数据是一个被广泛使用的词汇，在不同的语境下，该词的内涵和外延具有较大差异，特别在计算机技术产生后，数据的内涵发生的较大的变化。

数据到底是什么？简单来说，数据是一种表示符号，是对现实的反映。当我们创建数据时，需要对真实世界的特征进行抽象，至于要对哪些特征进行抽象，以及采用怎样的方式进行抽象，往往需要预先确定规则，而这些规则将为创建和解读数据提供重要指导。总而言之，这是一个观察、抽象、表示的过程，从这个意义上说，数据就是现实的"模型"。

当数据形成以后，其巨大的应用价值也开始显现出来。数据可以支持分析、推理、计算和决策。事实也确实如此：在科学领域，数据可以用来建立知识、检验假说、推进思路；企业等其他营利性组织也可以通过使用数据来提供更好的产品和服务，提高自身利润、降低运营成本和控制风险；而在政府、教育和非营利组织中，数据则可以被用来提供更好的公共服务，指导日常运营和制定发展战略。数据的价值性反过来也推动企业和政府部门投入更多的资源收集和整理数据，促使数据的规模不断增加，继而带来更大的潜在价值。

1.2.2 成长期：信息化发展

信息化是指通过计算机、通信和网络等信息技术手段，将各种信息资源组织、处理、传递和利用的过程。它的主要目的是提高信息的质量和效率，以便更好地支持和促进社会经济发展。在信息化实现过程中，现实世界发生的业务活动被抽象为各种对象、概念和事件的特征信息，主要以结构化数据的形式被创建、记录下来，实现了业务数据化。

在信息化发展初期，一般是以业务发展优先的思路进行 IT 系统的建设，这一过程中凸显出很多不足之处，特别是没有进行整体性的规划设计，而是按照业务发展的要求独立进行建设，业务系统之间是隔离的。这种模式的业务系统，具有典型的"烟囱式"特点，大量的数据分布在应用系统中，或者存储在个人计算机中。

在信息化发展中期，由于前期"烟囱式"的系统建设缺少整体规划，系统之间协同困难的问题日益严重，尤其是之前的系统是一些信息孤岛，造成数据共享交换困难。在这个阶段会建设独立的数据库或数据中心，将应用与数据分离，实现数据的集中。在数据集中的过程中，已经开始进行初步的数据治理（比如：医疗行业 CDR 系统、政府行业的共享交换平台），然后实现基本的数据共享、交换。其中部分行业已经开始着手一些新的应用建设，如建设业务中台、数据中台，以此来支撑集成式的系统建设和数据共享交换。

在信息化发展后期，数据已经实现集中，并且通过初步数据治理实现共享、交换。在这一阶段，数据作为一种重要资产，参与到政府、公司的管理和决策中。这时，企业一般会基于元数据、主数据等技术，进行数据治理活动。

信息化的快速发展，离不开数据的有效治理，通过数据治理，加强组织数据的规范化管理和共享，促进数据的流通和应用，从而实现数据的最大价值。

1.2.3 成型期：数据治理"三大件"

数据治理发展进入成型期的标志是数据治理"三大件"的形成，即数据标准、数据质量和元数据管理。

数据标准是指对分散在各系统中的数据提供一套统一的数据命名、数据定义、数据类型、赋值规则等的定义基准，并通过标准评估确保数据在复杂数据环境中维持企业数据模型的一致性、规范性。

数据质量是指有效识别各类数据质量问题，建立数据监管，形成数据质量管理体系，监控并揭示数据质量问题，提供问题明细查询和质量改进建议。

元数据管理是对涉及的业务元数据、技术元数据、操作元数据进行盘点、集成和管理。采用科学有效的机制对元数据进行管理，并面向开发人员、业务用户提供元数据服务，可以满足用户的业务需求，为企业业务系统和数据分析的开发、维护等过程提供支持。

一般的数据治理流程会先从数据标准开始，制定数据标准的过程称为定标。定好标准之后，就要完成落标，这个过程中需要用到元数据采集、元数据注册以及元数据审批发布。落标完成了数据模型和数据标准之间的连接，进而利用数据标准里面定义的数据元约束，对数据质量进行稽核，将不符合标准的数据质量问题找出来，推动进行整改。这就是一个非常标准的数据治理流程。

1.2.4　成熟期：数字化转型必经之路

随着大数据的发展，"万物数化、万物互联"，数字化时代全面开启，各行各业都面临越来越庞大且复杂的数据，这些数据如果不能有效管理起来，不但不能成为企业的资产，反而可能成为拖累企业的"包袱"。以数据治理为基础，构建企业数据资产管理体系，提供可用、好用的数据，支撑企业业务流程再造、产品创新、风险防控，不断提升企业数据能力，挖掘企业数据资产价值，已经成为企业数字化转型的必由之路，对提升企业业务运营效率和创新企业商业模式具有重要意义。对于企业来讲，实施数据治理可以带来 6 个方面的价值，即降低运营成本、提升业务处理效率、改善数据质量、控制数据风险、增强数据安全和赋能管理决策。

在全球数字化背景下，放眼中国数字化形势，"十四五"规划、党的二十大报告等文件中明确指出迎接数字时代，激活数据要素潜能，以数字化转型整体驱动生产方式、生活方式和治理方式变革，打造数字经济新优势，加强关键数字技术的创新应用，加快推动数字产业化，推进产业数字化转型。数据治理已经成为全方位数字化转型的重要驱动力量。一方面，数据治理正在打破组织内部数据孤岛、重塑业务流程、革新组织架构，打造出权责明确而又高效统一的组织管理模式；另一方面，数据治理反哺更广阔的经济和社会数字化转型，既为市场增效，又为企业和社会赋权。

数据治理就是数字时代的治理新范式，其核心特征是全社会的数据互通、数字化的全面协同与跨部门的流程再造，形成"用数据说话、用数据决策、用数据管理、用数据创新"的治理机制。作为数字时代的全新治理范式，数据治理主要包括三方面。

一是"对数据的治理"，即治理对象扩大到数据要素。作为新兴生产要素和关键的治理资源，数据要素成为大国竞争的主要领域，对数据的治理成为制定数字经济规则的重要内容，数据要素的所有权、使用权、监管权，以及信息保护和数据安全等都需要全新治理体系。

二是"运用数字技术进行治理"，即运用数字与智能技术优化治理技术体系，进而提升治理能力。大数据、人工智能等新一代数字技术，可以为国家治理进行全方位的"数字赋能"，改进治理技术、治理手段和治理模式，实现复杂治理问题的超大范围协同、精准滴灌、双向触达和超时空预判。

三是"对数字融合空间进行治理"。随着越来越多的经济社会活动搬到线上，治理场域也拓展到数字空间。未来会有越来越多的经济社会活动发生在线上，数字融合空间会以全新的方式创造经济价值、塑造社会关系，这需要适应"数字融合世界"的治理体系，对数字融合空间的新生事物进行有效治理。

数字化转型是经济高质量发展的重要引擎，是构筑国际竞争新优势的有效路径，是构建创新驱动发展格局的有力抓手。数据是数字化转型的基础，只有做好数据治理，充分挖掘数据价值，才能更快、更好地推进数字化转型。

总的来说，数据已然成为新的生产力，且数据治理体系已成为新的生产关系的典型代表。企业想要健康发展，在市场中参与竞争，并获取数字经济红利，就要以数据为对象，在确保数据安全的前提下，建立健全规则体系，理顺各方参与者在数据流通的各个环节的权责关系，形成多方参与者良性互动、共建共治共享的数据流通模式，从而最大限度地释放数据价值，推动数据要素治理体系现代化发展，最终达到激活数据价值，赋能企业发展的目的。

1.3　辨析数据治理的十个关键词

1.3.1　数据治理 vs 数据管理

数据治理和数据管理这两个概念比较容易发生混淆，要想正确理解数据治理，必须厘清二者的关系。实际上，治理和管理是完全不同的活动：治理负责对管理活动进行评估、指导和监督，而管理根据治理所做的决策来具体计划、建设和运营。治理的重点在于设计一种制度架构，以达到相关利益主体之间的权利、责任和利益的相互制衡，实现效率和公平的合理统一，因此，理性的治理主体通常追求治理效率。管理则更加关注经营权的分配，强调的是在治理架构下，通过计划、组织、控制、指挥和协同等职能来实现目标，理性的管理主体通常追求经营效率。从上述论述可以看出，数据治理对数据管理负有领导职能，即指导如何正确履行数据管理职能。

数据治理主要聚焦于宏观层面，它通过明确战略方针、组织架构、政策和过程，并制定相关规则和规范，来指导、评估和监督数据管理活动的执行（见图1-5）。相对而言，数据管理会显得更加微观和具体，它负责采取相应的行动，即通过计划、建设、运营和监控相关方针、活动和项目，来实现数据治理所做的决策，并把执行结果反馈给数据治理。

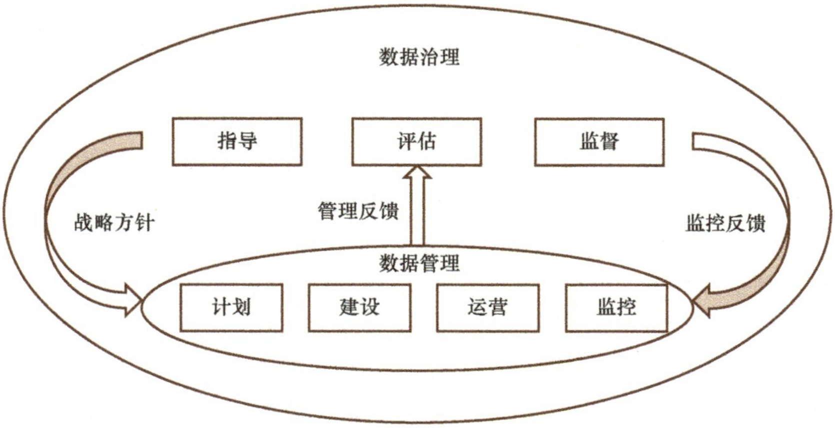

图 1-5　数据治理与数据管理的关系

1.3.2　元数据 vs 数据元

元数据（Meta Data）是关于数据的数据，在某些时候不特指某个单独的数据，可以理解为一组用来描述数据的信息组或数据组。该信息组或数据组中的一切信息、数据，都描述或反映了某个数据的某方面特征，则该信息组或数据组可称为一个元数据。元数据可以为数据说明其元素或属性（名称、大小、数据类型等）、结构（长度、字段、数据列）、相关数据（位于何处、如何联系、拥有者）。在日常生活中，元数据无所不在。只要有一类事物，就可以定义一套元数据。元数据最大的好处是，它使信息的描述和分类可以实现结构化，从而为机器处理创造了可能。元数据被广泛应用于各种领域，常见的应用场景包括：数据库管理、数据库检索、数据仓库、数据集成、资源管理、文档管理、数字图书馆等。总之，元数据是一种非常重要的数据资源，它可以帮助我们更好地理解、管理、共享和利用各种数据资源。

数据元（Data Element）是指构成数据集、记录或文件的最小单位，它代表数据集、记录或文件中的一个特定数据项。数据元包含一个名称、一个定义、一个标识符和一些附加属性，这些属性可以描述数据元的数据类型、取值范围、单位、格式、精度、描述等信息。数据元是数据的基本组成部分，是描述和管理数据的基本单元。数据元被广泛应用于数据管理和数据交换领域，常见的应用场景包括：数据标准化、数据映射、数据建模、数据仓库、数据交换、数据质量管理、数据安全等。总之，数据元是数据管理和数据交换的基本单元，它可以帮助我们更好地理解、管理和利用各种数据资源，确保数据的质量、安全和可靠性。

1.3.3　数据资源 vs 数据资产

数据是一种重要的资源，具有明确的来源（包括人、社会组织、企业及各类动物、非生命体等），可以被有效地采集获取（如政府基于履职需求，采集人们的个人信息、行为信息），是一种可被量化的客观存在。另外，将采集到的数据基于数据平台进行加工、开发与应用，可带来巨大的价值，包括物质财富和精神财富。目前，数据作为一种重要资源，已经得到社会各界的广泛认可。

数据资产是指由组织拥有或者控制的，能够为组织带来未来经济利益（社会效益）的，以物理或电子的方式记录的数据资源，如文件资料、电子数据等。在组织中，并非所有的数据资源都构成数据资产，数据资产仅是那些能够为组织产生价值的数据资源。IT与业务相互融合的妥善管理是数据资源向组织数据资产转化的有效路径。

数据资源和数据资产是相互关联的概念，结合原始数据，三者形成金字塔模型。数据资源是基础，是由数据在提升数据质量、保障数据安全目标下进行资源化而来，它是企业实现业务目标的重要支撑；而数据资产则是在数据资源的基础上，经过加工处理后形成的具有更高价值的资产，对于企业的决策和运营具有重要的意义。

1.3.4 数据标准 vs 数据标准化

数据标准是组织业务和管理活动中所涉及数据的规范化定义和统一解释，适用于业务信息描述、应用系统开发、数据管理和分析，是数据治理的重要组成部分。因为数据标准提供了一种比较方法，所以其有助于对数据质量进行定义。标准还提供了简化流程的潜力。通过采用数据标准，组织只需要做一次决定，并将其编成一组实施细则，而不再需要为每个项目重新做出相同的决定。实施数据标准的过程必须一致，即数据标准的实施必须具有强制性。此外，数据标准必须得到有效沟通、监控，并被定期审查和更新。

数据标准化是建立各部门数据共识过程，是各业务部门之间沟通和各系统之间数据整合的基础。它与数据治理的各个管理活动领域和知识域密切相关，包括：数据架构中的数据模型、工具标准和系统命名规范；数据建模和设计中的数据模型命名规范、定义标准、标准域等；数据存储和操作中的数据库恢复和业务连续性标准、数据库性能；数据安全领域的数据访问安全标准、监控和审计程序、存储安全标准等；数据集成的标准方法、工具；主数据和参考数据、元数据和数据质量等。

1.3.5 数据模型 vs 数据架构

数据架构与数据模型两者的关系经常是讨论的热点。在《DAMA数据管理知识体系指南（第二版）》（DAMA-DMBOK2）中，数据架构被定义为管理数据资产的蓝图。从广义上讲，数据架构会定义作为一家企业要做什么数字化业务，最适合该目的的技术是什么，以及它们如何协同工作。数据架构是企业架构（Enterprise Architecture）的一部分。企业架构从更宏观的视角看待业务，包括业务流程、业务组织架构和业务目标，这对数据架构以及安全性和合规性都很重要。数据架构还需要对哪个平台是最适合当前业务目标的，是否迁移到基于云的解决方案，产品业务相关的安全风险，以及数据库的选择进行决策。在许多公司数据化转型中，要做的第一件事就是绘制其现有数据架构图。数据的独特之处在于它既是业务角色，又是技术角色。有的数据架构师只专注于平台和 IT 角色，他们的权限仅限于技术层面的决策，例如要使用哪种服务器或对数据进行备份和恢复。但真正的架构师也必须对业务熟悉，像首席数据官一样。

数据模型通过对实体、关系和属性等描述，使组织能够理解其数据资产，如业务的核心概念、客户、产品、员工等。*DAMA-DMBOK 2* 将数据建模定义为"形式化的表达和沟通数据需求的过程和产物"。数据建模从业务和技术角度设计。数据建模师可能擅长对特定系统或特定业务案例进行建模，但数据架构师必须看得更广泛。数据建模通常是对物理层上特定数据库的设计，或是对逻辑、概念层上特定业务领域的设计。在数据管理中，需要将数据架构和数据建模同组织过程结合起来。

数据架构和数据模型是相互关联、相互影响的概念，它们在数据管理中有重要的作用。数据架构是指数据的组织结构和关系，它定义了数据的模型和设计的基础。数据架构规定了数据的收集、整合、存储、管理和使用的原则和方法，它为数据模型提供了基础和指导。数据模型是对数据进行抽象和描述的方式，它是数据架构的体现和细化。数据模型根据数据架构的定义，通过对数据的属性、实体、关系等进行描述，形成了具有逻辑关系和业务含义的数据结构。

1.4　辨析数据治理的几种模式

1.4.1　小数据治理 vs 大数据治理

如果用一句话形象概括小数据治理和大数据治理的区别，可以描述为：小数据治理靠"人工"，大数据治理靠"智能"。

1. 小数据治理靠"人工"

小数据治理追求量化、精准，是以数据梳理为切入点，摸清楚数据问题的"病因、病理"，然后"对症下药"。梳理数据通常采用自上而下的方法，从数据问题结果出发，分析数据问题发生的原因。通过数据梳理和溯源、识别关键数据资产，厘清数据资产分布情况、数据质量情况、数据管理情况、数据量及存量、数据使用情况等。小数据治理本质上是对利益相关者的沟通和协调，用于确保管理和保护重要的关键数据。它涉及个人、方法、创新的简化协调，使其能够实现企业的数据价值。可见，小数据的治理更多的是人的因素，所以我们说：小数据治理靠"人工"。

2. 大数据治理靠"智能"

大数据治理是对大数据采、存、管、用的规范化管理，是要让数据不仅能够"管得住"

"找得到"，还要让数据能够"用得好"。因此，在大数据治理当中很多数据价值的发现是来自对多源、异构数据的关联和对关联在一起的数据分析。将多个不同的数据集融合在一起，可以使数据更丰富，使大数据分析、预测更准确。然而由于缺乏统一的数据标准设计，多源数据抽取和融合面临的困难是巨大的，人工智能技术的应用就显得十分重要。

在数据实体识别方面，利用自然语言处理和数据提取技术，从非结构化的文本中识别实体和实体之间的关联关系。例如基于正则表达式的数据提取，将预先定义的正则表达式与文本匹配，把符合正则表达式的数据定位出来。再例如基于机器学习模型进行文本识别，预先将一部分文本进行实体标注，产生一系列分词，然后利用这个模型对其他文档进行实体命名识别和标注。在这个过程中，指代消解是自然语言处理和实体识别关联的一个重要问题，比如：某个医生，除了其姓名、职务、专业外，在文本中可能还会使用某医生、某大夫、某专家等代称，如果文本中还涉及其他人物，也用了相关的代称，那么把这些代称应用到正确的命名实体上就是指代消解。

事实上，大数据的治理与大数据的应用是相伴相生的，离开应用搞大数据治理是行不通的。智能数据服务就是一个集治理与应用为一体的数据服务形式，通过数据服务的形式对外提供数据。也就是说，通过数据接口就能够找到想要的数据，即把数据接口嵌入到各个想要的业务系统中，遇到数据质量问题的时候也能直接定位到问题所在，而不再是等进入到数据治理系统里才能判定出血缘关系。

1.4.2 源头数据治理 vs 中台数据治理

1. 源头数据治理

针对源头的数据治理是主流的数据治理模式，也是行业通用的方案，如静态数据治理、主数据管理等，都是属于针对业务系统的直接影响实现数据质量的改造，最终达到支撑数据应用分析的目的。源头数据治理模式适用的企业包括生产型企业、大型集团本部、运营管控型集团等。数据治理平台新增数据或者通过数据交换平台从业务系统采集数据进行规范、改造后，一方面冗余数据自动进入数据映射关系库，另一方面改造后的数据再次回传到对应业务系统，实现对业务系统数据质量的改造（业务系统运行的前提下）。通过集中式的交换平台进行数据治理并不是真正的源头数据治理，直接修改源业务系统（即系统改造）才是真正的源头数据治理。

2. 中台数据治理

数据中台简单来说就是企业共享数据能力下沉并对外开放。数据中台包括底层的数据技术平台（可以是我们熟悉的大数据平台能力）、中间的数据资产层、上层的数据对外能力开放。那怎么保障数据在"内增值、外增效"两方面的价值变现，同时控制数据在整个管理流程中的成本消耗呢？这里就需要数据治理为之保驾护航。从目标和范围来看：数据资产是包括数仓建设的，以提供数据服务、数据指标为重要的目标，偏向数据应用侧；数据治理则更多是面向企业，包括业务、开发、数据中台、数据仓库、指标、报表等。通过数据治理建设，实现对数据全链路的闭环管理。在数据中台建设及应用中加强数据治理相关工作，以及在数据标准、数据质量、元数据、数据安全方面持续应用数据管理的工具与方法，推进数据治理工作，并将数据治理与数据中台运营管理过程相结合，才能有效持续提升数据中台的数据质量，释放数据中台服务能力，实现数据价值，支撑企业数字化转型。

1.4.3　项目式数据治理 vs DataOps

1. 项目式数据治理

项目是一系列独特的、复杂的并相互关联的活动，这些活动有着一个明确的目标或目的，必须在特定的时间、预算、资源限定内，依据规范完成。那么，数据治理是项目吗？当然是。不论是全面的资产管理，还是针对特定领域的数据治理，都需要组建项目团队、定义项目目标和范围、制定项目计划、推进项目实施，最后进行项目总结和结案。由于数据治理有明确的目标，有特定范围、质量、成本、时间、资源要求，因此从定义上讲数据治理当然是项目。但是，通过一个数据治理项目的实施，即使这个项目预算很大、周期很长，是否就能解决企业数据管理和使用中的各种问题？是否就能培养出企业的数据文化，转变人们的数字化思维？是否就能实现企业管理和业务模式的创新？一定不可能！

数据治理的最终目标是赋能业务，提升数据价值。这是一个持续漫长的运营过程，需要逐步完善、分步迭代，指望一步到位完成数据治理是不现实的。项目式数据治理是不全面的、无延续性的，能够解决一时的数据问题，但很难获得持续的数据价值。因此说，数据治理不是一个"项目"，而是一个持续运营的过程。我们也可以将这个过程看作由一个个数据治理"微项目"组成的、连续的、螺旋上升的模型。一个项目的结案，不是企业数据治理的终点，而是企业数据治理真正的起点！

2. DataOps

在 2018 年 Gartner 发布的《数据管理技术成熟度曲线》报告中，DataOps 的概念被首次提出。DataOps，即 Data 和 Operations 组合，是在数据分析过程中，提升数据质量，减少数据分析的周期时间，提高效率的一系列实践，现在逐渐发展成了一门方法论。DataOps 适用于从数据准备到报告的整个数据生命周期。DataOps 的目标是使数据管道和应用程序的开发变得更加严谨、可重用和自动化。DataOps 可以帮助数据团队从数据孤岛以及被积压和无休止的质量控制问题缠身的状况，转变为敏捷、自动化和快速的数据供应链，并且它能持续为企业带来价值。DataOps 是一种结合技术、流程、原则和人员以在整个组织中自动化数据编排的方法。通过合并敏捷开发、DevOps、人员和数据管理技术，DataOps 提供了一个灵活的数据框架，可以在正确的时间向正确的利益相关者提供正确的数据。DataOps 的使命，就是让企业建立起敏捷、可扩展、可控的数据生产消费体系，让需要使用数据的人快速获得准确的、及时有效的数据支持。在数据驱动的时代，它帮助企业快速建立起核心竞争优势。

1.4.4 被动数据治理 vs 主动数据治理

1. 被动数据治理

被动数据治理也称为阶段性数据治理，缺少统筹考虑，起因可以是解决信息化建设中的某一个问题，比如系统之间的集成、数据编码的不统一、某类数据的上报、某个业务场景的数据分析等。被动式数据治理是为了解决某些 IT 问题而开展的数据管理活动，往往这个活动结束了，数据治理工作也结束了，不会形成长效运行机制，即有可能已经解决了相关问题，但一段时间后又出现了相同问题，需要再次解决。被动式数据治理的主要特点是，没有规划的发起、没有体系性的组织、没有组织的保障、没有持续的效果，类似"一场运动"，而不是一个体系。

2. 主动数据治理

主动数据治理相对被动数据治理而言，强调的是有战略、有规划、有组织、有规范、有运营，不是"一个项目""一场运动"，而是为组织构建了一种让数据持续用起来的机制。主动数据治理的出发点往往是一些促进业务增长的业务问题、企业经营降本增效的计划、业务模式变革的推动等。主动数据治理的开展尤其注重业务人员的参与与评价，能够推动各项数据管理及应用活动得到有效落地与执行，而且在推动过程中把一些手段和经验流程化、标准化、系统化，使得组织形成一种自驱动的能力，让数据价值发现长久有效。

1.5 数据治理的驱动因素

数据治理体系的建设是一项长期投入的基础工作，应结合公司战略目标和中心发展需要，统筹规划数据资产管理的近、远期重点工作内容。每个组织开展数据治理的原因不尽相同，但大体可划分为内部驱动因素和外部驱动因素，如图 1-6 所示。

图 1-6 数据治理的内外部驱动因素

内部驱动因素主要包含需求驱动、问题驱动以及能力建设驱动；外部驱动主要是组织对外进行数据开放过程中的应用需求，或者来自行业或上级单位监管的一些要求。

内外驱动因素相互影响，本质上只有在组织内部建设良好的情况下，才能更好地支撑和满足外部环境对数据资产的需求。例如，一个组织内部的数据资产质量低下时，有可能因为不能满足行业监管的要求，而被警告进行整改。

1.5.1　内部驱动因素

组织进行数据治理的内部驱动因素主要有问题驱动、需求驱动以及能力建设驱动。

1. 问题驱动

问题驱动一般是组织内各部门在应用数据过程中，发现数据不能满足质量要求，存在各种问题（例如：数据不完整、不一致、不准确、不唯一、不及时、不规范等），需要专业的团队通过各种工具、方法收集统筹组织中的各类数据问题，并对这些问题进行归类，识别出关键数据项，并对问题出现的根本原因进行分析，从而制定解决方案，协调相关人员解决数据问题。

这种驱动因素，往往都是一个个具体的数据问题点，组织需要考虑的是如何以点带面，归纳出数据治理体系建设的要求，从而避免问题反复出现的局面。

2. 需求驱动

需求驱动是以组织重要事项安排作为牵引，收集各部门的数据需求，在完成任务时，为需求提出组织提供服务。这种驱动因素主要可分为两种，一种是业务需求驱动，另一种是技术需求驱动。

业务需求驱动：主要需求来自组织战略要求，或者业务领域人员的数据应用需求，由此进一步延伸出对数据治理的更多的要求。

技术需求驱动：主要需求来自信息化建设、数字化转型的建设，在技术层面对数据层面的需要，例如需要了解组织的数据资产整体状况、主数据体系的建设和管理、系统间数据标准和接口问题的处理等。

同样，以满足各种需求为建设驱动力的数据治理，往往也会陷入具体"点"的建设，不能成建制地形成数据治理专业职能体系，只能解决阶段性的问题。

3. 能力建设驱动

为避免由于需求导向、问题导向可能导致的能力建设不均衡，有些组织直接从专业维度开展相关数据管理能力体系建设的工作，这种方式便是能力建设驱动。能力建设驱动通常是通过数据管理现状分析，对组织数据管理能力现状进行全面的、系统性的评价（包括存在的优点、不足），并对各项数据管理能力进行量化评分，结合组织对于各项数据管理能力的紧迫程度，制定数据管理能力提升的优先级，以此作为能力建设优先级的参考依据。

这种做法能够很全面、专业地构建组织的数据管理能力，但往往会陷入"为了建能力而建"的局面，很多工作不能显现直接的效果。因此，需要与另外两种内部驱动因素结合，才能释放数据治理更大的价值。

1.5.2　外部驱动因素

组织开展数据治理的因素有些时候还来自外部的需求或者影响。

1. 行业或上级单位监管

对于金融行业的大部分组织（比如银行机构、证券机构、保险机构等）来说，都会受到国家相关单位的监管，有些大型央企也会受到国有资产监督管理部门的监管，需要上报业务数据至相关监管单位。由此，这些上报的数据必须保障其真实性、准确性以及及时性，这就要求被监管的企业或组织具备良好的数据治理能力才行。为了保障上报的数据质量良好，相关组织就要组织专业的数据团队维护监管数据，构建数据管理能力体系，从更长期角度来看，这有助于推动组织内部数据管理能力的加强。

2. 数据开放

有些组织的数据出于业务需要或者其他原因，需要对外开放，与组织外的环境进行数据交换和应用，例如，政府部门的一些公共数据需要及时向公众开放。对于这部分数据，同样需要保障其质量，同时还要特别加强这些数据的安全性，避免造成敏感数据外泄。相关组织往往会对相关数据进行分类分级管理，对外开放的数据也会因安全级别的不同而采取不同的管控措施。

第 2 章
数据治理的价值

数字经济是继农业经济、工业经济之后的一种新的经济形态。党的二十大报告指出，加快发展数字经济，促进数字经济和实体经济深度融合。

2020 年 4 月，中共中央、国务院发布《关于构建更加完善的要素市场化配置体制机制的意见》，将"数据"列为第五种生产要素。2022 年国务院发布的《"十四五"数字经济发展规划》提出"强化高质量数据要素供给"；同年 12 月，中共中央、国务院发布《关于构建数据基础制度更好发挥数据要素作用的意见》，提出四大类数据基础制度建设。2023 年 3 月，《党和国家机构改革方案》首次提出组建国家数据局。这些都表明数据要素市场化配置上升到国家战略层面，将充分发挥其作用。

在数字经济时代，数据就像工业时代的石油一样，是每个组织发展不可或缺的生产资料，而如何使这种"生产资料"高效地释放价值，是摆在每个组织面前的新课题。数据在应用过程中，需要保障其质量、规范、安全，而这也是数据治理工作在新的数字化时代需要完成的使命。

2.1 数据治理在组织中的价值定位

2.1.1 数据治理的对象：数据资产

组织在发展过程中积累了大量的数据，伴随着大数据时代各种数据应用的技术发展，不断积累的数据要逐渐发挥它的价值。所以，各行各业都认识到要将数据作为一项资产，助力组织的发展。

那么，什么样的数据可以称为"数据资产"呢？

对于数据资产的概念，业界还未有统一的定义，我们可以援引大数据技术标准推进委员会发布的《数据资产管理实践白皮书（6.0版）》的定义进行阐释，如下：数据资产是指由组织（政府机构、企事业单位等）合法拥有或控制的数据，以电子或其他方式记录，例如文本、图像、语音、视频、网页、数据库、传感信号等结构化或非结构化数据，可进行计量或交易，能直接或间接带来经济效益和社会效益；在组织中，并非所有的数据都构成数据资产，数据资产是能够为组织产生价值的数据，数据资产的形成需要对数据进行主动管理并形成有效控制。

通过这个定义可以看出"数据资产"有以下几层含义：

第一，并不是所有的数据都能成为组织的"数据资产"，有些数据如果得不到很好的处理，还可能成为组织的负担。因此，那些能够为组织带来经济效益或者社会效益的数据才能称为数据资产。

第二，数据资产能够被组织通过合法途径拥有或者控制。这说明，数据资产可以来自组织外部，不完全是组织内部产生的数据，但是需要通过合法合规的方式获得才可以。

第三，数据资产的形式和格式可以是多样的，不一定都是结构化数据，大量的非结构化数据也会成为组织的数据资产。

第四，这些数据资产可以从某些维度进行量化并进行交易，这点与经济效益相关。

随着组织业务的发展，海量、多源、异构的大规模数据资产不断沉淀下来，各行各业也都在探索如何让"沉睡的数据资产"发挥更大的价值，但在这个过程中，面临着各种问题和挑战，例如：数据标准有缺失或执行不到位，各系统难以协同或融合应用，"数据孤岛"现象依然存在；数据供给能力不足，数据获取难度大、门槛高，无法快速满足业务发展的需要；数据价值转化能力不足，缺乏多样化的数据价值实现途径；数据安全整体意识不足，数据安全保障能力较为薄弱等。这些问题极大地限制了数据资产价值的释放。

构建完整的数据治理体系，提供全面的数据治理保障，更好地支撑数字化转型工作，从而充分发挥数据资产的价值，成为各组织关注的焦点。接下来分析组织在进行数据资产应用过程中面临的具体挑战。

2.1.2 数据资产价值发挥面临的挑战

目前很多组织已经认识到数据资产的价值和数据资产应用的重要性，但大部分组织不能充分利用、发挥数据价值，其中经常遇到的挑战如下：

1. 数据战略方向不明确

当前，很多组织还不存在单独的数据战略规划，往往发布的或者执行的都是《信息化规划》或者《数字化规划》等文件，虽然在其中可能有所涉及数据管理相关的内容，但不具体，不足以为组织未来的数据资产管理工作指明方向。有些组织可能单独做了数据战略规划，但是不具备落地性，或者执行路径不清晰，导致有方向无路径，无法执行下去。另外，还有相当部分的组织，根本没有做数据战略规划，而是直接按照一些相关方法论的框架盲目开展数据管理方向的工作，但又说不清楚这些工作能起到什么作用、有什么价值，最后事倍功半甚至徒劳无功。

2. 数据质量不可控

数据质量管理是释放数据价值的关键环节。但是组织在数据资产梳理以及应用过程中经常会出现数据质量问题（例如数据的完整性、一致性、精确性和及时性得不到保障，导致数据资产应用的精准性、可信赖性大大降低，不能满足业务运营和决策分析的需求。）

3. 专业人才缺乏，管理机制不健全

数据治理组织是数据治理工作的主体。目前很多组织的数据资产分析和管理工作主要由传统的 IT 部门和业务部门配合完成，少数组织成立了单独的数据资产管理部门，例如"数据治理办公室""数据资产运营中心"等类似部门，进行数据资产运营和管理的统筹工作，但无论从权责定位的清晰度、管理流程或者机制的可执行性上都还不足。尤其关键的是，与之对应的"业务部门"参与度低，从而导致其在组织中的位置尴尬。加之从事该工作的专业人才比较稀缺，团队专业能力不足，致使数据资产的管理工作又回归到传统的技术工作上来，达不到组织设置该部门的初衷。

4. 数据安全问题日趋凸显

需要强调的是，数据价值释放过程中亦存在诸多数据安全风险。新业态新技术在推动经济转型升级的同时，数据规模不断扩大，数据泄露、滥用等风险日益凸显，对企业发展、行业合规甚至国家安全都产生不容忽视的威胁。因此，在促进数据资产应用、共享和流通的过程中，保障数据的安全可控、防范数据安全风险、构建数据安全保护体系成为各方的共识。

2.1.3　数据治理在组织中的定位：地基性工程

解决上述的挑战和问题是数据治理工作的重要目标。数据治理在一个组织中应该起到"地基"的作用和定位，如此能够充分助力数据资产价值的发挥，如图 2-1 所示。

现在诸多组织在完成主要业务信息化系统建设后，开始搭建数据平台（例如：数据仓库、数据中台、大数据平台等），从而实现数据的集中化处理，并进一步构建各种数据应用和分析平台，支撑业务运营与决策分析。但是，在数据集中和使用的过程中，抽取、存储、传输、应用、退役的各个环节都存在数据问题和风险，如果这些问题和风险得不到有效处理和控制，则数据平台和数据应用无法发挥响应的价值，有可能一个指标口径的不一致就会导致经营决策的巨大偏差。那么这些花费巨大人力物力建设的平台、应用就属于无源之水、空中楼阁。

这些问题的解决，是一个成体系的工作，涉及业务、管理、技术等多方面，而这些就是数据治理的核心工作。因此可以说，数据治理在一个组织的数据工作中是"地基工程"，这个"地基"越稳固，上层平台和应用则越能安心地释放价值。

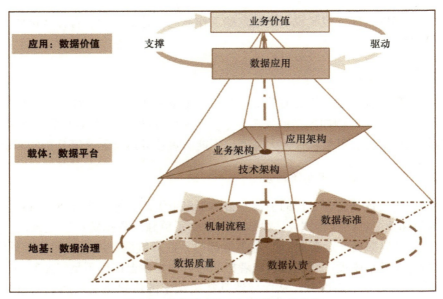

图 2-1　数据治理在组织中的价值定位

数据治理这个"地基工程"的最核心的价值主要包含五个方面：

- 回答数据工作的方向在哪里，即数据战略。
- 统一全局性标准规范，即数据标准。
- 保障数据可理解、可用，即数据质量。
- 促进数据可信及受控，即数据安全。
- 构建良好的运营保障体制，即数据运营机制。

下面分别进行详细阐述。

2.2　顶层规划，明确数据战略方向

很多组织已经开展了多年的大规模的信息化建设，近些年开始向数字化方向深入或转变。在这个过程中，相关组织取得一定的成果，突出表现在各业务条线、各业务部门基本上都拥有了专业的信息化系统，可以通过系统向外部提供本业务的专业服务。

在信息化建设过程当中，由于缺乏总体层面的数据标准、数据质量的统一要求，各业务部门彼此之间缺乏沟通，且各业务系统均由不同的系统开发商承担相应的建设工作，使得组织信息系统建设呈现出较为明显的"部门墙"特征，存在同质业务系统功能重复建设、系统对业务执行过程支撑不足、系统间集成程度不高、系统实用化程度不高等问题，因而产生普遍的"数据孤岛"现象。

依靠传统的建系统、搭平台的方式已经无法从根本上消除"数据孤岛"现象，只可能

会加重"数据孤岛"现象。因此必须要从数据自身的角度出发，将数据真正当成组织的战略性资源，尽快开展数据管理工作，才能消除"数据孤岛"现象，从而在根本上解决前期信息化建设过程中产生的各类问题。但大部分组织的数据管理工作尚处于起步阶段，对数据管理工作缺乏系统性、体系化的顶层设计，致使数据资产的战略性地位未能突显，严重制约了数据资产价值的充分发挥。因此，很多组织迫切需要开展数据管理模式研究，进行顶层规划，构建一套实用、高效的数据管理体系，为组织精益管理和创新发展提供有效支撑，明确数据资产的发展方向。

这个顶层规划要解决以下战略方向问题：

- 明确组织数据管理体系的管理边界和范畴。基于组织的业务现状，理顺数据资产生命周期管理的范围和阶段，区分数据管理具体内容，对具体内容进行横向扩展、纵向深化、局部优化，使组织的数据管理体系更能够支撑组织发展及改革创新。
- 明确工作方向和框架。在数据管理范畴确定的基础上，优化完善数据管理体系总体框架，明确数据资产未来几年（一般3~5年）的发展方向，进一步描绘数据资产管理整体框架。
- 提出组织数据管理体系落地实施路线。明确数据管理工作的具体切入点、推进策略和整体工作思路，结合组织现状制定整体工作推进计划，指导后续数据管理工作分阶段有序开展。

只有在方向明确、框架清晰、步骤合理的基础上，数据资产管理的工作才能走上正轨，有序推进。因此顶层规划的成果既要具备战略高度，又要贴合实际业务情况，还要具备良好的落地性，这样才能体现价值和作用，有效支撑业务发展。切记，顶层规划不能只是看起来"花团锦簇"，但却不能得到有效执行，进而沦为"空中花园"。

数据治理顶层规划项目思路的示意图如图 2-2 所示。

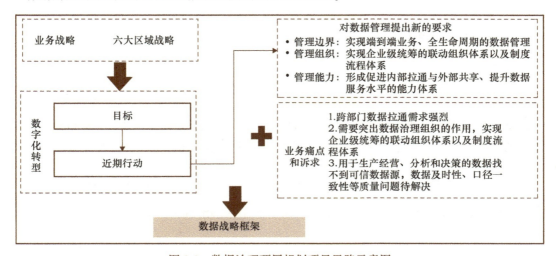

图 2-2　数据治理顶层规划项目思路示意图

该规划通过拆解业务战略及其引导出的数字化专项战略，进一步导出对数据管理的最新要求，从而从战略层面实现对业务和数字化转型工作的对接。另外，又通过大量的走访调研，对业务部门在日常应用数据的过程中遇到的业务痛点和诉求进行提炼和归纳，制定出有针对性的行动任务，从而在落地性和价值显现层面具备了良好的指引性。

2.3 统一规范，构建全局性数据标准

在实际业务工作开展过程中，由于各部门、子单位在数据生产过程中缺乏标准依据，各自为战，不同系统之间的模型、字段无法匹配，客观上加重了组织内部数据使用、共享、流通的障碍。因此，需要建立统一的数据资产管理标准体系，覆盖数据资产管理的全生命周期，包括数据创建、变更、采集、开发、应用、销毁、归档，编制元数据、主数据、数据接口、数据模型、数据安全等各领域标准手册，确保数据资产管理标准化和后续工作有序开展。尤其在涉及跨业务、跨部门、跨流程的环节，更是需要组织级的、全局性的数据标准，才能有效指导数据资产的应用和管理。

数据标准从业务应用角度可划分为基础类数据标准和分析类数据标准，从数据管理专业角度可以划分为业务术语、参考数据和主数据标准、数据元及指标数据标准等。通过构建全局统一的数据标准体系，可以实现如下价值：

- 提升整体业务效率。数据标准统一了业务语言，明确了业务规则、规范了业务的处理过程，从而能够提升组织的整体业务效率，满足管理决策者、业务运营者对信息效能的需求。
- 促进数据资产的流通和共享。数据标准可以统一各类来源数据资产的定义，降低系统间集成的复杂度，提高系统间交互效率，并且可以为管理决策和分析类系统提供一致的指标和分析维度定义。
- 为数据质量提供保障。数据标准明确了数据填写及处理要求，规范了数据源，同时提供了管控方面的保障，因此数据标准化可直接提升数据质量，为数据资产的高效应用保驾护航。

数据标准的建设工作，最关键的是"落标"，也就是建设和梳理的数据标准能够落实到具体的场景中，不然就会沦为一纸空文。基于信息系统视角的一种"落标"策略如图2-3所示。

数据标准的落地执行，要以实现业务价值为核心驱动力，采取循序渐进原则推进，切不可直接大面积推广，可按照新旧系统不同种类采取不同的落标策略，从而能够使数据标准高效地、价值显现化地落到实处。

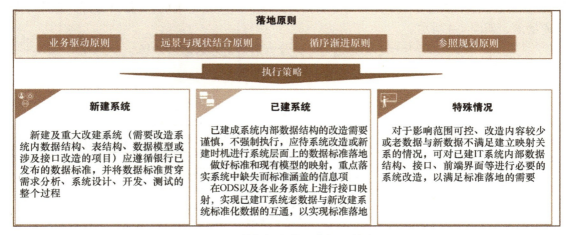

图 2-3　数据标准的"落标"策略

2.4　持续提升数据质量，促进数据可信可用

数据质量的优劣是决定数据使用后得到的结果是否有价值的重要因素。虽然很多组织都在建立"用数据说话、用数据分析、用数据决策、用数据管控"的管理理念，但是如果数据质量得不到很好的保障，数据无法做到可信可用，则难以满足业务部门的使用需求，也就无法提升业务协同效率、实现精益化管理。

数据质量的评价维度有很多，但一个组织经常面对的主要是数据完整性、数据一致性、数据唯一性、数据及时性、数据准确性等几个维度。因此，数据质量的提升往往也是从这几个维度入手。

通过提升数据质量，主要实现如下价值：

- 提升组织数据的应用价值。
- 降低低质量数据导致的风险和成本。
- 提高组织效率和生产力。

在这里，需要强调的是，高质量数据本身不是目的，而是组织获取成功的一种手段。当组织内人员使用可靠的数据时，他们可以更快、更一致地理解数据，如果数据是精准的，则降低了发现数据问题的时间，而将精力花在分析和洞察层面，以更好地做出决策和服务客户。

另外，数据质量提升不是一个项目，而是一项需要持续的工作过程。也许通过短期突击治理可以解决一些凸显的数据问题，但是没有建立长期的、有效的管控机制，则不能做到长治久安。数据质量建设方案从建立数据质量管控与数据资产质量管理闭环为核心主轴，通过运营机制及评价体系进行保障，从而持续提升数据质量（六个维度），最终支撑数据服务和业务场景，如图 2-4 所示。

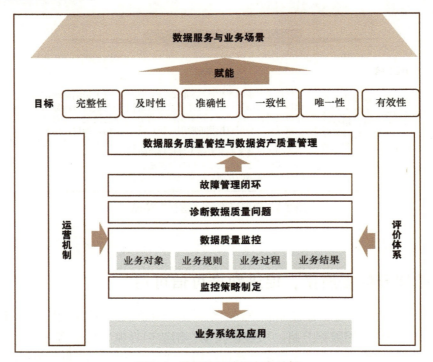

图 2-4　数据质量建设方案示例

2.5　保障数据安全，为数据应用共享设置护栏

数据安全在数字化时代的重要性不言而喻。数据成为推动经济社会创新发展的关键生产要素，基于数据的开放与开发推动了跨组织、跨行业、跨地域的协作与创新，催生出各类全新的产业形态和商业模式，全面激活了人类的创造力和生产力，数据的应用逐步成为现代组织的核心竞争力。然而，数据在创造价值的同时，也面临着严峻的安全风险。随着数据资源商业价值的凸显，针对数据的攻击、窃取、滥用、劫持等活动持续泛滥，数据安全重大事件频发，破坏力极强，已经成为全社会关注的重大安全议题。

我国在国家和行业层面出台了相应的法律法规、指导意见及国家标准，且在不断迭代和完善过程中。例如《中华人民共和国网络安全法》、《中华人民共和国个人信息保护法》、《数据出境安全评估办法》、《网络安全等级保护基本要求》（GB/T 22239—2019）、《关键信息基础设施安全保护条例》、《电信和互联网用户个人信息保护规定》、《银行业金融机构数据治理指引》等。

而对于一个组织来讲，数据安全管理的价值主要显现在如下几个方面：

1. 加强组织的数据安全文化与意识

数据安全需要具备全员意识，而不仅仅是技术工作。数据安全治理的核心工作是对数据资产的精准管控，包括对数据库和电子文件的整理、设计和实施安全防控的时候会部署数据安全保护工具，从这些工作内容来看，数据安全治理的确带有"科技"属性，很多数据安全治理由科技部门牵头也是合理的。但是，数据安全级别的认定、数据安全风险的识别、数据泄露渠道的防护等，都是与业务部门和管理部门密切相关的。简言之，数据安全治理是一项全员性质的活动，必须在组织高层统一的指导下，一致行动，才能取得成功。

2. 全面掌控组织的数据安全风险现状，形成有针对性的管控方案

一方面，以现有的管理平台为基础开展风险识别，建立能够自动识别、分类、标识敏感数据信息的功能。要根据敏感信息的实际情况，制定出合理的识别标准，并且在每一类标准当中，详细地阐述具体的管理方法。标准制定完成后，通过智能化的方式将其融入管理平台中。这样便能够在大量的信息中有效地分析出敏感信息，并科学管理这些信息。

另一方面，有效甄别合理化的数据使用需求，明确关键环节的技术标准，确定使用新型技术的范围。同时，组织需要结合业务发展变化，有效识别新增风险隐患，持续加强数据安全管理，建立健全数据管理制度，采取必要的数据安全防护措施维护数据使用的安全性。

在此，本书针对组织内的敏感数据构建完整的数据安全管控能力，并形成可落地的数据安全建设方案，如图 2-5 所示。

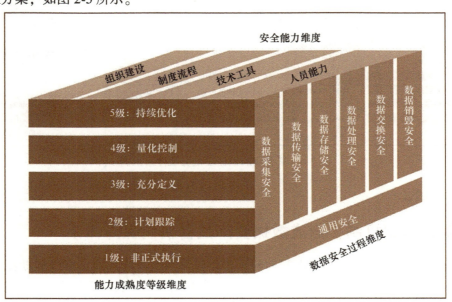

图 2-5　数据安全建设方案示例

3. 构建精准的数据管控体系，"分类管理、分级应用"

很多组织的业务种类繁多，数据呈现出复杂性高、多样性强的特点。采用规范的数据分类、分级方法，有助于组织厘清数据资产、确定数据重要性或敏感度，并有针对性地采取适当、合理的管理措施和安全防护措施，形成一套科学、规范的数据资产管理与保护机制，从而在保证数据安全的基础上促进数据开放共享。

数据分类是数据保护工作的一个关键部分，是建立统一、准确、完善的数据架构的基础，是实现集中化、专业化、标准化数据管理的基础。组织按照统一的数据分类方法，依据自身业务特点对产生、采集、加工、使用或管理的数据进行分类，可以全面清晰地厘清数据资产，对数据资产实现规范化管理，并有利于数据的维护和扩充。数据分类为数据分级管理奠定基础。

数据分级是以数据分类为基础，采用规范、明确的方法区分数据的重要性和敏感度差异，并确定数据级别。数据分级有助于组织根据数据不同级别，确定数据在其生命周期的各个环节应采取的数据安全防护措施。

另外，数据有可能会流出组织以提供给上下游其他的组织或个人使用，因此，在对内对外的管理安全管控级别上有会有所不同。某企业的数据安全分级体系如图 2-6 所示。

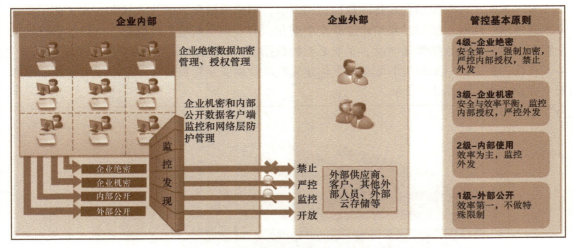

图 2-6 某企业的数据安全分级体系示例

2.6 搭建体制机制，形成数据资产运营机制保障体系

体制机制是组织开展数据资产管理的重要保障，为组织实施各项职能活动提供人才团队、制度规范、文化氛围等基础资源，是数据资产管理得以开展的重要基石，使数据治理的工作能够做到有章可循、合理合规，主要包含如下工作及价值：

1. 完善数据资产管理组织体系

加强组织数据资产的集中管理和统筹规划，根据实际工作需要建设完善且专业化的数据资产管理组织体系，形成组织级的专业数据资产管理团队。

再进一步，则可持续深化组织数据资产管理工作组织的协同机制，横向建立业务部门与技术部门协同联动机制，形成组织级数据资产管理协同工作机制，促进各层级部门之间信息同步，统一认识和工作目标，推动组织数据资产管理各项工作高效开展。

完善数据资产管理组织体系，有利于明确组织数据资产管理相关工作的组织脉络，细化职责领域，加强日常管理，做实基础工作，为数据需求单位提供更好更优质的数据和服务。同时，可加强技术部门与业务部门之间的工作联系，理顺组织内部数据资产管理机制，形成组织范围内体系化的数据资产管理工作机制，充分调动和发挥业务部门的工作能动性，促进各项工作高效开展。

某企业对数据资产管理组织体系的设计如图 2-7 所示。

岗位名称	数据治理委员会 委员会专员	集团各条线 业务数据管理BP	各区域 区域数据管理BP	管理组 数据管理专员	技术组 数据资产管理员
岗位定位	● 数据战略的制定者 ● 数据管理的最高决策者	● 各条线的数据归口管理者 ● 各条线的数据需求收集、数据价值挖掘、数据应用推广、数据文化宣传者	● 各区域的数据管理执行者 ● 配合集团各条线的数据应用管理者	● 数据管理体系建设者 ● 数据管理监督考核者 ● 数据管理能力培养者	● 技术全过程的能力支撑者
岗位职责	**数据战略制定：** ● 制定数据管理体系的愿景 ● 确定公司数据管理的组织架构，包括组织与任命、授权与问责等 **数据管理最高决策：** ● 批准公司数据管理的政策与法规 ● 裁决跨领域的数据及管理争议	**数据归口管理：** ● 根据数据管理组的要求，负责本条线内生产经营管理数据的录入、维护、更新、授权使用等管理工作，不断提升数据质量。在公司范围内，共享和开放公司所需的以上数据 **数据应用管理：** ● 收集数据需求，规范数据加工整理、统计分析工作，推广和管理数据应用，培养本部门数据文化，并定期向公司报送数据应用情况，展示数据应用成果	**数据管理执行：** ● 配合落实数据管理的流程制度规范 ● 负责统筹本区域的数据管理，对本区域发现的数据管理问题进行跟踪、分析和解决 **数据应用配合：** ● 牵头本区域数据应用的工作，并配合集团做好数据需求收集、数据价值挖掘、数据应用推广、数据文化宣传的相关工作	**数据管理体系建设：** ● 与业务部门共同负责数据管理体系的建设，包含数据标准管理、数据质量管理、数据架构管理、数据安全管理、制度管理、数据需求管理 ● 牵头开展内外部数据流通交易 **数据管理监督考核：** ● 监督各业务领域的数据管理，制定数据管理考核办法并开展监督考核 ● 与业务部门共同制定数据管理奖惩机制 **数据管理能力培养：** ● 提供数据管理、数据应用能力相关培训	**数据管理技术支撑：** ● 构建数据管理的工具、平台，提供相关技术支持 ● 负责专业能力开发建设，包括数据架构、数据分析、数据质量管理等

图 2-7　某企业的数据资产管理组织体系示例

2. 夯实数据资产管理制度

根据技术发展的新形势以及组织数据业务的实际情况，在已有相关管理制度的基础上全面完善数据资产管理各项制度，推动数据资产管理基本制度体系的建立，为实现数据资产管理的"有章可循、依规管数"打下坚实基础。

　　该项工作可使组织逐步确立和完善组织的数据资产管理领域的"法律体系"，有效约束组织各部门、各级单位的日常工作，全面规范数据资产管理各项建设，形成统一、明确的"标尺"和"准则"，同时指导各项工作有序推进。

　　如图2-8所示，某企业数据资产管理制度体系分为管理办法总纲、管理办法、规范及细则三个层面，同时这些制度也划归不同的专业部门进行维护和管理。

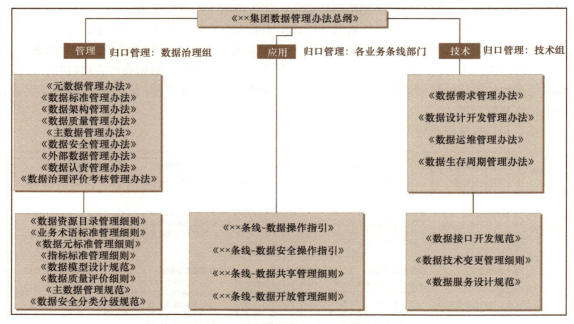

图 2-8　某企业的数据资产管理制度体系示例

3. 加强专业人才的培养

　　加强组织数据资产管理知识体系建设，可建立多样化的培训机制，提升全组织的数据认识，提升各级岗位人员技术技能；加强组织数据资产管理知识和技术储备，为数据资产管理深化推进夯实基础；加强和持续推进组织数据意识和文化建设，培育数据资产管理思维，形成良好的数据知识氛围。

　　通过上述措施，组织可形成良好的数据资产管理人才培养机制，不断增强数据资产管理团队的专业性和技术实力，加强数据资产管理人才储备，为组织数据资产管理各项工作后续的逐步拓展建立基础的人力资源保障，营造组织数据资产管理文化氛围，加速业务与数据的认知融合，培养数据业务创新思维。

第 3 章
数据治理的核心职能

数据治理已经成为企业数字化转型的核心能力引擎。企业数据治理工作需要围绕数据战略、数据管理、数据应用、数据运营几个方面开展建设。开展企业数据治理建设先要了解数据治理各职能的含义及内涵。

本章主要介绍数据治理核心职能，包括数据战略、数据架构、元数据管理、数据标准管理、数据质量管理、数据安全管理、主数据管理、数据分析应用、数据服务，数据运营，分别从概念、定义、类型等做了阐述及示例。

很多做数据治理工作的企业，在开始阶段容易陷入独立地开展各职能工作的误区中。其实数据治理是一个体系性的工程，各职能的能力建设也需要融合开展。在对核心职能进行介绍的基础上，本章也简要介绍了各核心职能之间的关系，为读者连贯性地理解各项职能的工作提供一些思路。

另外，需要明确的是，企业数据治理工作的开展除了考虑各职能的能力建设外，更应该考虑企业业务问题的解决及业务战略的达成。

3.1　数据治理的十项核心职能

3.1.1　数据战略

在数字化不断深入、数据日益重要的大背景下，数据对企业业务及企业发展的重要性日益明显，数据传统的支撑型定位无法有效提质增效、赋能一线、支撑决策，企业内部大量丰富数据没有发挥应有的价值，对业务战略支撑不足。当前对企业来讲，将数据管理工作提至战略高度势在必行。

1. 什么是数据战略

战略是选择和决策的集合，通过共同绘制出一个高层次的行动方案，以实现高层次目标。数据战略也不例外，它是通过一系列策略和行动计划，以实现企业战略的目标。因此，要了解什么是数据战略，有必要先了解什么是企业战略。

（1）企业战略

企业战略是指企业为了实现长期目标和竞争优势而制定的行动方针和决策。它涉及企业的定位、目标、资源配置、市场选择等方面，旨在帮助企业获得可持续的竞争优势和业绩增长。企业战略是对企业各种业务战略的统称，其中既包括竞争战略，也包括营销战略、发展战略、品牌战略、融资战略、技术开发战略、人才开发战略、资源开发战略以及数据战略等。

（2）数据战略

数据战略是企业战略的一部分。数据战略就是战略性地使用数据和IT来获得企业竞争力，实现企业发展和运营目标，是助力企业实现数字化转型而制定的一系列高层次数据管理策略组合，它指导企业开展数据治理和数据应用工作，为企业数据管理和使用指明了方向。

数据战略不仅包括企业发展和运营目标，还包括对实现这一目标所需要的组织与人员保障、制度与流程保障、技术与工具的支撑，如图3-1所示。

图 3-1　数据战略规划

- 数据战略与业务战略相一致。数据战略规划应充分考虑利益相关者的业务诉求，充分理解企业发展和业务运营过程中的固有数据需求和衍生数据需求，确保数据战略与业务战略相一致。

- 数据战略是数据治理和数据应用的指导。数据战略是数据管理和应用的顶层策略，它规定了数据管理的愿景和价值定位、长中短各阶段的实施目标，以及实施数据战略的行动路线和具体措施，指导为实现数据驱动的业务目标而开展的一系列数据管理和数据应用活动。
- 数据战略的组织和人员保障。数据战略规划应对数据管理的组织以及组织角色分工、职责和决策权给出指导性方案，以保证数据战略的有效实施。
- 数据战略的制度和流程保障。数据战略规划应对数据管理的制度和流程给出指导性方案，以便在战略实施过程中进一步落实制度和流程细则，以保证数据战略的有效实施。
- 数据战略的技术和工具支撑。数据战略规划应对数据管理所使用的技术和工具给出指导性方案或选型建议。在数据战略的实施过程中，使用合适的工具能够事半功倍。

(3) 其他的数据战略定义

DAMA-DMBOK 2 和 DCMM[⊖]对数据战略定义的比较如表 3-1 所示。

表 3-1 *DAMA-DMBOK* 2 与 DCMM 对数据战略的定义一览表

理 论 体 系	数 据 战 略
DAMA-DMBOK 2	数据战略是一个数据管理计划（Data Management Program），是保存和提高数据质量、完整性、安全性的计划。数据战略的组成部分包括： ■ 为数据管理制定激动人心的愿景 ■ 数据管理商业案例摘要，附带精选的例子 ■ 指导原则、价值观和管理愿景 ■ 数据管理的使用和长远目标 ■ 数据管理成功的管理措施 ■ 短期的（1~2 年，具体、可度量、可操作、可实现、有时限的）数据管理方案目标 ■ 说明数据管理的角色和组织，以及其职责和决策权 ■ 数据管理方案的组成部分 ■ 数据管理实施路线图 ■ 数据管理的项目章程 ■ 数据管理的范围说明
DCMM	数据战略是组织开展数据管理工作的愿景、目的、目标和原则，包括数据战略规划、数据战略实施、数据战略评估。具体如下： ■ 数据战略规划：为组织数据管理工作定义愿景、目的、目标和原则，并且使其利益相关者达成共识。从宏观及微观两个层面确定开展数据管理及应用的动因，并综合反映数据提供方和消费方的需求 ■ 数据战略实施：组织完成数据战略规划并逐渐实现数据职能框架的过程。实施过程中评估组织数据管理和数据应用的现状，确定与愿景、目标之间的差距。依据数据职能框架制定阶段性数据任务目标，并确定实施步骤 ■ 数据战略评估：数据战略评估过程中应建立对应的业务案例和投资模型，并在整个数据战略实施过程中跟踪进度，同时做好记录供审计和评估使用

⊖ DCMM 是《数据管理能力成熟度评估模型》（GB/T 36073—2018）的简称。

2. 数据战略的类型

数据战略可分为以下两大类型：

（1）预防型数据战略 vs 进攻型数据战略

由于不同企业的竞争策略和业务目标的不同，数据战略可分为预防型数据战略和进攻型数据战略，如图 3-2 所示。

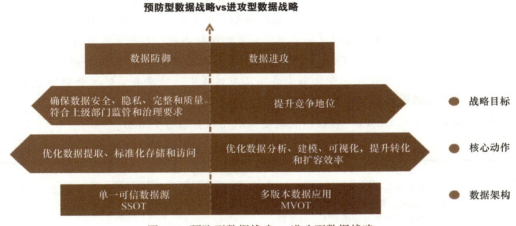

图 3-2　预防型数据战略 vs 进攻型数据战略

预防型数据战略的目标是确保数据安全、隐私、完整和质量，符合上级部门的监管和治理要求，侧重对数据采集、加工、存储、使用的规范化和标准化，让数据有序使用，防止数据滥用，保护个人隐私数据。在治理策略上多采用源头治理，从"单一可信数据源"上确保数据的治理和安全。在金融行业（例如银行、保险公司等组织）多采用该种数据战略。

进攻型数据战略的目标是通过数据的应用创新业务模式，提升企业竞争力，侧重优化数据分析，让数据为业务赋能，例如提升客户转化率、提高行业影响力等。在治理策略上，不限于构建单一可信数据源，更多的是通过多渠道数据融合的方式来获得数据洞察力。在互联网行业和一些新型的创新性企业多采用该种数据战略。

（2）决策领先型数据战略 vs 运营领先型数据战略

决策领先型数据战略的目标是通过数据驱动的决策，实现企业的业务目标。它强调数据的价值和重要性，并将数据视为决策的关键驱动因素。通过分析大量的数据，企业可以发现隐藏在数据背后的模式和趋势，从而预测市场变化、发现新的商机、改进产品和服务等，让企业在竞争中能够获得先机，快人一步。消费品企业等偏 C 端的企业一般采用该种数据战略，以应对不断变化的市场环境和客户需求。

运营领先型数据战略的目标是通过充分利用数据分析和数据挖掘技术，以获取关于运营效率、质量、成本等方面的洞察，从而实现数据驱动的运营决策，提高效率、降低成本、优化资源配置，获得更高的生产力和竞争力。传统的制造型企业、能源型企业一般会采用该种数据战略模式，将数据管理应用到业务中，从而提升运营效率，实现企业的降本增效。

决策领先型数据战略与运营领先型数据战略的比较如图 3-3 所示。

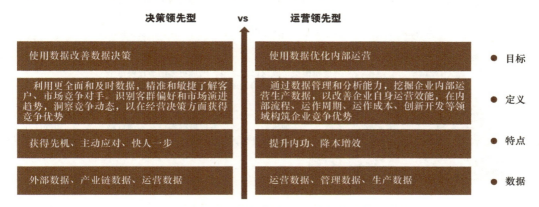

图 3-3　决策领先型数据战略 vs 运营领先型数据战略

3.1.2　数据架构

数据架构是在业务战略和技术实现之间建立起一座通畅的桥梁。数据架构是企业架构中的一部分，通常需要依据企业架构输出满足企业业务当前和长期经营运转的业务需求，以及信息系统存储及处理的存储需求与集成需求等，其目的是描述企业数据应该如何组织和管理，确保各类数据在企业各业务单元间高效、准确地传递，上下游流程快速地执行和运作。数据架构是实现整个企业数据标准一致和数据整合的基础。数据架构主要包括数据模型和数据流向两部分。

1. 数据模型

数据模型是使用结构化的语言将收集到的组织业务经营、管理和决策中使用的数据需求进行综合分析，按照模型设计规范将需求重新组织。从模型覆盖的内容粒度看，数据模型一般分为主题域模型、概念模型、逻辑模型和物理模型，如图 3-4 所示。

主题域模型是最高层级的、以主题概念及其之间的关系为基本构成单元的模型，主题是对数据表达事物本质概念的高度抽象；概念模型是以数据实体及其之间的关系为基本构成单元的模型，实体名称一般采用标准的业务术语命名；逻辑模型是在概念模型的基础上细化，以数据属性为基本构成单元；物理模型是逻辑模型在计算机信息系统中依托于特定实现工具的数据结构。

如图 3-5 所示，从模型的应用范畴看，数据模型分为组织级数据模型和系统应用级数据模型。组织级数据模型包括主题域模型、概念模型和逻辑模型三类，系统应用级数据模型包括逻辑模型和物理模型两类。

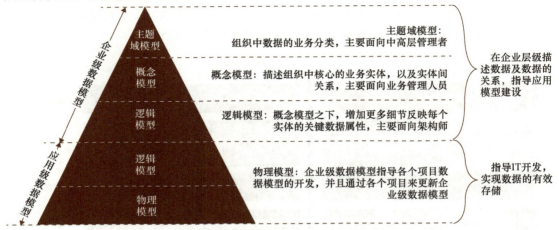

图 3-4 数据模型

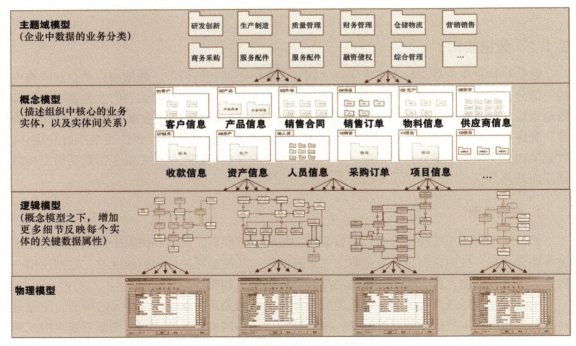

图 3-5 典型数据模型示例

（1）主题域模型

主题是在较高层次上将企业的数据进行归类、分析的抽象概念，每一个主题通常对应一个宏观层面的业务领域或业务板块。

　　主题域是企业数据组织的重要分类方式，也是数据认责的一个重要维度。主题域的划分通常遵循"不交叉、不重叠、不遗漏"原则。主题域模型示例如表 3-2 所示。

表 3-2　主题域模型示例

主题域 Level 0	主题域 Level 1	说　明
01 战略管理	……	……
02 市场营销	……	……
03 产品与技术研究	……	……
04 工程设计		
	16 方案设计	包含顶层设计、总体技术设计、系统技术设计、研制总方案、机电产品样品设计、原理性试验、成品协调、负载统计
	17 产品设计	包含详细设计、验证性试验、转入定型阶段评审、设计过程管理
	18 工艺设计	包含工艺方案设计、工艺文件设计、工装设计、模线设计、工艺试验
05 物资管理		
	19 采购计划管理	包含物资采购计划、标准件采购计划、工具采购计划、工装采购计划、大修材料采购计划、设备备件采购计划
	20 物资采购	包含各类采购计划的采购实施、退换货管理
	21 仓储管理	包含入库、存货、出库、退库、机电产品管理、随机资料管理
	22 配送管理	包含原材料下料配送、机电产品配送、零件标准件配送、工具配送、工装配送、铁路运输
	23 废旧物资管理	包含废旧物资计划、回收、再利用、销售、奖惩
06 生产制造		
	24 作业计划管理	包含作业计划制定、检查、考核、调整、协调
	25 生产准备	包含工装制造、工装管理、样板制造、样板管理、材料下料
	26 制造执行	包含零组件生产、部件生产、总装、转场
07 售后服务	……	……
08 项目管理	……	……
09 质量管理	……	……
10 人力资源管理	……	……
11 财务管理	……	……
12 资产管理	……	……
13 行政综合	……	……

（2）概念模型

　　概念模型是对主题域模型的进一步细化，定义了企业内主要业务实体及实体之间的业务关系，不描述业务实体的数据属性。

实体是客观存在并可相互区别的事物。实体可以是具体的人、事、物，也可以是抽象的概念和联系。实体应包含描述性信息，如果一个数据元素有描述型信息，该数据元素应被识别为实体。如果一个数据元素只有一个标识名，则其应被识别为属性。研发管理域的实体示例如表3-3所示。

表 3-3　研发管理域实体示例

一级域	二级域	三级域	核 心 实 体
研发管理	产品设计管理	任务分解	产品设计计划 试验计划 任务包
		产品设计与仿真	EBOM（包括图纸、模型）、设计文件 设计仿真信息 调试大纲 试验大纲、试验结果信息
		审批与发布	EBOM 及设计文件信息 采购需求 工装设计结果
	工艺设计管理	设计更改	设计更改通知
		工艺分解	工艺设计计划 PBOM 结构
		工艺设计与仿真	PBOM 及工艺文件信息（包括工艺路线、工艺卡片、工艺资源工装工具设备辅料、NC 程序等）、过程控制卡、工艺仿真信息
		审批与发布	PBOM 采购需求、外协技术要求、外协下料申请单、外协基准价格核算单 工装设计要求
		工艺更改	工艺更改通知

生产准备域概念模型示例如图3-6所示。

（3）逻辑模型

逻辑模型是对概念模型的进一步分解和细化，需要通过关键数据属性描述更多的业务细节，包括实体、属性以及实体关系。

逻辑模型通常包括关键的数据属性，不是全部的实体和全部的属性。关键数据属性是指如果该数据属性缺失，企业业务将无法运转，它的识别和设计具有一定的主观性，需要依托企业运行的业务流程及业务活动判断。质量管理某子主题的逻辑模型示例如图3-7所示。

通常情况下，各类数据项目开展过程中的数据架构设计是指主题域模型设计、概念模型设计、逻辑模型设计，而物理模型设计通常是数据建模的产出物。

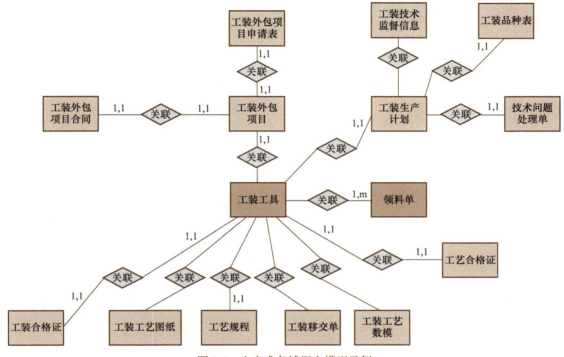

图 3-6　生产准备域概念模型示例

　　每个企业数据模型既可以采用自上而下的方法进行构建，也可以采用自下而上的方法进行构建。自上而下的方法是从主题域开始，先设计主题，再逐步设计下层模型。采用自下而上的方法时，主题域是基于现有逻辑模型向上抽象而成。通常推荐企业采用自下而上的方法分析现有模型，采用自上而下的方法设计主题域模型，两种方法相互结合完成企业数据模型设计工作。

2. 数据流向

　　数据流向用于描述数据如何在业务流程和业务系统中流动。端到端的数据流向包含了数据起源于哪里，在哪里存储和使用，在不同流程和系统内或之间如何转化。数据流向可以通过二维矩阵或者数据流图的方式呈现。通过数据流向的梳理，明确数据的"源头"，即从业务上首次正式发布该项数据的应用系统，配合数据管理组织的认证，作为企业范围内唯一的数据源头被周边系统调用。

　　二维矩阵指的是 U/C 矩阵，C 代表数据在该业务域创建，U 代表数据被某业务域使用。该矩阵中的一类数据仅在数据使用的源头进行创建，而在别的业务域被使用，即一类数据只能对应一个 C，但可对应多个 U。数据与业务域的 U/C 矩阵的梳理可为后续数据源头确定、数据集成关系确定提供参考依据。数据与业务域 U/C 矩阵示例如图 3-8 所示。

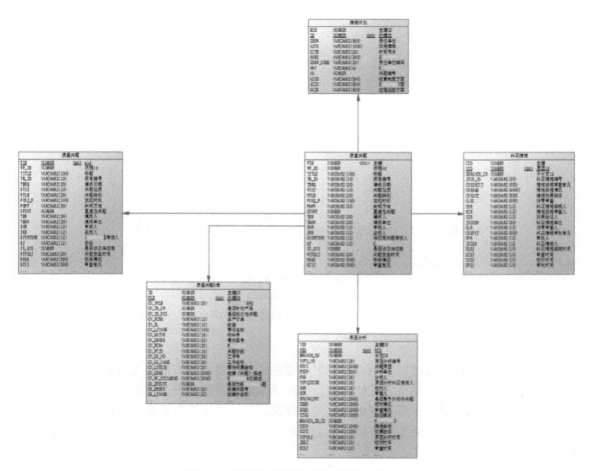

图 3-7　质量管理某子主题的逻辑模型示例

　　为了更加明确地表述数据在各业务系统间的流转关系，也会梳理主数据与业务系统之间的 U/C 矩阵，C 代表主数据在该业务系统创建，U 代表主数据被某业务系统使用。原则上一类主数据通常在一个业务系统进行创建，而在别的业务系统被引用，即一类主数据对应一个 C，但可对应多个 U，如人员主数据、物料主数据等。但是由于各业务系统在建设初期未进行统筹的规划以明确各主数据的源头，并且也未严格执行集成流程管理，所以通常也会存在一类主数据由多个业务系统管理的不规范问题，如何解决该问题详见本书的主数据管理相关章节。主数据与业务系统 U/C 矩阵示例如图 3-9 所示。

业务域			经营目标	市场计划	客户需求	客户	项目方案论证报告申报文件	合同	技术要求	项目代号	项目硬成本预算	项目	项目计划	交付单验收报告	产品设计计划	设计任务包	图纸与模型	EBOM	调试试验大纲	设计仿真	设计更改通知
市场管理	市场规划	市场规划	C	C																	
	需求管理	需求管理			C	U															
	任务挣揽	任务挣揽		U	U	U	C														
	项目催款	项目催款				U		U	U					U							
	客户管理	客户管理				C															
项目管理	项目立项	项目评审						U	U	C	C										
		项目立项管理								U	U	C									
	项目计划与执行	项目计划管理								U	U	U	C								
		项目执行与控制								U	U	U									
		项目交付与验收								U	U	U		C							
研发管理	产品设计管理	任务分解						U	U	U		U	U		C	C					
		产品设计						U	U	U		U				U	U	C		C	U
		设计审批与发布															U	C	C		
		设计更改																			C
	工艺设计管理	工艺分解							U	U									U		
		工艺设计							U	U											
		工艺审批与发布																			
		工艺更改																			U

图 3-8　数据与业务域 U/C 矩阵示例

数据流图主要通过框图的方式体现了数据在业务域之间的流转关系。如图 3-10 所示，该数据流图以研发管理域为基准，体现了研发管理域内部的数据流转关系、研发管理域与其他业务域之间的流转关系。

业务系统	ERP	HR	MES	MRP	PLM	PMS	QMS	WMS	资金系统	CRM
物料	U	U	U	U	C	U	U	U	U	U
组织机构	U	C	U	U	U	U	U	U	U	U
人员	U	C	U	U	U	U	U	U	U	U
供应商	C			U		U	U	U	U	
客户	C					C	U	U		C
项目	C					C	U			
汇率	C					U		U		
合同	U					C		U		
岗位		C				U				
国家/地区	C									U

图 3-9　主数据与业务系统 U/C 矩阵示例

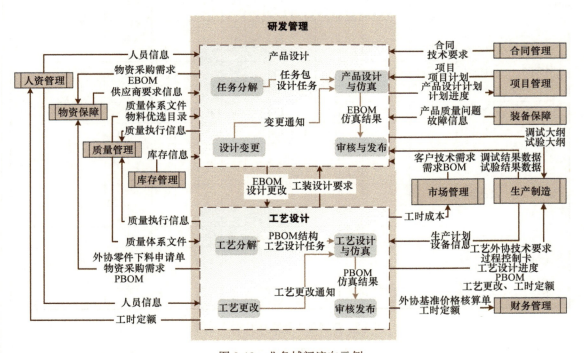

图 3-10　业务域间流向示例

研发管理域内部数据流向说明如表 3-4 所示。

表 3-4 研发管理域内部数据流向说明

主题域	业务域	数据流向关系说明
产品设计	任务分解→产品设计	项目立项后将项目计划分别同步至产品设计与生产制造，并按照合同、技术要求与项目计划进行二级计划的编制与任务的分解，随后将二级计划与任务包同步至产品设计进行产品的设计
	产品设计→审核与发布	产品设计将设计形成的 EBOM（产品图纸、模型等）进行审核与发布
	设计更改→产品设计	用户需求变化或工艺阶段、生产阶段提出的设计问题会引起设计更改，设计更改将设计更改通知同步至产品设计进行图纸、模型或 EBOM 的变更，形成新版本的 EBOM
工艺设计	工艺分解→工艺设计	研发设计完成后将 EBOM 同步至工艺设计，经过工艺分解形成 PBOM，结合同步的生产计划形成工艺设计任务或工艺设计计划，并同步至工艺设计
	工艺设计→审批与发布	工艺设计完成后将 PBOM（包括工艺路线信息等）进行审核与发布
	工艺更改→工艺设计	设计更改引起的工艺变更或生产制造的工艺问题引起的变更，通过工艺更改推送至工艺设计进行工艺的变更处理

研发管理域外部数据流向说明如表 3-5 所示。

表 3-5 研发管理域外部数据流向说明

主题域	业务域	数据流向说明
产品设计	市场管理	市场管理向研发设计提供客户技术要求等
	合同管理	合同管理向研发设计提供项目合同和技术协议
	项目管理	项目管理将项目信息、项目计划信息同步至产品设计 产品设计将产品设计计划、计划进度反馈至项目管理
	生产制造	产品设计将调试大纲、试验大纲同步至生产制造，装配完成指导调试试验
	工艺设计	产品设计向工艺设计提供 EBOM、设计更改信息 工艺设计完成后向产品设计提供工装设计要求
	物资保障	产品设计向物资保障管理发出物资采购需求、设计外协技术要求
	质量管理	质量管理将质量体系文件同步至产品设计 产品设计将项目执行过程的质量执行情况、质量问题等反馈至质量管理
	人资管理	人资管理向产品设计同步人员数据
工艺设计	产品设计	产品设计向工艺设计提供 EBOM、设计更改信息
	生产制造管理	生产制造管理向工艺设计提供设备信息、生产计划 工艺设计向生产制造管理提供工艺设计计划、工艺设计进度、PBOM 以及工艺更改信息
	物资保障	工艺设计向物资保障管理发出物资采购需求、工艺外协技术要求、外协零件下料申请单
	质量管理	质量管理将质量体系文件同步至工艺设计 工艺设计将项目执行过程的质量执行情况、质量问题等反馈至质量管理
	财务管理	工艺设计向外物管理同步外协基准价格核算单
	人资管理	人资管理向工艺设计同步人员数据

3.1.3 元数据管理

元数据描述了企业有哪些数据，数据是什么，数据分布在哪里，数据从哪里产生以及在什么地方应用。如果不知道自己拥有哪些数据，则无法对其进行管理。元数据管理是整个数据生命周期中需要做的基础性工作，它为各类数据提供了上下文环境，使企业能够更好地了解、管理和使用数据，所以元数据对于数据管理不可或缺。

1. 什么是元数据

元数据最为常用，也许是最不实用的一个定义是描述数据的数据。这个概念比较抽象，下文将举例来说明什么是元数据。

（1）举例 1：照片中的元数据

用手机拍摄了一张照片，查看照片的详情，如下所示：

照片信息：

文件名：IMG_20231517_114115

时间：2023 年 5 月 17 日 11：30：01

分辨率：4608×2592

文件大小：2.69MB

相机制造商：OnePlus

相机型号：ONEPLUS A5000

闪光灯：未使用闪光灯

焦距：4.10mm

白平衡：自动

光圈：f/1.7

曝光时间：1/50

ISO：1250

这些数据是描述了一张照片的元数据。

（2）举例 2：书籍的元数据

- 图书馆的一本图书：
- 书籍名称：《数据治理：工业企业企业数字化转型之道》
- 作者：祝守宇等
- 出版社：电子工业出版社
- 出版日期：2020 年
- 出版地：北京
- 尺寸：24cm
- ISBN/ISSN：978-7-121-39597-0

- 分类号：F406-39
- 主题词：数字技术-应用-工业企业管理
- 丛书：
- 页码：24，548 页
- 价格：CNY158.00

图书目录卡片中包含图书名称、编号、作者、主题词、出版社、出版时间等信息，这些数据不是图书的内容，但是描述了图书的信息，这些就是关于这本图书的数据，即元数据。

（3）举例 3：一个数据集的元数据

如果把一个数据集分解为记录，那么每条记录就可以表达一个单独的数据项，对于这条数据记录的描述信息包含数据表名称、字段名称、数据来源、数据责任人、数据字段类型、数据格式、数据在哪里应用等，这些都是该记录的元数据。

HR 系统中员工基本信息表的元数据示例如图 3-11 所示。

表名称	字段名称	表字段描述	是否主键	数据类型	长度	字段精度（字节）
Emp_inf	Name	员工姓名	否	Varchar	32	
Emp_inf	Employment_type	用工类别	否	Varchar	10	
Emp_inf	Emp1_id	人员编号	否	Varchar	10	
Emp_inf	National	民族名称	否	Varchar	32	
Emp_inf	Personnel_categor	人员类别	否	Varchar	32	
Emp_inf	Person_class	人员分类	否	Varchar	32	
Emp_inf	Post_type	岗位类别	否	Varchar	32	
Emp_inf	Sex	性别名称	否	Varchar	32	

图 3-11 HR 系统中员工基本信息表的元数据示例

元数据是数据的描述信息。元数据描述了一个组织有什么数据，数据是什么，数据分布在哪里，数据如何流转等信息。从内容上看，元数据包括技术和业务描述，数据规则和约束信息，数据库、数据元素、数据模型、数据表示的概念（如业务流程、应用系统、软件代码、技术基础设施），以及数据与概念之间的关系等内容。

2. 元数据的分类

元数据通常分为业务元数据、技术元数据和操作元数据三大类，另外，还有非结构化数据的元数据。下文将详细介绍业务元数据、技术元数据、操作元数据和非结构化数据的元数据。

（1）业务元数据

业务元数据描述的是数据的业务含义、业务规则等业务上下文背景信息，可以帮助企业更好的理解和应用数据。

业务元数据的主要来源：

- 组织内的业务系统：iERP 系统、HR 系统等业务系统中存储大量元数据，比如业务术语、财务计算公式、指标计算逻辑、业务处理规则等。

- 概念模型和逻辑模型：业务对象、业务属性、业务关系等。
- 指标定义：业务指标名称、计算口径、衍生指标等。
- 报表表头：表头描述、合计计算、平均计算等公式。
- 文件等非结构化数据的描述信息：如文件的标题、作者、修改时间、摘要信息等。
- 数据质量规则、业务引擎规则、数据挖掘算法等。
- 数据采集工具、BI工具、数据仓库、指标管理工具、数据治理工具等包含的计算逻辑、数据敏感级别、数据安全管理级别等。

（2）技术元数据

技术元数据：描述的有关数据的技术细节、存储数据的系统以及系统内和系统间的数据流转过程。技术元数据主要服务于开发人员，明确数据的存储结构、数据关系等。技术元数据包括物理模型的表与字段、ETL规则、集成关系、访问权限等。

技术元数据来源：

- 物理模型，比如表名称、列名称、字段长度、字段类型、约束信息、数据依赖关系等。
- 数据存储类型、位置、格式等。
- 数据血缘关系，比如SQL脚本信息、接口信息、ETL脚本信息等。

（3）操作元数据

操作元数据描述的是数据操作的细节。常见的操作元数据包括：

- 数据处理作业的结果、系统执行日志，包括调度、频度等。
- 调度异常处理信息，包括报错日志等。
- 数据访问权限、组和角色、数据备份、归档人、归档时间等，包括数据所有者、使用者，数据的访问方式、访问时间、访问限制等。

（4）非结构化数据的元数据

相对于结构化数据，对非结构化数据的元数据管理也非常重要。由于非结构化数据的类型多样，通常分为文档、视频、音频、图片等类型，不同类型的非结构化数据的元数据内容不同。非结构化数据的元数据示例如图3-12所示。

文档类型的元数据（见图3-13），主要包括文档分类信息、文档标题、文档摘要、文档大小、文档格式、存储位置、访问权限和导航信息、文档语义、关键词等内容。

对于影音、视频、图片等类型的非结构化数据，其内容一般较难获取，可以抽取其语义特征、基本属性、底层特征等元数据信息进行管理。某视频的元数据信息可以包括以下内容：

- 文件属性：文件名、文件大小、文件格式等。
- 时长和帧率：视频的总时长以及每秒播放的帧数。
- 分辨率：视频的宽度和高度，用像素表示。

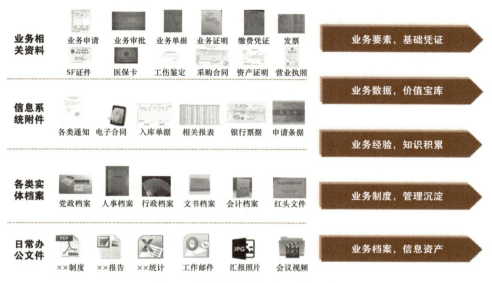

图 3-12　非结构化数据的元数据示例

- 编码信息：视频的编码格式，如 H. 264、H. 265 等。
- 比特率：视频的平均比特率，表示视频的压缩程度和质量。
- 音频信息：音频的编码格式、声道数、采样率等。
- 创建时间和修改时间：视频文件的创建时间和最近修改时间。
- 拍摄信息：如果视频是由摄像机拍摄的，则可能包括拍摄地点、拍摄设备等信息。
- 关键帧信息：视频的关键帧位置和间隔，关键帧在视频中起到重要的标识和定位作用。
- 其他元数据可能还包括视频的标题、描述、关键词、作者、版权信息等。

这些元数据信息可以通过视频自身的属性、封装格式（如 MP4、AVI 等）的元数据标签，以及视频编码所使用的容器格式（如 MKV、MOV 等）的元数据标签来获取。元数据信息可以帮助用户了解和管理视频文件，也可以在视频处理和分析中提供重要的上下文信息。

3. 元数据的作用

要理解元数据在数据管理中的重要作用，可以想象一下，在一个大型图书馆里，存放着成千上万本书籍和杂志，却没有图书卡片目录。如果没有卡片目录，读者可能不知道如何开始寻找特定的书籍或杂志，管理员也无法掌握图书馆有哪些书籍。图书卡片目录不仅提供了必要的信息（图书馆拥有哪些书籍和资料，以及它们放在哪里），还允许读者从不同的起点（主题区域、作者或标题）出发查找资料。如果没有图书卡片目录，要找到一本特定的书是很困难的。没有元数据的组织就像没有图书卡片目录的图书馆。

所以元数据的作用可以总结为以下内容：

序号	一级类目名称	一级类目代号	二级类目		三级类目	
			代号	名称	代号	名称
1	管理类	W	可按职能或机构自行细分			
2	产品类	E	可按种类或产品型号自行细分			
3	科学技术研究类	F	可按专业性质或课题性质自行细分			
4	建设项目类	G	可按工程性质或单项工程、项目文件材料形成阶段自行细分：大型建设项目宜根据项目情况设置二级或三级类目			
5	设备仪器类	H	可按种类或单项设备仪器自行细分			
6	会计类	I	01	会计凭证	不再进行类目细分	
			02	会计账簿		
			03	财务报告		
			04	其他		
7	职工类	J				
8	油气勘探开发类	K	01	综合	可结合国家《油气勘探与开发地质资料立卷归档要求》进行细分	
			02	单井		
			03	地球物理与地球化学勘探		
			04	实物地质资料		
			05	测绘		
			06	地质勘探		
			07	油气田开发		
			08	科学技术研究		
9	金融类	Q	01	银行	01	个贷
					02	法贷
					03	资金
					04	国际
					05	运管
			02	保险	可自行结合金融项目阶段或其他进行细分	
			03	信托		
			04	租赁		
10	声像类	S	01	视频	可结合声像档案管理实际进行类目细分	
			02	音频		
			03	图像		
11	实物类	R	01	荣誉	可结合实物档案管理实际进行类目细分	
			02	印章		
			03	礼品纪念品		
			04	其他		

图 3-13　某企业的文档类型的主数据示例

- 描述数据：通过元数据来描述数据是什么，帮助人们理解数据业务含义和上下文信息，是数据应用和流通的基础。
- 检索数据：通过元数据检索到需要的数据，并定位到数据在哪里，便于访问和获取数据。
- 管理数据：对数据对象的管理，包括对数据版本、数据归属、数据权限进行描述，便于管理。
- 评估数据：对数据对象的评估，包括对数据质量情况、数据热度、数据应用场景进行管理，方便认识数据。

4. 元数据管理的职能

根据 *DAMA-DMBOK 2* 的定义，元数据管理（Meta Data Management）是数据资产管理的重要基础，是为获得高质量的、整合的元数据而进行的规划、实施与控制行为。

通常组织的元数据管理的目标是让数据管理者和数据消费者清楚地了解组织有哪些数据、存在哪里、如何获取、如何管理、如何维护、如何应用。组织的元数据管理职能包括以下内容：

- 全面盘点和梳理组织的数据资产，展示完整的数据资产分布地图，构建数据访问的统一入口，为数据管理和数据应用奠定基础，增强业务人员和管理人员对于数据的理解与认识。
- 建立一套业务术语字典和一套指标体系字典，让业务人员和管理人员对数据的理解和指标的理解达成共识。
- 管理数据流向，精准定位业务数据问题。通过对数据流向的管理，明确数据的来龙去脉，当业务数据出现问题时，能够快速进行异常定位来解决问题。

3.1.4 数据标准管理

数据标准是指保障数据的内外部使用与交换的一致性和准确性的规范性约束。由于不同类型数据的作用及应用诉求不同，因此不同类型数据的数据标准的侧重内容有所不同。

1. 数据标准的定义

- 指标数据。指标数据是组织在经营分析过程中衡量某一个目标或事物的数据。指标数据管理指组织对内部经营分析所需的指标数据进行统一的规范化定义、采集和应用，用于提升统计分析的数据质量。
- 数据元。数据元是一组属性规定其定义、标识和允许值的数据单元。通过对组织中核心数据元的标准化，使数据的拥有者和使用者对数据有一致的理解。
- 主数据。主数据是组织中需要跨系统、跨部门共享的核心业务实体数据。主数据管理是对主数据标准和内容进行管理，实现主数据跨系统使用。

- 参考数据。参考数据是用于将其他数据进行分类的数据。参考数据管理是对定义的数据值域进行管理，包括：标准化术语、代码值和其他唯一标识符，每个取值的业务定义，数据值域列表内容和跨不同列表之间的业务关系的控制，对相关参考数据的共享。
- 业务术语。业务术语是组织中业务概念的描述，包括中文名称、英文名称、术语定义等内容。业务术语管理就是制定统一的管理制度和流程，并对业务术语的创建、维护和发布进行统一的管理，推动业务术语的共享和组织内部的应用。

2. 数据标准与元数据的关系

每类数据应该定义其标准，可通过各类数据的元数据定义数据标准。各类数据的元数据的业务和内容有所差异及侧重，如图 3-14 所示。

数据分类	数据标准	业务视角	技术视角	管理视角
指标数据	指标数据标准	主题域、业务对象、指标编码、中文名称、英文名称、指标定义、指标类型、应用范围、统计对象范围、维度、计算规则、计量单位	数据类型、数据长度、数据精度、取值范围	数据维护责任部门、业务规则责任部门、数据管控责任部门、生命周期状态、制定依据
业务数据	数据元标准	主题域、数据标准编号、中文名称、英文名称、业务定义、业务规则、同义词、应用范围	数据类型、数据长度、数据精度、取值范围、引用代码、表示格式、缺省值	数据维护责任部门、业务规则责任部门、数据管控责任部门、生命周期状态、制定依据
主数据	主数据标准	主题域、主数据编码、主数据中文名称、主数据英文名称		数据维护责任部门、业务规则责任部门、数据管控责任部门、生命周期状态、制定依据
参考数据	参考数据标准	主题域、标准编码、中文名称、英文名称		数据维护责任部门、业务规则责任部门、数据管控责任部门、生命周期状态、制定依据
	业务术语	中文名称、英文名称、术语描述		业务术语责任部门、数据维护责任部门

图 3-14　企业数据标准示例

组织在开展数据标准管理及相关能力域提升的过程中，往往容易忽略各类数据侧重的内容，从而导致数据标准的执行不顺畅，或出现"贯标难"的问题。因此，组织数据标准的管理应该在组织范围内定义清楚各类数据标准的元数据内容。确定符合组织贯标落地的元数据内容是保障数据标准有效管理的基础。

3. 各类数据的数据标准

（1）指标数据标准

指标数据是组织在经营过程中衡量某一个目标或事物的数据，一般由指标名称、时间和数值等组成。指标数据标准包括指标名称、指标含义、计算规则、数据维护责任部门等。比如，某销售订单占比指标的数据标准，如图 3-15 所示。

图 3-15　某销售订单占比指标的数据标准

（2）数据元标准

业务数据是通过对企业中核心数据元的进行标准定义，使数据的拥有者和使用者对数据有一致的理解。比如，某采购合同编号的数据标准如图 3-16 所示。

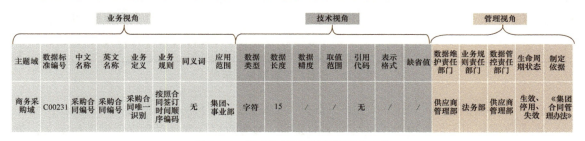

图 3-16　某采购合同编号的数据标准

（3）主数据标准

主数据是组织中需要跨系统、跨部门共享的核心实体数据。主数据管理是对主数据标准和内容进行管理，实现主数据跨系统使用。主数据标准包括中英文名称、数据维护责任部门、制定依据等。如图 3-17 所示，合同主数据标准包括合同的主题域、主数据编码等内容。存量数据需要按照定义的标准规范进行数据清洗整改，去除重复的数据、填补缺失的数据等，形成规范的数据，这个也是主数据管理范围内的工作。未来新增的数据也需要按照规范的编码、质量规则等管理，确保数据的规范性。

	业务视角			管理视角				
主题域	主数据编码	主数据中文名称	主数据英文名称	数据维护责任部门	业务规则责任部门	数据管控责任部门	生命周期状态	制定依据
商务采购	C03	合同	PURCHASE ORDER	供应商管理部	法务部	供应商管理部	生效、停用、失效	《集团合同管理办法》

图 3-17　合同主数据标准

工业企业主数据通常还包括人员、组织机构、客户、供应商、物料、产品、会计科目、工装工具、设备等。企业需要从业务视角、技术视角、管理视角制定每类主数据的属性标准，也需要对各类主数据具体的内容（值）进行管理。原材料主数据标准示例如图 3-18 所示。

中文名称	英文名称	字段类型	最大长度	枚举值	必填	唯一性	释义	备注
原材料编码	Material Code	字符	100		是	否		以20开头加8位流水码，例：1300000001，详见质量规则
原材料名称	Material Name	字符	100		是	是	指原材料的实物名称	
原材料牌号	Material Grade	字符	100	牌号	是	否		兼容集团标准，为预留字段
原材料质量等级	Material Quality Level	字符	100	质量等级	是	否		
原材料规格	Material Specifications	字符	100		是	是		详见质量规则要求
原材料技术条件	Material Technical Conditions	字符	100		是	否		填单—材料技术条件
特殊要求	Special Requirements	字符	100		否	否		
分类	Classification	字符	100	原材料分类	是	是		
密度	Density	字符	100		否	否		有密度特征时，由物资处填写
国产/进口	Domestic Import	字符	100	国产/进口	否	否		
计量单位	Units	字符	100	计量单位	是	否		

图 3-18 原材料主数据标准示例

（4）参考数据标准

参考数据是用于将其他数据进行分类的数据。参考数据标准是对数据值域进行定义，包括参考数据中英文名称、参考数据维护责任部门、制定依据等，如图 3-19 所示。

	业务视角			管理视角				
主题域	参考数据编码	参考数据中文名称	参考数据英文名称	参考数据维护责任部门	业务规则责任部门	参考数据管控责任部门	生命周期状态	制定依据
商务采购	C01	合同类型	ORDER TYPE	供应商管理部	法务部	供应商管理部	生效、停用、失效	《集团合同管理办法》

图 3-19 参考数据标准

除了从业务视角及管理视角明确企业有参考数据标准外，仍需要对每种参考数据从技术视角制定属性标准。具体的参考数据标准除了定义参考数据外，还需要给出清晰的值列表内容。设备属性中"账类别"枚举项标准示例如图 3-20 所示。

分类编码	分类名称	编码	名称
1	固定资产	11	无形资产
		12	（有形）资产
2	实物	20	实物
3	低值易耗	30	低值易耗

图 3-20 设备属性中"账类别"枚举项标准示例

（5）业务术语

业务术语是对企业中业务概念的描述。业

务术语是企业内部理解数据、应用数据的基础。通过对业务术语的管理能保障组织内部对集体技术名词理解的一致性。如图 3-21 所示，业务术语通常从中文名称、英文名称、术语描述等业务视角，以及业务术语责任部门、数据维护责任部门描述。

图 3-21　业务术语标准

3.1.5　数据质量管理

1. 数据质量

数据质量既是指度量数据的准确性、完整性、一致性、可靠性和及时性等方面的特性，也是指在业务环境下，数据符合数据消费者的使用目的，能满足业务场景具体需求的程度。在不同的业务场景中，数据消费者对数据质量的需求不尽相同，有的主要关注数据的准确性和一致性，有的则关注数据的实时性和相关性。因此，只要数据能满足使用目的，就可以说数据质量符合需求。如果数据能够满足消费者应用需求，就是高质量的；反之，如果不满足数据消费者应用需求，就是低质量的。因此，数据质量高低与使用数据的场景和数据消费者的需求场景息息相关。比如一个超市的销售数据能让管理者知道哪种产品大卖，并开始增加该产品的库存，进而产生更多业绩。这个销售数据辅助管理者决策，让超市盈利更多，对组织业务和管理有价值，于是属于质量高的数据。同理，如果一些数据不能满足某些组织的业务和管理需求，这就是质量低的数据。比如一家公司邀请用户填写调查问卷，但问卷答案是用户乱填的，这些错误数据无法反映市场真实意图，对公司了解市场没什么益处，还会导致管理者做出错误决策。

使用低质量数据充满风险，会损害组织的声誉，导致罚款、收入损失、客户流失和负面的媒体曝光。监管的需求通常要求高质量的数据。此外，许多直接成本均与低质量数据有关，例如：

- 无法正确开具发票。
- 增加客服电话量，降低解决问题的能力。
- 因错失商业机会造成收入损失。
- 影响并购后的整合进展。
- 增加受欺诈的风险。
- 由错误数据驱动的错误业务决策造成损失。

- 因缺乏良好信誉而导致业务损失。

高质量数据本身并不是目的，它只是组织获取成功的一种手段。值得信赖的数据不仅降低了风险，而且降低了成本，提高了效率。当员工使用可靠的数据时，他们可以更快、更一致地回答问题。如果数据是正确的，他们能花更少的时间发现问题，而将更多的时间用于使用数据来获得洞察力、做决策和服务客户。因此，数据质量是数据的生命线，没有高质量的数据，一切数据分析、数据挖掘、数据应用的价值会大打折扣，甚至出现完全错误的结论，浪费组织大量时间和精力，得不偿失。

2. 数据质量管理

随着企业业务的不断发展壮大，组织内部数据量剧增，数据系统存在大量无效且冗余的旧数据、错误数据、残缺数据，影响后续数据处理分析，使管理层决策失误。问题数据频繁出现的原因就是组织数据质量管理不善。

数据质量管理是指对数据从计划、获取、存储、共享、维护、应用、消亡这一生命周期的每个阶段里可能引发的各类数据质量问题进行识别、度量、监控、预警等一系列管理活动，并通过改善和提高组织的管理水平使得数据质量获得进一步提高。数据质量管理专注于以下目标：

- 根据数据消费者的需求，开发一种受管理的方法，使数据符合要求。
- 定义数据质量控制的标准和规范，并作为整个数据生命周期的一部分。
- 定义并实施测量、监控和报告数据质量水平的过程。
- 根据数据消费者的需求，通过改变流程和系统以及参与可显著改善数据质量的活动，识别高数据质量。
- 数据质量管理是指对数据质量进行全面的管理和控制，包括数据质量评估、数据质量诊断、数据质量提升等方面，其目的是确保数据的价值和可信度，为企业决策和业务流程提供支持，并通过改善和提高组织的管理水平使数据质量获得进一步提升。

3. 数据质量维度

数据质量维度是数据的可测量的特性。术语"维度"可以类比于测量物理对象的维度（如长度、宽度、高度等）。数据质量维度供了定义数据质量要求的一组词汇，通过这些维度定义可以评估初始数据质量以及持续改进的成效。

数据质量维度没有一个统一的定义，但却都包含了共同的理念。数据质量维度不仅包含一些可客观衡量的特征（完整性、有效性、格式的一致性等），还包含与业务场景紧密关联或具有主观解释的特征（可用性、可靠性、信誉度）。无论使用什么名称，数据质量维度都会专注于衡量是否有足够的数据（完整性），数据是否正确（准确性、有效性），数据是否彼此吻合（一致性、集成性、唯一性），数据是否随时间更新（及时性），以及数据的可访问性、可用性和安全性。其中：

- 准确性：是指数据正确表示"真实"的程度。准确性比较难描述，比如数据要符合数据定义的类型、字符长度、取值等信息，不能说字段定义是 str 型的姓名，结果数据是 int 型的手机号，这就明显不对了。大多数准确性的测量依赖于与已验证为准确的数据源的比较，如来源于可靠的数据源记录或系统（如邓白氏公司的参考数据）。另外，数据准确性需要与实际物理实体进行比对，比如电网设备之间的挂接关系需要通过设备运维人员实地考察来验证。
- 完整性：数据在采集、流转的过程中，容易出现信息缺失、丢失的问题，比如记录的缺失、某个属性字段的缺失、空值等。
- 一致性：是指确保数据值在数据集内和数据集之间表达的相符程度。对于同一个数据在不同系统、不同库中的描述和相关属性应该是相同的，不会存在一个员工的基本信息在多个系统中信息不一致的情况。
- 及时性：是衡量数据值是否最新版本的指标。静态数据（如国家代码等参考数据值）可能长时间保持最新，但是交易数据会随着业务开展一直变化。以导航地图上的道路车流量数据为例，导航地图通过车流量数据判断道路拥堵情况，以便于指导车辆进行行程规划，这就要求地图导航应具有很高的数据及时性，如果有延迟就无法准确反映道路交通拥堵情况，地图规划的路线就可能产生误导，地图规划的道路就没有了价值，甚至引发用户极度不满。
- 有效性：是指数据值与定义的值域一致。值域可以被定义为参考表中的一组有效值、一个范围，或者通过规则确定的值。有效性也称为规范性，比如数据的命名、长度、取值范围等约束条件满足用户设定要求的程度。数据有效性的检验，可以通过将数据值与值域进行比较来实现。
- 唯一性：用于识别和度量数据冗余程度。例如主数据治理中的"一物多码"问题，为每一个数据实体赋予唯一的"身份 ID"是数据治理需要解决的基本问题。数据不重复存储，以避免冗余数据对业务协同、流程串接造成干扰和影响。
- 可用性：数据可理解、可访问、可维护，并且具有合适的精准度。

数据质量通常用以上的测量维度进行量化评测，并通过改进数据质量维度来提高数据质量。但是针对不同的数据集合，数据质量的维度可能不同。在企业落地实践中，一般基于数据使用的需求选择合适的维度以及为不同的维度设置合理的权重。

4. 产生数据质量问题的原因

数据质量管理目标是为满足业务需求提供高质量数据。在确定实施数据质量提升策略之前，必须先找出产生数据质量问题的根本原因。影响数据质量的因素主要有三个方面：技术操作、业务应用和企业管理。

（1）在技术操作层面引发的问题

- 模型设计的质量问题：如库表结构、库约束条件、数据校验规则的设计开发不合理，造成数据录入无法校验，或者错误；引起数据重复、不完整、不准确的问题。

- 数据源有质量问题：如数据在生产系统采集过来的过程中存在重复、不完整、不准确等问题，但是后续又没有对这些问题进行清洗操作，导致该数据进入了数仓处理流程。
- 数据采集过程有问题：数据在采集这个过程中存在质量问题，如映射关系不对，采集频率不对等。
- 数据传输过程的问题：如数据传输过程中网络不可靠等问题。
- 数据转载过程中有问题：如清洗规则、转换规则等。
- 数据存储有问题：如存储设计不合理、人为后台调整数据等，导致数据丢失、无效。

（2）在业务应用层面引发的问题

- 业务需求不清晰：如数据的业务描述、业务规则不清晰，导致技术无法构建出合理正确的数据模型。
- 业务需求变更导致数据模型设计、录入等环节受影响。
- 业务端数据输入不规范。
- 业务系统间数据不一致问题严重。
- 数据作假。

（3）在企业管理层面引发的问题

- 认知问题：企业管理缺乏数据思维，没有认识到数据质量的重要性，重系统而轻数据，认为系统是万能的，数据质量差些也没关系。
- 没有明确数据归口管理部门或岗位，缺乏数据认责机制，出现数据质量问题找不到负责人。
- 缺乏数据规划：没有明确的数据质量目标，没有制定数据质量相关的政策和制度。
- 缺少统一的数据标准：不同的业务部门在不同的时间处理相同业务的时候，由于数据管理执行的标准不同，造成数据冲突或矛盾。
- 缺乏有效的数据管控机制：对历史数据质量检查、新增数据质量校验没有明确和有效的控制措施，出现数据质量问题无法考核。
- 缺乏有效的数据质量问题处理机制：数据质量问题从发现、指派、处理到优化没有一个统一的流程和制度支撑，无法实现闭环管理。

5. 数据质量管理职能活动

数据质量管理是以满足业务需求为目标制定数据质量需求和目标，是通过计划、实施和控制活动，运用质量管理技术度量、评估、改进和保证数据质量满足业务需求的过程。数据质量管理的职能活动会贯穿数据全生命周期，包括数据质量需求定义、数据质量诊断、数据质量提升和数据质量监管与评估。数据质量管理活动主要包括以下内容：

- 数据质量需求定义：通过数据质量的需求定义，明确满足业务需求的数据是什么，具备怎样的特性和标准，也就明确了数据质量管理的目标和测量维度。

- 数据质量诊断：根据高质量数据定义进行数据质量评估规则和模型的设计，核查和识别异常数据，评估数据满足业务的程度，输出核查问题报告，诊断和定位数据问题以及问题原因。
- 数据质量提升：根据数据质量问题的根因分析制定数据质量提升方案并实施数据质量提升措施。数据质量提升一般围绕三个方面开展：第一，在企业管理层面，通过建立数据质量体系，包括组织体系、制度体系等作为基础保障；第二，在技术操作层面，通过数据解析、标准化、清洗和整合分析等技术手段解决数据质量问题，实现数据质量问题的闭环管理，从而提升数据质量。第三，在业务应用层面，通过统一数据标准、统一数据源头管理等措施，规范数据录入和使用。
- 数据质量监管：构建数据质量管理考核体系，监管数据质量管理，跟踪数据质量问题，保障常态化数据质量管理措施落地。

3.1.6 数据安全管理

1. 数据安全治理概述

数据安全治理现状如下：

（1）数据安全事件频发

数字化变革为数据使用带来便捷性，更能发挥数据最大的价值，但因此也带来更严峻的安全风险。2022 年 7 月，疑似某地公安部门数据库的数十亿公民信息及警情信息被不法分子在非法网站售卖；同年 8 月，疑似 2000 多万条某地健康码系统中的公民个人信息在非法网站被不法分子售卖。2022 年 9 月 5 日，国家计算机病毒应急处理中心发布的《关于西北工业大学遭受境外网络攻击的调查报告》显示，美国国家安全局（NSA）下属的特定入侵行动办公室（TAO）使用了 40 余种不同的专属网络攻击武器，持续对西北工业大学开展攻击窃密，窃取该校关键网络设备配置、网管数据、运维数据等核心技术数据。

（2）数据安全法规不断健全，监管力度不断加大

在全球数据安全和个人信息保护重视程度高度提升的背景下，数据安全和大数据应用已经成为我国重要发展战略。我国于 2016 年通过了《中华人民共和国网络安全法》，于 2021 年通过了《中华人民共和国数据安全法》《中华人民共和国个人信息保护法》，并在 2022 年发布了《数据出境安全评估办法》，进一步规范了数据跨境传输的安全要求。

2018 年到 2022 年，我国监管部门联合出台多项关于数据安全及个人信息保护的监管要求及国家标准，指导各行业规范处理个人信息，加强个人信息安全管理和数据安全管理能力建设。各行业各领域的数据安全保护监管工作已经正式展开，并发布了行业相关的数据安全管理规范，例如：2020 年，中国银行保险监督管理委员会（现国家金融监督管理总局）发布了《中国银保监会监管数据安全管理办法（试行）》；工业和信息化部也在 2022 年发布了《工业和信息化领域数据安全管理办法（试行）》。

2. 数据安全治理的核心职能框架

（1）数据安全治理的必要性

在数字化蓬勃发展的今天，数据作为企业的核心资产，需要通过在企业内部、外部的流通和应用，实现数据的业务价值。随着大数据平台应用及商业智能不断增强，企业内部汇聚了大量的用户消费及行为数据，这些数据存在泄露或被滥用的风险，侵犯个人隐私和相关权益，因此，各国从保护个人隐私及权益角度出发，制定了各种严格的数据安全相关的法律法规，并对违法企业处以严重的罚款。《一般数据保护法案》于 2018 年 5 月 25 日在欧洲联盟（简称"欧盟"）实施，被称为史上最为严厉的个人数据保护条例。在处理个人数据时一旦被欧盟认定违规，最高处罚金额可达 2000 万欧元或企业全球年营业额的 4%（两者中取其高值）。对一些中小企业来说，巨额罚款无异于灭顶之灾。因此，对于每家企业来说，数据安全治理是在企业经营过程中的关键工作之一。

（2）数据安全治理的核心职能框架的主要内容

《中华人民共和国数据安全法》明确将数据安全定义为"通过采取必要措施，确保数据处于有效保护和合法利用的状态，以及具备保障持续安全状态的能力"。

数据安全治理，可拆分为"数据安全"与"治理"，"数据安全"可理解为目标，"治理"可理解为手段。

国际咨询机构 Gartner 对数据安全治理的定义是："不仅仅是一套用工具组合的产品级解决方案，而是从决策层到技术层，从管理制度到工具支撑，自上而下贯穿整个组织架构的完整链条。组织内的各个层级之间需要对数据安全治理的目标和宗旨取得共识，确保采取合理和适当的措施，以最有效的方式保护信息资源。"数据安全治理可进一步理解为内外部相关方依据顶层数据安全战略，从组织、人员、制度和工具等方面协作实施的一系列治理活动集合，以确保数据安全。数据安全治理的核心职能框架包括数据安全战略体系、数据安全管理体系、数据安全技术体系、数据安全运营体系、数据安全能力评估机制。

1）数据安全战略体系：从管理决策层明确数据安全治理的方向、方针及策略。例如：以监管合规及业务安全需求为驱动，基于数据全生命周期管理，建立数据安全管控全链路可视能力，实现敏感资产可见、数据资产流向可知、数据安全风险可管、数据安全趋势可控的数据安全运营能力。

2）数据安全管理体系：作为数据安全治理核心职能之一，需要从数据安全治理组织、人员及管理制度方面对数据安全管理体系进行设计。

- 管理组织：一般组织分为决策层、管理层和执行层。在数据安全治理管理中，需要明确决策层、管理层及执行层的工作角色及工作职责。为了确保数据安全管理组织履行各项工作职能，并需要明确监督管理层的角色和审计监督的工作职责。
- 管理制度：数据安全管理制度体系从上至下总共分为四级文件，每一级都作为上一层的支撑。一级文件是由决策层根据组织的发展目标、公司战略、业务需求制定的数据安全管理方针、策略，应明确数据安全治理的目标重点。二级文件是由管理层为了落实方针、战略制定的管理规范、标准，应建立数据安全管理制度、组织人员与岗位职责、应急响应、监测预警、合规评估、检查评价、教育培训等制度。三级文件一般由各执行环节的具体操作流程、手册组成，比如数据分类分级操作指南、数据安全治理能力评估、技术防护操作规范、数据安全审计规范等指导性文件。四级文件是各项具体制度执行时产生的过程性文档，一般包括申请表单、安全记录、安全报告、合同协议等内容。数据安全管理四级制度体系如图 3-22 所示。

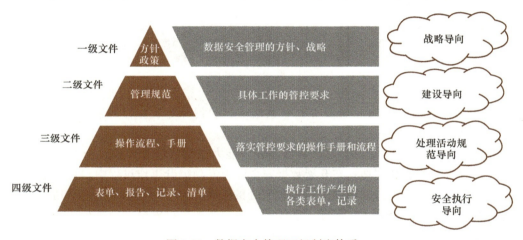

图 3-22　数据安全管理四级制度体系

- 人员能力：主要规范的是在落实数据安全各领域的工作过程中，组织中的人员应具备的相关管理、技术及运营能力，以及制定数据安全人员岗位及编制、数据安全人员的培训提升机制。

3）数据安全技术体系：并非单一产品或平台的构建，而是覆盖数据全生命周期管理，结合组织自身使用场景的体系建设。依照组织数据安全建设的方针总则，围绕数据全生命周期各阶段的安全要求，建立与制度流程相配套的技术和工具。基于数据全生命周期管理的数据安全技术体系如图 3-23 所示。

4）数据安全运营体系：组织在落实数据安全管理体系规范和流程，发挥技术体系监测和防护能力时，需要常态化、完善的运营能力做支撑。日常数据安全运营服务参照数据安全运营体系中的内容从数据安全情况调研、数据安全策略的制定与升级、数据安全风险管理，以及数据安全策略优化等方面对数据安全开展全方位的治理工作，具有运营监控和服务保障的功能。

- 运营监控：通过可视化的运营监控能力，建设数据安全运营监测中心，帮助管理者全面掌握数据安全运营态势，及时识别和管理数据安全风险。

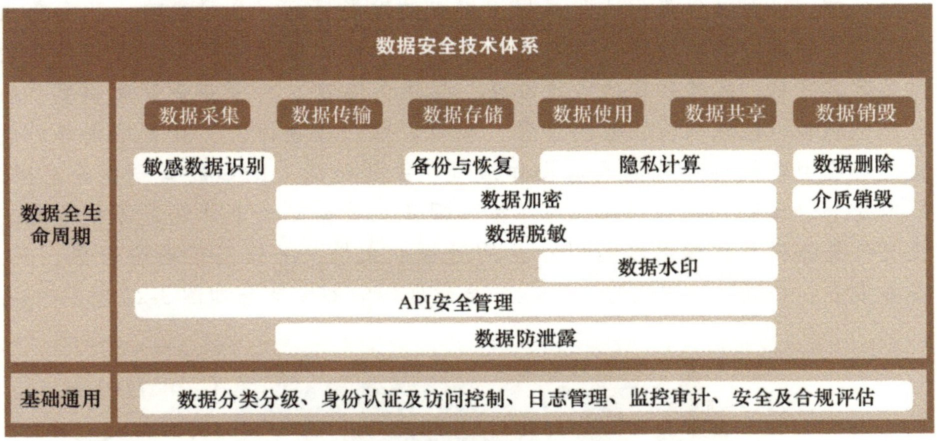

图 3-23　数据安全技术体系

- 服务保障：通过日常运营服务、专家服务、护网保障、重点保护服务、培训服务，实现数据安全常态化能力。

5）数据安全能力评估机制：在开展数据安全能力专项提升工作前，企业需要对自身的数据安全情况进行摸底和评估；在开展数据安全能力专项提升工作过程中，企业也需要有对应的参考，清晰认识到自身的数据安全能力所处的位置，以及采取哪些措施和能力提升项，快速提升企业的数据安全能力。因此，需要有一个对企业数据安全能力进行评价的标准。

数据安全能力成熟度模型是阿里巴巴和中国电子技术标准化研究院在大量实践和研究的基础上，联合三十多家企事业单位共同研究制定的。国家市场监督管理总局和中国国家标准化管理委员会于 2019 年 8 月 30 日正式发布了《信息安全技术　数据安全能力成熟度模型》（GB/T 37988—2019）。该标准能够用来衡量一个组织的数据安全能力成熟度水平，可以帮助行业、企业和组织对自身的数据安全能力进行全面的评估，发现数据安全能力短板。

3.1.7　主数据管理

1. 主数据的定义

主数据是指用来描述企业核心业务实体的数据，是跨越各个业务环节、各个业务部门、各个信息系统的基础数据，具有高共享、高价值、相对稳定三个特征。主数据通常也被称为企业的"黄金数据"。

2. 组织主数据管理存在的典型问题

各企业在信息化建设过程中，逐步建立了财务、OA、ERP、MES、QMS 等信息系统。各信息系统的建立解决了各业务环节的业务效率及业务流转问题，但是也随之出现了数据标准不统一、一物多码、数据孤岛、数据不共享、集团级管控维度不统一等问题。这些问题与主数据密切相关，也是影响企业业务流转与贯通的原因。

- 主数据源头不具有唯一性，数据一物多码。
- 主数据不一致，数据质量差。
- 主数据标准缺乏统一管理及宣贯执行。
- 主数据集成问题多、共享难。

以某制造企业为例，贯穿在主价值链的各环节的产品、物料、客户、供应商、人员、组织、合同等均是其的核心数据，也是跨各业务环节、各业务部门共享的数据，需要在各业务活动中保持一致（"一物一码"），以确保信息流的贯通及业务效率提升，如图 3-24 所示。

3. 主数据管理的价值

主数据管理的价值不仅在于解决上述典型的主数据问题，更在于围绕主数据的应用场景，解决主数据在业务流程中造成的业务效率低、组织成本高等问题，其管理的意义在于：

- 通过统一数据标准，统一数据编码，提升数据质量。"一物一码"是主数据管理的核心目标之一，消除不同信息系统及不同业务环节对同一个"物"的定义与标识不一致的问题。
- 消除数据孤岛，实现集成共享，提升业务协作效率。在数据统一定义的基础上，实现各个信息系统间数据的集成共享，消除数据编码不一致导致的数据"不认识"、信息"不通畅"现象，降低沟通成本，提高业务效率。
- 统一的主数据管理是企业运营管控分析的准确性保障。主数据是企业开展业务过程及结果分析的基本维度和重要维度，多维度重复、定义不一致等问题将直接影响分析的准确性。统一的数据管理是企业智能决策的重要基础。
- 集团性质的企业通过主数据的管理，可实现财务、战略等层面的统一管控。集团性质的企业希望加强集团管控时，实施统一集中的主数据管理是其重要手段。

4. 主数据管理相关的规范体系

主数据管理需要有配套的管理标准及标准体系保驾护航，主要包括主数据标准、主数据集成标准、主数据管理标准，需要在实施主数据过程中进行标准制定及落地。

主数据标准是主数据管理的基准和核心内容，通常包括主数据属性、主数据编码规则、主数据分类、主数据相关的枚举项标准、主数据质量管理规则、主数据维护流程等内容。

主数据集成标准是主数据管理的基本保障，通常包括主数据集成协议标准、接口设计规范、数据交换规范、异常处理规范等内容。

主数据管理标准是保障主数据长效运行的制度与规范，通常包括主数据管理办法、主数据标准规范、主数据管理系统运维规范、主数据标准管理流程、主数据质量管理流程、主数据共享管理流程、主数据绩效评价管理办法等。

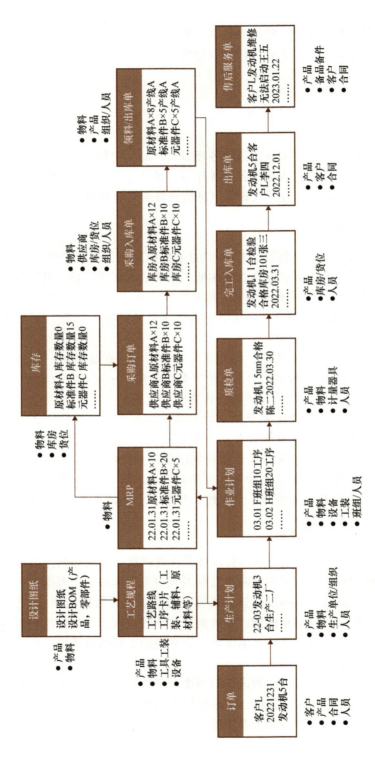

图3-24 制造业主价值链相关的业务流程

5. 主数据的集成框架

主数据管理的最终目标是数据集成共享，在各业务环节使用同一套规范的、标准的、一致的主数据。主数据的集成框架通常有三种：

第一种，以主数据为源头系统的集成框架：在主数据系统中完成主数据的新增、校验、审核、赋码、修订、发布、停用、分发给信息系统等内容。该框架通常适用于信息系统主数据质量不高、主数据源头众多的场景。

第二种，以信息系统为源头系统的集成框架：在信息系统侧完成主数据的新增、校验、审核、赋码、修订，传输给主数据系统完成发布、停用等状态控制，再由主数据系统分发给其他信息系统。该框架通常适用于某类数据在信息系统源头录入的质量较高、源头能唯一确定的场景。

第三种，以信息系统为源头系统且主数据实现赋码的集成框架：在信息系统侧完成主数据的新增、校验、审核、修订相关内容，到主数据系统中进行编码、赋码，分发给其他信息系统的该条数据的同时，需要将该条数据的编码返回到申码系统。该框架通常适用于编码规则有强管控需求的场景。

主数据的管理及集成共享的实现通常需要基于专业的主数据管理工具开展，除了能够落地相关的管理规范及标准外，还需要能够对主数据质量、安全等进行相关的管理。主数据管理是集方法、标准、流程、技术和工具为一体的解决办法。

3.1.8 数据分析应用

数据分析应用是企业数据价值发现的"最后一公里"，数据梳理、数据标准映射、数据质量改进等都是为了数据分析应用的结果准确、为了支撑决策。

1. 数据分析应用相关概念

数据应用是通过对组织数据进行统一的管理、加工和应用，对内支持业务运营、流程优化、风险管理等活动，对外支持数据开放共享、数据服务等活动，从而提升数据在组织运营管理过程的支撑作用，实现数据价值变现。

数据分析是对组织各项经营管理活动提供数据决策支持而进行的组织内外部数据分析或挖掘建模，以及对应成果的交付运营、评估推广等活动。本节讲的数据分析应用，主要是指利用组织已有数据开展报表分析、可视化分析、挖掘分析等支撑企业运营、解决特定的业务问题等。

2. 常见的数据分析场景

组织基于统一管理的数据分类有以下几种场景：
- 常规报表分析：按照规定的格式对数据进行统一的组织、加工和展示，是根据组织各类数据消费者固定的报表需求，预先定义好报表格式和含义。常规报表分析依赖于数据管理整合后的数据资源，并定时在数据平台中产生，用户可以快速查看最新数据。组织的常规报表主要分为对外监管上报的数据报表、对内经营管控等相关的会议报表两大类。

- 即席查询：用户根据自己的需求，灵活地选择查询条件，自动生成相应的统计报表。即席查询与普通的应用查询最大的不同是：普通的应用查询是定制开发的，而即席查询是由用户自定义查询条件的。普通的应用查询在系统设计和实施时是已知的，可在系统实施时通过建立索引、分区等技术来优化这些查询的效果，使这些查询的效率很高。即席查询是用户在使用时临时产生的，系统无法预先优化这些查询的效果，所以即席查询也是评估数据仓库作用的一个重要指标。即席查询的数据位置通常是在关系型的数据仓库中。

- 多维分析：分析各分类数据之间的关系，从而找出同类性质的统计项之间在数学上的联系。多维分析需要依据分析模型，建立多维数据立方体，通过旋转、切片、切块、聚合、钻取等方式实现数据多维度的关联分析。基于数据仓库构建的多维数据模型，用户可以通过 OLAP 多维分析工具进行各业务主题数据查询和钻取。

- 动态预警：基于一定的算法、模型对组织业务进行实时监测，并根据预设的阈值进行预警。动态预警通常用于企业财务指标的经营管控、生产设备的临界值动态监测等，辅助组织用户提前发现风险，支撑组织提前开展相关行为影响运行状态。

- 趋势预测：根据客观对象已知的信息而对事物在将来的某些特征、发展状况进行估计、测算，运用各种定性和定量的分析理论与方法，对发展趋势进行预判。趋势预测通常需要使用相关算法，也需要根据实际业务场景进行挖掘分析及算法开发，为企业决策提供依据。

3. 数据分析的类型

组织在开展经营管控、财务管控、生产管控、物资管控等主题的分析中，涉及的分析类型主要有以下几种：

- 描述性分析：数据分析中最常见的方式之一，主要分析业务数据中的重要指标（比如企业的收益数据等），通过统计图或者大屏来展示数据已经发生的、现行的状态及趋势。

- 诊断性分析：数据分析中最复杂的一个类型。在描述性分析之后，诊断性分析能帮助企业人员深入数据内部，了解存在的问题，追溯问题发生的根本原因，最后解决问题。

- 预测性分析：通过建立预测模型，对未来的数据进行预测，例如建立目标客户的预测模型可以预测目标客户的响应、分类等。

4. 数据分析与数据仓库

组织级的数据分析应用是指在数据中心、数据中台、企业运营管控、车间生产管控、产线孪生、设备健康管理等项目中基于组织统一管理、统一存储的数据进行分析应用，通常基于数据仓库开展。

数据仓库（Data Warehouse）是一个面向主题的、集成的、相对稳定的、反映历史变化的、支持决策制定的数据集合。它是一个专门进行数据整合的数据存储系统，用于支持企业决策和分析。数据仓库是通过对企业的数据进行抽取、转换、加载等一系列处理，将不同数据源中的数据合并到一个中央数据仓库中，最终提供给决策者和分析人员使用的数据管理系统。

数据仓库主要有以下几个特点：

- 面向主题：数据仓库是面向企业主题进行建模的，一个主题是一个重要的业务领域，例如客户、订单、销售等。
- 集成：数据仓库是从多个数据源中汇集和整合的数据。
- 相对稳定：数据仓库中的数据对于企业来说是非常重要的，因此需要保证数据的稳定性。
- 反映历史变化：数据仓库中的数据反映历史上的业务变化，是用来分析历史数据的。
- 支持决策制定：数据仓库是用来支持决策制定的，提供给用户信息和分析结果。

数据仓库是一种关键组件，通过对企业数据的整合和分析，帮助企业的管理者更好地了解、控制和运营企业。

为了更有效地组织和存储数据，结合多个项目的实践经验，常使用"4+1"的数据仓库分层结构，即 ODS 原始数据层、DWD 业务明细层、DWS 轻度汇总层、DM 高度汇总层和 DIM 公共维度层，如图 3-25 所示。

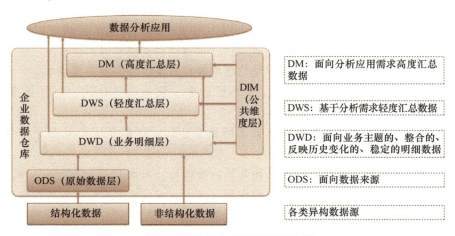

图 3-25　数据仓库分层结构示例

5. 指标体系与数据分析

当组织开展的数据分析应用于经营管控、战略管控、生产管控等场景时，通常体现为指标体系设计及实施。当组织通过数据分析应用驱动组织内部业务流程优化、提高业务效率时，通常体现为需要统一数据标准、实现业务系统集成共享等。当组织通过数据分析应用解决组织呆滞库存分析、产品生命周期预测分析等具体点上的问题时，通常体现为需要算法开发及部署应用等。指标作为一种载体，承担了组织最常见的一种分析应用形态。

（1）指标

指标是用于衡量业务成效的数据，也是用于确定业务操作成功的量化结果。按照重要程度，指标划分为一般指标与关键绩效指标（Key Performance Indicator，KPI）。关键绩效指标一词通常表示"针对战略"的指标。关键绩效指标表示要达到一个目标所需要的战略方向和业绩，包括：

- 战略：KPI 体现了战略目标。
- 目标：KPI 针对特定目标进行业绩衡量。目标在战略、计划或进行预算时确定，可以采用不同的形式（如完成任务、缩减目标、绝对目标等）。
- 范围：目标有绩效范围（如高于、等于或者低于目标）。
- 编码：将范围在软件中编码，方便直观地显示绩效（如绿色、黄色、红色等）。编码可以使用百分比或者更复杂的规则。
- 时间：制定目标时，必须有时间范围，即明确它们在什么时间必须完成。时间范围通常被细分为更短的时间间隔，用来提供绩效的里程目标。
- 标准：用基准线或标准来评价目标。前些年的成果通常作为标准，但是也可以使用任意的数据或外部的标准。

KPI 可分为"结果型"和"驱动型"。结果型的 KPI（有时称为滞后指标）用于评价过去活动的产出（如收益）。驱动型的 KPI（有时又称为先行指标或价值动因）用于评价对 KPI 结果有重要影响的活动（如销售机会）。以下列举的例子表现了驱动型指标覆盖的不同范围：

- 顾客绩效：顾客满意度、解决问题的速度和准确度、顾客维系等指标。
- 服务绩效：服务电话的解决率、服务更新率、服务水平协议、交付效率和回报率指标。
- 销售运营：新的销售渠道账户、落实的销售会议、将咨询转变为机会、服务订单的评价完成时间等指标。
- 销售计划或预测：价格与购买之间关系的准确性、采购订单的履行率、取得的数量、预测与计划的比例以及所有完成的合同。

（2）数据分析应用对组织的价值

数据分析应用对于组织的意义和价值主要体现在以下几个方面：

- 提供决策支持：数据分析应用可以帮助组织做出基于事实和数据的决策，降低决策的风险。
- 优化业务流程：数据分析应用可以帮助组织优化业务流程，提高效率和生产力，降低企业经营成本。
- 创新业务模式：数据分析应用可以帮助组织创新产品和服务，形成新的商业模式，提高组织竞争力。

3.1.9　数据服务

数据服务是通过对组织内外部数据的统一加工和分析，结合公众、行业和组织的需要，以数据分析结果的形式对外提供跨领域、跨行业的数据服务。数据服务在 DCMM 中是数据应用能力域中最后一个能力项，数据应用能力域还包括数据分析、数据开放共享。

数据服务一般需要经过需求收集、需求分析、服务开发、服务部署、服务监控、用户管理等过程。数据服务的提供方式通常会包括以下几类：

（1）数据分析结果

数据分析结果是指数据分析团队收集内外部数据并对数据进行汇总和加工形成的符合用户需求的数据结果，包括但不限于数据指标、数据标签、用户画像、算法模型等内容。此类数据可根据使用需求，通过数据库、FTP、接口等方式提供数据。

数据指标是数据分析常见的结果中最重要的一项，是组织业务发展、营销运营、数据决策的基础支撑数据。通常组织的数据指标可按照业务域、跨职能域、决策域三种维度进行分类，各类指标的应用场景不同。

业务域指标是依据组织内各业务域对指标进行汇总和设计的指标，通常仅表示自身业务域的数据结果，仅服务于本业务域的业务经营活动。业务域指标示例如表 3-6 所示。

表 3-6　业务域指标示例

序　号	业　务　域	数据指标示例
1	人资	员工总量、新增员工人数、人才当量密度等
2	财务	资产总额、流动资产、应收款项等
3	物资	主机设备数量、网络设备数量、生产线设备数量等
4	……	……

跨职能域指标是组织内多业务域数据汇总和设计的指标，通常表示一个或多个业务流程的数据结果，可服务于组织发展运营等领域。跨职能域指标示例如表 3-7 所示。

表 3-7　跨职能域指标示例

序　号	跨　职　能　域	数据指标示例
1	客户分析	客户生命周期价值，需要对销售数据、市场营销数据、客户服务数据、财务数据等进行综合分析

（续）

序　号	跨职能域	数据指标示例
2	战略分析	战略目标达成度，需要对销售数据、市场营销数据、人资数据、财务数据等进行综合分析
3	绩效分析	个人绩效成绩，需要对销售数据、财务数据、员工绩效数据等进行综合分析
4	……	……

决策域指标是组织中高层用于经营决策分析所需要的综合性指标，通常此类指标需要体系化支撑，由多个三级指标或二级指标加权汇总形成。决策域指标示例如表 3-8 所示。

表 3-8　决策域指标示例

序　号	决　策　域	数据指标示例
1	运营实力（一级）	资产规模（二级），占比 10%；主业实力（二级），占比 10%，包括国内投资、国外投资等三级指标
2	运营效率（一级）	盈利能力（二级），占比 10%；主业效率（二级），占比 15%，包括投资收益率、资本回报率等三级指标
3	运营风险（一级）	债务风险（二级），占比 10%；主业风险（二级），占比 10%，包括市场风险、资金风险等三级指标
4	……	……

（2）数据服务调用接口

数据服务调研接口是指根据需求方特定的数据需求对外提供接口层面的数据结果，通常会将公共数据服务、共享数据服务、个性化数据服务放入接口中，以便于各需求方实时调用。

公共数据服务接口可应用到多个业务域中，通常包括公开数据、外部数据等接口类型。公共数据服务接口如表 3-9 所示。

表 3-9　公共数据服务接口示例

序　号	接口类型	服　务　内　容
1	公开数据	企业数据类报告，包括公开发布的财务数据、经营报告等内容，通过接口可直接获取此类报告
2	外部数据	外部数据包括企业工商数据、企业风险数据等社会化数据。组织各业务系统可调用此类数据完成客商数据的智能化应用，包括企业名称、统一社会信用代码、企业风险信息等数据
3	……	……

共享数据服务接口是指存在业务需求通过数据汇总加工形成的数据服务接口，可服务于多个业务域。共享数据服务接口如表 3-10 所示。

表 3-10　共享数据服务接口示例

序　号	接口类型	服务内容
1	主数据	主数据是指组织中需要跨系统、跨部门进行共享的核心业务实体数据，服务内容包括客商主数据、物料主数据、仓库主数据等内容
2	财务数据	财务数据包括明细数据和指标类数据，涉及多个业务部门共同使用（包括人力、风险、运营等部门），如凭证明细数据、财务报表数据等内容
3	……	……

个性化数据服务接口是指对特定业务域或流程进行支撑的数据服务接口，服务对象相对较少，但服务内容较为重要。个性化数据服务接口示例如表 3-11 所示。

表 3-11　个性化数据服务接口示例

序　号	接口类型	服务内容
1	风险模型	风险模型接口中包括对组织内客商的风险综合分析以及实时数据分析，特别是对金融类用户的风险等级识别
2	设备模型	设备模型接口中包括设备的运行情况监控、设备指标阈值等数据分析内容，可帮助设备管理人员及时了解设备使用情况，及时处置设备风险
3	……	……

（3）数据应用产品

数据应用产品是指对组织统计分析、可视化类数据应用进行整合，形成组织全量、统一、准确的数据产品，保障组织内外数据的准确性和一致性。

数据应用产品通常可分为报表类、可视化大屏类、综合决策类三类，包括日常经营分析、指标运行监控到高层决策分析三种场景，支撑组织内各类人员应用。

报表类数据应用产品是每个组织内最常见的数据产品，此类产品可根据组织统计分析需求、监管上报要求进行个性化开发。现阶段，报表类数据应用产品根据使用需求又可分为固定报表、自助报表。固定报表是将组织内各种常用的复杂报表进行固化，以满足日常经营分析需求；自助报表是提供数据组织、数据分析功能，由组织内业务用户、数据分析师依据业务现状自行统计使用的报表工具。报表类数据应用产品如表 3-12 所示。

表 3-12　报表类数据应用产品示例

序　号	产品类型	产品内容
1	固定报表	固定报表产品将组织内各类报表进行统一汇总，并统一入口和标准，供各类用户统一使用
2	自助报表	自助报表产品将组织内各类数据进行轻量级加工汇总后，提供在自助报表平台中，由业务用户、数据分析师加工形成报表或报告
3	……	……

可视化大屏类数据应用产品是组织对各类运营指标进行可视化展示的一类应用，可根据组织管理要求将关键指标在大屏中展示，以便于各类人员及时了解此类关键信息，特别是生产类企业对于工厂、车间等数据的展示。可视化大屏类数据应用产品示例如表 3-13 所示。

表 3-13　可视化大屏类数据应用产品示例

序　号	产品类型	产品内容
1	监控大屏	监控大屏是组织对关键运营指标和成果展示的工具，通过监控大屏可及时了解设备运行情况、车间生产情况、仓库库存情况等信息
2	指挥大屏	指挥大屏是组织将业务关键信息进行综合展示的工具，通过指挥大屏可及时了解各类业务的现状，通过"及时决策—数据反馈—及时决策"的闭环对突发问题进行指挥，以便于问题快速解决
3	……	……

综合决策类数据应用产品是指组织中高层对关键业务、关键数据、关键决策进行识别并依据数据现状进行决策的工具，包括态势分析、战略分析等应用。此类应用的定制化内容较多，各类组织应用需求各不相同。综合决策类数据应用产品示例如表 3-14 所示。

表 3-14　综合决策类数据应用产品示例

序　号	产品类型	产品内容
1	态势分析	态势分析是将组织主营业务经营发展情况、风险情况以及未来趋势进行展示的综合性应用，管理层可通过此类应用及时了解业务经营情况，并依据提示的风险和预测的内容进行决策
2	战略分析	战略分析是将组织战略从规划到落地执行各阶段任务以及任务达成度进行分析的一类应用，管理层可通过此类应用及时了解年度战略、中长期战略各项任务的运行情况，以便于战略管控
3	……	……

（4）数据类工具

数据类工具是指组织将数据填报能力、数据加工能力、数据分析能力、数据可视化能力等相关工具进行整合，对内提供功能使用服务。组织内各类人员可通过数据类工具进行数据价值变现操作。

数据类工具按照用途可分为文本类、填报类、服务类等。各类工具都可支撑组织内各类员工日常办公、业务运行等工作内容，可综合提升员工工作效率，降低各项成本。

文本类数据工具是指对文本进行处理加工的各类工具合集，包括但不限于文本格式转换、文本分析等功能。文本类数据工具示例如表 3-15 所示。

表 3-15　文本类数据工具示例

序　号	工具类型	工具内容
1	文本格式转换	员工日常工作中通常会涉及 Word、PPT、PDF、Excel 等文本的操作。文本格式转换的是较常用的工具
2	文本分析	文本分析可包括对文本内容进行翻译、提取等操作,方便员工对信息进行汇总分析
3	……	……

填报类数据工具包括数据填报、低代码等工具,此类工具便于用户进行数据收集与数据模型配置,可实现按照模型要求对数据进行收集。填报类数据工具示例如表 3-16 所示。

表 3-16　填报类数据工具示例

序　号	工具类型	工具内容
1	数据填报	数据填报类工具通过类 Excel 配置的方式将数据填报模板和要求进行固化,以便于对数据进行收集、填报
2	低代码	低代码类工具可自由配置简单的业务流程,灵活性较高,组织的各类用户可通过低代码类工具配置请假申请流程、疫情出行人员流程等内容
3	……	……

服务类数据工具按场景可分为绩效类、管理类等工具,此类工具按组织管理需求而制定。如果各下属单的需求各不相同,那么可通过此类工具统一配置应用。服务类数据工具示例如表 3-17 所示。

表 3-17　服务类数据工具示例

序　号	工具类型	工具内容
1	绩效类	绩效类工具是在组织统一绩效评估体系后建立辅助绩效评估落地与汇总的工具,组织内各单位可通过此类工具配置本组织绩效评估模型,并将绩效评估结果汇总至集团
2	管理类	管理类工具是组织对各项目管理进行协同操作的工具,便于各类项目参与人员对项目过程、项目任务、项目结果进行共享应用
3	……	……

组织需要通过数据共享平台制定数据服务目录,以方便内外部用户浏览、查询已具备的数据服务,并根据数据权限对所需要的数据服务进行申请使用。

3.1.10　数据运营

随着互联网的快速发展,数据已经成为企业运营的关键资源之一。数据运营作为一种新型的管理模式,可以帮助企业更好地进行数据分析和应用,从而提高业务效益。

1. 什么是数据运营

(1) 数据运营的概念

数据运营是指企业通过数据分析和应用,优化业务流程、提升运营效率、实现业务目标的过程。简单来说，数据运营就是将数据进行收集、整理、分析和应用，为企业的决策和执行提供支持和指导的过程。数据运营的核心在于将数据进行有效的整合和分析，发现数据背后的规律和趋势，为企业提供有针对性的解决方案和优化建议。

数据运营是企业数字化转型的重要环节。在数字化时代，数据已经成为企业的重要资产，数据运营可以帮助企业更好地利用数据，实现从"数据为王"到"数据为用"的转变。

（2）数据运营 vs 运营数据

数据运营是利用数据进行运营决策和优化的过程，强调数据在决策和优化中的作用；而运营数据则是指运营过程中所涉及的数据，强调数据在运营中的应用和管理。数据运营强调数据的分析和运用，而运营数据则强调数据的收集和管理，两者是相辅相成的，都是企业实现运营目标和提高效率的重要手段。

2. 数据运营的本质

关于"数据运营"，网上讨论更多的是互联网企业或者C端企业的数据运营。根据运营内容的侧重点不同，可以将数据运营分为多个分子，例如：用户运营、产品运营、渠道运营、活动运营、内容运营等。对于不同性质的企业来讲，其数据运营的侧重点是不同的。

（1）C端企业和互联网企业的数据运营

互联网企业或C端企业数据运营的定义：数据运营是一个辅助性工作，产品不够，运营凑。如果产品足够强大，根本不需要运营。例如，早年的苹果手机就是这种足够强大的产品。可现实中大部分产品或商品没有这么优秀，因此需要数据运营来辅助，通过用户激励、促销活动、内容传播、商品运作等手段来保持用户的新鲜感，提升用户持续活跃度和付费比率。

互联网企业或C端企业的数据运营本质上就是营销，或者说通过数据的手段赋能营销的业务。无论是用户运营、产品运营，还是渠道运营、活动运营或内容运营，其最终的目标还是提升用户转化率进而增加产品的销售量。

另外，游戏运营、电商运营、新媒体运营的数据运营本质都是营销。但数据运营是一个比较大的范畴，其本质并不限于营销，更应该是企业运营。从技术层面讲，数据运营包含数据治理、数据管理、数据分析、数据挖掘等工作。

（2）B端企业的数据运营

从业务上来讲，B端企业的业务相对C端企业要复杂得多。以工业制造企业为例，其运营业务覆盖了前端的市场营销、产品销售，中端的产品设计、原材料采购、生产制造、仓储物流、售后服务，还有后端的人、财、物管理。制造企业的数据运营不仅需要服务于企业内部的管理，甚至需要服务于企业所在的整个产业链生态的上下游。

制造企业的主价值链，即制造企业的主要业务活动，包括：产品设计、原料采购、生产制造、仓储物流、营销、售后服务。围绕主价值链的制造企业的支持业务活动包括基础设施管理（固定资产、设备、工程等）、人力资源管理、财务管理、安全环保能源等。制造企业内部的数据运营更多是通过数据赋能制造企业主价值链和支持主价值链的相关业务活动，以实现企业降本增效的目标。

另外，任何一个制造企业都不可能独立地存在，它必须融入产业的生态当中。如果制造企业运营是一个大树的话，其一定根植在整个社会资源中，树干是产业链生态，树枝企业运营，树叶是营销。

因此，对于 B 端企业来说，数据运营的本质是企业运营：一方面是主价值链各环节的运营，为企业获取更大的利润，实现降本增效；另一方面是在上下游产业链的运营，为企业获取或巩固在产业链中更高的位置，进而增强企业的竞争力。

3. 企业数据运营场景

数据运营通过数据收集、处理、分析和应用等环节，实现从数据到知识的转化，为业务决策提供支持。常见的企业数据运营场景如下：

（1）精细化营销策略

数据分析和应用可以帮助企业制定更加精细化的营销策略。例如，通过对用户行为数据的分析，可以深入了解用户的兴趣和需求，从而制定更加精准的营销计划。同时，通过对营销活动的效果进行实时监测和评估，可以及时调整和优化营销策略，提高转化率和效果。

（2）优化产品设计和功能

数据分析和应用可以帮助企业优化产品设计和功能。例如，通过对用户使用行为数据的分析，可以发现用户使用产品的习惯和痛点，从而有针对性地设计和优化产品功能。同时，通过对竞争对手的产品数据进行对比和分析，可以发现自身的不足和优势，为产品设计和优化提供参考和支持。

（3）提高客户满意度和忠诚度

数据分析和应用可以帮助企业更加深入地了解客户的需求和期望，从而有针对性地优化客户服务内容和质量。例如，通过对客户反馈数据的分析，可以发现客户对产品和服务的满意程度和痛点，从而及时调整和优化客户服务策略，提高客户满意度和忠诚度。

（4）提高运营效率和管理效能

数据分析和应用还可以帮助企业提高运营效率和管理效能。例如，通过对业务流程数据的分析，可以发现业务瓶颈和低效环节，从而有针对性地优化业务流程和管理制度。同时，通过对员工绩效和工作数据的分析，可以更加客观地评估员工的工作表现和绩效，从而制定更加科学合理的员工管理和激励机制。

3.2　数据治理核心职能之间的关系

基于行业现有的数据治理框架，本书结合数据治理工作实践经验，提出了数据治理框架，包括数据战略、数据管理、数据应用、数据运营四大核心职能，它们之间的关系如图 3-26 所示。

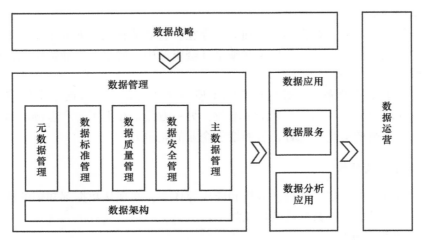

图 3-26　数据治理核心职能之间的关系

● 数据战略：基于企业业务战略、业务发展方向等，明确数据治理愿景、数据治理目标及数据治理工作实施路径。

● 数据管理：包括数据架构、元数据管理、数据标准管理、数据质量管理、数据安全管理、主数据管理 6 个内容，其中数据架构是开展各项管理活动的基础，需要明确企业数据模型及数据流向关系。数据管理活动的开展也将承接数据战略规划的愿景及目标，有目的、有侧重地开展相关数据管理工作。数据管理活动的开展也将为数据应用活动的开展提供高质量的数据、定义明确的数据等，是支撑数据价值发现的有效保障。

● 数据应用：包括数据服务、数据分析应用两个方面。数据应用将直接服务于企业数据战略及企业要解决的业务问题；数据应用过程中存在的数据理解不清晰、数据不一致、数据质量不高等问题，是数据应用环节对数据管理提出的诉求。

● 数据运营：数据治理及价值发现的长效运行机制，需要定期对标数据战略开展企业数据治理能力评估及目标达成等。数据价值的呈现需要长效。

第 4 章
实施数据治理的前提

实施数据治理是一项涉及整个组织的复杂工作，其前提是所有干系人都必须对数据和数据治理有一个清晰的认识。首先，企业需要认识数据的构成，这涉及对数据进行细致的分类和管理。其次，明确数据治理的对象至关重要。这涉及对数据的治理、参与者的角色及责任，以及源头业务流程的界定。最后，掌握数据治理的关键点及其实践模式。关键点包括确定治理目标、建立治理组织、落地数据标准、提升数据质量以及评估治理价值。

4.1 认识企业数据的构成

当今时代，对企业而言，数据的管理和应用已经是无处不在。无论是企业日常经营、生产活动，还是营销策划、投资规划，都离不开对数据的管理和应用。如何管好数据、用好数据对每一个企业管理者来说都至关重要。

企业的生产、运营活动中产生的数据构成了企业的"数据之树"，它主要包括三个部分：基础数据、交易数据和分析数据。树的"根系"和"主干"是企业的基础数据，树的"枝叶"部分是企业的交易数据，树的"果实"部分是企业的分析数据，如图 4-1 所示。

4.1.1 基础数据

基础数据是指企业或组织日常管理中所涉及的最基础、最核心的数据，包括客户信息、产品信息、供应商信息、员工信息等。企业上层业务应用、信息化的建设以及数据分析，都离不开基础数据的支撑，因此，基础数据是企业数据之树的"根系和主干"。

我们经常说的主数据、参考数据、数据字典等都属于基础数据范畴，是不随时间或其他数据变化而变化的数据，所以也经常被称为"静态数据"。

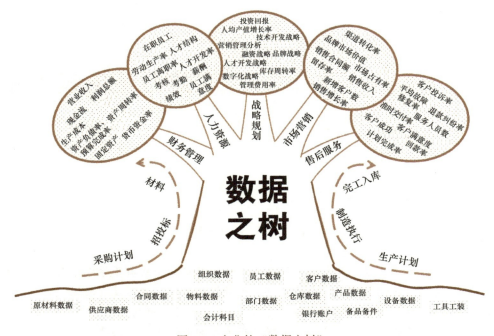

图 4-1　企业的"数据之树"

基础数据是在系统初始化的时候就存在于系统数据库中，是系统的结构性或者功能性的支撑。基础数据的质量和准确性对企业的业务流程和决策分析至关重要，通过对基础数据的有效管理和应用，可以提高企业的效率和竞争力。

4.1.2　交易数据

企业基于基础数据开展相关业务活动的过程中产生的数据叫做交易数据。交易数据是记录企业日常经营过程发生的各种事件，是企业业务处理过程中所产生的数据，也称业务数据，例如：采购计划、生产计划、出入库记录、总账余额、发货记录、产品的销售价格、客户投诉记录等。交易数据是企业"数据之树"的"枝叶"，业务活动越多，交易越频繁，产生的数据就越大、越多，企业的"数据之树"就会"枝繁叶茂"。

交易数据是面向应用的操作型数据，它随时间点的不同而变动，相对于基础数据变化很大，有很高响应及时性要求，所以有时也被称为"动态数据"。

交易数据主要来源三个方面：一是业务交易过程中产生的数据，例如计划单、销售单、生产单、采购单等，这部分数据多数人为产生；二是系统产生的数据，包括硬件运行状况、软件运行状况、资源消耗状况、应用使用状况、接口调用状况、服务健康状况等；三是自动化设备所产生的数据，例如物联网的各类设备运行数据等。不论来源何处，这些数据有一个共同的特点就是时效性强、数据量大。

4.1.3　分析数据

顾名思义，分析数据就是用于统计、分析的数据，是在企业数据管理和使用过程中，将主数据、交易数据进行计算、整合而形成可以对某个事件进行量化和度量的指标，因此，分析数据也被称为"指标数据"。分析数据在管理报表中存在，是领导层进行管理、决策的依据，用来指导管理创新和改进业务流程。因此，我们说分析数据是企业"数据之树"的"果实"。

与操作型的交易数据不同，分析数据一般是按照不同的分类定义不同的主题域进行组织，服务于决策时所关心的重点指标，一般是汇总的、不可修改的。分析数据与行业或领域有较大的关系，不同的行业、不同的领域关注的主题是不一样的。即使同一行业，不同企业也有不同的分析主题定义。例如，某生产制造企业定义了十二大主题数据，包括：综合服务、人力资源、财务管理、质量管理、生产管理、工艺管理、库存管理、销售管理、采购管理、设备管理、能源管理、安全环保。

4.2　找准数据治理的对象

数据治理的目的是提升数据质量、控制数据安全，让企业的数据成为"资产"，让企业"有数据可用"且有"可用数据"。

数据治理"治"的真的只是数据吗？其实，并非如此！数据是在业务活动的过程中产生的，再经过数据采集、数据存储、数据加工、数据交换、数据应用等环节，每一个环节都可能产生数据质量的问题。产生数据质量问题的原因，不仅在于数据本身，还有产生数据的人和业务流程。数据，人和业务流程就是数据治理的对象。

4.2.1　数据治理的对象：数据

1. 数据到底有没有价值

数据是记录事实的结果，是用来描述事实的未经加工的素材。在我们的生活和工作当中，数据无处不在，合理地利用数据，能够帮助企业获得更好的洞察力，从而为企业带来价值。

但是，数据本身并没有任何价值。数据就是存储在计算机系统的"01"代码，如果不去用它、不会用它，便不能产生价值。

正如美国哈佛大学教授格林先生所说：数据本身并不等于知识，更不是智慧，只有经过正确分析之后，数据才能凸显它的意义。如果人们觉得大量数据能够奇迹般地产生良好的分析结果，而不需要人工的任何干预，那么它的消极方面的问题可能就会走上前台，阻碍人们做出积极的判断。

原始的数据可能不能被人们识别或不能被计算机保存，也可能数据本身有质量问题，这样的数据很难发挥价值。因此，要让数据产生价值，就需要对其进行采集、加工和处理，以形成更高价值的"信息"。这就像铁矿石的炼化和提纯——铁矿石本身是蕴含着价值的，但如果你不懂冶炼，不对它进行炼化和提纯，那么从价值的角度，铁矿石和普通的石头确实没有太大差别。

2. 数据的价值好比"金矿"

数据本身没有价值，只有经过正确分析之后，才能凸显它的意义。因此，有人说：数据像"金矿"一样，它需要开采、冶炼、精炼、提纯、加工、成型才能将其变成有用的产品。

如果从这个角度去理解数据的价值，本书认为：将数据比作"金矿"是低估数据的价值了。因为"金矿"是有规格的，它的规格限制了它的价值，一定纯度、一定重量的"金矿"的市场价值比较容易计算。而数据具有可复制性、易传播性、虚拟性，用的人越多其价值就越大。另外，对于相同数据，不同人、不同方式使用，它价值也不一样。

对企业而言，数据是企业生产、经营、战略等几乎所有的活动所依赖的、不可或缺的信息。数据就如企业经营者的眼睛，通过数据可以反映出经营的问题。财务人员掌握全局财务数据，就能够帮忙老板做出更好的战略布局，提高企业决策力；管理人员掌握全面人才数据，就能更好地让合适的人干合适的事，增强企业整体竞争力；生产人员掌握市场数据、产品数据、客户数据，就能以更高的效率生产出更好的产品，提升企业生产力；营销人员掌握客户数据，就能更深入了解客户，为客户提供更好的产品和服务，提升企业营销力；等等。

将金矿提纯为黄金其价值尚可计算，将数据加工为资产其价值不可估量！

3. 哪些数据需要治理

对企业来讲，有很多数据是无关企业利益的，这样的数据没有治理的必要。数据治理的对象必须是重要的数据，是关乎企业重大商业利益的数据。

根据企业的数据构成，企业要治理的数据对象包括：基础数据、交易数据和分析数据。针对以上三类数据，常见的数据治理方案包括：主数据管理、数据仓库、指标数据标准化等。

4.2.2 数据治理的对象：人

数据由"人"产生，被"人"使用。所有的产生数据、提供数据、管理数据、使用数据的人和组织被称为数据的利益相关者。数据治理在一定程度上就是对数据利益相关者的协调与规范。

1. 哪些人需要协调和规范

数据生产者：通过业务交易或事项产生数据的人或组织。例如：HR 专员负责员工信息的登记，那么 HR 专员就是数据生产者。

　　数据管理者：负责采集、存储、加工和处理数据。例如：HR 总监负责人力资源数据管理或者委托 IT 部门管理，那么 HR 总监或 IT 部门就是数据管理者。

　　数据提供者：负责提供数据，一般为数据生产者或者数据管理者。例如：人力资源数据需要 HR 部门审核后才能共享给其他部门，那么 HR 部门就是数据提供者。

　　数据使用者：负责分析或共享数据，从数据中获得收益。例如：财务专员需要利用 HR 部门的薪酬数据来统计分析公司的成本和利润情况，那么财务专员就是数据使用者。

　　数据所有者：对数据拥有实际管控和控制权限的人或组织。数据管理者不一定拥有数据，而数据所有者可以委托数据管理者进行数据管理。例如：人力资源数据未经 HR 总监审核不予共享，那么 HR 总监就是数据所有者。

2. 协调和规范什么

　　首先，数据的标准化。"写中国字、说普通话"，让数据资产的利益相关方在同一个"频道"沟通。数据的标准化一般包括三个方面：①数据模型标准化；②核心数据实体的标准化（主数据和参考数据的标准化）；③指标数据的标准化。关于数据的标准化相关内容在本书第 6 章中有详细讲解，这里不再展开。

　　其次，数据的确权认责。数据要成为资产，就必须明确产权，即明确数据的拥有方或者实际控制人。与实物不同的是，实物的产权是比较明确的，数据则比较复杂。产品在生产制造过程中，以及在没有与消费者交易之前，制造商拥有完全产权。产品生产出来后，消费者通过支付相应的货币购买产品，便拥有了产品的产权。而数据的生产过程就不一样了，数据的易复制、易流通导致数据确权存在困难。例如：我们的各种上网行为每天都会产生大量的数据（网上购物、浏览网页、使用地图、评论/评价等行为产生的数据），这些数据到底归谁所有？控制权该如何治理？这是摆在我们面前的一个难题！随着技术和商业的进步，该问题能够最终解决。

　　最后，数据的合规使用。随着《中华人民共和国数据安全法》和《中华人民共和国个人信息保护法》的出台，监管机构对数据安全的监管力度的逐步加强，以及企业及社会各界对数据安全认知的整体提升，安全合规地使用数据已经是所有企业避不开的一个重要话题。每个企业都需要结合自身的实际情况建立数据合规规则，完善数据治理相关的制度和流程，持续追踪数据合规制度实施情况，改善企业数据合规机制，确保企业的数据合规制度持续为企业保驾护航。

4.2.3　数据治理的对象：业务流程

　　业务流程优化与企业数据治理密切相关。在企业中，业务流程是通过数据流转来实现的。数据来自于业务活动，例如：人力资源、财务管理、采购管理、生产管理、市场营销等生产经营活动都会产生数据。

企业数据治理不能只将目光盯在"数据本身"上面，还要关注数据产生的源头，即：承载数据的业务流程。如果数据治理只关注数据本身的问题，而忽略了承载数据的业务流程，往往只能"治标不治本"。

一个错误的业务流程，其产生的数据也是错误的；一个断点的业务流程，其产生的数据也缺乏完整性。业务流程是企业数据治理应该重点关注的对象，只有优化了业务流程、规范了业务操作，才能为企业提供了一个可靠的数据环境，促进数据质量的不断提升，从而达到数据治理"标本兼治"的目标。

1. 优化业务流程

优化业务流程是以业务流程（而非部门）为中心，强调企业战略和业务整体性，强调全过程管理和业务协同。业务流程优化能打破部门界限，实现跨部门协同，关注整体和全局，使输出的数据更加标准、规范。数据驱动的业务流程优化需要考虑从以下几方面着手：

- 明确业务流程：详细了解业务流程，包括流程中涉及的人员、角色、任务和文档等。
- 识别问题：找出流程中的问题，包括瓶颈、重复操作、低效率等。
- 设计改进方案：针对问题设计改进方案，包括优化流程、简化操作、提高效率等。
- 实施方案：根据设计方案实施改进，包括流程重构、技术升级、人员培训等。
- 测试验证：对改进后的流程进行测试和验证，确保改进效果符合预期。
- 推广应用：将改进的流程推广应用到更广泛的范围，包括其他部门、业务场景等。
- 监控维护：建立流程监控和维护机制，及时发现和解决问题，保证流程稳定有效。
- 持续改进：不断寻找优化空间，持续改进流程，提高效率和质量。
- 数据支持：通过数据分析和应用，为流程优化提供支持和指导。

2. 规范业务操作

规范业务操作是指业务操作基于一定的基准，例如：

- 数据基准：如计量单位、术语、符号标志、信息分类、编码及专用基础标准。
- 技术基准：如产品标准、原材料标准、工艺标准、设备标准等。
- 标准体系：如 ISO 体系、GB 体系、GJB 体系等。

业务操作规范化是数据质量提升的重要保证。

3. 优化流程与数据治理相辅相成

优化业务流程需要对数据的质量、准确性、完整性等方面进行监控和管理，这就是企业数据治理所涉及的内容。具体来说，业务流程优化需要通过对数据进行分析，发现流程中存在的瓶颈和问题，然后对数据进行清洗、整合、加工等操作，使得数据在流转过程中更加准确、高效、可靠，从而实现业务流程的优化。同时，企业数据治理也需要考虑业务流程的需求，对数据进行规范化、分类、安全管理等操作，确保数据在业务流程中的正确性和合规性。

因此，业务流程优化和企业数据治理是相辅相成的，两者的合理配合可以提高企业的效率和竞争力。

4.3 把握数据治理的关键点

4.3.1 确定治理目标

没有明确的数据治理目标，企业很难开展数据治理工作。企业应该根据自身的需求和情况，制定符合自己的数据治理目标，并不断优化和调整目标，以确保数据治理工作能够持续有效地进行。

1. 无目标，不治理

数据治理最大误区是在没有确定数据治理目标的前提下就开展数据治理。目标不明确的数据治理主要存在以下几个方面问题。

数据治理缺乏方向性：在没有明确的数据治理目标的情况下，可能会产生数据治理工作的盲目性和不可持续性，甚至会导致数据治理工作与企业的业务目标脱节。没有明确的目标，数据治理就会变得漫无目的，可能会浪费大量时间和资源，但仍无法解决实际问题。

数据质量下降：在没有明确的数据治理目标的情况下，可能会对数据进行不必要的修改、删除或添加，导致数据质量下降，从而影响后续的数据分析和应用。

数据管理混乱：在没有明确的数据治理目标的情况下，可能会存在多个数据管理团队同时进行数据治理，但缺乏协调和统一的标准，导致数据管理混乱。

安全性风险增加：在没有明确的数据治理目标的情况下，可能会存在未被发现的数据安全隐患，如数据泄露、数据丢失等，从而增加了安全性风险。

投资回报率低：在没有明确的数据治理目标的情况下，可能会投入大量的时间和资源进行数据治理，但无法实现预期的投资回报率，导致企业的利益受损。

2. 确定数据治理目标应考虑的 5 个方面

确定数据治理目标时，应考虑以下 5 个方面的问题。

业务价值目标：企业需要确定数据治理目标是否与业务需求相符。数据治理目标应该与企业的战略目标和业务需要相一致。企业需要确定数据治理目标是否有助于提高数据价值。数据治理目标应该有助于优化数据的质量和价值，让企业更好地利用数据来支持业务决策。

合规性目标：企业应该制定符合法律法规、行业标准和内部规章制度的数据管理策略，确保数据的合法性、安全性和隐私保护。企业需要确定数据治理目标是否有助于降低数据风险。数据治理目标应该有助于保护数据的安全和隐私，防止数据泄露和滥用。

数据质量目标：企业应该制定数据质量管理标准，确保数据的准确性、完整性、一致性和及时性，为企业决策提供可靠的数据支持。

数据可用性目标：企业应该确保数据能够被授权人员在需要的时候使用，同时避免数据过度共享和泄露，保护企业的商业机密和知识产权。

成本效益目标：企业应该制定合理的数据管理投资计划，确保数据管理成本和效益的平衡，同时提高数据资产的价值和利用效率。

4.3.2 建立治理组织

数据治理是一个涉及部门众多、范围边界不易控制、权责利益容易冲突的工作。企业进行数据治理必须建立数据治理组织，以确保明确的职责分工和资源投入，包括人员、技术和资金等方面的支持。如果在组织没有建立完善的数据治理组织结构和投入足够的资源的情况下开始工作，可能会导致数据治理工作的效果不佳。

1. 建立数据治理组织的重要性

提高数据质量：一个有效的数据治理组织可以确保数据被正确地收集、存储、处理和分发，从而提高数据的质量。这可以减少数据错误、重复、不一致和缺失问题，让数据更加准确和可信。

保护数据安全：一个有效的数据治理组织可以确保数据的安全性，包括保护数据免被未经授权的访问、保护数据免被破坏、保护数据免被泄露和保护数据免被滥用等。

提高数据可用性：一个有效的数据治理组织可以确保数据可用性，包括确保数据能够被在正确的时间和地点访问、确保数据是准确和完整的，以及确保数据能够被有效地利用。

促进数据共享：一个有效的数据治理组织可以促进数据共享和合作，使得不同部门和组织能够共享数据和信息，从而提高组织内部的协作和效率。

提高数据价值：一个有效的数据治理组织可以确保数据被正确地管理和利用，从而提高数据的价值，使得数据能够更好地支持业务目标和决策。

2. 数据治理组织的构成

企业需要建立一个完整的数据治理组织，以确保数据的质量、准确性和合规性。如图 4-2 所示，这个组织应该包括以下部分：

数据治理委员会：由高层管理人员和数据治理专家组成，负责制定数据治理策略和政策，并监督数据治理实践的执行情况。

数据管理组：由数据管理专项小组组成，负责具体的数据管理工作。根据不同的职责定义，数据管理组会分为数据架构组、数据标准组、数据安全组、数据质量组等专项小组。数据架构组负责设计和管理企业数据架构，打通 IT 部门和业务部门间的数据联系，确保数据的可扩展性、互操作性和可靠性。数据安全组负责保护企业数据的安全性和隐私性，包括防范数据泄露和黑客攻击等安全问题。数据标准组负责数据标准的制定、发布、宣传和执行。

数据质量组负责监督数据的准确性、完整性和一致性，并确保数据符合业务需求和法规要求。

图 4-2　企业的数据治理组织

数据分析应用组：由 IT 人员和数据分析人员组成，是通过对数据的加工处理和应用，释放数据价值的小组。数据应用组由数据开发组和数据分析组构成：数据开发组负责根据数据应用需求，进行数据的采集、加工、汇聚和分析；数据分析组负责使用数据分析工具和技术，进行数据分析和应用，以支持业务决策和优化业务流程。

以上各组应相互协作，形成完整的数据治理组织体系，以确保企业数据的质量和安全性，并为企业提供有力的数据支持。

3. 数据治理组织建设实践

首先，数据治理是企业的顶层策略，指明了企业的哪些决策需要制定，由谁来负责。数据治理在组织模式上强调 IT 部门与业务部门融合，构成 IT 部门与业务部门分工明确的项目型组织，解决传统上由 IT 部门驱动的专项数据管理难以推进、协调困难等问题，从而从根本上解决业务和管理上数据应用难的问题。

其次，企业数据治理本质上关注的既不是治理，也不是数据，而是如何获得数据中蕴含的业务价值。数据治理的一切活动都是为实现企业的业务需求服务的，而企业的业务需求是灵活多变的，数据治理组织必须具备应对业务需求变化的能力。传统的金字塔式的层级组织模式在应对业务需求变化的灵活性上显然有很大不足，要实现数据驱动业务、数据驱动管理，就需要打破层层上报、层层决策的管理模式，形成扁平化的敏捷型组织模式，将一切聚焦到目标和行动上。

最后，企业数据治理不是靠一个人或一个部门就能够做好的。为达到支撑企业数字化转型的目的，数据治理需要企业全员参与，建立“数据治理，人人有责”的企业文化。这种文化的建设依靠的不是上级的权威或命令，而是员工围绕绩效目标形成的自我驱动、协同协作的模式。

4.3.3 落地数据标准

数据标准是企业数字化环境中定义的一种数据在企业各部门之间、各系统之间进行应用、共享或交换的通用性"语言"，使不同参与者对数据的理解达成共识。数据标准通过对业务属性、技术属性、管理属性的规范化，可在企业的业务过程中统一业务术语定义、规范统计口径、约束数据应用和操作。

没有标准化就没有信息化，也就更谈不上提升数据质量。数据标准是数据治理的基础工作，落地了数据标准，企业的数据治理就成功了一半。

1. 落地数据标准的 6 个关键点

数据标准制定：制定的数据标准应与业务目标、数据需求和数据质量保障方案保持一致。数据标准制定过程需要对数据对象、对象之间关系、数据的各个属性和数据质量的规则进行标准化定义，使得数据的质量校验和稽核有据可依、有法可循。

利益相关者参与：制定数据标准需要涉及多个利益相关者，包括不同的业务部门、数据质量管理团队等，需要确保每个利益相关者都被充分考虑在内。

设定数据规则：数据标准应设定在一定的层次结构下，包括字段级别和整体数据集级别，标准应包括数据格式、数据类型、数据元素名称、数据规则和数据质量指标等方面的规定。在制定数据标准时，需要明确规则和指南，以确保数据的一致性、准确性和可靠性。

培训和沟通：在制定数据标准后，需要确保所有用户和相关团队都了解和理解这些标准，以确保标准的正确实施和执行。应该提供必要的培训和沟通渠道，以帮助用户和相关团队更好地理解和使用数据标准。

数据标准执行：通常是指把企业已经发布的数据标准应用于信息建设和改造中，以消除数据不一致的过程。把已定义的数据标准与业务系统、应用和服务进行映射，标明标准和现状的关系以及可能受到影响的应用。在这个过程中，对于企业新建的系统应当直接应用定义好的数据标准，对于旧系统一般建议建立相应的数据映射关系，进行数据转换，逐步将数据标准落地。

监督和更新：制定数据标准后需要建立监督和更新机制，以确保数据标准的有效性和实施效果。此外，需要定期评估和更新数据标准，通过评估定位数据标准问题并进行整改，以保证制定出的数据标准被正确使用，进而确保标准与业务需求和技术变化的一致性。

2. 落地数据标准的 3 个注意事项

在数据标准落地的过程中经常会遇到各种问题和挑战。例如：在制定数据标准的过程中，各业务部门都从自己的业务角度出发，从而难以形成统一的数据标准的定义；不同语境下的数据定义存在歧义，数据标准的制定与使用脱节等，造成数据标准在实际业务中用不起来。

（1）数据语义不清晰

当独立使用一个系统时，数据的相关业务术语、相关联语义可能是一致的，但如果需要在两个或多个系统之间比较时，数据语义上的细微差别就会被放大。例如：CRM 系统中的"客户"数据是包含意向客户、潜在客户的，而财务管理系统中的"客户"数据则是产生了财务往来的"客户"，两个系统的"客户数据量"统计差距很大。

（2）数据定义的歧义

数据定义的歧义主要表现在同名异义、同义异名的情况。

同名异义是指名称相同但代表的含义不同，常见的是相同名称的数据在不同的语境中所代表的含义是不同的。例如："黑色"用作描述物体属性时，代表一种颜色，而用来形容人心时，就代表着邪恶或伪善。

同义异名是指含义相同但命名不同的情况。例如：同样的"姓名"有"员工姓名"和"职工姓名"两种叫法，很可能开发人员给它们定义的标识分别为"YGXM"和"ZGXM"。

在数据标准化的过程中，不仅要定义数据元素的标准，还需要描述该数据元素使用的语境。建议企业采用集思广益的方式将模棱两可的数据定义暴露出来，以便提升企业对数据的标准化水平，以及实现企业相关人员对数据定义的共同理解和认知。

（3）避免数据标准的制定和使用"两层皮"

数据标准的制定和使用两层皮指的是在实际应用过程中，有些数据标准制定出来后并没有得到广泛应用和遵守，或者在应用过程中出现了不同程度的"打折扣"，这种现象也被称作"数据标准落地难"。

造成数据标准制定和使用两层皮的原因很多，例如：数据标准制定过程中的利益冲突、数据标准的内容和要求不够实用或不够完善、数据标准的普及和推广不够到位、数据标准的执行和检测不够严格等。为了解决这个问题，需要加强数据标准制定的透明度和公正性，实现各利益相关者的充分参与与协商，提高标准的实用性和可操作性，加大标准的推广和宣传力度，加强标准的执行和监督力度等。

4.3.4　提升数据质量

大数据蕴藏着大价值，但想要将大数据的价值充分发挥出来，必须要确保收集来的数据质量可靠，否则即使拥有最好的硬件、应用系统和数据分析平台，也难以保障业务的最终成果。数据质量差的大数据带来的很可能不是洞见，而是误导，甚至是惨痛的损失。

提升数据质量是实施数据治理的基本目标。以下几个方法有助于提升数据质量：

1. 了解不同人员对数据质量的预期

数据质量是指数据满足人们的隐性或显性期望的程度。人们判断数据质量的高低取决于人们的预期，高质量的数据比低质量的数据更加符合人们的期望。人的期望很复杂，不仅在于数据应该表示什么，还在于使用数据的目的以及如何使用它们。所以，数据质量是相对的、主观的，有时可能存在矛盾。例如：同一条客户信息，对于销售部门来说可能是高质量的数据，因为销售部门关注的只是产品卖给了谁；对于物流部门来说，除了客户的姓名、电话以及客户已经付款的信息外，还需要知道收货人地址、收货人姓名、收货人电话等；而对于财务部门来说，除了以上信息，还关注客户的开票信息（一般在收到付款时开具发票）。如果这条客户信息是不完整的，则无法进行客户服务，因为该数据没有完整且正确地描述在业务运营中所需要的真实身份和地点，而这会对企业业务带来影响。

了解不同人们对数据质量的预期对数据治理至关重要，可以从以下 3 个方面入手：

明确各方对数据的使用目的：不同人或团队使用数据的目的不同，对数据的质量要求也不同。例如，数据科学家可能需要高质量的数据来构建模型，而营销团队可能更注重数据的实时性和完整性。

定义数据质量标准：数据质量标准应该是可度量的，以便各方可以对数据质量进行评估和监控。数据质量标准可以包括准确性、完整性、一致性、时效性、可靠性等方面。

与各方沟通并达成共识：与各方沟通数据质量标准，并确保各方理解和认同这些标准。在沟通过程中，应该特别注意各方的关注点和优先级，并尝试协商达成共识。

2. 找到产生数据质量问题的根因

根因分析是提升数据质量最行之有效的方法，找出产生数据质量问题的根本原因，然后采取相应的策略进行解决，能够有效解决数据质量问题。

在数据结构的设计、数据创建、数据采集、数据处理、数据操作、数据应用、数据共享、数据销毁的数据全生命周期中，每个环节都有可能发生数据质量问题。同时，缺乏有效的数据管理机制、缺乏统一的数据标准、缺乏合理的流程规范、缺乏必要的操作约束也都会引发数据质量问题。

找出产生数据质量问题的根本原因，才能避免"治标不治本"的问题。分析数据质量问题的根本原因：首先，需要找到引起数据质量问题的相关因素，并区分它们的优先次序，形成解决这些问题的具体改进建议；其次，制定和实施改进方案，确定关于行动的具体建议和措施；最后，基于这些建议制定并改进方案，预防未来数据质量问题的发生。

3. 事前预防、事中控制、事后补救

企业数据治理应秉持"预防为主"的理念，坚持将"以预控为核心，以满足业务需求为目标"作为工作的根本出发点和落脚点，加强数据质量管理的事前预防、事中控制、事后补救的各种措施，以实现企业数据质量的持续提升。

事前预防：在数据采集和录入过程中，通过制定规范、流程、标准，以及培训等方式，对数据进行规范化管理和质量控制，防止出现数据错误和不一致性。例如，在数据录入前，对数据进行必要的校验和验证，确保数据的准确性和完整性。

事中控制：在数据处理过程中，通过监控、审计和反馈等方式，对数据进行控制和修

复，确保数据的准确性和可靠性。例如，在数据处理时，对数据进行实时监控和检测，及时发现和纠正数据问题。

事后补救：在数据使用过程中，对数据进行纠错、修复和清洗，确保数据的准确性和可靠性。例如，在数据分析和应用过程中，对数据进行清洗和转换，确保数据的一致性和可靠性。同时，对于已经出现的数据问题，需要及时进行修复和补救，避免对业务产生不良影响。

4.3.5　评估治理价值

1. 为什么需要评估数据治理的价值

数据治理是一个复杂的过程，需要投入大量的资源和时间。评估数据治理的价值可以帮助企业了解数据治理是否值得投入这些资源和时间，以及数据治理是否能够为企业带来实际的回报。

通过评估数据治理的价值，企业可以更好地理解数据资产的重要性，并制定出更好的数据治理战略和计划，以实现数据资产的价值最大化。此外，评估数据治理的价值还可以帮助企业确定数据治理的成本，并确保数据治理的投资是合理的和可持续的。

2. 数据治理价值评估的 4 个方面

数据治理价值评估有 4 个方面，分别是：数据质量、决策效率、风险成本和数据价值。

数据质量是否提升：通过实施数据治理，可以将数据定义、数据格式、数据元数据等标准化，提高数据质量和数据一致性，减少误差和冲突，提高数据的可靠性和可信度。评估一个企业的数据治理项目是否有价值，重点看数据质量有没有明显的提升。

决策效率是否提高：通过实施数据治理，可以建立数据管理和共享机制，提高数据的可访问性和可用性，让决策者获得更准确、更全面、更及时的数据支持，提高决策效率和决策质量。

风险成本是否降低：通过实施数据治理，可以规范数据收集、处理和共享流程，减少数据丢失、泄露、滥用等风险，降低企业的风险成本，提高企业的安全性和合规性。

数据价值是否提高：通过实施数据治理，可以优化数据存储、分析和挖掘方式，挖掘数据中的潜在价值，提高数据资产的价值，促进企业的创新和业务增长。

综合以上 4 个方面，可以评估企业数据治理的价值，提高企业的数据治理水平，实现数据价值的最大化。

3. 数据治理价值评估的 4 种方法

数据质量、决策效率、风险成本和数据价值能够综合反映数据治理水平，每一个维度都可以采用不同的方法进行评估，常用的评估方法有：

- ROI（投资回报率）评估法。ROI 是一种量化数据治理价值的指标，它可以帮助企业衡量其数据治理投资的效益。ROI 计算公式为：ROI=（收益-成本）/成本。ROI 评估法主要用来评估数据治理的风险成本、数据价值。
- KPI 评估法。KPI 是衡量数据治理价值的关键指标，它可以帮助企业确定其数据治理目标，并监测其实现过程。KPI 可以包括数据质量、数据准确性、数据安全性等方面。KPI 评估法是一种可以用来全面评估数据治理的成效的方法，数据质量、数据安全、数据标准执行情况、数据治理成本、数据治理价值均可以通过设置不同的 KPI 进行评估。
- 成本效益评估法。成本效益评估法也叫成本效益分析法，是通过对数据治理成本和效益进行比较来评估数据治理价值的方法。通过分析数据治理成本和效益的关系，企业可以确定最优的数据治理策略。
- 用户满意度调查。用户满意度调查是评估数据治理价值的重要方法之一，它可以帮助企业了解用户对数据质量、数据准确性等方面的满意程度，并确定改进方向。

4.4 规避数据治理的误区

数字化时代，数据作为新的生产要素受到了各界前所未有的重视。随着数据越来越多，怎么管好、怎么用好数据，并让数据发挥价值，成为很多企业的一个重要难题。有效的数据治理可以确保企业数据全面、一致、可信，从而全面释放数据的价值，提高业务流程效率、增加业务增长的机会，驱动企业数字化转型。

这听起来很简单，但事实上数据治理对每个企业都是一项很大的挑战。据 Gartner 的一项调查显示，超过 90% 的数据治理项目都失败了！为什么会有这么多数据治理项目失败？本书总结了数据治理的 5 大误区，以及这些误区该如何规避。

4.4.1 盲目的数据治理

1. 什么是盲目的数据治理

在数据治理中，一个常见的误区是没有明确的目标，盲目地对数据进行治理。这样做的结果是浪费了时间和资源，并且可能导致数据质量下降，是典型的"为了治理而治理"。

数据治理目标定得很大、很泛、不聚焦、不考虑可实现性和可衡量性，例如：数据治理目标就是解决企业的所有数据质量问题。

数据治理目标太过短视，导致返工。例如：相关人员对数据质量目标的定义和理解没有达成共识，在存在分歧的情况下就开始实施治理。

数据治理目标不与业务目标挂钩，只从技术角度考虑怎么治，而不考虑治什么、为什么治，陷入"为了治理而治理"的误区。

数据治理目标不明确或者专注于短视的数据治理目标，没有形成一套持续的数据治理机制，导致资源浪费，进而使数据治理在产生效果之前被搁置一旁。

2. 常见问题及如何规避

没有确定业务需求和数据价值。在制定数据治理计划之前，必须先确定业务需求和数据的价值。这可以通过与业务团队沟通，了解他们的需求和期望来实现。在确定了这些因素后，可以更容易地确定要治理的数据类型和业务关注的内容。

盲目收集数据。在数据治理的过程中，收集数据是必不可少的。但是，如果没有明确的目标，可能会收集大量不必要的数据，这会增加数据存储和维护成本，并占用团队的时间和精力。因此，需要明确要收集哪些数据和为什么要收集它们。

不重视数据质量。数据质量是数据治理的核心问题之一。如果没有明确的目标，可能会忽略数据的质量问题，这会导致数据的不准确性和不一致性。因此，需要制定数据质量标准，确保数据符合这些标准，并建立数据清洗和修复机制。

不关心数据保护。在数据治理过程中，保护数据的安全和隐私是必不可少的。如果没有明确的目标，可能会忽略这些问题，这会导致数据泄露和隐私侵犯。因此，需要建立数据保护措施，包括数据加密、访问控制和备份策略等。

缺乏数据治理流程。数据治理是一个复杂的过程，需要一个明确的流程来指导。如果没有明确的目标，可能会缺乏一个有效的数据治理流程，这会导致数据混乱和数据不一致。因此，需要建立一个数据治理流程，包括数据收集、清洗、分析和维护等步骤。

总之，企业想要成功地进行数据治理，就必须有明确的目标和计划。这需要业务团队与IT 部门紧密合作，并建立一个有效的数据治理流程，以确保数据的质量和价值。

4.4.2 被动式的数据治理

1. 什么是被动式的数据治理

只关注业务流程、不关注数据质量，数据质量只有在导致决策失误时，才会成为问题。

不考虑主动建立数据治理的策略，没有统一的数据标准，各系统数据各自维护，数据质量只有在系统无法有效集成时，才会成为问题。

平时不关注数据治理，不重视数据质量问题的及时处理，数据质量只有在监管部门开出罚单时，才会成为问题。

以上是被动式数据治理的常见现象，也被称为"先污染、后治理"的现象，是在企业数据采集、存储、处理等环节中，由于缺乏有效的数据管理和治理措施，使数据被污染，导致数据不准确、不完整、不一致以及不可信等问题。在这种情况下，企业需要采取数据治理措施，对已经污染的数据进行清洗、整合、去重等处理，以提高数据质量和价值。

2. 常见问题及如何规避

企业数据治理中常见的"先污染、后治理"的问题及规避措施如下：

数据来源不规范。企业在进行数据采集时，可能会从各种来源收集数据，包括第三方数据、用户提交的数据、爬虫爬取的数据等。如果这些数据来源不规范，比如数据格式不统一、数据字段不齐全、数据质量不可靠等，就会导致数据污染。

数据存储不规范。企业在进行数据存储时，可能会采用多个不同的存储介质，比如文件系统、数据库、云存储等。如果这些存储介质没有经过有效的管理和维护，就会导致数据存储不规范，从而影响数据质量。

数据处理不规范。企业在进行数据处理时，可能会采用多种方式，包括数据清洗、数据整合、数据分析等。如果这些数据处理方式不规范，比如算法不准确、程序逻辑有误等，就会导致数据污染。

数据使用不规范。企业在使用数据时，可能会出现数据滥用、数据泄露等问题，从而导致数据污染。

对于这些问题，企业需要采取一系列数据治理措施，包括制定数据治理政策，建立数据治理组织，规范数据采集、存储、处理、使用等流程，实施数据质量监控等，以提高数据质量和价值，避免"先污染、后治理"现象的发生。

有效的数据治理需要从事前、事中、事后三个层面构建数据治理策略。事前：定义和建立数据标准，进行数据标准的宣贯和培训，培养企业数据文化；事中：基于数据标准的数据校验，基于既定流程和制度的数据维护和使用；事后：连续的数据质量测量，持续的数据问题和业务流程改进等。

4.4.3 项目式的数据治理

1. 什么是项目式的数据治理

项目式的数据治理是指在数据治理的过程中，通过针对具体项目的需求实施的数据治理策略。它与传统的全局性数据治理相比，更加灵活和针对性，能够更好地满足项目的需求。但是，项目式的数据治理也存在一些问题：

首先，由于其针对性较强，可能会导致数据冗余或数据孤岛的问题。

其次，由于每个项目都有不同的数据需求和数据规范，可能导致数据的标准化程度不够，从而影响数据的质量和可信度。

最后，项目式的数据治理也可能导致数据安全和合规性的问题。如果在项目实施过程中缺乏统一的数据安全和合规标准，可能会对敏感数据的使用和保护产生风险。

导致项目式数据治理的原因，其本质上还是企业对数据治理的认知存在问题：企业将数据治理视为一次性项目，一开始期望很高，认为通过一个项目的实施，数据质量会在一夜之间得到改善；企业以为数据质量管理和数据治理流程都是单一的一次性活动，通过实施一个项目便可以完成数据治理，提升数据质量，不需要建立持续的机制。

2. 常见问题及如何规避

数据治理的最终目标是提升数据价值，这是一个持续漫长的运营过程，需要逐步完善、分步迭代，指望一步到位是不现实的。项目式的数据治理是不全面的，无延续性，虽然能够解决一时的数据问题，但很难获得持续的数据价值，效果也注定是难以令人满意。为了解决这些问题，企业应该实施以下数据治理策略：

设计数据治理的顶层策略。整体考虑企业的业务需求和数据管理的实际情况，明确数据治理的目标和愿景，确定数据治理的组织结构和职责，确保数据治理与业务战略的一致性。设计数据治理实施路线图，同时还需要考虑数据治理的可行性和可操作性，确保企业数据治理的有序推进。

构建企业全局数据治理标准。从企业全局视角出发，确立数据治理标准，包括数据质量、数据安全、数据隐私等方面的标准，确保在整个企业内部拥有一致的数据管理标准。

制定统一的数据治理流程和程序。对数据采集、数据存储、数据处理、数据共享和使用等方面的建立统一的规定和约束，以确保数据的正确使用和共享。

全面的数据整合和安全策略。实施数据共享和整合，打破数据孤岛，使得数据可以更好地为企业整体服务。强化数据安全控制，建立完善的数据安全管理机制，防止数据泄露、数据被篡改等问题的发生。

建立专业的数据管理团队。建立数据管理团队，明确职责分工，统一管理和监控企业内部的数据管理工作，同时建立数据治理的监督和评估机制，包括数据治理的绩效指标和评估方法，以确保数据治理的有效性和可持续性。

4.4.4 孤立式的数据治理

1. 什么是孤立式的数据治理

孤立式的数据治理是指企业在数据治理方面采用分散的、单独的、非协同的方式来进行。

最常见的是由企业 IT 部门主导，企业业务部门不参与或参与度比较低的情况。例如：业务部门只配合进行数据质量问题的清理，但不接受将数据规则内置到业务流程里。业务部门认为数据治理只会增加额外的工作量，并对业务造成了一定的约束，对其业务绩效没有产生帮助和价值。

2. 常见问题及如何规避

孤立式的数据治理存在很大弊端，例如：

缺乏全局视野：IT 部门只关注技术层面的数据管理，缺乏对业务层面的理解和把握，很难做到从数据管理全局的层面进行理解和把握。将数据治理视为一项单独的、额外的任务，不与业务流程挂钩，很容易出现"为了治理而治理"的现象。

业务与 IT 脱节：由于业务部门没有参与到数据治理工作中，导致业务部门在使用数据时无法顺畅地获取到相关数据，无法满足业务需求。建立了数据标准但无法贯彻落实，导致业务部门无法使用，使得数据标准被束之高阁，成为一纸空文。

数据治理规划不合理：IT 部门缺乏对业务的深入了解，往往难以制定出合理的数据治理规划，导致数据治理的目标不明确、策略不清晰、过程不透明。

数据治理的效率低下：IT 部门主导的数据治理过程中，没有充分了解业务需求，往往会采取保守的数据治理策略，使得数据治理的效率低下，难以满足业务需求。

以上问题的规避建议如下：

有效的数据治理应被视为帮助业务人员实现业务目标的工具，它不是一项额外的任务。企业需要建立由 IT 部门和业务部门联合组建的数据治理团队，共同制定数据治理策略和规划，确保业务需求与技术实现的有效结合，并将数据治理策略嵌入到企业的业务流程中，在业务的日常中规范数据的维护和使用。同时，加强数据治理意识的培养，将数据治理纳入企业文化和价值观的建设中，提高员工对数据治理的认识和重视程度。

4.4.5 数据治理唯工具论

1. 什么是数据治理唯工具论

数据治理需要在企业内部建立一套完整的数据管理制度，以确保数据的准确性、可靠性、安全性和有效性，它是一个复杂的过程，需要多个方面的协同合作，包括组织结构、流程和技术等。然而，在实践过程中，很多企业存在着一些数据治理误区，其中最常见的就是唯工具论，例如：

- 还要建数据标准？我们不是已经购买了数据治理平台了吗，怎么这个平台没有数据标准？
- 采集并修正元数据？我记得我们这个数据治理平台能适配几十种数据库类型，不是想采啥数据就采啥数据吗？
- 数据质量还有问题？是不是我们这个数据治理平台功能不行呀，要不要重新采购一个？

数据治理唯工具论是指企业或组织认为只要有了一套好的数据管理工具，就可以解决所有的数据问题。这种观点认为，只要采用了最新的数据管理工具，就可以快速地实现数据治理。然而，这种想法是错误的。在数据治理中，工具只是其中的一部分，缺乏合理的组织结构、流程和人员配备，任何工具都无法发挥其应有的作用。

2. 常见问题及如何规避

在实践过程中，秉持数据治理唯工具论的企业往往会重视数据管理工具的采购和实施，而忽视了数据治理的其他方面。这种做法会导致数据治理的效果不佳，且很难实现企业的战略目标。因此，企业在进行数据治理时，不能仅仅注重工具的采购和实施，还需要考虑组织文化、业务流程和数据管理等方面的协调。

企业数据治理需要从组织文化、业务流程和数据管理三个方面进行协调。唯有这三个方面的协调，才能够实现数据治理的全面覆盖。

首先，组织文化是指企业的价值观和文化氛围。数据治理需要企业内部形成一种数据文化，即将数据视为企业战略的核心要素。

其次，业务流程是指企业内部的各个业务部门之间的业务流程。数据治理需要在业务流程中建立数据管理的标准和规范，以确保数据在各个业务部门之间的流通和共享。

最后，数据管理是指企业内部的数据管理系统和技术。数据治理需要建立一套完整的数据管理系统和技术，包括数据资产管理、数据质量管理、数据安全管理等方面的系统和技术。

企业在进行数据治理时，不能仅仅注重工具的采购和实施，还需要考虑到组织文化、业务流程和数据管理等方面的协调。只有这样，才能够实现数据治理的全面覆盖，提高数据的准确性、可靠性、安全性和有效性，为企业的战略发展提供支持。

4.5 理解数据治理的三种模式

常见的数据治理模式主要有三种，如图 4-3 所示。

图 4-3 数据治理的三种模式

自下而上的数据治理（Bottom-Up）模式：这种模式是以数据问题为导向，进行场景驱动的数据治理模式，由各个部门和业务自主开展数据治理，然后逐步向上推广。这种模式通常是企业有比较明确的数据应用需求，然后成立一个或多个分散的数据治理小组，由各个部门的数据管理员或数据专家来组成，他们会根据各自的需求和实际情况来制定数据治理规则。

自上而下的数据治理（Top-Down）模式：这种模式是以企业的战略为导向，由企业高层领导和数据治理委员会制定数据治理规则，然后向下传达实施。这种模式通常以企业全局的数据架构为重，需要有一个中央团队来协调和管理整个数据治理过程，确保各个部门和业务都能够遵守数据治理规则。

全面规划的数据治理（Comprehensive Planning）模式：这种模式结合了前两种模式的优点，既有自上而下的指导和协调，也有自下而上的灵活性和适应性。这种模式通常需要制定全面的数据治理规则，同时允许各个部门和业务根据实际情况进行细节的调整和实施。

4.5.1 自下而上：以明确的数据应用为重

1. 自下而上的数据治理模式的特点

自下而上的数据治理模式主要有以下三个特点：

该模式的核心在于明确的数据应用需求。数据应用需求是指有明确的业务目标和实际的业务场景。明确的数据应用需求可以更好地指导数据采集、处理和分析的工作，从而确保数据的质量和准确性。此外，明确的数据应用需求还可以确保数据的合法性和安全性，避免出现数据泄露、滥用等问题。

该模式强调自下而上的数据治理过程。自下而上的数据治理过程是指在数据治理过程中，要充分利用基层部门和个人的数据采集、处理和分析能力，促进数据的共享和交流。这种方式可以更好地满足业务部门的需求，提高数据的使用率和质量。同时，自下而上的数据治理过程还可以加强数据治理的民主性和透明度，避免数据治理成为权力的工具。

该模式还强调数据治理的应用价值。数据治理的应用价值是指通过数据治理来实现业务目标和价值的过程。数据治理不是一项孤立的技术活动，而是要紧密结合业务目标和价值来进行。因此，在数据治理过程中，需要强调数据的应用价值，鼓励业务部门和个人参与数据治理，提高数据的应用效果和价值。

自下而上的数据治理模式是以明确的数据应用为重的数据治理模式，是一种强调数据应用需求的明确性、自下而上的数据治理过程。这种模式可以更好地满足业务部门的需求，提高数据的使用率和质量，同时加强数据治理的民主性和透明度，实现数据的应用价值。

2. 哪些企业适合采用自下而上的数据治理模式

以明确的数据应用为重的自下而上的数据治理模式适合那些需要频繁应对市场变化、需要快速做出决策并能够快速响应市场需求的行业。例如：互联网、电商、物流、零售、餐饮等行业。

在这些行业中，数据量大、变化快，需要不断地对数据进行分析和应用，以便更好地应对市场变化。自下而上的数据治理模式主要通过让数据从基础层面自下而上流动，使数据在整个企业中自由流通和共享，从而帮助企业更好地了解自身业务和市场情况，提高决策的准确性和效率。

这种模式还比较适合那些注重创新和灵活性的企业，因为它能够更好地满足企业对数据的灵活应用需求，帮助企业更好地应对市场变化。

4.5.2　自上而下：以全局数据架构为重

1. 自上而下的数据治理模式的特点

自上而下的数据治理模式，其核心思想是将数据视为企业的战略资源，通过全局的数据架构规划和管理，实现数据的有效整合和利用。这种模式是由企业的高层管理层制定数据治理的方针和策略，并由专门的数据治理团队来负责实施和监督。在这种模式下，数据治理不再是一项简单的技术工作，而是企业战略的一部分，需要全员参与和支持。

以全局数据架构为重的自上而下的数据治理模式主要有五个特点：

强调了数据架构的重要性。在自上而下的数据治理模式下，数据架构是企业数据治理的基础，通过统一的数据分类、标准化和管理规范，确保各个部门和业务系统之间数据的一致性和可互操作性，并通过建立一个统一的、标准的数据架构，以管理和组织企业所有数据的流程和存储方式，从而提高数据的质量和价值。

注重全局的流程优化。通过建立统一的数据模型、规范化数据结构和数据流程，优化企业的业务流程，提高数据的准确性和可靠性，从而提高业务效率和质量。

侧重统一的数据治理策略。在自上而下的数据治理模式，通常由高层管理者制定数据管理策略，以确保整个组织在数据管理方面的一致性和协调性。这种方法可以确保数据的准确性、可靠性、一致性和安全性，避免数据重复和冲突，同时也能够满足合规性要求，如隐私保护、数据保密等。

强调数据的高度集中化管理。在自上而下的数据治理模式，通常涉及对数据中心和数据仓库的集中化管理。这可以确保数据的统一性和可管理性，同时提高数据的可用性和可靠性。同时涉及对数据访问的严格控制和保护，这可以确保数据的安全性和保密性，避免数据泄露和滥用。

强调数据文化建设。在自上而下的数据治理模式下，通常会强调数据治理的价值和意义，并将数据治理作为一项战略性工作，进行制度化管理，以确保组织各级人员对数据治理的认识和参与度，重视数据文化的建设和人员能力和素质的培养，这有利于建立长效的数据治理的机制。

综上所述，以全局数据架构为重的自上而下的数据治理模式是一种以高层管理者领导为核心，注重全局数据架构规划和全员参与的数据治理方法论。通过统一的数据管理规范和标准化，实现数据的有效整合和利用，从而提高企业的运营效率和竞争力。

2. 哪些企业适合采用自上而下的数据治理模式

自上而下的数据治理模式的核心是建立一个全局数据架构，以确保数据的一致性、完整性和可靠性，并通过自上而下的方式实施数据治理，确保数据的质量和价值。该模式适合规模较大、层级结构比较严密、数据需求较为稳定、数据资产复杂度较高、数据安全风险较高的企业。

具体来说，以下类型的企业适合采用该模式实施数据治理计划：

大型集团公司。大型集团公司通常具有复杂的组织结构和业务模式，数据量大、分散、多样化，需要建立一套统一的数据管理策略和规范，以实现数据的统一采集、管理、存储和使用。

行业监管机构。行业监管机构需要对所监管的企业进行数据监管和数据分析，需要保证数据质量和数据安全，自上而下的数据治理模式可以保证数据的合规性和数据的准确性。

金融机构。金融机构需要对客户数据进行保护和管理，同时需要满足监管要求，自上而下的数据治理模式可以保证数据的安全和合规性。

医疗机构。医疗机构需要对患者的病历数据进行管理和保护，自上而下的数据治理模式可以保证数据的安全和隐私。

政府机构。政府机构需要对公民数据进行管理和保护，同时需要满足政府决策和行政管理的需要，自上而下的数据治理模式可以保证数据的合规性和数据的准确性。

4.5.3 全面规划：从全局数据应用入手

1. 全面规划的数据治理模式特点

全面规划是一种数据治理模式，它基于数据资产，从数据应用规划入手，通过明确数据的价值、分类、归属和使用方式等方面的规范，实现对数据的有效管理和利用。它是将自下而上的数据治理模式和自上而下的数据治理模式相结合的一种数据治理模式，需要企业全面梳理业务的现状痛点及业务未来畅想，盘现状、规划未来，基于业务现在及未来的需求规划分析应用场景，在应用场景规划的范围内，全面地梳理数据的现状、规划数据的未来，针对规划中的数据需求，制定全方位策略：需要新建哪些系统、新购哪些数据源？现有数据系统中哪些需要升级？现有数据中哪些需要细化、标准化？哪些数据需求落地可行性较高？制定全面的规划体系，划分优先级，有节奏、有步骤地实现全面的数据治理。该模式通常是企业的战略项目，由高层推进，对数据、业务协同性要求较高，整个过程涉及系统改造升级、业务流程优化再造，是企业全面升级的过程。

全面规划模式下，数据被视为企业重要的资产，通过建立完善的数据应用规划来指导数据的整理、存储、共享和分析等操作，确保数据的质量、安全和可靠性。全面规划模式注重全面的数据治理和数据应用建设，可以帮助企业实现数据驱动的业务决策和创新发展。其主要特点包括：

该模式强调数据作为一项重要的生产资料，对业务的重要性不仅是支撑，而且是驱动，或者说数据就是业务。一方面，数据作为业务的驱动力，意味着业务活动的决策和执行过程中需要依赖数据。企业在制定战略、规划和运营过程中，需要通过数据来获取市场信息、了解消费者需求、监测竞争对手等。只有通过数据的分析和应用，企业才能够做出准确的决策，针对市场需求进行产品设计和营销策略制定。另一方面，数据本身具备驱动业务创新和发展的能力。通过对大量的数据进行分析和挖掘，企业可以发现新的商机、新的市场趋势和消费者需求。这些发现可以促使企业进行产品创新、业务模式创新，推动企业实现效益增长和竞争优势提升。比如，通过对用户行为数据的分析，企业可以了解用户的喜好和习惯，从而精准地进行个性化推荐，提高用户体验和购买转化率。

该模式既注重数据治理的全面规划，也强调以数据应用场景为导向的治理灵活性。一方面，全面规划意味着在数据治理过程中，要考虑到数据的全生命周期，包括数据的采集、存储、处理、分析和应用等各个环节。全面规划还包括对数据的质量、安全、隐私等方面进行管理和控制，以确保数据的可靠性和合规性。全面规划的目的是建立一个完整、一致且可持续的数据治理体系，使数据能够得到有效管理和应用。另一方面，该模式强调以数据应用场景为导向的治理灵活性。治理灵活性意味着在进行数据治理时，要根据具体的数据应用场景和需求来制定相应的治理策略和措施。不同的数据应用场景可能有不同的数据需求、数据质量要求和数据安全需求，因此需要根据具体情况进行灵活调整和优化。这种以数据应用场景为导向的治理灵活性可以更好地满足业务需求，提高数据的价值和效能。

该模式对组织的协同性有着极高的要求。在这种模式下，数据治理被视为企业战略的重要组成部分，需要对企业的数据管理和应用现状进行全面的盘点和规划。为了实现这个目标，需要动员企业的业务部门、技术部门和数据部门的人员，以及企业各个层级（高层、中层、基层）的员工共同参与和配合。这种跨部门、跨层级的协同合作是确保数据治理顺利进行的关键。通过各个部门的密切合作和信息共享，可以建立一个统一的数据治理框架和流程，使得企业的数据能够得到有效管理和应用，从而为企业的战略决策和业务发展提供有力支持。

综上，全面规划的数据治理模式，结合了自下而上的数据治理模式和自上而下的数据治理模式两种模式的优点，从现在、未来的角度全面开展数据治理，业务、数据全面覆盖，返工重建风险小，同时有助于推动业务系统、数据全面升级，业务价值较高，但对组织协同要求高，且成本投入高、耗时久，对执行团队要求高，复合型人才需求大，需要企业由高层推进。

2. 哪些企业适合采用全面规划的数据治理模式

全面规划的数据治理模式适用于各种不同的应用场景和行业，特别适合那些对数据管理和应用有较高要求的行业或企业。

大型集团型企业：对于拥有庞大数据量和多个业务部门的大型集团型企业，全面规划的数据治理模式可以帮助其实现数据的统一管理和协同应用，提高数据的质量和价值。

数据驱动型企业：对于以数据为基础进行决策和创新的数据驱动型企业，全面规划的数据治理模式可以帮助其确保数据的准确性、一致性和时效性，为企业的决策和创新提供可靠的数据支持。

金融行业：对于金融行业来说，数据治理是确保数据安全、合规和风险管理的关键。全面规划的数据治理模式可以帮助金融机构建立健全的数据管理和应用体系，提高业务的可靠性和效率。

医疗和健康行业：对于医疗和健康行业来说，全面规划的数据治理模式可以帮助医疗和健康机构管理和应用丰富的医疗和健康数据，提高诊断和治疗的准确性和效果，促进医疗卫生服务的改进和创新。

零售和电子商务行业：对于零售和电子商务行业来说，全面规划的数据治理模式可以帮助其管理和应用大量的销售数据、顾客数据和供应链数据，提高市场洞察力和客户体验，支持业务增长和竞争优势。

第 5 章
实施数据治理的五个阶段

数据治理作为一项系统工程，其成功实施需要一系列细致而系统的规划和实践。

首先，数据治理流程的确立是基础，它要求团队成员具有专业能力，并且得到高层的鼎力支持。整个数据治理流程包括蓝图规划、落地实施、成效评估、问题改进和长效运营等环节，它们相互关联，共同构成了数据治理的逻辑框架。其中有效的组织变革可以加强数据责任落地，使数据治理成为提升效率、降低成本、支持业务创新的重要工具。在这个基础上，规划数据治理蓝图需要进行广泛深入的调研以及与企业战略的紧密结合，为企业设定明确的目标和任务，并指导实际的治理工作。本章旨在为数据治理实施的每个阶段提供明确的指导和建议，帮助企业在实践中避免陷入误区，确保数据治理的成功实施和长远发展。

5.1 数据治理流程概述

数据治理的实施过程可分成蓝图规划、落地实施、成效评估、问题改进、长效运营五个阶段，其中长效运营是针对传统项目型数据治理的缺失所添加的新阶段，目的是保障数据治理工作长效执行。

蓝图规划是指对企业数据治理现状进行全面评估，根据企业数字化转型要求，确定数据治理目标并通过数据管理能力成熟度评估分析能力差异，进而制定企业数据治理蓝图的过程，以总体指引企业数据治理工作执行。

落地实施是指将已制定的数据治理蓝图按阶段、按任务、按时间、按重要性有计划地执行，并通过理数据、建体系、搭平台、接数据、定标准、提质量、控安全、编目录、用数据九项工作完成数据治理落地实施工作。

成效评估是指评估和验证数据治理工作是否达到预期目标和成果，涉及对数据治理过程中实现的成果和过程的检查，以确保它们已经实现或正在有效运作。评估数据治理成效是一个非常重要的过程，因为这有助于确定组织内部数据治理过程的工作目标是否准确。通过这种方法检验现有的数据治理工作，可以确定是否已经实现了组织的数据治理目标。同时，数据治理成效评估可以为组织改进优化现有数据治理流程提供有效佐证。

问题改进是指通过评估整体数据治理工作过程，将成功的经验纳入数据治理标准，将不成功的问题放入改进计划，从而优化企业的数据治理工作和流程。它涉及对数据治理过程中出现的问题进行识别、分析和修复，从而优化企业的数据治理流程并提高工作效率和方法匹配性。数据治理问题改进是持续不断的过程，需要不断识别和解决数据治理工作中的问题，以确保企业的数据治理工作始终处于良好状态，进而确保数据的高质量、可用性和安全性。通过问题改进可以不断提高业务决策的可靠性，并保证组织能够符合监管机构的标准和要求。

长效运营是指运用数据治理过程中的最佳实践、标准、工具和技术，使得数据治理过程能够得到持续运营和持续改进。通过建立数据运营组织，并根据数据治理运营流程不断地提供数据服务，可以保障企业数据治理工作有效执行。因此，数据治理长效运营在数据治理工作中占据非常重要的地位。

实施数据治理的五个阶段如图 5-1 所示。

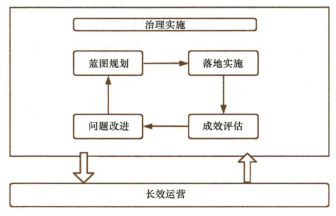

图 5-1　实施数据治理的五个阶段

5.2　数据治理蓝图规划

数据治理蓝图规划是制定数据治理策略和实施计划的详细计划，说明组织数据治理的目标和所涵盖的业务领域是什么。数据治理蓝图规划可为组织数据治理工作提供明确的指导和计划，确保数据管理和治理工作有组织、系统地进行。通常，组织在编制数据治理蓝图时需要经过一系列的调研分析，以明确组织数据治理目标，并基于组织数据治理工作现状，制定符合组织业务发展需求的实施策略与计划。

数据治理蓝图规划工作主要分为三部分工作：一是参照国家标准对组织进行数据管理能力成熟度评估，对组织整体数据管理能力成熟度等级进行分析，找出能力差异，并提出能力建设目标；二是从组织内部对数据需求进行调研并汇总分析，包括组织战略分析、管理需求分析、业务经营分析、IT 分析、数据应用分析等内容，最终针对各类需求找出对应的解决方案；三是参考同行业最佳实践，对标组织竞争对手、吸取先进组织治理经验，降低组织数据治理工作试错成本。基于以上三部分工作内容，组织可开展数据治理蓝图规划工作，定位组织数据治理价值，绘制工作蓝图并寻找数据治理切入点。

5.2.1　评估数据管理能力成熟度

数据管理能力成熟度评估是指通过一系列方法、关键指标和工具来评价组织数据管理工作现状，并定义组织数据管理能力成熟度等级。通过数据管理能力成熟度评估，可找出组织数据管理能力的优势和不足，并结合组织数据管理各领域的能力现状与数据管理能力成熟度等级现状，引导组织数据管理工作方向，以作为组织数据治理蓝图规划的依据。数据管理能力成熟度评估还具备以下关键作用：

- 作为开展数据管理工作的切入点和关键抓手。
- 便于厘清组织数据管理现状，识别问题与需求。
- 可作为本组织有价值、可复用的数据管理评估体系。
- 协助组织建立数据管理组织、制度、流程等内容。

数据管理能力成熟度评估不仅是组织开展数据治理的一个切入点，还是组织开展当前数据管理工作和规划未来数据管理工作的基础。因此，定义一个适用于本组织的数据管理框架尤为重要。

数据管理能力成熟度评估包括能力域、能力项、评估得分、评估等级四部分。构建数据管理能力成熟度评估体系要有权威的理论体系做支撑。组织需要重点借鉴国内外有关数据管理能力的相关理论，以 DCMM、DMM、DSMM、DMBOK 等理论为基础，并结合国内相关行业实践案例（如金融行业、通信行业、快消行业等先进案例）进行分析和提炼，作为组织数据管理能力成熟度评估体系构建的有力支撑。

数据管理能力成熟度评估在组织分三步落地实施。一是设计适应本组织的评估模型。从现阶段各行业评估的经验来看，以 DCMM 为基础并结合组织自身需求，可以对关键领域进行裁剪和补充，特别是对大型集团型组织而言，组织内各成员单位发展水平各不相同，涉及的业态各不相同，因此设计评估模型需要在组织管理需求的基础上考虑各成员单位情况。二是基于已设计的评估模型设置评估指标。评估指标可以结合定量和定性两个视角。三是建立评估机制，即评估周期、评估范围、评估工具、评估结果改进等一系列工作措施，以保障组织数据管理能力成熟度评估持续运营，稳健落地。

1. 评估模型设计

为了让设计出来的评估模型具备可行性和专业性，设计评估模型时需要综合考量 DCMM

框架，通过组织文件资料查验、重点人员访谈等方法识别和标记评估模型未覆盖的能力域及能力项，重点结合组织对数据治理关键领域的需求，明确评估模型需要新增及优化完善的内容，并完成评估模型的本地化设计工作。设计符合组织的数据管理能力成熟度评估模型，需明确数据管理能力域、能力项、成熟度等级标准等。以下是数据管理能力成熟度评估的能力域、能力项和成熟度等级（见表 5-1、表 5-2），《金融行业数据能力建设指引》（见表 5-3），某企业结合国标、行标与企业自身诉求建立的数据管理能力成熟度评估模型（见表 5-4）。从这三个示例可以看出，数据管理能力成熟度评估模型可根据组织实际需求进行裁剪，可有侧重点地进行设计，并根据组织管理需求逐步进行优化。设计模型时还需要考虑组织总部、组织各单位业态不同所导致的评估差异性。

表 5-1　DCMM 的数据管理能力成熟度评估的能力域和能力项

能 力 域	能 力 项	能 力 域	能 力 项
数据战略	数据战略规划	数据安全	数据安全策略
	数据战略实施		数据安全管理
	数据战略评估		数据安全审计
数据治理	数据治理组织	数据质量	数据质量需求
	数据制度建设		数据质量检查
	数据治理沟通		数据质量分析
数据架构	数据模型		数据质量提升
	数据分布	数据标准	业务术语
	数据集成		参考数据和主数据
	元数据管理		数据元
数据应用	数据分析		指标数据
	数据共享	数据生存周期	数据需求
			数据开发
	数据服务		数据运维
			数据退役

表 5-2　DCMM 的数据管理能力成熟度等级

序号	成熟度等级	具体特征要求
1	初始级	数据需求的管理主要是在项目级体现，没有统一的管理流程，主要是被动式管理，具体特征如下： 组织在制定战略决策时，未获得充分的数据支持 没有正式的数据规划、数据架构设计、数据管理组织和流程等 业务系统各自管理自己的数据，各业务系统之间的数据存在不一致现象，组织未意识到数据管理或数据质量的重要性 数据管理仅根据项目实施的周期进行，无法核算数据维护、管理的成本

（续）

序号	成熟度等级	具体特征要求
2	受管理级	组织已意识到数据是资产，根据管理策略的要求制定了管理流程，指定了相关人员进行初步管理，具体特征如下： 意识到数据的重要性，并制定部分数据管理规范，设置了相关岗位 意识到数据质量和数据孤岛是一个重要的管理问题，但目前没有解决问题的办法 组织进行了初步的数据集成工作，尝试整合各业务系统的数据，设计了相关数据模型和管理岗位 开始进行了一些重要数据的文档工作，在重要数据的安全、风险等方面设计相关管理措施
3	稳健级	数据已被当作实现组织绩效目标的重要资产。在组织层面制定了一系列的标准化管理流程，促进数据管理的规范化，具体特征如下： 意识到数据的价值，在组织内部建立了数据管理的规章和制度 数据的管理以及应用考虑了组织的业务战略、经营管理需求以及外部监管需求 建立了相关数据管理组织、管理流程，能推动组织内各部门按流程开展工作 组织在日常的决策、业务开展过程中能获取数据支持，明显提升工作效率 参与行业数据管理相关培训，具备数据管理人员
4	量化管理级	数据被认为是获取竞争优势的重要资源，数据管理的效率能量化分析和监控，具体特征如下： 从组织层面认识到数据是组织的战略资产，了解数据在流程优化、绩效提升等方面的重要作用，在制定组织业务战略的时候可获得相关数据的支持 在组织层面建立了可量化的评估指标体系，可准确测量数据管理流程的效率并及时优化 参与国家、行业等相关标准的制定工作 组织内部定期开展数据管理及应用相关的培训工作 在数据管理及应用的过程中充分借鉴了行业最佳案例以及国家标准、行业标准等外部资源，促进组织本身的数据管理与应用
5	优化级	数据被认为是组织生存和发展的基础。相关管理流程能实时优化，组织能在行业内进行最佳实践分享，具体特征如下： 组织将数据作为核心竞争力，利用数据创造更多的价值和提升组织的效率 能主导国家、行业等相关标准的制定工作 能将组织自身数据管理能力建设的经验作为行业最佳案例进行推广

　　DCMM 的数据管理能力成熟度评估模型涉及 8 个能力域、28 个能力项以及 445 项评估指标，每个能力域又分为 5 个等级的成熟度，评估内容比较完整，但缺少各行业特性，因此在实际的数据管理能力成熟度评估中，可根据行业特性对模型进行裁剪和优化。表 5-3 为《金融行业数据能力建设指引》（JR/T 0218—2021）中对数据管理工作的要求，由中国人民银行发布。该标准将金融数据管理能力划分为 8 个能力域、29 个能力项。

表 5-3 《金融行业数据能力建设指引》

能 力 域	能 力 项	能 力 域	能 力 项
数据战略	数据战略规划	数据保护	数据保护策略
	数据战略实施		数据保护管理
	数据战略评估		数据保护审计
数据治理	组织建设	数据质量	数据质量需求
	制度建设		数据质量检查
	流程规范		数据质量分析
	技术支撑		数据质量提升
数据架构	元数据管理	数据应用	数据分析
	数据模型		数据交换
	数据分布		数据服务
	数据集成	数据生存周期管理	数据需求管理
数据规范	数据元		数据开发管理
	参考数据和主数据		数据维护管理
	明细数据		
	指标数据		历史数据管理

某集团企业进行数据管理能力成熟度评估工作时，依据组织实际需求对 DCMM 中的能力域和能力项进行了调整，选取了组织实际需要建立的能力域与能力项。该集团企业对数据管理组织和制度进行重点评估，并在"标准"能力域扩充了"数据源标准"能力项，如表 5-4 所示。

表 5-4 某企业数据管理能力成熟度评估模型

能 力 域	能 力 项	能 力 域	能 力 项
数据战略	数据战略规划	标准	业务术语
	数据战略实施		数据源
	数据战略评估		参考数据和主数据
组织	数据治理组织		数据元
	组织绩效评估		指标数据
	人员培训宣贯	数据管理	数据安全
	审计监督机制		数据质量
制度	制度建设		数据生命周期
	制度实施	数据应用	数据分析
	制度更新		
数据	数据规划		数据共享
	数据应用		数据服务
	数据创新		

综上所述，数据管理能力成熟度评估在国家标准和行业标准层面的内容和形式基本一致。在行业层面将"技术支撑"单独作为能力项评估，体现出对工具和平台的重点关注。在集团组织层面，依据数据治理发展现状可以进行适度的裁剪和优化，将重要的能力域和能力项进行新增，如"组织""制度"在集团数据治理工作中至关重要。在成熟度等级上，模型设计时建议对标 DCMM 的成熟度等级，即表 5-2 所示的 5 个等级。

本质上，数据管理能力成熟度评估是对企业数据管理能力全面评价的一种工具，但我们可以在不同时期、不同阶段采取不同的成熟度评估体系来适应企业发展诉求。数据管理能力成熟度评估模型可包括数据战略、数据治理、数据架构、数据标准、数据质量、数据安全、数据应用、数据生命周期以及工具与平台等 9 个能力域，建议设计评估模型时将工具与平台单独列出，以便于组织进行选型和管理。我们将 9 个能力域划分为更小颗粒度的能力项，并对能力项设置过程描述和过程目标。过程描述是该能力项建设过程中的阶段性要点描述；过程目标是该能力项建设过程后的目标描述。设计评估模型时还要结合每个能力项的过程目标按照 5 个成熟度等级细分各能力等级的标准。

2. 评估指标设置

完成评估模型设计工作后，接下来就需要对组织数据管理能力成熟度模型评估指标进行设置，为了更好地贴合组织的数据管理要求，可以将组织的各项数据管理能力的目标内容作为基础输入，分析组织数据管理现状及未来规划，明确组织数据管理涉及的治理活动，以此作为评估指标设置的基础。通过组织设计的数据管理能力成熟度评估模型，梳理并汇总评估模型中涉及数据管理能力评估的条款，将之与组织数据管理活动进行匹配，初步提取可指标化的评估内容。

指标设置可参照 DCMM、《数据资产管理实践白皮书（6.0 版）》、各行业先进案例。它们在理论层面上，为组织数据管理能力评估指标设置提供了思路，并从实践层面为组织数据管理能力评估指标的落地提供了参考和借鉴。首先，可对标 DCMM 的 445 条成熟度等级标准进行抽取加工，选取符合组织等级的指标，如 DCMM 成熟等级 3 级（稳健级）对应的 166 个指标。其次，可对组织数据管理总体规划方向进行梳理总结，结合对评估指标相关国家标准、法律法规的研究，从数据管理工作规范性、及时性、成果成效、成果推广等维度出发，进行评估指标内容的设置。最后，可结合组织已开展的数据管理活动和未来规划的数据管理活动，从指标名称、指标定义、处理逻辑、单位、统计频率等维度开展评估指标设置工作，形成组织数据管理评估指标集。

评估指标通常由定性指标和定量指标组成。可设置额外的加分项和扣分项，并制定指标度量评分规则。

定性指标旨在评估组织在不同数据管理领域的成熟度，并提供指导意见和改进建议。根据实际情况，组织可以依据每个指标进行自我评估，以确定组织在各个数据管理领域的成熟度水平。定性指标示例如表 5-5 所示。

表 5-5 定性指标示例

指标所在能力域	指标名称	指标说明	得分规则
数据质量	数据完整性	数据是否完整和缺失的程度	完全缺失：0 分。部分缺失：5 分。完整：10 分
	数据准确性	数据的准确性和错误率的高低	高错误率：0 分。中错误率：5 分。低错误率：10 分
数据安全	数据访问权限	数据访问权限的控制和管理是否严格，以及是否有足够的安全保障	无权限控制：0 分。部分权限控制：5 分。严格权限控制：10 分
	数据备份和恢复	数据备份和恢复策略的制定及执行情况	无备份策略：0 分。部分备份策略：5 分。完备备份策略：10 分
数据标准	数据字典和血缘追溯	数据字典和血缘追溯机制的建立及运行情况	无字典和追溯：0 分。部分字典和追溯：5 分。完备字典和追溯：10 分
数据生命周期	数据更新文档化	数据更新和变更的文档化程度及记录方式	无文档记录：0 分。部分文档记录：5 分。完备文档记录：10 分
数据治理	数据治理流程	数据治理的流程和规范制定及执行情况	无流程和规范：0 分。部分流程和规范：5 分。完备流程和规范：10 分
数据应用	数据使用和共享	数据使用和共享的方便程度及规范性	不方便和无规范：0 分。部分方便和规范：5 分。完备方便和规范：10 分
数据治理	数据工具和平台	数据工具和平台在支持数据治理方面的功能及效果	无工具和平台：0 分。部分工具和平台：5 分。完备工具和平台：10 分
	数据质量监控	数据质量监控工具和机制的建立及运行情况	无监控工具和机制：0 分。部分监控工具和机制：5 分。完备监控工具和机制：10 分

定量指标是用于评估组织在数据管理方面的成熟度和绩效的数值化指标。这些指标通常基于具体的数据管理目标和关键绩效指标，帮助组织量化和测量其数据管理成果，并提供基于数据的可视化和可比较的评估结果。定量指标示例如表 5-6 所示。

表 5-6 定量指标示例

指标所在能力域	指标名称	指标说明	得分规则
数据质量	数据完整性	基于数据的完整程度评估数据质量	完全缺失：0 分。部分缺失：1 分。完整：2 分
	数据准确性	基于数据的准确程度评估数据质量	高错误率：0 分。中错误率：1 分。低错误率：2 分
数据安全	数据访问权限	基于数据访问权限的程度评估数据安全性	无权限控制：0 分。部分权限控制：1 分。严格权限控制：2 分
	数据备份和恢复	基于数据备份和恢复策略的可靠程度评估数据安全性	无备份策略：0 分。部分备份策略：1 分。完备备份策略：2 分

（续）

指标所在能力域	指标名称	指标说明	得分规则
数据标准	数据字典和血缘追溯	基于数据字典和血缘追溯机制的建立和运行情况评估数据文档化程度	无字典和追溯：0分。部分字典和追溯：1分。完备字典和追溯：2分
数据生命周期	数据更新文档化	基于数据更新和变更的文档化程度评估数据文档化程度	无文档记录：0分。部分文档记录：1分。完备文档记录：2分
数据治理	数据治理流程	基于数据治理流程和规范的建立及执行情况评估治理流程	无流程和规范：0分。部分流程和规范：1分。完备流程和规范：2分
数据应用	数据使用和共享	基于数据使用和共享的方便程度及规范性评估治理流程	不方便和无规范：0分。部分方便和规范：1分。完备方便和规范：2分
数据治理	数据工具和平台	基于数据工具和平台支持的功能及效果评估技术支持程度	无工具和平台：0分。部分工具和平台：1分。完备工具和平台：2分
	数据质量监控	基于数据质量监控工具和机制的建立及运行情况评估技术支持程度	无监控工具和机制：0分。部分监控工具和机制：1分。完备监控工具和机制：2分

综上所述，在设置评估指标的过程中，需要考虑定性和定量两个维度的指标，便于组织对数据管理能力成熟度的评估与评价。

3. 评估机制设计

数据管理能力成熟度评估工作需要持续运营，因此要设立数据管理能力成熟度评估机制。数据管理能力成熟度评估机制包括评估组织、评估模式、评估流程、评估方法四个部分。

评估组织是数据管理能力成熟度评估工作的组织架构，继承组织数据治理组织架构并进行了职责分工。评估组织包括领导小组、评估工作组、评审专家组、组织各部门。评估组织一般采用虚拟组织的方式，即组织成员在评估期间共同完成评估工作，在非评估期间返回各自岗位。实践中，在项目执行期间由项目组织执行并完成评估工作，在运营期间由运营组织对此项工作进行评估和优化。

评估模式是指组织通过数据管理能力成熟度评估模型对参评单位的数据管理能力成熟度进行全面评估。评估模式分为模型全面评估和指标量化评估，以满足组织统一全面评估、量化评估的需求。模型全面评估模式是指对参评单位自身数据管理能力进行全面诊断，基于数据管理能力诊断结果，找出强项，发现弱项，定位差距，明确数据管理能力重点提升内容与方向。指标量化评估模式是指组织定期开展指标量化评估，获取相关数据，通过对指标权重的设计和计算进行计分（计分可依据工具自动计算指标得分），评估组织依据指标得分情况编制评估报告，经审核后进行公示。

评估流程是指组织定期开展评估工作，并进行数据收集、数据分析、评估报告撰写与备案的过程。建议评估流程与企业绩效考核流程和工具统一执行，并将评估指标作为各部门绩效考核的一部分。

评估方法是指组织在评估过程中使用的工具和方法。工具包括评估系统、评估模板或调研问卷。方法包括集团组织统一评估或组织分（子）公司自行评估并上报集团。

以上是一个组织进行数据管理能力成熟度评估工作可参照的内容，在实践中需要根据组织所在行业、组织规模、组织数字化发展阶段对评估工作进行优化，并选取合适的方式。数据管理能力成熟度评估参考如表 5-7 所示。适用于不同类型、不同规模的组织。

表 5-7　数据管理能力成熟度评估参考

序　　号	组织规模	保障支持情况	评估方式	评估时间
1	集团型企业	专项	参照国标并自定义模型	2 个月
2	大型企业	项目一部分	参考国标	1 个月
3	中型企业	非项目	自评估问卷方式	0.5 个月
4	小型企业	无	自定义方式	一周

5.2.2　汇总内部数据诉求

内部数据诉求汇总是指通过业务调研、数据盘点、系统分析、全员调研问卷等方式对组织内部的数据需求和数据问题进行收集和分析的过程。通过收集组织各部门、关键业务用户的数据应用相关需求和问题，使用一系列的活动和方法，完成对组织数据诉求现状的调研与分析，并将业务需求、数据管理能力建设需求和数据应用需求作为编制组织数据治理蓝图的关键输入，通过对各项诉求的优先级分析制定组织数据管理能力建设的阶段规划与任务内容。组织内部数据诉求可通过两个维度、三种方式、三个成果进行汇总。两个维度是指自上而下调研、自下而上调研。三种方式是指业务分析、数据分析、系统分析。三个成果是指业务访谈会议纪要、数据盘点与问题需求清单、系统数据共享需求报告。

1. 自上而下调研

自上而下调研包括组织关键资料的收集与分析、组织中高层访谈两部分工作。

首先，在自上而下调研维度中需要进行组织建设、规划类资料收集，包括但不限于如表 5-8 所示的资料。

表 5-8　资料收集样例

维　　度	资料名称	资料内容
集团总部	集团规划	资料包含集团 5 年内的各项战略规划，可用于分析集团对数据资产的总体要求
	信息化规划/数字化规划	明确集团信息化规划和数字化规划，包括集团统建系统、数据治理规划与要求、数据安全规划与要求，并明确对分（子）公司的要求

（续）

维　度	资料名称	资料内容
组织内部	组织规划	明确组织未来 5 年的发展策略，细化到各业务的具体要求
	信息化规划/数字化规划	明确组织在数据领域需要建立的各项能力（如数据中台能力），并说明数据领域、业务领域、技术领域的关联关系
	风险部规划/运营部规划/市场部规划/战投部规划	明确部门本年度的规划，包括数字化工作内容和目标

其次，根据上述资料，归纳整理出组织关键战略方向和内容，并找出数据战略对组织战略具体工作领域的支撑内容。数据治理蓝图规划人员需要对资料中的内容进行充分吸收和理解，以便于与组织内高层进行数据治理访谈。另外，在自上而下调研维度中需要对组织关键高层进行访谈。高层访谈是数据治理调研工作中的重点，通常数据治理工作需要跨越多个组织和部门，组织内多部门的参与和配合尤为重要，因此需要获得组织高层的有力支持才可以将数据治理工作落地执行。访谈可通过专项汇报的方式进行，通常以数据治理规划 PPT 的方式汇报，建议汇报时间控制在 30 分钟内。汇报内容可包括以下三部分：

- 数据治理工作与企业经营发展的关系。
- 数据治理工作成果对企业经营发展的价值。
- 数据治理工作目标和需要高层支持的工作内容。

最后，完成对组织内高层调研工作后，可分析出组织总体数据治理蓝图的目标和重点方向，并识别出组织战略和高层管理对数据治理工作的诉求。

2. 自下而上调研

自下而上调研包括问卷调研、业务调研、系统调研和数据调研四部分。

（1）问卷调研

通过自上而下调研获取的信息可指引项目组如何开展自下而上调研，依据识别到的组织高层次的问题和需求，可以对一些非重点诉求进行把控，避免"眉毛胡子一把抓"的问题。自下而上调研可采取全员数据治理问卷调研的方式对组织全员进行问卷下发，识别组织员工对数据治理工作的共性问题和需求。全员数据治理调研问卷设计如表 5-9 所示。

表 5-9　全员数据治理调研问卷设计

问卷类型	问卷说明	问卷下发范围
管理层	主要针对组织内管理人员进行调研，问题中应包括管理层面的问题和诉求	中高层管理人员
业务部门	主要针对组织内业务执行层人员进行调研，问题中应包括执行层面的问题和诉求	基层业务人员

问卷可通过组织内部邮件系统进行发送。问卷提交截止时间建议设为问卷下发的一周之内，以保障问卷的及时性和准确性。问卷需要设置一些开放性问题，如对数据治理工作的建

议是什么等。

　　全员数据治理问卷调研的价值在于可通过设置的问题、选项综合判定数据管理能力建设需求和建设的迫切程度，通过期望得分的问题设计方式，识别各项能力建设的优先级。同时，能快速识别重点数据领域与数据能力项的需求，因为对全员进行覆盖，可避免遗漏一些关键数据问题和需求。另外，调研问卷汇总结论可以从定性和定量两个视角反映组织数据治理现状。全员数据治理问卷调研的总结示例如图 5-2 所示。

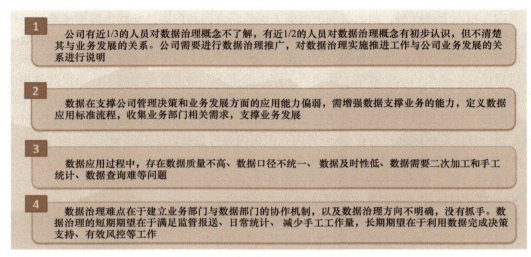

图 5-2　全员数据治理问卷调研总结示例

（2）业务调研

　　业务调研建议以组织内各单位、部门的关键业务人员为调研对象，调研前需要对组织管理架构（见表 5-10）进行分析，并结合已识别到的各项信息选取关键业务、关键部门与关键业务人员。

表 5-10　组织管理架构示例

部门类型	部门职责	调研目标	建议人员
前台部门	负责业务操作规范拟定 负责业务研发、设计、受理、评估、承做 负责产品销售、客户管理及业务拓展 负责业务平台开发与构建 负责项目运营管理 负责业务数据统计分析 其他相关工作	了解业务流程，掌握业务运行逻辑，识别高业务价值链内容	业务操作人员 数据统计专员 部门领导

（续）

部门类型	部门职责	调研目标	建议人员
中台部门	承担系统性风险管理工作，负责制定公司系统性风险管理制度，动态监测公司系统性风险状况，定期出具风险报告 制定业务部门项目调查、评审、运营管理工作规范 进行项目合规性审查，监督项目操作中对业务流程、标准、风险限额等规范的执行情况，并对业务制度提出修订建议 收集前、中、后台各类日常运营及风险监测信息和数据，进行风险排查和评估，出具风险管理报告	了解中台业务流程，掌握中台支撑逻辑，识别中台业务价值链	中台操作人员 数据统计分析人员 部门领导
后台部门	负责编制公司信息化建设中的技术架构和标准体系、公司信息化建设的年度经费预算 拟定信息化管理规范等相关政策文件 负责公司信息系统的运行维护、公司信息基础设施的建设规划和运行维护 负责公司信息安全保障体系的建立，落实信息安全防范工作 组织公司信息系统的需求分析、立项评估、软件开发	了解 IT 业务流程，掌握系统支撑逻辑，识别IT 业务价值链	IT 运维人员 项目经理 部门领导
分（子）公司	业务执行与服务提供：直接执行总部制定的业务策略，提供符合总部标准的产品和服务 市场应用与客户关系管理：对接市场需求，实施营销和销售计划，维护和扩展客户基础 运营效率与质量控制：确保业务流程的高效运作，监控和提升服务质量 合规性监督与风险控制：遵守法律法规和总部设定的合规标准，执行风险管理政策 报告与反馈：定期向总部提供业务运营和财务报告，反馈市场动态和经营挑战	了解分（子）公司业务在组织中的重要性情况，识别分（子）公司的数据需求和问题	部门领导 关键业务人员

　　根据上述各单位、部门管理职责，针对业务关键用户进行调研问题设计，以便在访谈过程中引导出业务用户的重点需求和问题。收集到业务问题后，可对调研问题进行汇总和分析，进而将业务问题（见表 5-11）转换为数据能力需求（见表 5-12）。

表 5-11　业务问题示例

序号	业务部门	问题描述	问题分析
1	风险管理部	填报的数据存在质量问题	缺少统一的数据填报规范 业务流程变化快，标准建立困难，各项目统一标准较难
2	运营管理部	数据不能及时获取	填报的数据需要审核后才能入库使用 填报的数据质量差、反馈慢，修改后才能入库
3	财务部	业务、财务数据标准不一，汇总耗费大量人力	缺少统一基础数据和主数据 缺少统一牵头部门和责任部门

表 5-12　数据能力需求示例

序号	数据能力	能力描述	关联的业务问题
1	统筹与拉通	需建立数据治理组织来开展数据管理工作	1、2、3
2	数据人才	需培养组织内部数据管理人才，以具备数据管理能力	1、2、3
3	数据标准	需建立组织内关键业务数据标准，并落地数据标准	3
4	数据共享	需建立组织数据资产体系，实现业务和财务数据融合，并实现数据共享	1
5	数据质量	需培养组织数据质量管理能力，评估和提升组织关键业务数据质量	2
6	主数据	需组建组织各类主数据管理部门，明确管理职责	3
7	……	……	……

　　组织内跨部门的业务流程大部分都会涉及数据的打通等数据能力需求。通过深层次的分析可以看出，一部分业务问题实质上反映了对数据能力的需求，而通过数据能力的建设可以解决这些业务问题。

　　在业务调研过程中，会直接收集到一些业务部门的需求（如对一些关键的绩效指标或是一些关键的数据应用的需求），一般可通过业务需求分析模板对数据需求进行分析，如表 5-13 所示。

表 5-13　业务需求分析模板示例

业务需求	业务目标	业务行动	支撑系统	需要数据	需要数据能力
业务市场占有率 50%	核心产品销量增加 100 万	建立营销数字化中台，提升渠道营销效率，增加补贴投入	营销管理系统数字化中台	渠道数据用户数据营销数据	数据资产管理数据标准能力数据质量能力

　　依据业务需求和目标逐步分析，对完成业务目标所需要的数据进行分析整理。如表 5-13 所示，渠道数据、用户数据与营销数据是本次业务需求分析所要的关键数据。识别到的关键数据可作为数据治理蓝图规划的输入。

　　在系统调研中可对上述数据进一步分析，如对数据进行探查，寻找数据的可信任数据源等。数据源的分析示例如表 5-14 所示。

表 5-14　数据源分析示例

数据内容	数据定义	数据来源	
		信息系统或线下	责任部门
渠道数据	渠道数据是指从不同渠道收集到的关于产品或服务销售、分销和推广等方面的数据，包括线上渠道（如电子商务网站、移动应用）和线下渠道（如实体店铺、分销商），也包括社交媒体平台、广告渠道等	CRM 系统营销云系统	销售中心运营中心

根据表 5-14 可以识别到所需数据的源头和责任部门，进而定义数据治理所需要进行的工作。在数据治理业务调研中，调研人员还可从以下五个领域切入：

① 基本情况。基本情况包括被调研组织、部门、人员的基本信息，如职位、职责、所使用系统等内容。

② 业务现状。业务现状包括工作内容、工作流程，流程上下游的系统、对接人员，当前工作遇到的问题、数据采集和报送是否有重复等问题。

③ 系统现状。系统现状包括使用哪些系统模块、模块使用中遇到哪些问题、模块中产生的数据是否被组织收集并利用等问题。

④ 数据管理现状。数据管理现状包括历史数据管理方式、历史数据质量、历史数据是否再次使用、历史数据使用问题等。同时还需要了解数据质量是否满足当前工作要求，数据标准化是否有益于工作开展等问题。

⑤ 数据应用现状。数据应用现状包括所需数据是否可以从组织内获取、获取的数据是否可以使用、数据的准确性如何、数据内容是否满足自身业务需求等问题。

（3）系统调研

系统调研是针对技术部门或数字化部门的调研，是理解组织信息化和数字化的工作情况的过程。进行系统调研需要识别部门的职责和已有的工作成果，包括但不限于信息化与数字化建设规范、数据管理与治理现状、各业务部门数据诉求、本部门数据管理诉求等内容。系统调研建议采用问卷与访谈的方式进行，如表 5-15 所示。

表 5-15　系统调研示例

调 研 方 式	调 研 内 容	调 研 人 员
访谈与调研表填写	主要针对组织内所有在运行的系统进行调研，包括系统功能、系统业务、系统数据、系统对外提供数据等内容	业务及技术部门系统管理员，包括：系统厂商人员、组织内 IT 部门人员

系统调研的目标是对现有系统、在建系统、规划系统、废弃系统进行盘点，厘清系统数据源头，系统调研承载着组织的业务经营管理流程，因此系统调研是调研工作中的关键基础工作。系统调研的关键成果就是系统数据共享需求报告。

（4）数据调研

数据调研的目标是将已有系统调研的结果作为输入，盘点组织内的关键数据资源（包括结构化数据、非结构化数据等内容），并依据对系统内数据资源的盘点形成组织数据资源清单（包括数据量、数据结构、数据表业务系统等内容），作为组织数据资源盘点的初步成果。数据调研的成果和内容可作为业务调研问题设计的输入，帮助组织更好地进行业务调研。

3. 调研汇总分析

汇总分析是指依据上述调研成果，将识别的组织内各关键业务、关键部门与人员对数据的诉求进行聚焦，对数据提出方与业务影响进行归纳。调研问题整理汇总示例如表 5-16 所示。

表 5-16 调研问题整理汇总示例

序号	问题提出方	提出日期	问题描述	问题现象	相关数据	相关系统	业务影响
1	数据分析师	2023 年 7 月 1 日	数据重复出现	报告中出现重复数据行	销售数据表	销售管理系统	影响销售分析报告的准确性
2	IT 团队	2023 年 7 月 4 日	数据丢失	数据库中部分记录丢失	客户信息表	CRM 系统	影响客户管理和沟通
3	数据管理员	2023 年 7 月 6 日	数据格式不一致	部分数据字段格式混乱	订单数据表	订单管理系统	影响数据处理和分析
4	风险管理部	2023 年 7 月 9 日	数据访问权限不足	部分员工无法访问敏感数据	薪资数据表	人力资源系统	影响员工薪资调整和报告
5	业务经理	2023 年 7 月 11 日	数据缺失	产品销售数据缺失	销售数据表	销售管理系统	影响产品销售分析和预测

表 5-16 列出了数据治理调研过程中记录的原始问题清单，包括问题的序号、问题提出方、提出日期、问题描述、问题现象、相关数据、相关系统和业务影响。它可以帮助组织跟踪和管理在数据治理调研过程中发现的问题，并为后续的改进计划提供参考。在对原始问题收集完成后，还需要对所有问题进行数据影响范围与优先级分析，如表 5-17 所示。

表 5-17 数据影响范围与优先级分析

序号	问题描述	相关系统	业务影响	影响范围分析	优先级分析	综合评分
1	数据重复出现	销售管理系统	影响销售分析报告的准确性	销售分析报告受到影响，可能导致错误的业务决策和预测结果	业务影响大，但影响范围较小，可通过数据质量监控和纠错来解决	7
2	数据丢失	CRM 系统	影响客户管理和沟通	部分客户信息丢失会导致无法准确跟踪和联系客户，影响客户关系管理和营销活动效果	业务影响中等，影响范围较广，需要及时恢复丢失的数据	6
3	数据格式不一致	订单管理系统	影响数据处理和分析	数据格式混乱会导致数据处理和分析困难，影响业务报告的准确性和决策的可靠性	业务影响中等，影响范围广，需要进行数据清洗和规范化处理	6
4	数据访问权限不足	人力资源系统	影响员工薪资调整和报告	部分员工无法访问敏感数据会影响员工薪资调整和报告的准确性与时效性，可能引发员工不满和误解	业务影响大，但影响范围有限，需要加强数据访问权限管理	8

（续）

序号	问题描述	相关系统	业务影响	影响范围分析	优先级分析	综合评分
5	数据缺失	销售管理系统	影响产品销售分析和预测	缺失的产品销售数据会导致产品销售分析和预测不准确，影响产品策略和市场竞争力	业务影响大，但影响范围较小，需要及时恢复缺失的数据	7

表 5-17 给出了根据问题描述、相关系统和业务影响进行的影响范围分析和优先级分析，以及根据影响范围和优先级得出的综合评分。根据综合评分可以确定问题的相对重要性，从而在制定改进计划时进行优先级排序和资源分配。

此外，还需要对组织中所有的调研工作内容进行汇总，并将汇总内容进行整体分析，如表 5-18 所示。

表 5-18　调研工作内容汇总示例

类　型	内　容	成果和价值
自上而下调研	资料收集	支撑数据治理蓝图的规划，确保与组织整体战略一致
自上而下调研	中高层调研	支撑数据治理蓝图的规划，确保与组织整体战略一致
自下而上调研	问卷调研	识别规范的数据治理流程和操作规范，提供具体的实施指南和步骤
自下而上调研	业务调研	选取和实施了合适的数据治理技术工具和平台，提升数据处理效率和能力
自下而上调研	系统调研	识别和评估数据质量问题，制定改进措施和策略
自下而上调研	数据调研	评估和改进数据访问控制策略和权限管理，提升数据安全性

调研汇总是对内部数据问题与需求进行的分析。根据内部问题分析、内部需求分析的成果，可以将内部问题汇总成两个部分，一是依据业务目标、业务能力及业务流程结合调研手段梳理出数据应用场景，二是针对数据各领域管理现状、问题梳理出数据能力要求。将数据应用场景和数据能力要求作为数据治理蓝图规划的依据。

5.2.3　对标外部数据实践

对标外部数据实践是指将自己的组织数据管理工作与竞争对手或同行业其他企业进行比较和评估的过程。这种分析有助于发现自身的优势和劣势，了解市场动态和行业趋势，并制定相关的发展策略。但对标外部数据实践不是必要的，特别是在细分行业或领域中，因为很难找到具体的对标案例。因此，我们需要先进行对标必要性分析。

（1）对标必要性分析

在评估完组织数据治理现状后，应根据组织所在行业进行对标必要性分析。各行业都有数据治理先行者，可依据组织的数据管理流程、数据质量、数据安全措施、数据隐私保护、数据文化等方面的情况，选取行业同类型组织，通过资料收集和分析确定自身与行业最佳数据实践之间的差距和改进领域。如果行业无最佳数据实践或最佳数据实践与组织不匹配，则可根据实际情况不采取对标分析，待组织能力满足对标分析要求后，再进行对标。

（2）对标资料收集

对标资料收集是指通过阅读行业报告、研究论文、参与相关研讨会或会议、与专家和从业者交流等方式，获取关于行业数据治理的最新趋势和实践。

在完成对标资料收集与分析后，需要确定关键领域和目标，根据外部最佳数据实践和组织的成果，确定组织关键的数据治理领域和目标的可行性与合理性。将外部经验内化到数据蓝图规划、数据质量管理、数据安全和隐私保护、数据治理组织和流程设计等方面。

（3）对标分析实践

制定蓝图规划和路线图：基于确定的目标，制定数据治理蓝图规划和实施路线图。在规划过程中，参考外部最佳数据实践，要考虑采用逐步实施的策略，以确保规划的可行性和可持续性，还要考虑组织的资源可用性、管理支持和文化转变等方面的因素。

将数据治理蓝图规划与外部最佳数据实践对标需要深入了解外部最佳数据实践，评估组织数据治理现状，确定数据治理目标，制定、实施和监控数据治理蓝图规划，以及持续改进和学习。这样可以确保组织的数据治理与行业的最佳数据实践保持一致，并实现数据治理的有效实施和价值提升。

对标分析需要通过对标维度将对标工作可视化展示出来，对标分析要在行业、领域、业务、营收、工作规模等维度进行一致性分析，并通过同行业数据治理实践的比对完成对标分析。对标分析示例如表 5-19 所示。

表 5-19　对标分析示例

评价体系	所在行业	细分业务	营收情况	数据管理能力
公司 A	2	3	7	4
公司 B	4	5	3	7
公司 C	2	1	4	7

评价体系满分 10 分，分数增加说明与本组织关联性高，通常需要选取一个综合评价较高的企业作为对标目标。

5.2.4　定位数据治理价值

在完成以上三项工作后，依据已有的调研内容重新思考本期数据治理工作的价值，价值包括直接价值和间接价值。数据治理的价值体现在通过提高数据质量、支持决策与洞察、促进数据共享与协作、保障数据合规与风险管理、优化数据管理成本与效率和增强创新与竞争优势等方面，为组织创造业务增值和可持续发展的力量。组织的数据治理的价值场景由以下5 个方面组成：

（1）业务场景支撑

业务管理扩展：通过多业务领域数据的关联、融合，可以从多个维度进行业务管理情况分析，包括业务、财务、资金一体化、人货场一体化、进销存一体化、人机法料环一体化等多个管理场景的业务数据连通，优化业务流程，提升业务运行效率。

业务精准性：通过对业务核心数据的标准化、建立核心主数据等方式，都可以带来更精准的业务管理，如通过对精准客户数据的分析，提升组织营销精准性。

业务支撑：通过集成的数据资产平台，支撑组织多个层次、多个视角的经营分析工作开展，包括支撑业务高层管理决策、业务中层精细化管理、业务执行层统计分析等内容。

综上所述，数据的连通不仅仅是对业务的连通，同时还可以反哺业务的优化，提高管理精细化程度。

（2）管理要求支撑

业务可视：随着组织不断发展以及内外部环境的变化，对管理者的要求逐步增加，管理者面临业务不可知、业务不量化、业务管理难的困境。数据治理可帮助组织建立业务可视的能力，并帮助管理者通过数据看板对业务现状进行分析，进而实现实时精准决策。

决策统计：是指通过收集、分析和解释数据来做出决策的过程。管理层可从组织各项关键数据指标对组织发展情况进行宏观和中观的了解。它在各个领域和组织中都是非常重要的，可以帮助管理者了解现状、发现问题、解决挑战并优化业务流程。

管理落地：是指将管理决策和战略转化为实际行动，并确保它们在组织中得到贯彻和执行的过程。在管理决策和战略贯彻与执行过程中，数据可以作为关联连接点支撑管理落地，并可将管理情况如实反馈出来。

（3）监管报送支撑

监管报送：是指组织向监管机构提交相关数据和信息，以符合法规要求、监管规定和报告要求，进而提升监管报送效率和质量，避免因报送引起监管部门通报和处罚。数据治理对监管报送具有重要的支撑作用。数据治理涉及数据的管理、规范和控制，以确保数据的准确性、完整性、一致性和安全性。

（4）数据合规支撑

数据合规：避免数据应用和共享过程中引发数据泄露，造成经济损失和安全风险。数据治理对数据合规起着重要的支撑作用。通过数据分类和标记、隐私保护与访问控制、合规性监测和审核、数据保留和删除、监管报告和响应，以及培训和意识提升等措施，组织可以更好地管理和保护数据，确保与数据相关的合规要求得到满足。

（5）其他工作支撑

数据资产变现：随着国家对数据资产流程领域的进一步支持，数据资产变现会逐步在各组织落地。数据资产变现体现在两个层面：一是对内数据资产可以通过《企业数据资源相关会计处理暂行规定》并依据企业实际，将有价值的数据资源计入企业资产负债表，以存货或无形资产的方式如表，可提升企业利润率；二是对外数据资产可以进行数据变现，通过数据登记确权操作和数据资产价值评估后，不仅可以在数据交易机构直接进行数据资产交易，还可以通过数据资产价值评估证明在金融机构进行质押融资。

当前组织数据治理工作随着各行业数字化的发展要求逐步加深应用，未来产业的上下游、供应链上下游都会对每一个组织的数据治理工作提出更高的要求，因此数据治理价值会不断扩充应用领域。

5.2.5 绘制数据治理蓝图

1. 数据治理蓝图的内容

绘制数据治理蓝图是一个长期的、持续改进的过程，需要与不同部门和利益相关者的密切合作和持续培养。数据治理蓝图提供了一个清晰的路线图，帮助组织实现数据治理的目标，并确保数据的可靠性、一致性和可信度。如图 5-3 所示，数据治理蓝图包括 4 部分内容：

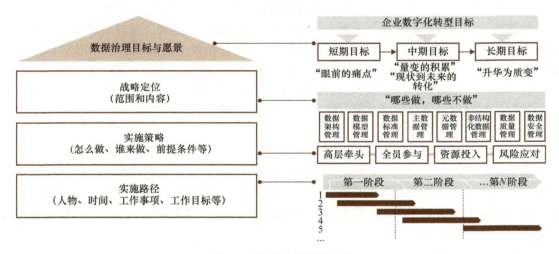

图 5-3　数据治理蓝图示例

（1）数据治理目标与愿景

数据治理的目标是构建一个高效、可信、可持续的数据治理体系，以提升组织的业务发展能力和竞争优势。数据治理的愿景是通过管理数据资产，实现数据的生命周期管理和价值最大化，从而推动组织的数字化转型和业务增长。目标包括短期、中期与长期目标。愿景包括实现组织范围内的统一数据决策。这意味着不同部门和系统之间的数据能够一致、准确地集成和共享，使得组织成员可以基于相同的数据进行决策和分析。

（2）数据治理范围和内容

数据治理的范围和内容涵盖了组织内的数据管理和治理活动的方方面面，包括数据管理政策和策略、数据治理领域工作、数据治理组织和角色、数据治理培训和沟通、数据治理技术和工具。

（3）数据治理实施策略

数据治理实施策略说明组织应该如何实施既定的数据治理内容，通常可以建立专门的数据治理团队或委员会，负责数据治理的规划、实施和监督，需要确保组织内各个部门和利益相关者的参与和合作。

（4）数据治理实施路径

数据治理实施路径说明每个阶段数据治理的整体计划、分布计划、工作事项清单与人员组织分工等内容。

2. 数据治理阶段规划

数据治理阶段规划是对数据治理实施路径的进一步细化说明，是将组织数据治理每一个阶段的内容进行规划和说明，包括基础底座阶段、深化应用阶段、数据运营阶段、持续赋能阶段。

基础底座阶段是指对数据治理现状进行分析与评估，并建立基础数据能力，包括数据组织与制度、数据标准体系、数据质量体系、数据安全体系、数据资产管理与共享体系、数据治理平台等内容。基础底座阶段完成数据治理基础能力打造，实现数据采集、数据存储、数据管理、数据计算与数据应用能力，具备数据价值链支撑的基础能力。

深化应用阶段是指在数据治理实践中，进一步增强数据治理的应用范围和能力，以满足组织日益增长的数据需求和挑战，包括扩展数据资产、强化数据质量管理、推动数据共享和协作、加强数据治理文化和能力建设、加强业务流程治理、强化数据治理技术和工具等内容。深化应用阶段根据基础底座阶段打造的能力，结合业务与管理需求进一步加深能力建设并将能力应用于实际工作场景，进而解决数据问题。

数据运营阶段是指在数据治理策略和框架建立之后，进行日常的数据治理操作和管理的阶段。在这个阶段，组织将执行实际的任务和活动，以确保数据的质量、安全性和合规性，包括数据治理培训和意识提升、数据治理监控和报告、数据治理问题持续改进和创新等工作。通过有效的数据运营，组织可以持续保持数据的质量和安全性，并发挥数据的价值和潜力，实现更好的业务决策和创新能力。

持续赋能阶段是指数据资产正在释放价值，以助推组织业务增长、提升组织数据创新能力、实现数据治理与业务整合。此阶段组织可通过数据智能分析推动业务智能化决策和数字化运营，可通过数据资产运营发现数据业务的新模式、创造新的价值，可通过业务发展引领数据治理持续赋能。

3. 数据治理任务制定

数据治理任务制定是指在数据治理过程中，制定明确的任务和计划，以推动和实现数据治理策略和目标。通过数据治理任务的制定，可以明确需要执行的具体行动，分配工作责任，确保数据管理和治理工作的有效进行。数据治理任务制定可分为以下六个方面：

- 组织制度：建立办事机构，建章立制，明确组织数据治理责任机构，并通过制度将工作与认责落地。

- 数据能力：建立领域能力，包括梳理、制定、管理、工具、评价，形成一个数据能力的闭环管理。
- 支撑工具：搭建数据治理工具，包括数据标准、元数据、数据质量、数据安全、数据服务等。
- 数据资产：采集并汇聚组织内相关数据资产，在数据结构上包括结构化、半结构化、非结构化数据资产，在数据领域上包括管理数据、业务数据、用户数据、辅助数据资产等。
- 数据应用：对现状数据资产的应用情况分析，包括数据可视化、数据资产目录、数据共享、数据自助分析、数据智能应用等。
- 实施范围：对数据资产采集和应用的范围进行界定，在组织层面包括总部数据、主要业务组织数据、非主要业务数据，在作用层面包括管理数据、业务数据、经营分析数据、其他数据等。

数据治理总任务规划是从组织全级次层面制定数据治理任务的规划，如表 5-20 所示。

表 5-20　数据治理总任务规划示例

任务/阶段	一 阶 段	二 阶 段	三 阶 段	四阶段（持续）
组织制度	建立数据治理组织 制定数据管理办法 培养数据管理人员 编制数据管理流程	制定重点领域管理办法 开展数据认责 数据管理人员具备管理能力	各领域制度体系化与流程化 编制数据考核与绩效制度 数据管理人员专业化	完善制度与流程 压实绩效管理工作 完善数据运营工作
数据能力	基础主数据管理能力 基础元数据采集能力 基础数据质量管理能力 ……	中级主数据管理能力 （业务域、财务域） 中级数据标准管理能力 中级数据质量管理能力 ……	深化各领域数据管理能力，以高级管理能力为目标，持续建设	数据资产服务化 数据资产价值外放 数据推动业务创新
支撑工具	搭建数据治理平台	扩展数据治理平台的应用范围至业务领域 搭建数据资产平台	深化数据资产平台搭建 数据服务平台	深化数据服务平台应用 应用数据价值评估工具
数据资产	集成多源数据，包括人力、财务、业务等	完成重要数据资产集成与治理	实现组织全量数据资产集成	持续集成数据
数据应用	对业务发生过程、结果进行数据可视化，还原业务	编制数据资产目录，并推进数据资产共享应用	形成全面数据资产目录 建立数据服务能力，包括数据工具、数据分析与数据应用	不断完善数据资产目录，进行资产目录运营，识别高价值资产
实施范围	总部或分部业务单位	覆盖重要业务领域	覆盖组织全部领域	覆盖组织全部领域

在实际实施工作中，需要将数据治理总任务与组织需求结合，制定分阶段任务。分阶段任务的内容如表 5-21 所示。

表 5-21　数据治理分阶段任务内容示例

阶　段	任 务 名 称	任 务 内 容
一阶段 （总部）	数据组织建立	完成组织数据治理组织搭建
	数据制度编制	完成组织一阶段数据制度文件、数据管理流程的制定等
	数据平台搭建	完成数据治理平台的搭建，包括数据开发、数据治理、数据共享等
	数据集成与治理	完成组织数据资产的汇聚、盘点和治理工作
二阶段 （重要组织单位）	数据组织制度建设	完成重点数据管理领域的制度和流程的制定
	数据标准建设	完成关键业务领域的数据标准制定，包括基础数据和指标数据
	主数据建设	完成核心主数据管理体系的建设，包括主数据标准、统一上报与分发等工作
	数据质量建设	完成核心业务数据、监管上报数据的质量提升工作，以满足业务决策和监管报送要求
	数据安全建设	完成核心数据的分类分级工作，对敏感数据进行脱敏、加密处理
	数据资产目录建设	完成基础数据资产、应用数据资产目录的建设，实现数据共享
三阶段 （全部组织单位）	数据组织制度完善	依据管理诉求，优化完善已有数据管理组织和制度
	数据标准落标	完成组织关键数据标准的实施工作
	数据主题建设	完成组织重点业务的数据主题建设
	数据资产目录完善	完成组织全量数据资产的盘点，引入外部数据，实现各类数据资源的有效应用

综上所述，在数据治理任务制定时，需要从总任务和分阶段任务进行制定，并建立总任务和分任务的联系，同时在进行任务制定时，需要考虑各任务的依赖关系，如：数据管理人才培养需要建立数据管理组织与制度，数据质量提升需要建立数据标准，数据资产目录建设需要先建立元数据采集与管理能力。各任务的依赖关系如图 5-4 所示。在数据治理任务规划与执行时需要综合规划、合理安排，这样各任务才能顺利落地执行。

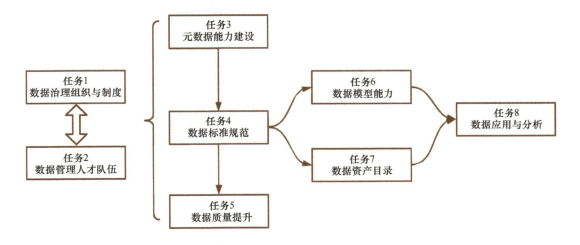

图 5-4　数据治理各任务的依赖关系

5.2.6 选择数据治理切入点

数据治理切入点指的是数据治理项目或计划中的起始步骤或入口。它是一个战略性的选择，用于确定数据治理的具体方向和优先事项。数据治理切入点是根据组织的需求、目标和挑战，以及数据治理实施的可行性和可优化性来确定的。

数据治理切入点可依据具体数字化场景或问题进行选择，其优先级可以根据接到管理需求、业务需求的先后顺序进行定义，并进行增量模式迭代。但可以考虑从以下五个方面进行优先级的调整：

- 收益：实现任务会带来的价值，包括战略目标、业务目标、期望的质量。一般来说，业主关注的业务问题、近期汇报工作要求，会带来优先级的提升。
- 成本：执行任务所需的努力和资源。一个治理任务带来大量的资源投入，这类任务的优先级可能是重要的，但应尽量避免成为数据治理切入点，因为这种任务投资大、见效慢，对数据治理工作很不友好。
- 风险：任务无法提供价值或无法满足的可能性，譬如实现任务的困难、利益相关者不接受解决方案组件的可能性、技术上不可行的风险等。
- 依赖：是否有其他任务对其存在依赖，包括内部依赖和外部依赖。
- 时间敏感度：某些任务的实现若错过最佳时间窗口就失去了重要的价值，譬如监管报送质量提升完成的时间点如果晚于监管报送要求，那么它的价值会大大降低。

优先级的评估需要持续进行、动态调整。因为组织内每个人所处角色的不同，看待同一件事情的角度不同，所以导致差异较大的优先级出现。优先级评估时，数据治理管理团队起到引导的作用，它能推荐现有规划和任务，进行优先级的排列，并形成共识。

以上是数据治理切入点选择需要考虑的内容，可将数据治理任务通过对上述内容进行量化来实现优先级排序，同时数据治理切入点还可以选取场景切入、问题切入和能力切入三个维度。

（1）场景切入

根据组织的数字化需求和问题，可以选择一个或多个场景切入点，逐步推进数据治理实施，每个场景切入点都可以作为数据治理的目标。在实际的数据治理实践中，可以从不同的场景切入来推进数据治理的实施。建议采取底层与上层相结合的方式进行选择。底层包括不强依赖其他部门配合的任务，包括数据隐私和合规性、数据库管理等。上层包括数据应用质量、监管报送场景等。以下是四个常见的数据治理场景切入点：

- 数据隐私和合规性：随着数据隐私法规的加强，组织需要确保数据的合法收集、存储和处理。因此，数据隐私和合规性可以作为一个重要的切入点，涉及数据分类、数据访问控制、数据保护和数据处理规程等方面。
- 数据库管理：数据治理可从数据库管理的角度切入，包括数据模型设计、标准化、数据清洗、索引优化、备份与恢复等方面。通过建立有效的数据库管理策略，提高数据库的可靠性和性能。

- 数据应用质量：数据应用质量是管理和业务用户关注的核心问题之一。建立针对统计分析的数据质量框架包括指标一致性、指标准确性、指标及时性进行验证、纠正和监控，从数据质量问题频发的业务领域入手，逐步改善数据质量，确保数据的准确性和一致性。

- 监管报送质量：监管报送质量对于组织的合规性和可信度至关重要。建立提高监管报送质量的方法包括数据准确性验证、数据完整性检查、数据一致性管理等。

（2）问题切入

选择适当的数据治理问题切入点，需要综合考虑组织的业务需求、挑战和可实施性，以及数据治理的战略目标和优先事项。同时，切入点应与组织的数据资产和业务流程紧密相关，以最大限度提高数据治理的效果和价值。数据治理问题的切入点可以根据组织的具体情况和需求来确定。以下是一些常见的数据治理问题切入点：

- 数据标准问题：数据标准是数据治理的核心问题之一。可以从特定的数据集或业务领域入手，识别和解决数据标准问题。这可能涉及数据准确性、完整性、一致性、唯一性等方面。

- 数据整合和一致性：当组织有多个数据源和系统时，数据整合和一致性成为关键问题。可以从数据整合和数据集成的角度入手，确保不同系统之间的数据一致性，避免数据冗余和数据不一致的问题。

- 数据文档和元数据管理：建立数据文档和元数据管理机制，记录数据的定义、来源、用途、变更历史等信息。这有助于组织更好地了解和管理数据资产，并支持数据的可理解性和可信度。

（3）能力切入

如果短期没有机会或能力识别具体的业务场景或问题，可以先进行数据治理能力建设的切入。依据组织数据管理成熟度评估情况，对组织内数据管理领域进行能力建设，如组织数据标准制定、数据质量规则制定、数据安全级别制定等工作，通过能力的建设与能力等级的提升作为组织数据治理能力切入点。以下是三个核心的数据治理能力切入点：

- 数据资源目录建设：数据资源目录是组织从全局视角对采集的数据资源进行分类，以便对数据资源进行管理、识别、定位、发现和共享的一种分类组织方法，可以查询到组织有哪些数据资源。数据资源目录如表 5-22 所示。

- 数据质量能力建设：数据质量能力包括贯穿数据从采集、传输、存储、使用、共享到销毁的全生命周期，对数据在每个阶段可能引发的数据质量问题进行识别、度量、监控、预警，通过改善和提高管理水平与技术支撑，实现数据质量提升。数据质量重点工作如图 5-5 所示。

表 5-22 数据资源目录示例

二级主题域	三级主题域	数据实体
人事管理	人员信息管理	基本信息
		家庭信息
		教育经历
		联系信息
		政治面貌
	人员变动管理	入职
		转正
		调动
		离职
组织管理	组织结构	……
	岗位管理	……
	编制管理	……

一级主题域：人力资源（覆盖二级主题域列左侧）

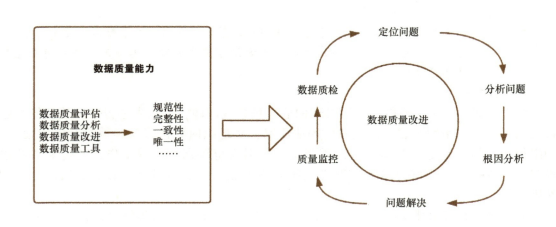

图 5-5 数据质量重点工作

- 数据安全能力建设：数据安全能力包括组织建设、流程重构、规章制度、技术工具等各方面提升和优化等内容。实现数据全生命周期安全，建立完善安全策略与管理措施，覆盖数据从采集到销毁全过程，实现各环节、全方位的安全管控，做到"事前可管、事中可控、事后可查"。数据安全能力如图5-6所示。

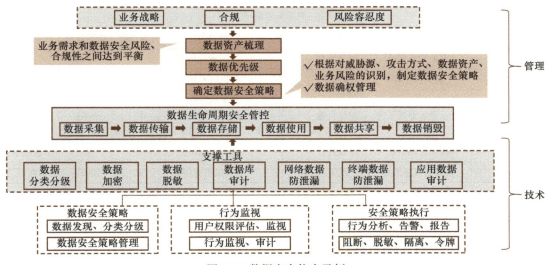

图 5-6 数据安全能力示例

5.3 数据治理落地实施

数据治理蓝图指明了组织数据治理工作的目标和方向，组织可依据蓝图中规划的阶段和任务指导数据治理实施工作。在数据治理实施期间，组织通过理数据、建体系、搭平台、接数据、定标准、提质量、控安全、用数据八项工作完成数据治理实施工作。

数据治理工作实施期间，存在很多跨部门组织协调、重难点工作推动、关键任务延期等问题，这些问题大部分都需要在管理层面推动解决，因此数据治理工作实施的关键点就是如何协调组织关键用户参与配合，并将重难点问题反馈至组织管理层，以推进问题解决。

5.3.1 理数据：摸清数据家底

1. 数据资源汇总

数据资源汇总是调查和了解的组织内数据资源的范围和范畴，这可能包括不同部门、系统、数据库、文件和数据源等。

数据资源汇总是对组织所具备的数据资源情况进行摸底，通过数据资源汇总表来收集和分析组织内数据资源在各系统或线下的分散情况，形成数据资源清单，由数据资源清单列出被调查的数据资源信息。如表 5-23 所示，数据资源清单包括组织名称、系统名称、建设类型、建设厂商、数据内容、数据量级以及数据所有者等关键信息。

表 5-23 数据资源清单

序号	组织名称	系 统 名 称	建设类型	建设厂商	数据内容	重要程度	数据量级	数据所有者
1	A	人力资源系统	集团统建	—	员工所有信息	低	0.5GB	人力部门
2	B	营销云系统	云服务	—	客户所有信息	中	1GB	运营部门
3	C	企业资源管理系统	单位自建	—	采购信息 生产计划信息 库存信息	高	20GB	信息技术部
4	D	知识管理系统	自建	—	知识文档信息	高	3GB	信息技术部
5	E	渠道商信息汇总	线下	—	所有渠道商信息	高	500MB	销售部门
6	……	……	……		……	……	……	……

依据数据资源清单可清晰了解组织内数据资源的分散情况，并结合数据重要程度，进行数据调研准备工作。接下来访谈相关部门和人员，了解数据的来源、用途、更新频率、存储格式、数据质量控制、访问权限等，收集他们对数据的理解和观点。

在调研完成后，依据调研成果与数据资源清单编制数据流程图，了解数据在组织内部的流动和处理过程，确定数据的传递路径和关键环节。数据流程图可从多个视角显示组织内数据流转情况和分布情况，如图 5-7 所示。

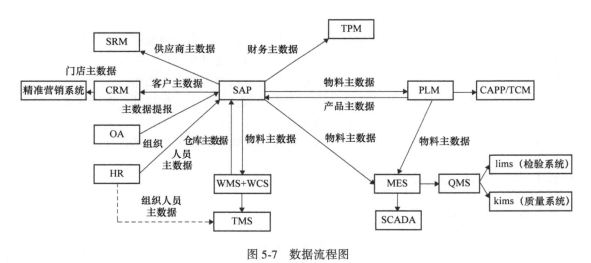

图 5-7 数据流程图

2. 数据资源梳理

数据资源梳理是对组织内部的数据资源进行全面了解和调查，以便知道组织所拥有的数据的种类、来源、规模、质量等信息。这是为了更好地管理和利用数据，也是制定数据战略和决策的重要步骤。数据资源可通过数据资源清单进行梳理。数据资源梳理的内容如表 5-24 所示。

表 5-24　数据资源梳理的内容

序号	数据来源	数据归属	数据类	数据表	主要数据项
1	客户管理系统	运营管理部	企业管理数据	企业基本信息	企业名称、统一信用代码、行政区域、注册地址、办公地址、法人代表姓名、法人代表电话、主要负责人姓名等
2	客户管理系统	运营管理部	企业管理数据	企业风险登记表	风险编号、风险名称、风险来源、详细位置、风险类型等
3	客户管理系统	运营管理部	企业管理数据	企业业务信息登记表	证照类型、证照名称、证照编号、审批结果、发证机关、发证时间等
4	……	……	……	……	……

通过对组织内数据资源情况进行梳理，识别所有系统的数据存储情况。数据资源梳理工作繁重而复杂，依赖各系统建设厂商的配合。数据资源梳理是数据治理工作实施的重点工作。

3. 数据资源分析

数据资源分析是对数据资源清单中所列数据的数据质量、数据价值进行分析，依据数据质量和数据价值建立一个矩阵，将所有数据资源进行归类。

有价值且质量相对较高的数据资源清单：

1）业务数据，主要来自于×××系统，数据更新频率最快为 1 小时，接口获取数据更新频率最快为 2 小时，主要数据项包括：×××数据和×××数据等。

2）业务统计数据，主要来自于×××系统，数据更新频率为 $t+1$ 小时，主要数据项包括：××数据和统计数据。

有价值的数据但目前存在数据质量问题的数据资源清单：

1）××信息数据，难以展示。

2）××数据，数据缺失。

5.3.2　建体系：建立保障体系

保障体系是数据治理工作落地的基本要求。保障体系内容包括组织与制度体系、技术与工具体系、数据人才与文化体系。

组织与制度体系是数据治理工作落地的关键保障。组织与权责相关，其中赋予权利是成立组织的关键需求。首先，组织需要建立数据治理委员会。数据治理委员会是负责制定数据治理策略和目标、监督数据治理实施情况的决策机构，通常由组织高层管理人员和相关领域专家组成。其次，组织需要制定数据管理总体政策。数据管理总体政策可以明确组织的数据管理原则、流程和标准，并明确数据全生命周期、数据各领域的工作内容和权责。最后，组织需要编写数据各领域管理细则和流程，包括数据的收集、存储、处理、分析和共享等。细则和流程可明确数据的生命周期各个阶段的管理要求和流程，确保数据的完整性、一致性和可追溯性。

技术与工具体系是数据治理工作落地的关键载体。如果说组织和制度体系是空中楼阁，那么数据治理技术与工具体系就是引入数据技术平台、数据治理平台、数据共享平台、数据分析和可视化平台等工具，并依赖这些技术与工具落地组织数据治理和数据应用要求。

数据文化与人才体系是指组织内部对数据治理的认知、信念和行为方式。它包括数据治理的意识、价值观、道德标准和行为规范等。组织的各项数据治理工作（包括数据的汇聚、开发、治理、应用等环节）落地强烈依赖数据管理领域人才，因此建立健康的数据文化和人才体系可以有效地促进数据治理的实施和推广。

1. 数据组织体系

根据组织的数据战略和组织架构特征，构建数据治理组织架构。不同组织分散和集中程度各有不同：组织管理分散且数据需求较少或复杂程度较低的组织，一般采用"分散管理模式"，各部门负责本领域的数据管理和应用；数据需求较多且复杂程度较高的组织，可采用"'集中+派驻'模式""'全集中+强管控'模式"。具体选择哪种方式，在组织数据发展的阶段中同时也取决于归口管理部门的人力投入与专业能力。以下是三种方式的主要内容：

1）分散管理模式。各业务单元数据团队仍然归属业务单元，但同时报告给归口管理部门，组成虚拟的数据管理团队，如图 5-8 所示。采用该模式需要组织推动能力较强。

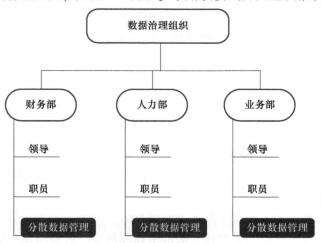

图 5-8　分散管理模式

2）"集中+派驻"模式。统一的数据归口管理部门，采用面向业务单元派驻分团队的模式，构建与业务部门的合作关系，业务单元保留小部分专门的资源，如图 5-9 所示。

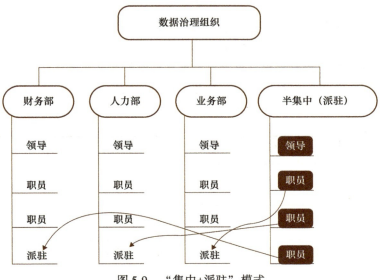

图 5-9　"集中+派驻"模式

3）"全集中+强管控"模式。全集中的数据管理与数据服务部门，各业务单元数据团队全部整合到集中后的专职的数据部门中，如图 5-10 所示。

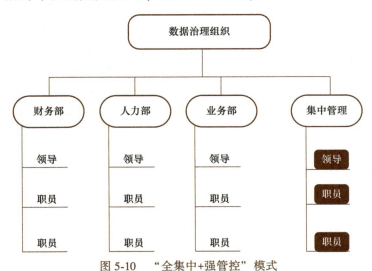

图 5-10　"全集中+强管控"模式

在数据治理实施期间，建议先采用"'全集中+强管控'模式"，方便进行数据治理体系知识系统学习与数据管理技能提升。在数据治理建设后期采用"'集中+派驻'模式"，方便协调推动业务部门进行常态化工作运营。

以上是组织建立的几种模式。在数据治理组织保障建立过程中，还需要随着不同阶段组建不同的组织形态以应对具体问题。通常来看，数据治理组织具备以下三种形态：

1）项目保障组织。项目保障组织是在项目立项期间，进行专项数据治理工作执行，包括主数据项目、数据质量提升项目、数据认责项目等工作，需要由项目实施范围中所涉及的关联人组建。例如财务主数据项目，可通过财务部门领导牵头主导，信息技术部门配合，多个业务部门参与的形式进行项目保障组织组建，这是比较常用的一种保障体系。项目保障组织架构如图 5-11 所示。

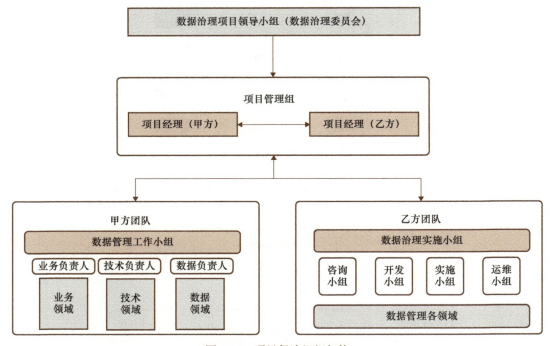

图 5-11　项目保障组织架构

2）日常数据治理组织。日常数据组织是组织日常数据治理工作执行与运行的保障体系，包括数据质量问题分析与整改、数据标准应用与更新、数据安全管理与监控、制度规范流程的更新迭代等工作，通常由决策层、管理层、执行层组成，是常见的数据治理组织。日常数据治理组织架构如图 5-12 所示。

3）数据运营组织。数据运营组织是负责组织和协调数据治理实施工作的机构。它应该由专门的数据治理运营人员组成，负责数据治理策略的制定、数据治理流程的设计和实施、数据治理规范的制定和监督、数据治理技术的支持和维护等工作。数据运营组织架构如图 5-13 所示。

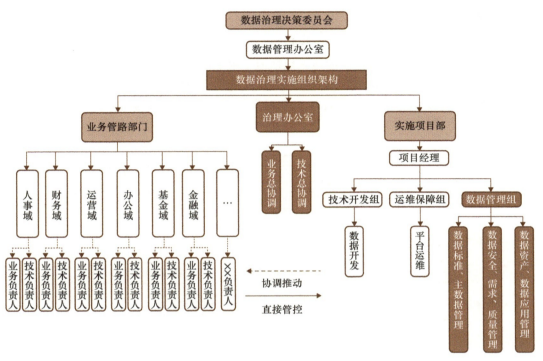

图 5-12　日常数据治理组织架构

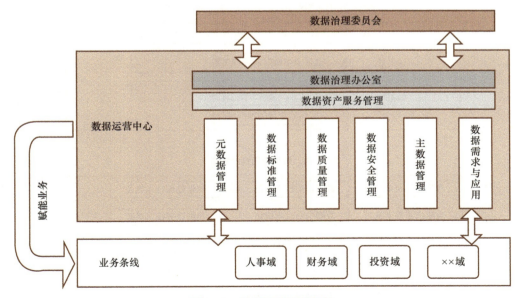

图 5-13　数据运营组织架构

2. 数据制度体系

数据制度体系是为保证数据质量、保护数据隐私和确保数据安全而制定的一系列有关数据管理的规章制度和流程。数据制度体系包括但不限于数据标准管理办法、数据质量管理办法、数据安全管理办法、数据生存周期管理办法、数据应用管理办法等文件。通常来看数据制度体系分为四个层级，自上而下管理粒度越来越细，工作越来越具体。数据制度体系如图5-14所示。

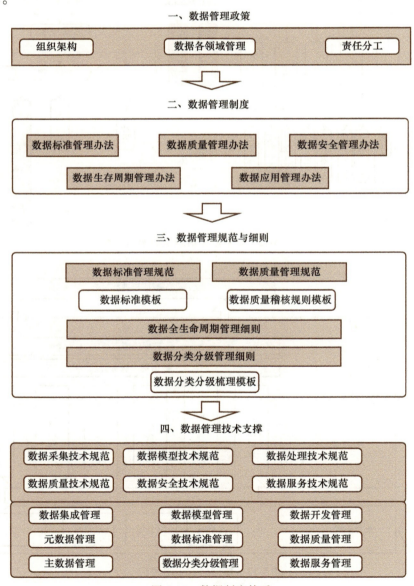

图 5-14　数据制度体系

第一层级是数据管理政策，即总体说明性文件。作为数据制度体系的总纲，说明组织架构、数据各领域管理、责任分工等内容。

第二层级是数据管理制度，即分领域对数据管理工作的总体说明。以数据安全管理办法为例，此文档说明数据安全工作的管理内容、主要组织架构、责任分工等内容，并着重说明全生命周期数据安全管理、数据分类分级管理、数据安全平台管理、数据安全责任追究等细分内容，将组织数据安全管理工作进行阐述。

第三层是数据管理规范与细则，即细分领域的数据管理工作说明。它可指导具体工作执行，便于数据治理工作部门、技术部门、业务部门配合完成数据管理工作。以数据分类分级管理细则为例，此文档说明组织内数据分类分级工作的具体内容，并说明组织数据分类分级的细化要求。

第四层是数据管理技术支撑，即数据治理领域的技术规范文件。它包括数据采集、处理、模型、安全与服务等规范，说明在技术实施中需要遵守的内容，以避免实施中不规范的行为发生。

3. 技术工具体系

技术工具体系是支持数据治理制度体系的基础设施和工具集合。它们帮助组织管理和实施数据治理的各个方面，包括数据质量管理、数据安全和隐私保护、数据访问和共享等。技术和工具相互配合，可以提供全面的数据治理支持，帮助组织管理和优化数据资产，提高数据的质量和价值。但需要根据组织的需求和情况选择适合的技术和工具，并结合有效的培训和管理实践进行应用。技术工具体系如图 5-15 所示。

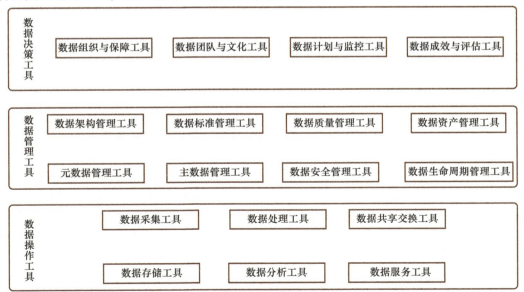

图 5-15 技术工具体系

技术工具体系共分为三个层次：第一层为数据决策工具，便于组织决策层和管理层对数据治理工作进行沟通、管理、监控，同时还可根据成效评估结果进一步优化数据治理工作，并通过设置的绩效考评体系和绩效考评成果对数据责任人进行管理；第二层为数据管理工具，使用对象为各领域数据管理员，工具内容包括数据架构、标准、质量、安全等工具，它将数据治理规范和流程进行了适配，组织可通过工具高效地对各领域工作进行管理和监督；第三层是数据操作工具，使用对象为数据技术人员，工具内容包括数据采集、存储、处理、共享、分析与服务工具，技术人员可使用此类工具完成对数据的加工，将数据要素价值释放。

4. 人才保障体系

人才保障体系包括业务型人才、技术型人才和管理型人才。通常来说，业务型人才从内部培养较好，技术性人才可从信息化人才进行转型或从外部招聘，管理型人才比较稀缺，需要采取多种方式进行培养。

（1）业务型人才

懂业务又懂数据治理的复合型人才非常有价值。这样的人才能够更好地理解业务需求，将数据治理与业务目标结合，实现有效的数据治理。业务型人才需要具备的能力如下：

- 业务理解与分析能力：需要具备深入了解企业业务和业务流程的能力，能够理解业务需求、识别业务价值，并分析业务对数据治理的要求。
- 数据管理与规划：需要具备数据管理的知识，包括数据识别、收集、清洗、整理、存储和维护等，能够协助业务部门进行数据规划，确保数据的可靠性、准确性和一致性。
- 数据质量分析与改进：需要具备数据质量分析的能力，能够评估数据质量问题，并提出改进建议。他们可以协助业务部门建立数据质量规则和监测机制，确保数据质量符合业务需求。
- 数据隐私与合规：需要了解数据隐私和相关法规和政策，能够在数据治理过程中保护数据隐私，确保数据使用符合法律法规和公司政策。
- 业务数据分析：应具备数据分析的能力，能够利用数据分析技术和工具，从数据中提取有价值的信息，并为业务部门提供数据驱动的决策支持。
- 项目管理与沟通能力：需要具备项目管理和团队合作的能力，能够协调各方利益，管理数据治理项目的进程和资源，并与业务部门和技术团队进行有效的沟通与协作。

业务型人才在数据治理中的作用是建立数据治理与业务之间的桥梁，将数据治理策略和实践与业务需求紧密结合，确保数据治理的有效性和可持续性。他们能够理解业务的关键问题和挑战，并提供针对性的解决方案，推动数据驱动的业务创新和持续发展。

（2）技术型人才

在数据治理工作中，懂技术又懂数据治理的复合型人才能够更好地结合技术能力和数据治理知识，实现有效的数据治理和数据管理。技术型人才需要具备的能力如下：

- 数据库管理和技术：需要熟悉数据库管理系统和相关技术，具备数据库设计、优化、维护和性能调优的能力，能够搭建和管理数据仓库、数据湖等数据存储设施。
- 数据治理工具和平台：需要了解并能够使用数据治理工具和平台，例如元数据管理工具、数据质量工具、数据目录工具等，以支持数据治理的各个方面，包括数据识别、数据分类、数据质量管理等。
- 数据流程和工作流管理：需要具备数据流程和工作流管理的能力，能够设计和实施数据流程和工作流，确保数据的准确流转和处理，包括数据采集、数据清洗、数据整合等环节。
- 数据安全和隐私保护：需要具备数据安全和隐私保护的知识，能够设立数据安全策略和措施，包括数据访问控制、数据加密、数据备份等，以保护数据资产的安全和隐私。
- 数据技术架构和架构设计：需要了解数据技术架构和架构设计的原理和方法，能够提供数据技术架构的规划和设计，以支持数据治理的需求和目标。
- 数据集成和数据交换：需要具备数据集成和数据交换的能力，能够设计和实施数据集成方案，包括 ETL 过程、API 开发等，以保证数据的一致性和有效性。

技术型人才在数据治理中的作用是搭建数据治理的技术基础和技术框架，保证数据的完整性、安全性和可靠性，并提供技术支持和解决方案，帮助组织实现高效的数据治理和数据管理。他们能够将数据治理原则与技术能力结合，实现数据资产的最大化利用和价值释放。

（3）管理型人才

在数据治理工作中，懂管理又懂数据治理的复合型人才能够结合管理能力和数据治理知识，有效地组织和管理数据治理的实施过程。管理型人才需要具备的能力如下：

- 数据治理战略和规划：需要具备制定和实施组织的数据治理战略和规划的能力，能够根据业务需求和组织目标，确定数据治理的目标和方向。
- 数据治理政策和规范：需要制定数据治理政策和规范，并确保其合规性和可执行性，包括数据访问政策、数据分类和标准等。
- 数据治理组织和团队管理：需要具备组织和管理数据治理团队的能力，包括招募与培训人员、任务分配与协调、绩效评估与激励等。
- 数据治理流程和工作流管理：需要设计和优化数据治理流程和工作流，确保数据的流转、处理和维护符合组织要求，提高数据治理效率和质量。
- 与业务部门的合作与沟通：需要与业务部门紧密合作，理解业务需求，解决数据治理中的问题和挑战，并提供数据治理的支持和解决方案。
- 数据治理项目管理：需要具备项目管理的能力，能够规划、执行和监控数据治理项目，包括定义项目目标、管理项目进度和资源、风险评估与管理等。
- 数据治理绩效评估与监控：需要建立数据治理绩效评估和监控机制，定期进行绩效评估，监测数据治理的进展和效果，并提出持续改进的建议。

管理型人才在数据治理中的作用是建立数据治理的组织架构和管理体系，推动数据治理策略的实施，确保数据治理的协调和一致性。他们能够将数据治理与组织管理结合起来，实现数据资产的有效管理和利用，提升组织的数据驱动能力。

5.3.3　搭平台：搭建治理平台

1. 选择治理平台

现阶段数据治理平台比较成熟，组织可通过自身需求选择合适的数据治理平台，如组织可选取并购买平台到私有云或采购 PaaS 服务。接下来说明组织在进行平台选购时需要注意的事项。

- 业务需求：明确组织的业务需求和数据治理的目标，确保所选平台可以满足这些需求。例如，需要考虑数据质量管理、数据安全和隐私保护、数据访问和共享等方面的功能和特性，特别是行业监管的特殊需求。
- 技术适配性：考虑组织的技术架构和现有系统，选择与之兼容的数据治理平台，确保平台与组织的数据存储、处理和分析工具能够无缝集成，以实现更高效的数据流动和操作。有些组织会面临已采购的数据治理平台与旧有数据治理平台的兼容性的问题，因此务必要论证技术的适配性。
- 扩展性和可定制性：评估平台的扩展性和可定制性，以适应组织不断增长和变化的需求。平台应该能够支持新的数据源、应用程序和业务需求，并具备适应性强、可灵活定制的特点。适配国产化是未来数据平台的发展趋势，因此对国产化产品的扩展性需要纳入选购要求。
- 用户友好性：考虑平台的用户界面和易用性，保证易于学习和操作。用户界面应该直观、简洁，用户能够轻松地浏览和管理数据，进行查询和分析等操作。
- 数据质量管理功能：重视平台的数据质量管理功能，包括数据验证、数据清洗、数据质量评估和监控等，确保平台能够提供全面的数据质量管理能力，支持数据的准确性、完整性和一致性。
- 数据安全和隐私保护：评估平台的数据安全和隐私保护措施，确保数据在平台上的存储和传输过程得到充分的保护。平台应该符合相关的数据安全标准和法规要求，并提供强大的访问控制和加密功能。
- 支持和服务：了解平台供应商的支持和服务水平，包括技术支持、培训和持续的维护服务。平台供应商应该具备良好的技术能力和承诺，能够及时响应和解决问题。
- 用户评价和口碑：考虑平台的用户评价和市场口碑，了解该平台在同行业和市场的使用情况。可以参考其他用户的经验和反馈，做出更明智的决策。

最重要的是，根据组织的需求和特定情况，选择一款真正适合的数据治理平台，并确保与供应商有良好的合作关系，以实现数据治理的长远目标。

2. 应用治理平台

组织在应用数据治理平台时，应结合组织的管理制度、流程与规范，将治理要求在平台中体现，特别是在进行数据决策和数据管理工作中，应该依靠平台的特性进行使用，保障数据治理工作高效执行。以下是在应用治理平台过程中需要考虑的因素：

- 定位平台位置：组织需要将数据治理平台写入组织数据管理办法，并明确平台的作用和价值，同时要求组织内所有的数据治理相关人员应用平台功能进行数据管理与操作。
- 扩展平台使用：组织需要将数据治理平台与组织内统一登录系统、协同办公系统、绩效考评系统等进行集成，将数据治理工作与组织的业务与管理领域结合，使数据治理工作融入组织流程。
- 深度平台应用：组织应将数据质量管理、数据模型管理、数据标准管理、数据安全管理等领域工作在平台落地，并规范业务领域内的数据管理。首先，平台应提供数据标准查询、版本管理、变更等功能，让组织业务人员应用；其次，平台在数据模型管理中需要提供统一数据建模工具，规范组织内所有数据建模工作，引用组织统一数据标准；最后，平台提供数据质量健康情况分析，对组织内高价值数据的质量进行监控，帮助数据治理部门对核心数据质量进行管控。

5.3.4　接数据：接管数据资产

组织完成治理平台搭建后，可依赖平台数据集成和治理功能对数据资产进行统一集成与管理，包括集成多源异构数据、进行数据探查、完成数据资产盘点、识别数据标准范围、探查数据质量现状、配置数据安全规则等工作。

1. 数据接入方式

数据的接入方式可以根据不同的需求和数据类型进行选择。常见的数据接入方式如表 5-25 所示。

表 5-25　数据接入方式

序号	接入方式	接入说明
1	数据采集接入	通过数据采集工具或技术，从数据源中定期采集和提取数据。这种方式适用于需要定期获取数据的场景，如定期从第三方数据提供商获取数据
2	批量接入	将批量数据从源系统中提取并加载到目标系统中。这种方式适用于事先规划好的数据集，如批量数据导入、数据仓库或数据湖中的历史数据等
3	实时接入	通过实时接口或流式数据处理技术，将实时数据源的数据实时传输到目标系统。这种方式适用于需要快速响应的实时数据和事件，如传感器数据、日志数据等
4	API 接入	通过 API 或数据服务，将数据提供给需要访问的系统或应用程序。这种方式适用于数据共享和数据交互的场景，如开放 API 供外部合作伙伴或客户访问数据

2. 数据接入探查

在进行数据接入之前，进行数据探查是非常重要的一步，它可以帮助组织了解数据的特征、质量和结构，从而有助于组织制定适当的数据接入计划和处理策略。以下是一些常见的数据探查工作内容，可以通过数据治理平台的数据探查功能实现。

- 数据标准探查：分析数据的格式和编码方式，确定数据的分隔符、字段分隔符、编码类型等。这对于后续的数据处理和转换非常重要。
- 数据接入探查：查看数据的字段结构，并理解每个字段的含义。标识出关键字段和主要标识符，帮助后续的数据处理和整合。
- 数据质量探查：进行数据质量评估，包括查找缺失值、重复值、异常值、不一致性等问题。这可以帮助确定数据的可靠性和可用性，并为后续的数据清洗提供依据。
- 数据量级探查：确定数据的规模，包括数据的大小、行数和记录数。了解数据的分布情况（如时间分布、地理分布等），有助于后续的数据分析和处理。
- 数据安全探查：审查数据的敏感性，了解数据的安全和隐私要求。这有助于制定合适的数据保护策略和措施，在数据接入过程中确保数据的安全性和合规性。
- 数据性能探查：预估数据的量级和对系统性能的影响。这对于资源规划和后续的数据处理和存储方案选择非常关键。

通过数据接入探查，可以更好地了解准备接入的数据，为后续的数据接入和处理提供指导和依据。同时，它也有助于识别潜在的问题和挑战，并采取相应的预防措施。

3. 数据接入计划

在制定数据接入计划时，需要考虑以下步骤：

- 评估数据需求：了解业务部门或系统对数据的需求，包括数据的频率、实时性、容量和安全性等方面的要求。
- 确定接入方式：根据数据资产的特点和业务需求，选择合适的接入方式，如批量接入、实时接入、数据集成接入或 API 接入等。
- 考虑数据安全与合规：在数据接入计划中识别敏感数据，对个人敏感信息、组织商业秘密信息进行处理，确保数据的合规性和安全性。
- 定义数据接入顺序：根据不同数据资产的重要性和紧急性，制定数据接入的顺序，以满足后续数据加工处理要求，保障留有足够的时间。
- 预估存储资源：评估数据接入所需的软硬件资源，是否可支撑三年以上的数据增量，以支持数据接入计划的实施。

制定数据接入计划需要结合实际情况和业务需求进行综合考虑，确保数据接入的顺利进行，并满足组织和业务部门的数据需求。数据接入计划示例如表 5-26 所示。

表 5-26　数据接入计划示例

数据资源名称	数据资源类型	接入方式	接入数据量	接入策略	安全策略
人力数据	结构化数据	采集接入	2GB	每日晚 9 点后	身份、银行信息脱敏
财务数据	结构化数据	API 接入	2.6GB	接口实时推送	暂无
……	……	……	……	……	……

4. 数据资源盘点

对已接入的数据资源进行盘点是数据治理的一项重要任务，它有助于了解和管理组织的数据资产，确保数据的准确性、完整性和可用性。数据资源盘点可帮助组织实现对数据资源的三个关键工作：

（1）数据资源现状分析

数据资源现状分析是指依据数据盘点工作模板对所接入的数据资源进行整理和分析的过程。数据盘点模板包括但不限于元数据盘点、数据所有权、数据安全评估、数据价值评估等内容。

- 元数据盘点是指收集和记录数据资源的元数据信息，包括数据的定义、来源、格式、结构、关系、安全性要求等。这有助于帮助组织了解数据资源的特征和属性。
- 数据所有权是指确认数据资源的所有权和责任，明确数据的归属和管理责任人。这有助于确保数据资源的控制和合规性。
- 数据安全评估是指评估数据资源的安全性，包括访问控制、数据加密、备份和灾备等措施。这有助于确保数据资源的保密性、完整性和可用性。
- 数据价值评估：评估数据资源的价值和用途，了解数据对业务决策和组织目标的贡献。这有助于优化数据资源的使用和管理。

通过对已接入的数据资源进行盘点工作，可以得到全面的了解和掌握数据资源的现状，有助于组织有效地管理和利用数据，提升数据资产的价值和效益。

（2）核心数据资源识别

识别核心数据资源是非常重要的，它可以帮助组织集中精力和资源来管理和保护最重要的数据资产，提升业务的决策能力和竞争力。用于识别核心数据资源的方法包括业务流程分析、数据影响分析、访问频率分析、数据量级分析、数据敏感分析等。

- 业务流程分析：分析业务流程中的关键环节和数据交互点，确定与核心业务流程紧密相关的数据资源。这有助于组织了解数据在业务流程中的流转和变化情况，确定业务对数据的需求和依赖程度。
- 数据影响分析：分析数据在业务过程中的影响范围和影响程度，识别数据对业务流程的直接和间接影响，包括数据的输入、输出和决策，以及数据在不同业务环节中的作用。这有助于组织理解数据的贡献和影响，并通过与业务部门的沟通和分析，确定数据在业务过程中的关键性和重要性。

- 访问频率分析：分析数据的访问频率和使用频率，识别那些经常被业务部门访问和使用的数据资源。这有助于组织了解哪些数据对业务部门的日常运营至关重要。
- 数据量级分析：根据各领域的数据量级大小识别业务关键数据，确定核心数据表。这有助于组织了解哪些数据对业务的核心功能和关键决策至关重要。
- 数据敏感性分析：评估数据的敏感性和机密性，识别那些与客户隐私、商业机密或法律法规相关的数据资产。这有助于组织了解数据对组织隐私和安全的重要性。

通过以上工作，可以识别和确定组织的核心数据资源，帮助组织更好地管理、保护和利用这些关键性数据，以在业务决策和运营中发挥更大的作用。

（3）数据资产清单

数据资产清单是组织拥有和管理的所有数据资产的清单。它是一份详细的清单，记录了组织所拥有的数据资源的基本信息和详细属性。以下是数据资产清单可能包括的内容：

- 数据资产名称或标识：每个数据资产的名称或标识符，用于标识数据资源。
- 数据资产描述：对数据资产进行描述，包括数据的内容、用途、来源、生成方式等。
- 数据所属部门或团队：标识数据资产所属的组织部门或团队，明确责任和管理权限。
- 数据所有者或责任人：指定数据资产的所有者或责任人，负责数据的管理和保护。
- 数据分类或类型：根据数据的特征和用途进行分类，如客户数据、销售数据、财务数据等。
- 数据格式和编码：记录数据的格式（如结构化、半结构化或非结构化）和编码方式，例如 CSV、JSON、XML、SQL 等。
- 数据字段和含义：列举数据资产包含的字段，记录每个字段的名称、类型、含义和定义。
- 数据质量评估：描述数据的质量评估结果，包括数据的准确性、完整性、一致性、时效性等方面的评估。
- 数据访问权限：记录数据资产的访问权限设置，包括谁可以访问、修改和删除数据。
- 数据备份和恢复计划：记录数据资产的备份策略和恢复计划，包括备份频率、存储位置等。
- 数据安全和隐私需求：确定数据资产的安全和隐私需求，包括数据加密、访问控制、数据脱敏等。
- 数据更新频率：指示数据资产的更新频率，即数据多久更新一次。
- 数据存储位置：记录数据资产的存储位置，包括存储设备、数据库或云存储服务。
- 数据传输方式：指示数据资产的传输方式，例如批量传输、实时传输、API 等。
- 数据审计记录：记录数据资产的审计记录，包括数据的访问记录、修改记录等。

数据资产清单为组织提供了其数据资产库存的全面视图，有助于更好地管理和利用数据，并确保数据的可追溯性、安全性和合规性。

5.3.5　定标准：规范数据语言

完成数据资产清单工作后，组织需要对数据标准需求进行识别，并通过圈定数据标准范围、制定数据标准评估数据标准执行，以及标准执行来满足组织对数据资产质量提升的需求。

1. 数据标准范围圈定

数据标准制定通常需要先圈定数据标准制定范围。组织内不是所有的数据都要遵循数据标准，即数据标准应作用于组织内多个业务需要共同使用的数据项，以支撑业务流程的准确性和一致性。

在制定数据标准时，组织应该圈定以下几个方面的数据作为数据标准制定的范围：

- 核心业务数据。核心业务数据是组织运营和决策过程中最重要的数据。企业应该关注那些对核心业务功能和关键决策至关重要的数据，确保其准确性、一致性和可靠性。
- 共享数据。共享数据是不同业务部门或系统之间共享的数据。这些数据可能是作为接口传输或共享给其他系统及合作伙伴的数据。在制定数据标准时，应考虑这些数据的格式、命名规范、接口标准等。
- 关键性数据。关键性数据是在业务过程中对关键决策产生重要影响的数据。这些数据对组织的成功和竞争优势非常关键，因此在制定数据标准时需要给予特别关注。
- 敏感数据。敏感数据是指与客户隐私、个人身份、商业机密或法律法规要求相关的数据。在制定数据标准时，应特别考虑这些数据的保护和安全措施。
- 沟通和决策数据。企业在制定数据标准时还应关注那些用于沟通和决策的数据，包括报表、指标和分析数据。这些数据应该具有一致的定义和格式，以确保决策者可以准确理解和使用这些数据。

圈定上述范围的数据将有助于组织制定一套完整的数据标准，促进数据的一致性、可靠性和可管理性，提高数据的质量和价值，支持组织的决策和业务活动。

2. 数据标准制定

数据标准制定的目标是确保组织内部数据的一致性、准确性和可靠性，并提供一个共同的框架和规范，以便在组织内部和外部之间进行数据交换和共享。数据标准在制定时通常需要考虑对外、对内两个视角。

- 内部视角：不同部门和业务功能可能具有不同的数据需求和使用方式，因此需要确保数据标准可以满足各个部门和业务功能的具体需求。标准制定人员需要通过定义统一的数据元素、字段命名规范、数据格式等，使跨部门数据交换和共享更加顺畅和准确。
- 外部视角：考虑适用的相关法规、行业标准和合规性要求。制定数据标准时，需要确保数据处理、存储和传输符合法规的要求，以保护个人隐私和敏感数据，还要确定与外部合作伙伴、供应商、客户等进行数据交换和共享的需求。制定数据标准时，需要定义共享数据的格式、接口规范和安全机制，促进数据的无缝交互和共享。与行业和外部标准的互操作性是关键，组织应该考虑相关行业标准和国际标准，确保数据标准与之一致，以达到与外部组织进行数据交换和协作的目的。

数据标准制定过程包括数据标准分类、数据标准调研、数据标准设计等工作。

- 数据标准分类：作为数据标准化工作开展的基础，主要包括明确定义范围、确定主题定义目的、明确主题定义指导原则、确定数据标准层次、明确主题定义内容等。
- 数据标准调研：通过制定调查问卷、安排现场访谈、收集文档资料等手段，从业务和技术两方面开展调研，了解同标准相关的内容，包括现有定义、使用习惯、数据分布、数据流向、业务规则、服务部门、主要矛盾、差异产生原因等，在此基础上对标准建设的背景、建设的难度、影响的范围才能够有清晰的了解，便于设定合理的标准建设目标、制定可行的标准实施规划。
- 数据标准设计：基于标准规划的分类，以现状调研的成果作为重要依据，完成待建设主题数据标准设计和定义工作，包括信息项的业务定义和描述，数据类型及其他技术属性的指导意见等。

3. 数据标准执行评估

数据标准执行评估是对数据标准在信息系统中落地策略的评估，即提出哪些系统需要落标、哪些系统不落标、哪些系统在合适的机会落标等建议。同时需要编制数据标准应用手册，帮助信息系统标准干系人了解数据标准内容以及使用要求。

（1）现状评估

现状评估是针对已制定的数据标准确认落标范围的评估，包括需要落标的信息系统，需要统计的数据维度，落标涉及的表数量、字段数量、数据量等量化数据，还需要分析对应的业务影响，并进行调研识别。

（2）影响评估

影响评估是指系统改造对历史数据和现有业务运行的影响，需要依据影响模型进行评估，如影响范围（公司、部门、个人）、影响程度（严重、轻微、无影响），如表 5-27 所示。同时结合业务访谈的内容制定数据标准落标优先级。

表 5-27　数据标准影响评估

影 响 评 估	业务标准 1	业务标准 2	业务标准 3
影响范围	主营业务	核心业务	边缘业务
影响程度	高	中	低
实施难易度	高	高	中
业务优先级	高	中	低
投资回报率	高	低	低

（3）方案评估

信息系统厂商进行落标工作量与系统影响评估，基于评估结果，制定落标方案。落标方案应包含时间周期、改造内容等维度。同时组织业务专家对方案进行评估。方案评估需要整体考虑投入产出比，如评估的收益小于改造的成本与影响，方案收益高低，作为权衡方案执行的比重较大的指标，是否符合监管报送需求等。

方案评估需要考虑不同类型的系统，针对已有信息系统、新建信息系统、外购信息系统采取不同的评估权重。

4. 数据标准执行

数据标准执行可分为两种方式，第一种是在数据治理的各阶段执行，第二种是在信息系统落标阶段执行。

（1）在数据治理各阶段执行数据标准

- 元数据：需要从业务属性、技术属性、管理属性三个方面对元数据进行描述并定义具体的描述项。元数据可依据已有的数据元标准进行补全，也可以统计数据标准匹配率，识别数据标准落标情况。
- 数据质量：需要建立数据稽核规则并构建数据质量检测体系。标准制定过程中会定义数据质量规则，可引用已有的标准或规则。数据质量规则配置包括数据元稽核规则、编码标准稽核规则等。
- 数据安全：需要对数据进行分级分类并定义数据项的分类依据、敏感信息的识别依据。依据数据标准定义的管理属性，与管理责任部门进行数据级别与敏感性的定义。
- 模型设计：需要定义数据模型、数据指标、维度度量等数据标准。

业务开发过程中，在定义业务类物理模型时需要引用已有的数据元标准，在定义统计分析类物理模型时需要引用已有的业务指标标准。

（2）在信息系统落标阶段执行数据标准

- 新建信息系统落标。新系统需要在系统设计阶段进行数据标准评审，可通过元数据采集（测试系统库表）的方式识别现有数据模型，并通过数据元标准落标或数据质检查看数据标准符合情况，同时通过数据标准应用手册与会议讨论的两个方式，推进新建信息系统落标。
- 已有信息系统落标。已有信息系统不建议直接落标，需要借助系统升级或改造计划作为落标契机，如将数据标准需求放入设计文档中参考或在数据对外交换的时候进行标准转换。
- 外购信息系统落标。外购信息系统落标时建议在采购阶段完成数据标准的评审，判断数据标准符合度，作为信息系统采购的参考依据。

5.3.6　提质量：提升数据价值

数据质量对数据资产的价值和可利用性有着直接的影响。如果数据质量较高，数据资产的价值会提高，因为组织可以依赖准确、可靠的数据进行决策和分析。此外，高质量的数据也可以提高数据可利用性，因为它可以更好地满足组织的需求，支持不同的业务流程和应用场景。相反，当数据质量较低时，数据资产的价值和可利用性都会下降。低质量的数据可能导致误导性的分析结果和不准确的决策，甚至可能损害组织的声誉和竞争力。此外，低质量的数据还可能导致冗余工作、不必要的成本和低效率的业务流程。

数据质量提升包括搭建数据质量评估体系、制度数据质量改进方案、数据质量闭环管理三块工作，从制定发现数据质量问题的规则到分析数据质量问题的产生原因再到制定数据质量问题的长效解决方案，最后将数据质量问题依据改进方案进行处理。

1. 数据质量评估体系

数据质量评估体系是一套用于评估和度量数据质量的框架和方法。它可以帮助组织识别数据质量问题、优化数据管理流程，并提供改进数据质量的指导。通常来说，数据质量评估体系制定遵循以下步骤：

（1）确定评估目标

明确评估的目的和范围，例如评估整体数据质量、特定数据集或特定数据领域的质量。

（2）确定评估指标

确定评估数据质量的指标。指标可以包括数据准确性、完整性、一致性、时效性、可靠性等。针对每个指标，需要明确标准和度量方法。通常来说指标针对的对象有字段、表、表间等。数据质量评估指标示例如表 5-28 所示。

表 5-28　数据质量评估指标

序号	指标类型	指标来源	指标维度	指标名称	指标含义
1	字段	业务规则	规范性	业务来源	值范围编码在 1~5 之间
2		数据标准	准确性	年龄校验	不能为负数或大于 150
3		基础规则	准确性	身份证校验	身份证号构成（从左到右）： 第 1~6 位数是行政区域代码 第 7~14 位是出生日期 第 15~17 位是同一天出生的人的顺序号（男的用奇数，女的用偶数） 第 18 位是校验码，校验码算法可以验证该身份证号是否合法
4		技术标准	规范性	重复性校验	各表内主键字段唯一不可重复
5	表	业务规则	可靠性	销售额校验	本年度销售总额波动范围在一定区间内，如不在范围则为异常数据
6	表间	业务规则	一致性	销售金额一致性	销售合同表金额与销售收入表金额需要保持一致

　　组织可根据所选数据范围与质量目标综合设计评估指标，并根据影响范围、业务重要性等设计指标权重。

（3）进行数据质量评估

　　使用选定的评估指标对数据集进行评估。评估可以包括手工检查、数据分析、数据质量管理平台等技术手段。

　　手工检查可根据数据量进行观察。在数据量级小的情况下，可通过 Excel 对数据集进行质量分析。数据完整性检查，检查数据集中是否存在缺失值或空值，可以通过逐行或逐列检查数据，寻找空白单元格或缺少必要信息的行。重复数据检查，寻找数据集中的重复项，可以通过逐行检查或使用筛选和排序功能来发现相同或相似的数据实例。异常值检查，查找数据集中的异常值，可以通过绘制统计图表、计算平均值和标准差等方式识别偏离正常范围的值。

　　数据分析可以发现潜在的数据质量问题和异常。缺失值分析，使用数据分析技术，可以分析数据集中的缺失值情况。通过计算缺失值的数量和分布，可以评估数据集的完整性。可以使用的技术包括缺失值的频率分析、缺失值的模式分析、缺失值的插补和填充等。异常值检测，通过统计分析、聚类、分类等技术，可以发现与其他数据点明显不同的数据实例。异常值的存在可能表明数据采集、输入或记录过程中存在问题。

　　数据质量管理平台可针对确定的评估指标进行质量规则配置，包括对已汇聚的数据资产进行质量规则配置，可对原始数据、数仓数据、数据应用数据进行质检。

（4）分析评估结果

　　根据评估指标和标准，对评估结果进行分析，识别数据质量问题和潜在的影响。

　　评估结果可通过质量分析报告的方式进行总体说明，包括数据质量合格率与数据质量综合得分两种形式。

　　数据质量合格率指的是数据集中符合预定质量标准的数据所占的比例。它是衡量数据集中的数据质量的一项指标，用于评估数据的准确性、完整性、一致性、可靠性等方面是否符合规定的标准。例如，如果一个数据集中共有 100 条数据，其中有 80 条数据符合设定的数据质量标准，那么合格率为 80%。数据质量合格率的设定和计算需要结合具体的业务需求和数据质量规范，以确保能够准确地反映数据质量的状况。同时，还应该注意，数据质量合格率只是数据质量评估的一个指标，需要综合考虑其他指标和相关因素，以获取更全面和准确的数据质量评估结果。

　　数据质量综合得分是对数据质量的整体评估结果，它综合考虑了多个数据质量指标并将它们进行加权或综合计算得出一个综合得分。该得分可以评估数据集的总体数据质量水平，提供对数据质量的综合性评估。评分的关键点在权重分配，为每个数据质量指标分配一个权重，反映其对数据质量的重要性。权重应基于具体需求和业务优先级进行分配，可以通过专家评估、用户需求调研等方法进行确定，确保权重之和等于 1。需要注意的是，数据质量综合得分的计算方法可以根据具体情况进行调整和定制。每个组织和项目可能具有不同的需求和权重分配方式，因此计算方法可以根据实际情况进行灵活调整。数据质量指标权重如表 5-29 所示，在计算维度得分时需要乘以权重。

表 5-29　数据质量指标权重

序　号	维　度	权　重
1	规范性	0.2
2	准确性	0.4
3	一致性	0.2
4	及时性	0.2

2. 数据质量改进方案

数据质量改进方案包括数据质量问题根因分析与数据质量改进方案制定两部分内容。数据质量根因分析是识别和确定导致数据质量问题的深层次原因，从而能够有针对性地在源头解决这些问题；数据质量改进方案制定是一个持续的过程，需要综合考虑数据收集、存储、处理和管理等各个环节的问题，同时根据识别的质量问题产生根因制定持续迭代的解决方案。

数据质量根因分析包括如下步骤：

- 数据来源分析：分析数据来源的可靠性和数据传输过程中是否存在问题，了解数据获取环节可能导致的数据质量问题。
- 数据录入和处理过程分析：审查数据录入和处理过程，查找潜在的数据质量影响因素，如录入错误、处理逻辑错误等。
- 数据存储和管理分析：评估数据存储和管理环节的问题，包括数据库结构、索引、数据备份等方面，寻找可能引发数据质量问题的原因。
- 数据使用和分发分析：分析数据使用和分发过程中的潜在问题，如数据转换、数据集成、数据访问权限等。

上述是数据质量根因分析的一些通用方法，在进行数据质量根因分析时，需要引入跨部门的合作和专业领域的知识。同时，根因分析是一个迭代的过程，需要不断验证和修正根因假设，并根据新的发现和证据进行进一步分析和识别。

数据质量改进方案制定过程中，需要针对根因制定具体对策。首先，根据根因分析结果，制定解决数据质量问题的具体对策，比如优化数据采集的流程、改进数据录入规范、增加数据验证机制等。其次，需要制定改进计划和时间表：将改进方案转化为具体的改进计划，明确改进措施、责任人和时间表，确保改进过程的可控性和跟踪性。最后，设定优先级和分配资源：根据数据质量问题的重要性和影响程度，设定改进的优先级，并分配相应的资源，确保有足够的支持和投入。

改进方案制定完成后，在实施过程中还需要进行监控与验证，以确保改进方案的执行不偏离目标，并根据优先级对改进问题进行持续监控，保障改进方案完成，进而从源头解决数据质量问题。

3. 数据质量闭环管理

数据质量闭环管理是组织对数据资产质量提升进行主动管理的过程，通过不断地监测、评估和改进，形成一个闭合循环的管理体系，以确保数据质量持续地得到改进和维护。主要工作如下：

- 定义数据质量目标：明确数据质量的关键指标和目标，优化和迭代现有质量指标。根据业务经营需求、外部监管需要等，每个指标都应该具有衡量标准和目标值，以便进行评估和改进。例如数据质量排名前三、关键业务领域质量合格率达到 99.9% 等目标。
- 数据质量监测和测量：建立数据质量监测机制，定期收集和测量数据质量指标，通过数据质量报告定量地展示数据质量状况，发现异常和问题。例如每月或每季度对组织内数据质量情况进行分析，并分析质量原因，说明数据质量好、坏对组织的影响。
- 问题识别和根因分析：对于数据质量问题，运用适当的分析方法和工具，进行根因分析，确定导致问题的根本原因，以便制定有效的改进措施。例如数据准确率的问题的根因一部分是业务规则缺失，另一部分是系统缺少录入规则限制。
- 制定改进计划和措施：根据根因分析的结果，制定针对性的改进计划和措施，以解决数据质量问题，确保计划中包含相关的责任人、时间表和资源分配方式。
- 实施改进措施：按照制定的改进计划，执行相应的改进措施，涉及数据收集、录入、处理、存储和管理等环节的优化和调整。
- 监测和评估改进效果：跟踪和监测改进措施的执行情况和效果，定期进行数据质量评估，以验证改进的有效性，并根据评估结果进行进一步的调整和改进。
- 持续改进和反馈：将数据质量闭环管理的结果和经验反馈给相关人员，包括数据收集人员、处理人员、管理人员等，促使他们意识到数据质量的重要性，不断改进数据质量管理过程。

通过数据质量闭环管理，可以形成一个循环迭代的过程，不断优化数据质量和数据管理流程，提高数据的可靠性和准确性。

5.3.7　控安全：合规使用数据

数据安全与合规是组织数据资产进行使用的关键环节与前置要求。组织内数据资产应在安全与合规系统内进行使用，如果缺少安全与合规管理，数据被不当使用或篡改的风险很高，严重的会影响组织经营运转，对组织的影响如下：

- 法律合规风险：数据管理和使用必须符合适用的法律法规，如《中华人民共和国数据安全法》《中华人民共和国个人信息保护法》等。不遵循相关法律法规可能导致罚款、法律诉讼和声誉损害等风险。

- 数据泄露和滥用风险：未经授权的数据访问、泄露和滥用可能导致客户隐私泄露、商业机密泄露等严重后果，造成企业声誉受损并需要承担法律责任。
- 数据完整性和可靠性：数据必须受到安全保护，以确保数据的完整性和可靠性。数据遭到篡改、损坏或丢失将影响企业的决策、运营和合规能力。
- 成本和效率：数据泄露和违规可能导致罚款、法律诉讼、调查和修复成本增加等风险，同时也增加了运营风险和业务中断的可能性。

总体而言，数据安全和合规是组织成功的关键要素之一，对保护组织利益、提高竞争力和维护可持续经营至关重要。组织应制定适当的策略和流程，投入足够的资源来确保数据安全和合规管理得到有效执行。

1. 数据全生命周期安全管控

数据全生命周期安全管控是指在数据的采集、存储、处理到使用和销毁的数据全生命周期的各个阶段，采取一系列措施和控制来确保数据的安全性和保密性。以下是数据全生命周期安全管控的关键要点：

（1）数据采集阶段

数据分类和标记：对采集的数据按照敏感程度和合规要求进行分类、标记和标识，以便后续进行合适的安全控制。

安全的数据采集：确保采集数据的过程安全可靠，包括确保数据收集设备和通道的安全性，防止数据被篡改或窃取。

（2）数据存储和处理阶段

访问控制和权限管理：建立严格的访问控制机制，仅授权人员可以访问、修改和处理数据，并确保权限与职责相匹配。

数据加密和保护：对敏感数据进行加密，保护数据在存储和处理过程中的安全，包括数据的加密、解密、传输加密、数据库加密等。

强化数据安全性：采取措施保护数据的完整性、防止数据丢失和损坏，如备份数据、数据冗余、故障恢复等。

（3）数据使用和共享阶段

合规共享和传输：确保在共享和传输数据时遵守适用的合规要求，例如加密传输、安全协议、数据安全契约等。

追溯和审计：建立数据使用的审计和追溯功能，记录数据的使用情况，及时发现异常和非法操作，并保留审计日志用于调查和溯源。

（4）数据销毁阶段

安全数据销毁：在数据不再需要时，采取安全的数据销毁措施，包括物理销毁和逻辑销毁，确保数据无法恢复和利用。

合规处置和清除：遵守适用的法律法规和合规要求，在数据销毁过程中进行合规处理，防止非法数据流出和违规操作。

（5）监测和更新

持续监测和评估：定期进行数据安全评估、漏洞扫描和威胁检测，及时发现和处理潜在的安全风险。

更新和改进：根据监测和风险评估结果，及时更新和改进安全措施和策略，以适应不断变化的安全威胁。

综上所述，数据全生命周期安全管控需要组织建立完善的数据安全策略和流程，并结合适用的法律法规和合规要求，确保数据在整个生命周期中得到有效的保护和控制。

2. 数据分类分级

在数据全生命周期安全管控过程中，数据分类分级是安全管控的关键点，针对不同安全级别采取不同的保护措施，既降低了安全管控的成本，又提高了安全管控的效率，因此数据分类分级尤其重要。但数据分类分级在实施、应用、维护阶段工作量较大，且难以将数据分类分级细化到数据字段级别，因此在数据分类分级开展过程中，需要根据策略和工具支撑数据分类分级实施落地。数据分类分级主要工作如下：

- 确定数据分类范围：根据组织数据盘点情况，对组织内重要的数据、业务数据选取分类范围，可根据不同领域分布进行数据分类工作。
- 确定数据分类标准：制定数据分类的标准，根据数据的敏感程度、机密性、重要性等因素，定义不同的数据分类级别。
- 数据清单和分析：对企业内部的数据进行清单编制，并进行数据分析，了解每类数据的特点和关联性，为后续数据分类分级提供基础。
- 数据分类和标记：根据确定的数据分类标准，对数据进行分类和标记，例如按照机密级别、商业价值、个人隐私等进行分类分级，确保每个数据都有明确的分类标识。
- 权限控制和访问管理：根据数据分类级别，设置相应的权限和访问控制机制，确保只有具有相应权限的人员可以访问和处理对应级别的数据。
- 安全保护措施：根据数据分类级别的不同，采取相应的安全保护措施，如加密、备份、灾备措施等，以确保不同级别的数据得到适当的保护。

以上是组织进行数据分类分级所涉及的工作内容，建议组织在进行数据分类分级的时候根据数据重要程度定义分类涉及的粒度，如表级分类粒度、字段级分类粒度。同时在数据分类分级时需要应用以下措施：

- 自动化工具和技术：利用数据分类和分级的自动化工具和技术，如数据分类软件、自动分类标记工具，减少人工分类分级的工作量，提高工作效率。
- 优先级和重要性评估：根据企业的具体需求和业务重要性，对数据分类分级工作进行优先级评估，优先处理重要和敏感性高的数据，降低工作量。

- 市场相关模型借鉴：可以借鉴相关行业或市场的数据分类模型和标准，并进行适应性调整，以减少重复劳动。
- 培训与知识共享：提供培训和知识共享机制，使得涉及数据分类分级的人员熟悉相关准则和标准，并能够快速准确地进行数据分类和分级工作。
- 定期评估和调整：定期对数据分类分级结果进行评估和调整，确保数据分类分级与实际情况保持一致，减少不必要的工作量和分类错误。

通过采取上述策略和措施，企业可以降低数据分类分级的工作量，提高工作效率，并确保数据按照合适的分类和分级标准进行管理和保护。

3. 数据脱敏加密

数据脱敏加密是一种将敏感数据转化为不可识别或无法还原的形式，并通过加密算法对数据进行保护的方法。它是保护敏感数据安全和隐私的一种有效手段。组织内数据资产进行应用时，需要有数据脱敏加密工作对数据资产安全应用进行支撑。

在进行数据脱敏加密时，可以采用以下几种方法：

- 替换：将敏感数据替换为符合规则的虚拟数据。例如，将真实姓名替换为随机的字母或数字组合，将电话号码替换为虚拟的号码等。
- 加密：使用加密算法对敏感数据进行加密处理，只有授权人员通过解密密钥才能还原数据。常见的加密算法包括对称加密算法（如 AES）和非对称加密算法（如 RSA）。
- 脱敏规则：根据实际需求和法律法规，制定脱敏规则对数据进行处理。脱敏规则可以包括对敏感数据的部分隐去、保留部分数据以示数据特征、随机化等。
- 令牌化：将敏感数据替换为唯一的令牌或标识符，并将其与真实数据进行关联。令牌化可以通过使用专门的令牌生成器或哈希函数来实现。

需要脱敏加密的数据包括但不限于以下几类：

- 个人身份信息：如姓名、身份证号码、手机号码等。
- 财务信息：如银行账号、信用卡号码、支付密码等。
- 健康信息：如病历、诊断报告、药物处方等。
- 地理位置信息：如居住地址、GPS 坐标等。
- 商业机密和知识产权：如商业计划、客户数据库、产品设计等。

对于不同类型的数据，需要根据实际情况和适用的法律法规来决定脱敏加密的方式和级别。同时要确保脱敏后的数据仍然能够满足使用的需要，如数据分析、业务流程等，避免脱敏加密后导致数据失去原有的价值。

5.3.8 编目录：明确数据资产

在数据治理实施中，一个清晰的数据资产目录是数据治理成效价值的直接体现，从数据资产目录中可以体现全局一致的数据标准、准确一致的数据内容、安全合规的数据流程、易于理解的元数据描述等内容。组织数据资产目录通常分为数据资源目录、数据资产目录、数据开放目录三个层面。

数据资源目录是指从各业务信息系统中采集可用的原始数据后，将源端系统的所有数据资源纳入管理，代表了一个组织的全景数据视图。

数据资产目录是指数据资源入湖后标准化、主题化或专题化的全景数据视图，本层的数据一般具有业务价值属性。

数据开放目录是指在数据资产目录基础上选择一部分开放的全景数据视图，原因是需要考虑数据安全性等因素。数据开放是数据价值进一步发挥的基础。

1. 数据资源目录

数据资源目录编制是将数据资源盘点成果进行目录编制并挂载到组织数据共享平台的工作，通常来说数据资源目录编制需要以各领域数据责任人对已梳理的数据资源进行审核确认工作为基础，经过审核后由数据管理员进行统一操作，并依据确认的数据安全等级进行审核流程的定义，保障此类数据资源的合规应用。

数据资源目录编制过程分为 5 个阶段，每个阶段工作内容如下：

（1）现状调研

原始数据资源庞大，因此需要依据数据资源梳理成果和业务调研两种方式结合对数据资源发布范围、发布质量等内容进行明确。本阶段重要的工作是定义范围，不是所有的数据资源都需要发布，需要选取有业务交换价值的资源作为发布范围。

（2）制定模板

数据资源的梳理需要定义数据资源收集模板，以确保数据资源的业务情况、技术情况、管理情况等信息，进而准确说明数据资源的现状，便于数据资源应用。

（3）数据认责

数据认责是将已梳理完成的数据资源进行数据所有者、数据管理者等权责认定，便于组织对数据资源进行管理，并基于管理流程的设定实现数据资源的持续运营，保障数据资源的准确性、时效性。

（4）流程设计

流程设计是数据资源发布的前提。组织内数据资源根据数据安全分级的要求会分为多个层级，不同的层级需要配置不同的管理流程，通常会配置数据资源对内、对外两个审批环节，审批环节各节点责任人由数据认责的结果确定。

（5）资源发布

资源发布是指由数据资源管理员对已确认的数据资源目录进行设计并以结构化目录的形式对外发布。

数据资源目录建议以系统维度和业务维度两种方式进行设计。系统维度是以系统分类和系统支撑的业务进行区分，如管理类系统（人力资源系统、财务核算系统等）、业务类系统（客户关系管理系统、生产制造系统、一体化营销系统）、辅助支撑类系统（视频监控系统、邮件系统）等。业务维度是以业务域、业务子域、业务系统进行区分，如物流业务域、商贸业务域、制造业务域等，不同的业务域存在相同类型的系统。

在编制数据资源目录过程中，数据资源梳理模板很重要，通常将数据资源目录依赖的元数据分为三类，即业务元数据、技术元数据、管理元数据三类。元数据信息越详实数据资源越易于理解和管理。某企业进行数据资源目录梳理所依赖的模板如图 5-16 所示。

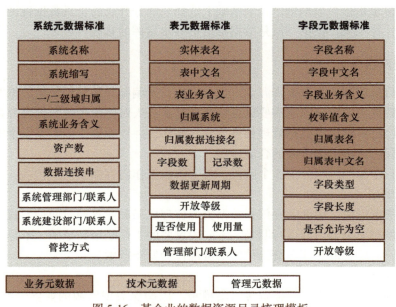

图 5-16　某企业的数据资源目录梳理模板

2. 数据资产目录

数据资产通常是根据业务需求进行数据加工处理而形成的数据主题、专题，按照加工程度和应用性可将其自下而上地分为基础模型、融合模型、应用模型和挖掘模型。

基础模型是组织在制定数据标准后依据数据标准规范化的数据模型，包括表命名标准、字段命名标准、数据元标准、参考数据标准，依据这些标准的内容完成标准化后，形成各领域准确一致的数据，可进行统计分析与后续的融合模型应用。

融合模型是组织基于业务流程进行的跨业务域数据整合的数据模型，例如，以进销存价值流对各系统数据进行整合，涉及采购系统、客户关系系统、仓储系统三个数据源。融合模型主要以主题域的方式存在。融合模型主要为数据仓库设计的模型。

应用模型是基于组织业务指标、标签等管理诉求进行设计的数据模型。指标是组织统计分析、经营决策的主要依据，因此使组织全局内的指标标准数据一致尤为重要。

　　挖掘模型的价值在于帮助组织从海量数据中发现有用的知识和信息，优化业务流程，提高决策准确性。数据挖掘可以揭示数据中隐藏的模式、关联和规律，帮助用户了解数据背后的本质。通过数据挖掘算法对客户数据进行聚类分析，有助于将客户分成不同的群组，每个群组具有相似的购买偏好、兴趣和行为模式。例如，可以区分出喜欢购买电子产品的群体、喜欢购买时尚服装的群体等。

　　综上所述，数据资产目录可根据数据的不同加工程度进行分层设计，从基础模型、融合模型、应用模型、挖掘模型四层进行设计。

3. 数据开放目录

　　数据开放目录是指在确保数据安全的条件下对外开放的数据。对外开放的数据不是越多越好，组织内核心敏感的数据需要严控开放，例如关键干部数据、关键财务报表数据等。因此需要依据实际数据安全等级、数据敏感程度定义数据开放目录内容。通常来说，对数据开放目录的数据采取三种策略，包括直接开放、控制开放和严控开放三种。

　　不同的数据开放策略会对应不同的管理流程和审批流程。管理流程是指数据目录挂载流程、数据等级标注流程。针对内外部申请、不同等级数据申请均需要设计不同的审批流程，某组织数据开放审批流程如图 5-17 所示。

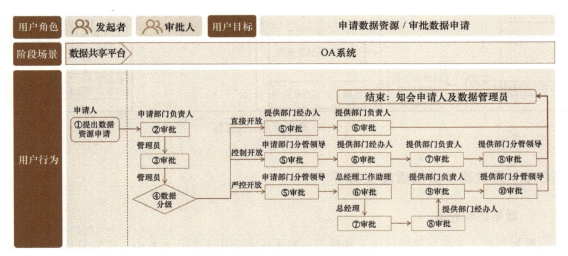

图 5-17　某组织数据开放审批流程

4. 数据目录运营

　　组织完成数据目录编制仅是数据资产价值释放的第一步，因为数据会随着组织的发展不断变化，业务模式、业务流程的更新迭代会产生新的数据，而新的数据需要不断加工处理形成新的数据目录，所以组织还需要完善数据目录的闭环运营，即确保数据目录的常态化动态更新。

数据目录的建立通常以项目为主导的，项目完成后，由于缺少管理，数据目录就基本停止更新或很少更新了，随着组织业务发展，这样的目录会逐渐失去价值。因此组织需要建立一套数据目录的更新维护流程，以保障数据目录的数据总是组织所需要的、总是获得及时更新的、总是满足业务应用的。

数据目录运营流程如图 5-18 所示：数据管理员定期识别数据资源的变化，依据变化情况梳理出变化清单；数据责任人根据清单进行数据价值评估，如果数据资产具备业务价值则需要进行元数据录入，按照资源目录元数据模板进行补充；元数据补充完成后由资源审核人进行质量检查，如无问题有数据管理员进行发布。

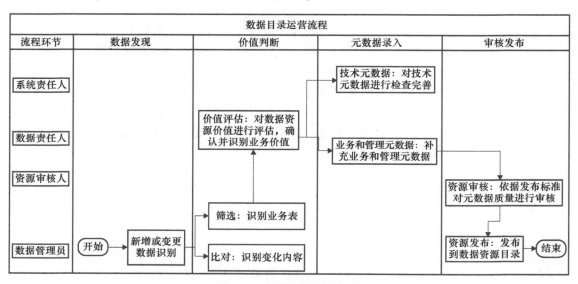

图 5-18　数据目录运营流程

5.3.9　用数据：数据赋能业务

1. 数据还原业务

数据还原业务是指将经过加工和整理的数据重新应用于实际业务中，以恢复数据的原始业务价值和功能。以下是五个示例场景及数据对这些场景提供的内容和价值：

- 人力资源管理。通过数据还原业务可以为人力资源管理提供员工的基本信息、绩效评估、培训记录、福利待遇等数据。这些数据可以帮助管理人员更好地了解员工情况，做出人力资源规划、绩效改进和员工激励的决策。
- 财务管理。通过数据还原业务可以为财务管理提供准确的财务报表、会计记录、成本和利润分析等数据。这些数据可以支持企业的财务决策、预算规划和投资评估，帮助企业监控财务状况以及优化资源配置。

- 招标和采购管理。通过数据还原业务可以提供供应商信息、采购订单、交付记录等数据。这些数据可以帮助企业进行招投标决策、供应链管理和合同管理，提升采购效率和降低采购成本。
- 营销管理。通过数据还原业务可以向营销团队提供客户的购买历史、行为轨迹、市场调研数据等信息。这些数据可以支持精准的目标市场定位、个性化推广和客户关系管理，提升市场营销的效果和回报。
- 产品管理。通过数据还原业务可以为产品管理提供产品销售数据、用户反馈、市场需求和竞争情报等数据。这些数据可以支持产品规划、产品改进和新产品开发，帮助企业提供符合市场需求和用户期望的产品，增强竞争力。

对于以上场景，数据还原业务能够提供准确、全面和实时的数据信息，帮助管理人员做出更具数据支持的决策。通过从数据中获得深入洞察和关键指标，企业可以更好地了解和理解业务现状，发现问题和机会，从而提升业务效率、降低风险、增加收益、满足市场需求，实现持续的业务增长和创新。

2. 业务流程优化

当数据资产完成汇聚和治理后，组织可以将数据资产应用于不同的职能域和业务流程以进行优化和效率增进。下面给出组织管理职能域和业务职能域的具体案例说明：

（1）组织管理职能域示例

人力资源管理：在人力资源管理方面，数据资产的应用可以帮助优化招聘流程。通过分析招聘渠道数据、候选人的履历和面试表现数据，组织可以识别最有效的招聘渠道，提升候选人筛选准确性，缩短招聘周期。

绩效管理：在绩效管理方面，组织可以利用数据资产进行员工绩效管理的优化。通过分析绩效评估数据、目标达成数据和培训记录数据，组织可以确定高绩效员工和低绩效员工，并进行有目标的培训和激励措施，以提升整体团队绩效。

（2）业务职能域示例

销售与客户关系管理：在销售和客户关系管理方面，数据资产的应用可以帮助优化销售流程。通过分析销售数据、客户反馈和市场趋势数据，组织可以识别最有潜力的目标客户，制定个性化的销售策略，提高销售效率和客户满意度。

供应链管理：在供应链管理方面，组织可以利用数据资产进行供应链优化。通过分析供应商数据、库存数据和物流数据，组织可以提前预测需求，优化供应链配送和仓储策略，减少库存持有成本和物流瓶颈，提高供应链的运作效率。

财务管理：在财务管理方面，数据资产的应用可以帮助组织提高财务流程效率。通过分析财务数据、支出记录和预算数据，组织可以快速进行财务分析、预警和决策，减少烦琐的手工工作和错误的可能性。

以上是一些具体案例，说明了数据资产在组织管理职能域和业务职能域中的应用。通过数据的分析和洞察，组织可以准确识别问题、挖掘机会，并采取相应的优化措施，从而提高业务流程的效率和效果。具体的应用方式和优化方法将根据组织和行业的特点而有所不同。

3. 业务降本增效

数据资产应用帮助组织降本增效的原理是通过数据的分析和洞察，识别和解决业务流程中的问题，优化关键环节，实现降低成本和提高效率的目标。下面是降本增效的一个实际案例：

某制造企业的生产流程中存在物料浪费和生产停滞等问题，导致生产成本高昂和效率低下。企业希望利用数据资产对生产流程进行优化，降低成本并提高生产效率。具体流程如下：

- 数据收集和整理：企业收集并整理与生产流程相关的数据，包括生产记录、物料消耗和设备运行情况等。这些数据可以来自生产系统、设备传感器和操作员输入等。
- 数据分析和洞察提取：通过对收集到的数据进行分析，企业可以洞察生产流程中的问题和机会。例如，分析物料消耗数据可以揭示材料浪费的主要原因，分析设备运行数据可以发现生产停滞的根本原因。
- 问题识别和改进计划：基于数据分析的结果，企业可以识别出导致浪费和停滞的关键问题，并制定针对性的改进计划。例如，如果数据显示某个工艺环节的物料消耗过高，企业可以优化工艺参数或重新培训操作员。
- 实施改进措施：根据改进计划，企业实施相应的改进措施。这可能包括调整工艺参数、改善设备维护计划、提供员工培训等。改进措施的具体内容将根据分析结果和问题的特点而不同。
- 监测和评估效果：企业通过监测和评估改进措施的效果确定其对降本增效的影响。这可以通过再次收集和分析数据来实现。例如，企业可以监测材料消耗率和生产停滞时间的变化等指标。

最终企业通过以上流程，以数据资产作为生产资料，识别并分析企业内影响成本的原因，实现对具体业务的降本增效，其价值如下：

- 降低成本：通过数据资产的应用，企业可以识别和解决导致浪费和停滞的问题，从而降低物料成本和生产停机的损失，实现降本的效果。
- 提高生产效率：优化生产流程可以减少生产停滞和排队时间，提高生产线利用率和产能，从而提高生产效率。
- 持续改进：数据资产的应用可以帮助企业建立持续改进的机制，并通过数据的监测和分析，不断发现问题和挖掘机会，进一步提高降本增效的效果。

通过以上的案例证明组织可以利用数据资产进行生产流程优化，降低成本和提高效率，从而增加组织自身的竞争力和可持续发展能力。

4. 提升客户体验

提升客户体验对组织具有巨大价值。它不仅有助于增强客户忠诚度、提高品牌形象和口碑，还可以促进业务的持续增长和发展。同时，通过降低客户流失率和获取新客户的成本，组织可以实现更高的运营效益和回报。以下是一些具体的提升客户体验的场景：

- 客户洞察：通过数据资产，组织可以收集和分析客户数据，包括购买历史、行为模式、偏好和反馈等。这些数据可以帮助组织了解客户需求、喜好和行为，从而更好地进行市场细分和个性化定制，提供符合客户期望的产品和服务。
- 个性化营销：基于客户洞察和分析的结果，组织可以实施个性化营销策略。通过向客户发送个性化的推广活动、优惠和定制化内容，组织可以提升客户参与度、购买意愿和忠诚度，并提供更好的客户体验。
- 渠道优化：通过数据资产，组织可以分析不同营销渠道的效果和回报率，如电子邮件、社交媒体、在线广告等。通过比较渠道的数据和指标，组织可以优化投资和资源分配，选择最有效的渠道，提高营销效果并增强客户体验。
- 即时反馈和快速响应：数据资产使组织能够实时监测客户反馈和行为。通过分析这些数据，组织可以及时发现并解决客户问题和需求，提供快速响应和支持。这有助于提升客户满意度和忠诚度，并增强客户整体体验。
- 更好的购物体验：数据资产可以帮助组织优化客户的购物体验。通过分析客户历史购买数据和行为模式，组织可以提供个性化的产品推荐、购物引导和定制化的优惠，提高客户的购物体验和满意度。
- 产品创新和改进：通过分析市场和客户数据，组织可以了解市场趋势和竞争情况，发现产品创新和改进的机会。通过引入新产品功能、优化设计和提供更好的客户支持，组织可以提升产品的竞争力和客户的体验。

综上所述，数据资产的应用可以帮助组织进行营销管理，从而提升客户体验。通过客户洞察、个性化营销、渠道优化、即时反馈和快速响应、优化购物体验，以及产品创新和改进，企业可以更好地满足客户需求。

5.4　数据治理成效评估

数据治理成效评估是对数据治理成果和治理过程的评估，旨在确定数据治理活动是否有效支撑组织业务目标的实现。数据治理成效评估需要从多个维度进行，包括数据治理保障体系、数据治理工作成果、数据治理价值等领域。

数据治理保障体系是指组织内建立了数据治理组织且组织有效履行了相关职责、落地了数据治理岗位且有全职或兼职人员从事数据治理工作、编制并印发了数据管理制度且对制度进行宣贯和培训、采购了数据治理工具并了解如何应用工具、具备数据治理知识并基于组织实际进行应用。对以上保障措施的评估是对组织内数据治理成效评估的基础。

数据治理工作成果是指组织是否完成了既定的数据治理工作，包括数据质量稽核与质量提升、数据标准制定与落标、数据安全管理与监控等内容。

数据治理价值是指组织是否完成数据治理蓝图规划中的目标，即解决了哪些业务问题、实现了哪些业务需求、降本增效的效果如何、支撑了哪些关键决策。

数据治理成效评估包括评估体系建立、评估成果展示两部分。

5.4.1 数据治理成效评估体系

在数据治理成效评估体系中，可以选择一些度量指标来评估数据治理的成效。指标可以分为定性指标和定量指标。在实际数据治理成效评估过程中，可以单独使用两类指标，也可以混合使用两类指标，只要最终能够完成对数据治理的成效评估工作即可。

数据治理成效评估体系示例如表 5-30 所示，通过对各指标域中指标的定义，在保障体系、治理成果、治理价值三个领域设计指标。

表 5-30 数据治理成效评估体系示例 1

指 标 域	指标名称	说　明
保障体系	岗位实际落编率	表示数据治理计划的岗位数量与实际落编的岗位数据的比值
	制度制定印发率	表示数据制度计划编制印发的数量与实际编制印发数量的比值
	工具覆盖率	表示现有工具的数量与所需工具数量的比值
治理成果	监管数据质量合格率	表示数据治理工作前后对数据质量合格率提升的情况
	数据标准覆盖率（关键业务）	表示数据标准编制前后对组织关键业务的覆盖情况
治理价值	指标一致率	表示组织在应用指标时，同名指标数据结果的一致情况
	指标业务覆盖率	表示组织在数据治理前后，指标对业务的覆盖率情况
	指标准确性	表示组织在数据治理前后，指标的准确程度，可以分为低、中、高三个等级

上述指标在三个层面对数据治理工作进行成效评估，明确了数据治理组织和人员自身的工作成效，同时还说明了数据治理工作价值对组织的成效。这可以使数据治理的评估更贴近现实的情况和组织的实际需求，更能够传达人们对数据治理的主观认知和理解。

同时数据治理成效还可通过数据治理前后的指标差异进行评估。它使用数值化的数据来比较事物前后之间的差异，通过数值的精度和数量来量化和度量事物的特征，如表 5-31 所示。

表 5-31 数据治理成效评估体系示例 2

指标名称	说　明	计量单位	数据治理前值	数据治理后值
数据准确性	表征数据的正确性和精确度，可以通过计算数据准确性的百分比来衡量	百分比	20%	70%
数据完整性	表示数据是否完整，是否存在缺失值，可以通过计算数据完整性的百分比来衡量	百分比	55%	90%

（续）

指标名称	说　　明	计量单位	数据治理前值	数据治理后值
数据可用性	表示数据的可用程度和可访问性,可以通过计算数据可用性的百分比来衡量	百分比	45%	80%
数据时效性	表示数据及时更新和有效的程度,可以通过计算数据更新频率和延迟时间来衡量	日、时	50%	90%
数据利用率	表示数据的使用频率和利用程度,可以通过计算数据的读取次数、访问量或利用率来衡量	次数、百分比	30%	70%
数据质量成本	表示数据质量管理的成本,包括数据清洗、纠错、监测等方面的成本	货币单位	10 万元	2 万元
数据安全漏洞	表示数据存在的安全漏洞和隐患的数量和严重程度,可以通过评估漏洞数量和风险等级来衡量	漏洞数量、风险等级	30	3
数据备份和恢复时间	表示数据备份的时间和数据恢复的时间,可以通过测量备份时间和恢复时间来衡量	时、分	1 日	5 分

在表 5-31 中,"数据治理前值"和"数据治理后值"表示在数据治理实施之前和之后的具体指标值。"改进幅度"表示数据治理使得指标值的改进程度,可以用具体值或百分比表示。该表可帮助组织进行数据治理成效的定量评估,量化数据治理对数据资产健康和价值的影响。

结合定量指标和定性指标可以进行综合评价,更全面地评估数据治理成效。定量指标提供了具体的数值化度量,可以对数据治理的效果进行量化分析和比较。定性指标提供了主观评估和直观理解,能够突出数据治理在组织内的感知和认知。

5.4.2　数据治理成效评估报告

数据治理评估报告是对数据治理实践进行评估和分析的一份综合性报告。它提供了关于数据治理策略、流程、工具和实施效果等方面的详细信息,以及对数据治理成效的评估和建议。编写数据治理评估报告时,可以按照以下结构和步骤进行:

- 引言和背景。在引言部分,介绍报告的目的、评估的背景和范围,以及评估所基于的数据治理成效评估体系。解释为什么进行评估,并概述报告的结构和内容。
- 数据治理概况。提供数据治理的整体概况,包括数据治理的定义、目标和重要性。介绍数据治理的价值和作用,并说明评估的重点和方法。
- 评估结果概述。给出数据治理成效评估的总体结果概述,列出关键的评估发现和主要结论。简要介绍评估所使用的方法和数据来源。
- 评估细节和分析。根据数据治理成效评估体系,对每个指标进行详细的评估和分析。描述每个指标的原理和目标,展示评估所得的定量和定性指标结果,分析指标的优点和不足之处。

- 问题和挑战。总结评估中发现的问题、挑战和障碍。明确问题的原因和影响，关注数据治理的薄弱环节和需要改进的方面。
- 成效和优化建议。根据评估结果，评估数据治理的成效，并提出具体的优化建议。针对评估中发现的问题，给出改进方案和行动计划，建议加强数据治理的关键领域。
- 结论。总结数据治理评估的主要发现和结论，强调数据治理的重要性和改进的价值。提出一个明确的结论，在此基础上推动数据治理的进一步发展。
- 报告附录和参考文献。提供报告所使用的方法、工具和数据样本等的具体细节，以便读者了解评估的详细过程。同时，引用和列出参考的文献和资源，供读者进一步研究。

在编写数据治理评估报告时，应确保报告的结构清晰、言简意赅。使用易于理解的语言，结合图表和表格等可视化工具，将评估结果以直观的方式呈现。同时，报告应具备实施性，给出明确的建议和行动计划，以支持数据治理的改进和优化。以下是一篇报告示例：

1. 背景

随着信息化时代的到来，企业数据成为重要资产，数据治理成为保障数据质量和有效利用的关键。本次数据治理评估旨在评估企业数据治理的效果，并提供优化建议，以提升数据管理和利用效能。数据治理成效评估体系如表5-32所示。

表5-32 数据治理成效评估体系

指标名	指标类型	指标说明	指标值	指标得分原因	指标提升建议
数据完整性	定性指标	评估数据源的覆盖率和数据采集的完整程度	87%（104/120）	数据源管控不严格，数据采集中信息缺失和不完整	提高数据源管控和数据采集流程的质量，加强数据校验机制
数据准确性	定性指标	评估数据质量问题的处理情况和准确性	高	数据质量管理不严格，处理数据异常情况不及时	加强数据质量监控和纠错机制，制定准确性验证标准和流程
数据一致性	定性指标	评估跨系统数据字段一致性和集成的准确性	95%（285/300）	不同系统间数据整合和对齐不规范，数据一致性存在问题	强化数据整合和对齐策略，建立数据一致性规范和数据标准
数据安全性	定性指标	评估数据的安全性和系统访问权限的管控	96%（24/25）	数据访问控制和权限管理不完善，存在安全漏洞	健全数据访问控制和权限管理，加强数据加密和安全漏洞处理
数据可用性	定量指标	评估数据存储和检索的效率与数据可用程度	98.20%	数据存储结构和检索算法优化不足，影响数据访问效率	优化数据存储结构和检索算法，提升数据访问速度和效率
数据文档化	定性指标	评估数据字典和数据血缘追溯的建设程度	80%	数据字典和血缘追溯体系不健全，数据理解性和可信度有待提升	强化数据字典和血缘追溯体系，提升数据可理解性和可信度
数据治理体系	定性指标	评估数据治理框架和流程的完整性与规范程度	高	数据治理体系完整性和规范程度高	完善数据治理体系，加强流程和规范的建设

2. 优化建议

优化建议包括以下几点：

- 数据完整性：提高数据源管控和数据采集流程的质量，加强数据校验机制，确保数据的完整性。
- 数据准确性：加强数据质量监控和纠错机制，制定准确性验证的标准和流程，确保数据的准确性。
- 数据一致性：强化数据整合和对齐策略，建立数据一致性的规范和数据标准，确保数据在不同系统间的一致性。
- 数据安全性：健全数据访问控制和权限管理，加强数据加密和安全漏洞的处理，提高数据的安全性。
- 数据可用性：优化数据存储结构和检索算法，提升数据访问的速度和效率，确保数据的可用性。
- 数据文档化：强化数据字典和血缘追溯体系，提升数据的可理解性和可信度。
- 数据治理体系：完善数据治理体系，加强对流程和规范的建设，确保数据治理框架的完整性和规范程度。

总体而言，通过加强数据管控、优化数据流程和加强数据安全措施，企业可以提升数据治理效果，进一步提高数据质量和实现更好的数据价值利用。

5.5　数据治理问题改进

数据治理问题改进包括两个层面：一是对内的数据治理体系与本组织管理要求和资源的匹配，即找到数据治理在本组织的最佳实践，对已有的治理方法或流程进行改进；二是对外的数据治理问题改进，包括对已识别到的数据标准问题、数据质量问题等进行改进计划的编制。需要注意的是，组织编制改进计划时，需要与相关涉及部门和人员沟通一致，并提出问题改进后的验证过程。

5.5.1　内部问题改进

内部问题改进是对已执行的数据治理工作进行复盘和优化的过程，包括对治理体系问题、治理制度问题、管理流程问题、技术工具问题等进行解决。内部问题改进的目标是建立一个更适应本组织的数据治理体系，需要基于本组织的战略和资源现状进行改进，如各项数据管理领域的管理流程是否可执行落地、是否冗余、是否缺失、是否形成闭环管理，各管理领域的制度文件是否符合组织需求、是否可指导相关人员使用等，这些都是需要改进和优化的问题。

在治理体系问题中，最常见的问题就是治理责任不落地。一方面是治理体系中关于保障体系的落地问题，例如，专职数据治理岗位建设，很多企业都存在数据治理岗位缺失或数据治理投入不足等问题，需要长期依赖外部人员，但外部人员缺乏对企业业务价值的理解，也难以对绩效考核评价指标负责，同时外部人员缺乏稳定性。另一方面是因缺乏相应的考核机制导致数据治理工作"做不做"都没有影响，导致各类业务侧兼职人员或数据管家将主要精力投入业务侧，缺乏数据侧工作的执行。

在治理制度问题中，最常见的问题就是制度文件不落地，即规范是一套，执行是另一套，例如，数据架构管理、数据质量问题管理中，制度和流程缺乏与工具和相关责任人的联系。管理者无法通过工具高效地对制度文件涉及的人员和流程进行管理，且治理工具与管理脱节。这就对治理工具与制度文件的高度融合提出了要求。因此，一定要将企业数据治理类制度文件中的内容以规则的形式落实到数据治理工具中，要求数据治理相关责任人参与企业数据治理工作，并监控数据治理过程和结果。

在管理流程问题中，最常见的问题就是管理流程效率低下和流程僵化。在数据治理行业最佳实践过程中，通常来说企业数据管理流程会经过项目实践期、运维优化期两个阶段。在项目实践期，企业会结合企业实际情况，由各项目组承接各类数据管理流程，以便于不断摸索出最佳实践，将流程和角色进行固化。在运维优化期，企业在运行一段时间后，需要对已有流程进行评价和治理，避免流程因为业务发展或角色变动等因素导致流程僵化。

在技术工具问题中，最常见的问题就是工具功能缺失或工具操作复杂。工具功能缺失是指治理工具成熟度低导致很多数据管理流程节点缺少治理工具参与管理。例如，数据认责工作需要将不同类型的数据管理职责落实到多个角色，还需要依据人员变动不断更新责任清单。工具操作复杂是指功能学习成本比较高，逻辑分区不合理，未能将操作简单直接设置出来。例如，数据质量稽核功能：需要将数据标准规则、业务规则进行配置，而在配置后还需要执行质检规则的映射数据表或字段；数据质量稽核结果分散在各处，缺少一个整体直观的数据质量问题清单；质量报告缺乏建议，仅是问题汇总；质量问题没有直接推送到各数据源负责人。

综上所述，内部问题需要从以上维度进行更新和优化。内部问题改进后方可更好地支撑外部问题改进。

5.5.2 外部问题改进

外部问题改进是针对已发现的问题，包括但不限于数据质量问题、数据标准问题和数据安全等问题，推动相关责任人对其进行改进的过程。相对于内部问题，外部问题更多的场景是对外部门和人员进行协同工作，因此如何建立一个问题协同解决的改进计划是外部问题改进的重点。外部问题改进计划通常涉及以下五个方面：

- 目标和指标设定：明确外部问题改进计划的目标和时间节点，并设定相关的指标来衡量外部问题改进的成效。
- 制定外部问题改进计划和时间表：按照优先级和可行性制定详细的外部问题改进计

划，并设定外部问题改进任务的时间表。这有助于组织和跟踪改进工作的进展。

- 配置资源和人力：确保为外部问题改进计划分配足够的资源和人力支持，包括技术人员、数据管理员等，以确保外部问题改进计划的顺利实施。
- 实施外部问题改进计划：按照计划和时间表执行外部问题改进任务，进行数据质量监测、安全漏洞修复、数据规范制定等。
- 持续改进：数据治理是一个持续演进的过程，外部问题改进计划应定期进行评估和反馈，根据实际情况进行调整和改进。利用反馈和经验教训，不断改进数据治理的过程和方法，不断提升数据治理的成效。

综上所述，外部问题改进的目标是将已识别的问题进行改进并保障改进工作执行，且执行成果满足改进计划的要求。外部问题改进计划示例如表 5-33 所示。

表 5-33　外部问题改进计划

改进时间	改进责任人	改进任务名称
2023 年第 3 季度	数据团队经理	进行数据质量评估，识别数据质量问题和原因
	数据管理员	设计和实施数据质量监控机制，建立数据检测和纠错流程
2023 年第 4 季度	安全团队经理	进行安全风险评估，发现和解决数据访问控制和安全漏洞
	数据管理员	制定数据规范和标准，提升数据准确性和一致性
2024 年第 1 季度	数据管理员	提供员工数据质量培训，加强数据质量重要性的认识和理解
	数据管理员	优化数据存储结构和检索算法，提升数据访问速度和效率
2024 年第 2 季度	数据管理员	建立数据字典和血缘追溯体系，记录数据字段和数据流向
	安全团队经理	加强数据访问控制和权限管理，确保合理的数据访问权限
	数据团队经理	建立数据备份和恢复策略，确保数据的可用性和灾备能力
2024 年第 3 季度	数据治理团队	优化数据治理流程，建立数据治理框架和规范，明确责任和权限
	数据管理员	提供员工数据治理培训，推广数据治理最佳实践，并引入新技术进行优化

表 5-33 是一个简单的数据治理成效改进计划，明确了改进时间、改进责任人和改进任务名称，可以在表中进一步添加详细的具体任务和相关细节，以及跟踪实施进度和改进成果。总之，外部问题改进是一种系统性的方法，旨在通过一系列的措施和任务，解决数据治理中的问题和挑战，提高数据质量和数据价值的利用，以支持组织的数据驱动决策和业务发展。

5.6　数据治理长效运营

5.6.1　数据治理运营新体系

在数字化转型战略的驱动下，企业对数据资产应用的要求和层次都在逐步提高，数据资产建设和数据管控工作已经成为核心数据工程。企业内外部数据不断增长与汇聚，数据资产规模呈指数级增长，带来数据资产保值增值难、数据资产质量不佳、数据资产价值难以挖掘等新问题。同时企业业务层、管理层对数据的准确性和时效性要求越来越高，因此迫切需要建立数据运营体系以解决上述问题。数据治理运营体系可为数据价值发挥提供支撑。数据运营人员拉通、平衡、促进数据资产供需两端，解决不断出现的数据资产问题。因此，建立一套内外双循环的数据治理运营体系，可通过内循环不断提升数据资产管理能力，并通过外循环不断满足数据使用者需求，最终助力企业实现数据价值最大化的目标。传统数据治理运营体系与新型数据治理运营体系对比如表 5-34 所示。

表 5-34　数据治理运营体系对比

差异化对比	传统数据治理运营体系	新型数据治理运营体系
治理思路	数据治理技术主导 数据治理各领域项目	数据治理业务主导 数据治理全领域
治理目标	数据质量提升 多域主数据管理 数据标准与模型管理	数据资产盘活 数据安全治理 数据中台能力
运营体系	数据运维	数据运营
实施形态	产品+实施	数据平台+运营团队派驻

传统数据治理运营体系主要从数据标准与数据模型、数据质量提升、主数据管理领域以项目的方式实施，且实施方案以标准产品部署、实施人员咨询的方式进行项目交付。这种数据治理运营体系的优势在于可以在短期内实现项目的既定目标，提升某一数据域的数据质量或打通核心主数据。由于企业的业务在不断发展，业务会面临变更、新增、升级等场景，业态会面临收购、并购等情况，外部会面临新的监管要求而通常此类体系在项目结束后仅能以提供数据运维的方式为后续工作服务，因此，一旦离开原有的实施方案，企业便不具备专业能力对已有体系进行更新。

新型数据治理运营体系主要从企业数据资产、数据安全治理、数据中台能力等领域以项目的方式实施，且实施方案相对以往提供了数据治理能力闭环管理的能力，尤其是针对传统数据治理在运营端能力的缺失进行了补充。数据运营部门负责持续解决企业数据治理能力不足、数据资产价值无法发挥、数据需求无法满足的三类问题。同时数据治理方案从以往的单一视角切换到数据资产治理的视角，建立了数据生命周期管理能力，支撑数据治理运营体系的落地，避免单一领域落地实施难的困境。

5.6.2　数据治理运营体系搭建

数据治理运营体系包括内循环、外循环两个维度。内循环指修炼内功，主要内容包括数据治理能力图谱、数据运营指标和数据资产评估体系三个关键内容。外循环指修炼外功，主要内容包括数据中台能力、数据资产目录体系、数据服务能力。

内功主要指的是修炼数据管理的能力和级别，注重的是数据的管理和价值，包括数据建模的管控、数据质量的闭环管理、数据资产价值的分析和数据生命周期管理的策略等。内功修炼的目的是提升数据资产的价值、提升数据标准覆盖度和数据质量，以及培养数据治理各领域的管理能力级别。外功则是指修炼外部的"身体技巧"和"动作"，包括各种数据平台、数据目录、数据服务、数据应用等具体的可见、可感、可用的能力。

内功是外功的基础，只有通过内功的修炼，才能使外功的技术更加精妙和有效。外功则可以检验和应用内功的成果，通过实践中的数据使用和数据应用的协调性，提高内功修炼的效果。内功和外功在互为补充，相互促进。只有内外兼修，才能达到高深境界。

如图 5-19 所示，其阐述了数据治理运营体系的两个维度。通过数据管理能力的建设，具备各领域数据管理能力，依据能力体系编制适合本组织的数据评价体系，在完成数据评价工作后，根据数据评价体系的优点和不足进行数据优化策略制定，最终将数据优化具体措施实施在数据资产中，以达到数据资产价值提升的目标。接下来根据数据治理运营体系各领域分别进行说明。

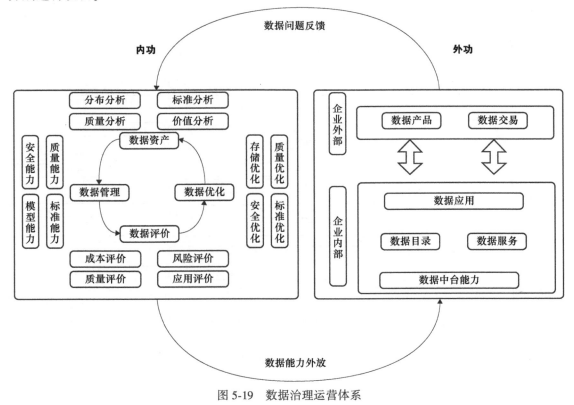

图 5-19 数据治理运营体系

1. 数据治理能力图谱

数据治理能力图谱是指描述和展示一个组织在数据治理领域中所具备的各种能力和要素

的图谱。它是一种视觉化、结构化的表示方式，用于帮助组织理解和评估组织在数据治理方面的现状和发展需求。

通过数据治理能力图谱，组织可以清晰地认识到自身在数据治理方面的现状和薄弱环节，有针对性地制定改进计划和措施，提升数据资产的管理和利用效益，降低数据风险，并推动组织的数字化转型和商业智能发展。

某集团数据治理能力图谱如图 5-20 所示，图谱对数据治理能力与能力内的要素进行了阶段性的描述。组织可通过编制数据治理能力图谱帮助自身评估数据治理能力阶段，并依据自身实际需要规划每阶段的具体任务。

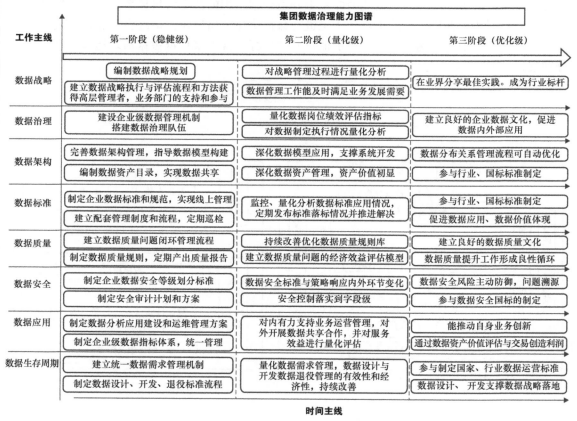

图 5-20　某集团的数据治理能力图谱

2. 数据运营指标

数据运营指标是指对组织数据治理工作的效果和成果进行评估和衡量的指标。它帮助组织确定数据治理实施的效果，发现潜在的问题和改进的机会，以及量化数据治理的价值和回报。

数据运营指标可以用来进行定期的自我评估和外部评估，可以利用各种指标和评估工具进行量化和定性评估。评估结果可以用于制定数据治理的改进计划和目标，促进数据治理实践的持续改进，并为组织决策和投资提供参考依据。

某企业的数据运营的指标如图 5-21 所示，其中评价维度包括数据治理机制建设、数据架构管理工作、数据标准管理工作、数据质量管理工作、数据安全管理工作、主数据管理工作等领域，考核指标结合了企业内部数据治理定性指标以及数据资产在应用过程的定量指标。

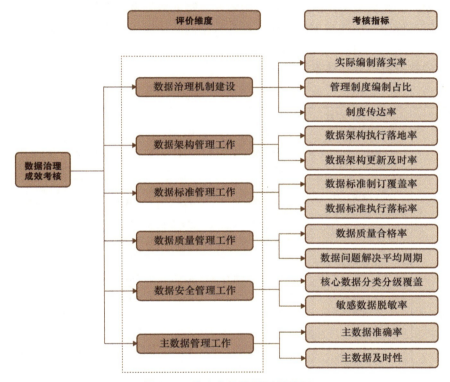

图 5-21　某企业的数据运营指标

3. 数据资产评估体系

数据资产评估体系是一种用于评估企业数据资产价值及风险的方法和框架。它包括对数据资产进行收集、整理、分析和评估的过程，以确定数据资产对企业的贡献和潜在风险。数据资产评估通常包括以下维度：

- 成本维度：数据最终产生的价值受成本的影响，可应用的场景也受到成本的约束。数据成本包括采集、存储、加工处理等成本。
- 风险维度：不同的数据受监管的限制不同。数据泄露、违规使用会影响数据价值的实现。数据风险包括合规、安全等风险。

- 质量维度：数据的质量是影响数据应用的核心因素。数据质量的准确度是评估数据价值的基础。数据质量包括规范性、完整性、准确性、一致性等。
- 应用维度：数据价值在于与应用场景的结合，不同场景下，数据所贡献的价值不同。数据应用包括数据价值、数据交易、数据决策等场景。
- 其他维度：选取企业所关心的其他维度，并纳入评估维度中，给予权重。

综合以上评估维度，企业可以确定数据资产的总体价值和风险，制定相应的数据资产管理策略和计划，提高数据资产的管理和利用效率，降低数据资产管理的风险和成本，持续动态识别数据资产价值，加强数据标准化，提升数据高质量发展，推动高价值资产开放、低价值资产优化、过期资产清理。

某企业的数据资产评估体系如表 5-35 所示。

表 5-35　某企业的数据资产评估体系

评估维度	指标名称	指标说明
成本维度	原始数据存储成本	组织为了保存和存储原始数据所需的费用。原始数据是指采集或收集的未被加工、清洗或转换的数据。这些成本通常涉及硬件设备、存储空间和相关的网络和安全措施等
	加工数据存储成本	组织为了进行数据加工和处理所需的存储资源的费用。这些成本通常涉及硬件设备、数据存储空间以及相关的网络和安全设施等
	数据采集成本	组织为了获取所需数据而投入的各种资源和费用。这些成本包括人力资源、技术设备、数据收集工具、数据处理软件、数据安全措施等
风险维度	数据合规风险	组织在处理和管理数据过程中可能面临的违反相关法律、法规、合同约定、行业标准以及其他法律要求的风险
	数据泄露风险	组织的数据在未经授权的情况下被意外或故意泄露、公开或获取的风险。这可能导致敏感信息暴露、隐私侵犯、财务损失、声誉受损等负面影响
	数据篡改风险	数据篡改风险是指组织的数据在未经授权的情况下被恶意篡改、修改或操纵的风险。这可能导致数据的准确性、完整性和可信度受到影响，进而影响决策、业务运作和信任关系
质量维度	数据准确性	数据准确性指的是数据的准确度和正确性，即数据与事实或真实情况的一致性程度
	数据规范性	数据规范性是指数据符合特定的规范、标准或要求
	数据一致性	数据一致性是指数据在不同的位置、系统或时间点上具有相同、准确的值或状态
应用维度	数据稀缺性	数据稀缺性指的是在某个特定领域或问题上，获取到的可用数据量相对较少或有限的情况。数据稀缺性可能是由于数据采集困难、成本高昂、隐私保护等原因导致的
	数据多维性	数据多维性是指数据集包含多个维度或变量，涵盖了丰富的信息和视角。这些维度可以是不同的属性、特征或指标，用于描述和分析数据集中的各个方面

（续）

评估维度	指标名称	指标说明
应用维度	数据应用深度	数据应用深度指的是在利用数据进行分析、决策和应用时所涉及的程度和复杂度。它涵盖了从简单的数据查询和统计分析到更复杂的数据挖掘、机器学习和深度学习等高级技术的应用

4. 数据中台能力

数据中台能力是指组织建设和拥有一个统一的数据中台，以支持组织进行数据采集、数据加工处理、数据治理、数据资产分析和应用、数据共享与数据服务。它覆盖企业进行数据管理活动大部分场景，依赖数据中台企业可完成数据的"采""存""管""算""用"，是数据驱动型组织中的一项战略能力，旨在通过实现数据的集中管理和整合，为组织内外部的业务活动提供数据支持和洞察。

数据中台是多种数据管理能力的集合，类似于酒店的"中央厨房"。如图 5-22 所示，"中央厨房"应具备以下五种能力：

第一，构建分布式协同计算与存储平台，打造开放"厨房"。

第二，聚焦数据处理，锤炼基础"厨具"能力。

第三，打造核心数据能力，上架"半成品食物"。

第四，夯实数据资产底座，构建"厨师队伍"。

第五，统一数据治理体系，建立"食材保障体系"。

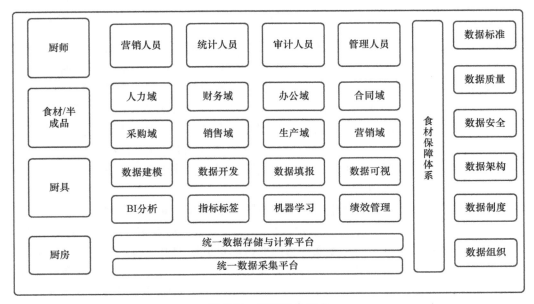

图 5-22　数据中台能力

5. 数据资产目录体系

数据资产目录体系是组织中用于管理和组织数据资产的框架和结构。它提供了一个系统化的方法来记录、分类、描述和跟踪组织内的数据资产，以便更好地理解、利用和管理这些数据。

数据资产目录体系的建立可以帮助组织更好地管理数据资产，提高数据的可见性、可用性和价值。它也为数据治理、数据管理、数据流程和数据分析提供了基础和支持。组织可以根据自身的需求和实际情况，定制和实施适合的数据资产目录体系。

数据资产目录体系包括数据资源目录、数据资产目录与外部数据目录，如图 5-23 所示。

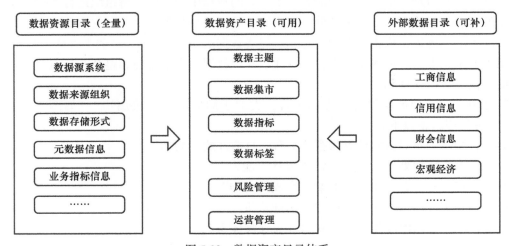

图 5-23   数据资产目录体系

数据资源目录是指面向数据管理人员，按照主题、数据源、层次业务标签提供全量的模型分类展示的目录，能使模型信息一目了然。数据资源目录包括组织的全量数据，包括结构化数据、非结构化数据以及其他数据，都会在数据资源目录中存储，因此，数据资源目录是一个"数据湖"的概念，可支持数据管理人员根据模型中英文名称及所属域进行快速检索。

数据资产目录是指面向应用支撑人员、数据开发人员、数据保障人员提供资产标签分类和业务描述等数据资产的查看和引用的目录。数据资产目录是组织对数据资源目录进行轻、重加工后的整合的数据资源。数据资产目录中的数据对业务域使用人员友好，在业务数据分析可直接应用数据资产目录中的数据。

外部数据目录是指记录和管理组织所获取或购买的外部数据资源的目录。它提供了一个中央信息库，用于记录外部数据资源的相关信息，帮助组织更好地了解和管理这些数据资源。一方面，越来越多的组织的业务逐步与产业链或供应链的上下游进行整合，数据交换量和频率逐渐增多。另一方面，组织在进行业务流程优化、数据决策时需要的外部数据量也在逐步增加，例如针对组织客商信用、资质、身份的识别，可以通过外部工商信息等数据帮助组织进行分析和决策。

6. 数据服务能力体系

数据服务能力体系是组织用于提供高质量数据服务的内容和工具以满足组织内外部的数据使用的体系。它涵盖了组织所需的技术、流程、方法和能力，旨在帮助组织有效地管理、交付和支持数据服务。数据服务能力体系共分为三个层级：

层级一，数据工具服务，可提供自助式数据分析工具、数据可视化工具、数据填报收集工具等，可由组织内员工使用。

层级二，数据使用服务，可提供数据检索、数据血缘分析、数据下载等服务，可由组织内具备数据权限的员工使用。

层级三，数据产品服务，可提供成熟的数据产品，如风险管理、智慧审计、投资管理等产品，可由组织内部员工使用。

通过数据服务能力体系的建设和运营，不断为组织提供数据服务，助力组织实现数字化转型。数据服务能力体系可分阶段并依据组织数据应用诉求进行规划。

5.6.3　数据治理运营双循环

数据治理运营双循环包括内循环和外循环两部分。

1. 数据治理运营内循环

数据治理运营内循环是制定一套适用于组织自身数据资产盘活的运营体系，通过数据治理运营组织搭建、数据治理运营能力规划、数据治理运营任务执行等阶段，完成组织数据资源运营工作。

（1）数据治理运营组织搭建

数据治理运营组织搭建是指为了有效管理和运营企业的数据资产而建立的组织结构和流程。它旨在确保数据质量、合规性、安全性和可用性，从而支持数据驱动的决策和业务创新。

数据治理运营组织搭建需采用虚实结合的方式：在实的层面是以部门为基础的管理组织，成立由数据治理委员会、IT 治理会员会、网信委员会等兼任的决策层，下设数据管理办公室作为实体管理机构，与组织信息技术部联合办公，办公室下设立数据中台组、数据服务组等实体组织；在虚的层面是由组织各业务领域领导兼职参与数据治理工作，建立虚拟的数据运营组织。

1）数据管理办公室：负责组织内部数据制度、规范、流程，以及数据管理各领域的能力提升工作。

2）数据中台组：负责组织内部数据采集、基础模型和融合模型的建设运营，以及数据中台的运维等工作，是组织数据底座建设的基础工程。

3）数据服务组：负责组织内外部的数据需求管理，包括取数、报表、指标、标签、接口、工具、产品及应用模型等。

4）数据运营组：负责组织内数据资产运营与优化、以业务目标驱动扩充组织数据目录、以数据质量为抓手管控关键数据质量，让数据资产看得见、用得好、有价值。

数据治理运营组织依据组织架构、组织数据运营目标等环境现状进行实体调整。某集团的数据治理运营组织如图 5-24 所示。

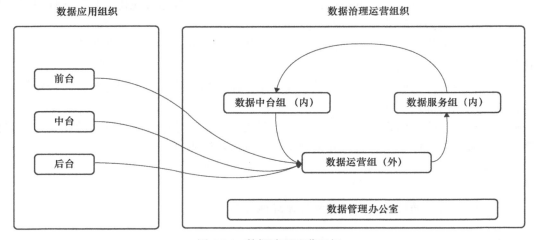

图 5-24　数据治理运营组织

在互联网企业中，通常会设置数据 BP 这个岗位。数据 BP 是数据运营工作的外向体现，可以识别组织数据应用需求，并结合业务目标和规划制定符合业务发展的数据需求，避免了数据服务组被动接受大量的数据需求的同时，数据价值没办法体现出来。数据运营组就像数据 BP 一样去识别组织内部的数据需求，并通过统筹规划进行数据资产优化来实现组织内核心数据需求，以支撑业务增长，实现组织降本增效的目标。

（2）数据治理运营能力规划

数据治理运营能力规划指组织需要建立数据治理运营工作能力与阶段计划，主要包括识别组织需要的数据运营能力。

要识别组织需要的数据运营能力，可以参考以下 6 个维度：

1）业务目标和战略：了解组织的业务目标和战略，确定数据在实现这些目标和战略中的关键角色。例如，如果组织的目标是提高客户满意度和忠诚度，那么需要数据运营能力帮助营销人员分析客户行为和需求。

2）数据资产和需求：评估组织现有的数据资产，包括内部和外部数据源，了解数据的类型、质量和可用性。同时，调查业务部门和决策者对于数据的需求和期望，确定数据运营能力的重点和优先级。

3）数据治理和合规性：分析组织的数据治理和合规性情况，包括数据安全和合规性要求等方面，确定是否需要加强数据质量管理、数据安全保障和合规性管理等。

4）技术基础设施：评估组织现有的技术基础设施，包括数据仓库、数据分析工具、数据可视化工具等，确定是否需要升级或引入新的技术工具和平台来支持数据治理运营工作。

5）组织能力和文化：评估组织内部的数据运营组织能力和文化，包括人员的技能和经验、组织的数据文化和意识等，确定是否需要加强数据分析、数据治理和数据驱动决策等方面的能力培养和组织变革。

6）竞争和行业动态：研究竞争对手和行业的最佳实践，了解同它们在数据治理运营方面的差距和优势。通过对比分析，确定组织需要发展和提升的某个领域的数据治理运营能力。

以上 6 个维度作为组织制定数据治理运营能力规划的输入，结合数据治理资源现状进行定制和调整。同时，与业务部门和决策者进行密切合作和沟通，收集反馈和建议，也是非常重要的。

（3）数据治理运营任务执行

数据治理运营任务是指在围绕数据治理运营规划中具体执行的工作内容，主要包括数据集成运营、元数据运营、数据模型运营、数据质量运营、数据生命周期运营、数据安全与合规管控运营。

第一，数据集成运营。数据集成运营是指整合和管理组织内部和外部的各种数据源，以支持组织的决策制定和业务运营。它旨在将分散的数据整合到一个可统一访问和管理的数据环境中，以提供一致性、准确性和可靠性的数据。数据集成运营的主要工作内容如下：

1）数据源识别和连接：识别和评估组织内部和外部的数据源，并建立与这些数据源的连接和集成机制。这可能包括数据库、组织应用系统、云服务、第三方数据提供商等。

2）数据抽取和转换：抽取源数据并对其进行转换，以满足目标系统的需求。这包括数据清洗、数据整合、数据转换、数据格式转换等任务，常用的工具为 ETL 工具和数据集成平台。

3）数据加载和处理：将经过转换的数据加载到目标系统中，并进行必要的处理和计算。这可能涉及数据加载工具、数据库操作、数据处理算法等。

4）数据质量管理：监控和改进数据的质量，包括数据清洗、去重、数据验证和纠错等任务，确保数据的准确性、完整性和一致性。

5）数据一致性和集成测试：确保数据在不同系统间的一致性，进行数据集成测试以验证整合后的数据的正确性和完整性。

6）数据安全和访问控制：确保整合后的数据在传输和存储过程中的安全性，制定数据访问控制策略并实施相应的安全措施，以保护数据的机密性和完整性。

7）数据集成规划和架构设计：制定数据集成规划和架构设计方案，确定数据集成的目标、策略和流程，涉及技术选择、架构设计、数据模型设计等。

8）监控和维护：建立监控和维护机制，定期检查和维护数据集成运营的有效性和稳定性，识别和解决数据集成运营中的问题和挑战。

通过数据集成运营，组织可以实现数据的集中管理和统一视图，提高数据的可靠性和一致性，并支持更好的决策制定和业务运营。

第二，元数据运营。元数据运营是指管理和维护数据元数据的工作，以支持数据管理和数据治理的过程。元数据是描述数据的数据，它包含了数据的属性、结构、来源、定义和用途等信息。元数据运营的主要工作内容如下：

1）元数据收集和整理：识别、收集和整理数据资产的元数据，包括数据表、字段、数据字典、数据模型、数据转换规则等的元数据。

2）元数据存储和管理：建立元数据存储库或元数据管理系统，用于存储、管理和访问元数据，确保元数据的一致性、完整性和准确性。

3）元数据标准化和分类：制定元数据标准和分类体系，统一元数据的命名、定义和结构，以提高元数据的一致性和可理解性。

4）元数据文档化：编写和维护元数据的文档和说明，包括元数据的用途、结构和解释，为用户和数据工作者提供使用指南。

5）元数据血统和关联分析：通过元数据的血统分析和关联关系，追踪和理解数据的源头、流通路径和变化过程，支持对数据可信度和合规性的评估。

6）元数据质量管理：监控和改进元数据的质量，包括元数据的准确性、完整性和一致性。通过数据验证、补充和清理等手段，保持元数据的高质量状态。

7）元数据访问和分享：提供元数据的访问和共享机制，方便不同角色的用户访问和使用元数据，包括元数据查询、数据字典查询、API等。

8）元数据安全和合规性：确保元数据的安全和合规性，制定元数据访问控制策略，实施隐私保护措施，防止敏感元数据的泄露和滥用。

9）元数据补全和补充：根据业务需要，对缺失或不完整的元数据进行补充和补全，以增强数据的理解和管理能力。

10）元数据版本控制和变更管理：跟踪和管理元数据的版本变更，记录元数据的历史和演化过程，确保变更的可追溯性和影响分析。

元数据运营的目标是提高数据管理效率、数据共享和协作的能力，减少数据冗余和错误，增强数据的可信度、可靠性和可用性。

第三，数据模型运营。数据模型运营是指管理和维护数据模型的工作，以支持组织的数据管理和数据治理。数据模型是对数据的抽象描述和表示，它定义了数据之间的关系、属性和约束条件。数据模型运营的主要工作内容如下：

1）数据模型设计和开发：根据业务需求，设计和开发数据模型，包括确定实体、属性、关系和约束条件，建立关系数据库模型（如关系模型、维度模型）、文档数据库模型、图数据库模型等。

2）数据模型文档和注释：编写和维护数据模型的文档和注释，包括模型的目的、范围、业务规则等，有助于其他人理解和使用数据模型。

3）数据模型评审和审批：进行数据模型的评审和审批，确保模型的质量和准确性，通常涉及与相关业务部门、技术团队和数据管理团队的讨论和达成共识。

4）数据模型标准化和命名规范：制定和推广数据模型的标准和命名规范，确保模型的一致性和可维护性，通常涉及标准实体命名、属性命名规则、模型结构和约定等。

5）数据模型的版本控制和变更管理：跟踪和管理数据模型的版本变更，记录模型的演化和变更历史，有助于追踪模型的变更情况，评估变更的影响和后果。

6）数据模型验证和校验：对数据模型进行验证和校验，确保模型的准确性和一致性，可以通过结构校验、模型合规性检查、模型转换规则的验证等手段来实现。

7）数据模型与业务规则的对齐：确保数据模型与业务规则和需求的一致性，可以通过持续与业务部门进行沟通和协作，并根据业务变化和需求调整数据模型来实现。

8）数据模型与技术实现的对接：与技术团队紧密合作，确保数据模型与实际的技术实现相匹配，包括与数据库开发人员、数据仓库团队和应用开发人员的协同工作。

9）数据模型性能优化和调整：监控和优化数据模型的性能，针对特定的查询和分析需求进行调整和优化，可以通过索引设计、分区设计、查询优化和数据分布等手段来实现。

10）数据模型的文档化和培训：为用户提供数据模型的文档和培训，培养用户对数据模型的理解和正确使用，有助于提高数据模型的使用效果和数据管理的一致性。

数据模型运营的目标是确保数据模型的准确性、一致性和可维护性，从而支持数据管理、数据分析和决策制定。

第四，数据质量运营。数据质量运营是指持续管理和维护数据质量的工作，旨在确保数据的准确性、完整性、一致性和可靠性。数据质量运营的目标是提供高质量的数据，以支持企业的决策制定、业务运营和数据驱动的活动。数据质量运营的主要工作内容如下：

1）数据质量评估和度量：通过定义和测量数据质量指标，对数据质量进行评估和度量，包括数据准确性、完整性、一致性、唯一性、规范性、时间性等方面的评估。

2）数据清洗和纠错：识别和处理数据中的错误、缺失、冗余和不一致之处，可能涉及数据清洗工具的使用、重复记录的去除、缺失数据的填补等。

3）数据验证和校验：进行数据验证和校验，以保证数据的准确性和一致性，包括规则引擎、逻辑校验和参考数据等手段。

4）数据处理和转换：对数据进行必要的处理和转换，以确保数据符合业务需求和标准，包括数据格式转换、单位转换、编码转换等。

5）数据质量监控和报告：建立数据质量监控机制，定期监测和报告数据质量的情况，包括定期生成数据质量报告、异常数据检测和提醒等手段。

6）数据质量规则和策略：制定和实施数据质量规则和策略，明确数据质量的标准和目标，包括制定数据输入规范、数据清洗规则、数据验证规则等。

7）数据质量培训和意识提升：提供数据质量培训和意识提升，提高员工对数据质量的重视和理解，包括培训课程、知识分享、数据质量文档等。

8）数据质量治理和责任分配：建立数据质量治理机制，明确数据质量的责任和流程，涉及指定数据质量负责人、建立数据质量委员会、制定数据质量管理流程等。

9）数据质量改进和持续优化：根据数据质量评估和监控的结果，不断改进和优化数据质量，包括识别和解决数据质量问题、改进数据质量流程、优化数据质量工具和技术等。

10）数据质量审核和认证：进行数据质量审核和认证，确保数据质量满足内部和外部的要求和标准，包括进行数据质量检查、数据审计和数据质量认证等。

通过数据质量运营，企业可以提高数据的可靠性、可用性和价值，减少数据质量问题的影响，并提升数据驱动决策的信心和准确性。

第五，数据生命周期运营。数据生命周期运营是指对整个数据生命周期进行管理和运营的过程。它能够确保在整个数据生命周期中对数据进行合规性、安全性和可用性等方面的管理。数据生命周期管控运营的主要工作内容如下：

1）数据收集与创建：负责定义和收集组织需要的数据，确定数据的来源和收集方式，确保数据符合要求并合规。

2）数据存储与管理：建立和管理数据存储系统，包括数据库、数据仓库或云存储等，确保数据的安全性和可用性，并制定数据备份和恢复策略。

3）数据处理与分析：进行数据清洗、整合、转换和分析，以提供有价值的业务洞察和决策支持。

4）数据共享与交换：管理数据共享的许可和权限，确保数据在不同部门或合作伙伴之间的有效交换和使用，同时确保数据共享符合隐私和法律要求。

5）数据保护与安全：制定数据安全策略和措施，包括数据加密、身份认证、访问控制等，保护数据以免受未经授权的访问、修改或泄漏。

6）数据合规与监管：确保数据管理过程符合相关法规和政策要求，如隐私保护相关法规、数据保护相关法规等，同时进行数据合规性审查和报告。

7）数据销毁与归档：当数据不再需要时，负责安全地销毁或归档数据，包括制定数据保留期限和数据清除方法。

8）数据治理与质量管理：建立数据治理框架，制定数据质量标准和度量指标，确保数据的一致性、准确性和完整性。

9）数据培训与用户支持：提供数据管理培训和支持，确保组织员工了解和遵守数据管理政策和程序。

综上所述，数据生命周期运营的目标是确保数据在整个生命周期内得到有效管理和运营，以提供可靠的数据基础支持组织的决策和业务需求。

第六，数据安全与合规管控运营。数据安全与合规管控运营是指在数据生命周期中对数据安全和合规性进行管理和运营的过程。它主要关注保护数据的机密性、完整性和可用性，同时确保组织的数据处理活动符合适用的法律、法规和行业标准。数据安全与合规管控运营的主要工作内容如下：

1）数据分类和标识：对数据进行分类和标识，根据敏感性和机密性制定适当的数据安全控制措施。

2）访问控制与权限管理：建立适当的身份认证、授权和访问控制机制，确保只有经过授权的用户才能够访问和操作数据。

3）数据加密与解密：对敏感数据进行加密，确保数据在传输和存储过程中的机密性。

4）数据备份与恢复：建立数据备份和恢复策略，定期备份数据，并能够在数据丢失或损坏时及时恢复数据。

5）安全审计与监控：监控数据访问和使用的活动，进行安全审计和日志记录，及时检测和响应潜在的安全风险和威胁。

6）隐私保护与合规性：确保数据处理活动符合适用的隐私法律和法规，包括数据收集、存储、使用、共享和销毁等环节。

7）安全意识培训与教育：向组织内部员工提供数据安全和合规培训，提高员工对安全风险的认识和对应应对能力。

8）外部合规要求和认证：确保组织符合适用的行业标准和合规要求，如 ISO27001 等，并进行相关认证。

9）安全风险评估与管理：定期进行安全风险评估，识别和评估潜在的安全风险，并实施相应的风险管理措施。

10）安全事件响应与应急预案：建立应急预案和安全事件响应机制，对安全事件进行及时响应和处理，减轻潜在的损失。

综上所述，数据安全与合规管控运营致力于保护数据的安全性和合规性，从而降低数据泄露和安全风险的潜在影响，并保障组织的业务稳定和声誉。

2. 数据治理运营外循环

数据治理运营外循环是依据组织数据应用需求制定一套契合数据应用的运营体系，通过数据中台运营、数据目录运营、数据服务运营三个关键抓手对组织使用人员赋能。

（1）数据中台运营

数据中台运营需要推进数据中台能力建设。数据中台能力包括数据中台的基础技术能力、标准工具能力、模型与算法能力等。

数据中台的基础技术能力主要包括以下内容：

1）数据集成与 ETL：数据集成是将来自不同数据源的数据整合到一起的过程；ETL 用于从源系统中提取数据，进行转换和清洗，然后将数据加载到数据中台的目标系统中。

2）数据存储与管理：数据中台需要建立适当的数据存储和管理机制，包括数据仓库、数据湖、NoSQL 数据库等。这些技术能够支持大规模数据存储和高效的数据查询分析。

3）数据处理与计算：数据中台需要处理大量的数据，并进行各种复杂的计算操作。例如，数据中台可以利用分布式计算框架（如 Hadoop、Spark）进行数据处理和计算。

4）数据安全与隐私保护：数据中台需要建立安全的技术机制来保护数据的安全性和隐私性。例如，利用数据的加密、访问控制、身份认证等技术手段确保数据的机密性和合规性。

5）数据质量管理：数据中台需要确保数据的质量，包括数据的准确性、完整性、一致性等。相关的技术包括数据清洗、数据验证、数据校验等。

6）数据分析与挖掘：数据中台需要具备数据分析和挖掘的能力，以提供有价值的业务洞察和决策支持。相关的技术包括数据可视化、机器学习、数据挖掘算法等。

7）数据服务与API：数据中台需要提供数据服务和API，以便于业务系统能够方便地访问和利用数据。这需要建立相应的数据服务管理和API管理机制，确保数据服务的可用性和稳定性。

8）数据治理与元数据管理：数据中台需要建立数据治理和元数据管理机制，以确保数据的一致性、可信度和可管理性。相关的技术包括数据字典、元数据仓库、数据目录等。

综上所述，数据中台的基础技术能力主要涵盖数据集成与ETL、数据存储与管理、数据处理与计算、数据安全与隐私保护、数据质量管理、数据分析与挖掘、数据服务与API以及数据治理与元数据管理等多个方面，通过这些基础技术能力的支持，数据中台能够实现数据的集中管理、高效利用和持续创新。

数据中台的标准工具能力包括以下内容：

1）数据集成工具：用于将来自不同数据源的数据进行集成和整合。它们提供连接和访问不同类型的数据源的功能，支持数据的提取、转换和加载操作。常见的数据集成工具包括Informatica PowerCenter、Talend Open Studio、Microsoft SQL Server Integration Services等。

2）数据存储与管理工具：用于构建和管理数据存储系统，包括数据仓库、数据湖和NoSQL数据库等。它们提供数据存储、查询、索引、备份和恢复等功能。常见的数据存储与管理工具包括Amazon Redshift、Apache Hadoop、Elasticsearch等。

3）数据处理与计算工具：用于对大数据进行处理和计算操作。它们提供分布式计算、数据分析和机器学习的功能，以支持复杂的数据处理任务。常见的数据处理与计算工具包括Apache Spark、Google CloudDataProc、IBM Watson Studio等。

4）数据安全与隐私工具：用于保护数据的安全性和隐私性。它们提供数据加密、身份认证、访问控制和数据脱敏等功能，以确保数据的机密性和合规性。常见的数据安全与隐私工具包括Thales Data Protection on Demand、IBM Security Guardium Data Protection等。

5）数据质量工具：用于评估和管理数据的质量。它们提供数据清洗、去重、验证和校验等功能。这些工具帮助组织确保数据的准确性、一致性和完整性。常见的数据质量工具包括Informatica Data Quality、Talend Data Quality等。

6）数据分析与挖掘工具：用于对数据进行分析和挖掘。它们提供数据可视化、探索性分析、机器学习和预测建模等功能。这些工具帮助组织发现隐藏在数据中的洞察和模式。常见的数据分析与挖掘工具包括Tableau、Microsoft Power BI、R、Python等。

7）数据服务与 API 工具：用于提供数据服务和 API，使业务系统可以方便地访问和利用数据。这些工具帮助组织管理数据服务和 API 的发布、版本控制和访问权限等。常见的数据服务与 API 工具包括 Apigee、IBM API Connect 等。

8）数据治理与元数据工具：用于支持数据的治理和元数据管理。它们提供数据字典、数据目录、元数据仓库和数据血统等功能。这些工具帮助组织进行数据资产和数据流程的可视化和管理。常见的数据治理与元数据工具包括 Collibra、Informatica Axon 等。

综上所述，数据中台的标准工具能力涵盖了数据集成工具、数据存储与管理工具、数据处理与计算工具、数据安全与隐私工具、数据质量工具、数据分析与挖掘工具、数据服务与 API 工具、数据治理与元数据工具等多个方面，这些工具帮助组织构建和管理数据中台的基础设施，实现数据的集中管理和高效利用。

数据中台的模型与算法能力包括以下内容：

1）数据建模能力：数据中台需要具备强大的数据建模能力，可以对组织内各类数据进行抽象、集成和建模，以便更好地满足业务需求。这包括数据集成、数据清洗、数据转化等技术，以及相关的建模工具和方法。

2）数据分析能力：数据中台需要具备强大的数据分析能力，可以对海量的数据进行快速、高效的分析。这包括数据挖掘、数据可视化、数据探索等技术，以及相关的分析工具和方法。

3）模型开发和部署能力：数据中台需要具备模型开发和部署的能力，可以对各类算法模型进行开发、训练和部署。这包括机器学习、深度学习、统计建模等技术，以及相关的开发和部署平台。

4）实时计算能力：数据中台需要具备实时计算能力，可以对数据进行实时处理和计算，并实时提供结果和反馈。这包括流式计算、复杂事件处理等技术，以及相关的实时计算引擎和平台。

5）自动化和智能化能力：数据中台需要具备自动化和智能化的能力，可以通过自动化算法和智能化技术，提高数据处理和分析的效率与精度。这包括自动化建模、自动化调优、自动化决策等技术，以及相关的智能化工具和方法。

综上所述，数据中台的模型与算法能力对于数据中台来说至关重要，它可以帮助组织更好地管理和分析数据，为业务部门提供有力的支持。

（2）数据目录运营

数据目录运营包括建立组织数据资源目录、组织数据资产目录，按需建立外部数据目录或数据开放目录，并收集组织对目录使用的需求反馈，丰富数据目录体系，进而补足多维度便签，便于组织查找、理解、应用数据资产。数据目录运营的主要工作如下：

1）分类和层级：确保数据目录按照一定的分类和层级进行组织。根据组织的需求和数据的特点，可以选择按照业务领域、功能模块、数据类型等进行分类，并建立相应的层级结构，使得数据目录更加清晰和易于浏览。

2）元数据管理：组织可在数据目录为每个数据集添加详细的元数据，包括数据源、数据结构、数据质量等，以便用户更好地理解和使用数据。

3）标签和关键字：为数据目录中的每个数据集添加标签和关键字。这些标签和关键字可以是与数据相关的主题、关键词、标准或行业术语等。通过使用标签和关键字，用户可以更容易地进行搜索和筛选，并找到所需的数据集。

4）搜索和导航功能：为数据目录添加搜索和导航功能，使用户能够快速定位和访问所需的数据。搜索功能可以支持关键词搜索、高级搜索、过滤器等；导航功能可以提供树状结构、标签云、热门标签等，帮助用户浏览和发现数据。

5）用户反馈和评价：鼓励用户对数据进行反馈和评价，以改进数据目录的质量和可用性。组织可以在数据目录中添加评论、评分、建议反馈等功能，让用户参与数据目录的建设和运维，提供更有用和有价值的数据。

6）数据目录文档化：为数据目录编写详细的文档和说明，包括数据目录的组织结构、数据集的描述、使用方法等。这些文档可以帮助用户更好地理解和使用数据目录，提供使用指导和最佳实践。

通过以上措施，丰富数据目录体系，提高数据的可发现性、可用性和可信度，提供更好的数据管理和支持。

（3）数据服务运营

数据服务是组织内提供工具、数据的统一出口。数据服务通过服务总线保障数据流通的安全可信。数据服务运营可通过建立两层能力对组织进行数据赋能。

在数据服务工具层，需要提供基础数据管理与分析工具，如数据填报工具、自定义分析等工具能力，还需要满足数据分析人员、业务用户、数据科学家、数据开发人员对工具的使用。数据服务工具包括但不限于数据填报工具、文件格式转换工具、数据导入工具、报表开发工具、自助分析工具、数据可视化工具、指标计算工具、标签应用工具、画像应用工具、知识图谱工具、数据挖掘工具。

在数据服务数据层，需要对公共数据服务进行汇总并提供服务，包括外部数据服务、主数据服务、文件服务等内容，还需要满足组织内各系统对数据的直接应用，并将数据服务集成到业务中以提升业务效率、降低数据不一致的成本。

5.6.4 业务驱动的数据运营

业务可以通过以下步骤来实现业务驱动数据运营：

1）明确业务需求：业务部门需要明确自身的需求和目标，并与数据治理团队进行紧密合作。业务部门应明确需要的数据类型、数据质量标准、数据访问权限等方面，以便数据治理团队能够为其提供支持和解决方案。

2）参与数据治理决策：业务部门应参与数据治理决策的制定过程，例如制定数据策略、数据分类标准和数据访问控制策略等。业务部门应提供业务需求和风险评估的信息，确保数据治理的决策符合业务需求并能够支持业务运营。

3）数据质量管理：业务部门应积极参与数据质量管理的过程。业务部门应提供数据质量问题的反馈和建议，帮助数据治理团队识别数据质量问题的根本原因，并与数据治理团队共同制定改进措施和数据质量标准。

4）数据治理培训和意识提升：业务部门应参与数据治理培训和意识提升活动。业务部门可以通过培训了解数据治理的基本概念和最佳实践、数据隐私保护和合规要求，以及如何正确处理和使用数据，从而提高数据治理的效果和运营。

5）数据驱动的决策制定：业务部门可以利用数据治理提供的高质量数据和数据分析工具，进行数据驱动的决策制定。业务部门可以基于数据分析结果进行业务优化、市场创新和风险管理等方面的决策，从而推动业务的发展和成功。

6）反馈和持续改进：业务部门可以向数据治理团队提供反馈和建议，帮助数据治理团队改进数据治理的运营。业务部门可以分享数据使用的成功案例和挑战，提供实际需求和问题的反馈，促进数据治理的持续改进和优化。

综上所述，业务部门可以通过明确业务需求、参与数据治理决策、数据质量管理、数据治理培训和意识提升、数据驱动的决策制定，以及反馈和持续改进等方式，积极驱动数据治理运营。这将促进数据治理与业务的紧密结合，实现数据的有效利用和业务价值。

第 6 章
数据治理的十大核心能力建设

　　企业数据治理工作的开展需要聚焦到解决企业实际的业务问题和痛点。数据治理各职能域的建设都应该服务于业务这个最终目标。第 5 章介绍的实施数据治理的五个阶段是从企业角度阐述数据治理的阶段和框架，而各个职能域如何开展数据治理，可以参照本章进行学习和理解。

　　本章将对企业数据治理的十大核心能力建设的方法和步骤进行详细介绍，也将呈现开展核心能力建设的工具、方法、模板，同时也提供了一些实际的例子，以期读者能有充分的理解。

　　企业实际开展数据治理建设的项目中，往往会以某个业务问题为切入点，以应用为牵引进行数据梳理、目录建设、质量提升等。数据治理项目的切入点不同，需要侧重的核心能力可以有所区分。以解决问题为项目成功与否的评判准则。数据治理是一项长期的业务活动，而不是一个项目的建设范围，所以在落地数据治理的过程中，更要注重长久规范及机制的建立，而不能急于求成。数据治理各大核心能力的建设，可以参照 DCMM 进行对照检查，为后续能力提升指明方向。

6.1　数据战略管理：明确数据治理的方向

6.1.1　企业数据战略框架

　　企业数据战略框架自上而下分别为数据战略愿景、数据战略目标、数据战略关键举措、数据战略实施保障策略，以及数据战略评估体系，如图 6-1 所示。

1. 数据战略愿景

数据战略愿景位于整个企业数据战略框架的最高层，是整个企业数据战略框架的最高指引，是企业所有利益相关者本质诉求的有机结合，是企业发展的"诗和远方"。数据战略愿景可以是完全围绕数据的，对数据本身的管理、发展做出展望，也可以是以数据作为重要战略手段，实现更高层次、全局性的业务愿景。

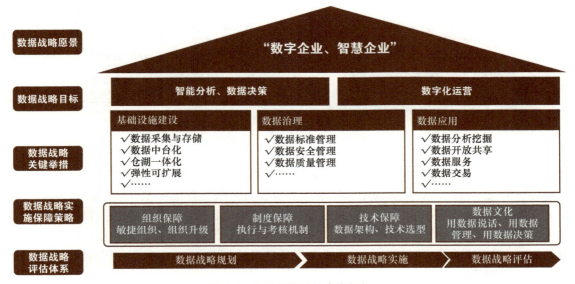

图 6-1　企业数据战略参考框架

数据战略目标回答了"做什么""不做什么"的根本问题，用来定义战略目标。企业数据战略框架的设计不仅要有对齐企业战略的"长期目标"，还要兼顾解决当前问题的"短期目标"。

2. 数据战略目标

数据战略目标在整个数据战略规划中处于承上启下的位置，是数据战略愿景的承接和拆解，是数据战略关键举措的指引纲领。为了呼应数据战略愿景，企业可能需要制定若干个、分阶段的数据战略目标，分别对应企业不同阶段的自身的数据能力及外部的形势环境。

数据战略目标可分为三个层次，这三个层次并不是不同企业的不同数据战略目标，而是同一企业在不同阶段、不同成熟度条件下的数据战略目标的三个具体形态（见图 6-2）。

- 短期目标：实现基本的管理目标和业务目标。
- 中期目标：促进业务创新与转型。
- 远景目标：定义企业在数字化竞争生态中的角色和地位。

（1）短期目标

这个层次是满足基本的管理决策和业务协同。通过解决企业数据管理中的各类问题来满足决策分析和业务协同的需要。该层次的战略目标是企业最基础、最迫切需要、最能击中痛点的目标。

定义在数字化竞争生态中的角色和地位,企业数据战略的最高奥义

基于数据实现企业管理的升级和业务的创新,通过数据的利用拓展新业务、构建新业态、探索新模式是企业数据战略的第二个层次,也是企业数据战略的中期目标

满足基本的管理决策和业务协同。通过解决企业的数据管理中的各类问题,以满足决策分析和业务协同的需要。该层次的战略目标是企业最基础的、最迫切需要的、最能击中企业痛点的目标

图 6-2　数据战略的三个层次

经过多年的信息化建设，大多数企业都配备了很多套业务系统，而这些业务系统是由业务部门驱动建设的，缺乏顶层规划，导致各系统各自为政、各成体系，形成信息孤岛。另外，系统之间的数据不标准、不一致，导致应用集成困难，数据分析不准确。目前国内绝大部分企业还处于这个状态，而信息技术的发展速度太快，已逐步形成技术倒逼企业数字化转型的趋势，高质量的数据资产无疑是企业数字化转型的基石。

（2）中期目标

这个层次是创新与转型。基于数据实现企业管理升级和业务创新，利用数据拓展新业务、构建新业态、探索新模式。数据战略不再是企业战略的支撑，而是其引导，或者说二者相互作用。在这个阶段，"IT 即业务"。

传统制造企业利用数据治理可以加速管理、产品和销售模式的创新。例如，利用数据治理加强集团管控，基于客户偏好进行个性化定制，利用数据进行供应链协同和优化，基于市场预测创新产品的设计与快速上市等。服务型企业利用大数据探索服务的新模式，可以拓宽服务的视野，实现模式的横向拓展和服务深度的纵向延伸。例如，某酒店通过对消费者需求的数据分析，推出了定制化的主题房、酒店新零售的服务模式，这些在业务创新方面的尝试大大提升了消费者的黏性，增加了酒店的盈利点。在金融、餐饮、医疗、教育等服务行业，这样的案例每天都在上演。在未来，服务业的竞争将更加白热化，而数据资产的利用价值将愈发明显。

（3）远景目标

这个层次是定义企业在数字化竞争生态中的角色和地位。这是企业数据战略的最高奥义。科技的变革将改变企业的业务形态和竞争模式。在未来的数字化竞争中，数字化将是不容忽视的核心因素，企业数据战略的部署和实施是否成功将决定企业在未来的数字化竞争和生态中是领导者、挑战者、特定领域者，还是被淘汰者。

3. 数据战略关键举措

数据战略关键举措位于整个数据战略框架的主体位置，是数据战略框架的关键组成部

分，是实现数据战略目标的途径，其涉及的范围可宽可窄、可深可浅，需要企业根据自身情况及数据战略目标进行调整。数据战略关键举措解决的是"做什么""由谁做""做的条件""成功的原因"等问题，是数据战略落地的"制胜逻辑"。

（1）怎么做

"怎么做"是指采用什么策略保证目标的达成。本书给出的数据治理知识体系中有 10 个专业数据管理领域，如数据战略、数据架构、元数据管理、数据标准管理、数据质量管理、数据安全管理、主数据管理、数据服务、数据分析应用、数据运营等，难道企业需要把这 10 个专业领域全部都做一遍吗？显然不是。企业应根据自身现状和业务目标，选择合适的数据治理策略，如选择全域治理或选择个别亟待治理的领域进行治理。

（2）由谁做

"由谁做"是指要明确数据治理的组织、角色分工、职责及决策权。

（3）做的条件

数据战略的实施必须明确数据管理和应用所需要的条件，如企业内外部数据管理和使用环境如何，企业的数据管理能力成熟度情况怎么样。

（4）成功的原因

影响数据治理的因素有很多，主要包括战略、组织、文化、流程、制度、数据、人才、技术和工具 9 个方面。每个因素都可能会影响到数据战略的成功或失败。企业应根据自身能力现状和发展需求，设计出适合自身的实施策略。

4. 数据战略实施保障策略

数据战略实施保障策略位于整个数据战略框架的下层，是数据战略关键举措的拆解和落地，包括组织分工与资源保障、制度保障、技术工具、数据文化等保障措施。

（1）组织分工与资源保障

实施策略的落地应建立符合企业现状和发展目标的数据治理组织体系，明确组织职责分工，重点保障短期目标的实施规划及资源投入，快速获得实施项目的收益，为后续大规模项目开展提供经验支持。在资源投入方面，企业可以通过设立 CDO，以"一把手工程"推动数据文化落地实施，加大数据人才培养和引进机制，逐步提高企业内部数据决策的意识。

（2）制度保障

制定数据管理政策和标准、确定数据所有权和使用权限、制定数据管理流程和规范、设置数据负责人并建立数据管理团队等。建立和执行数据隐私政策和流程，确保数据的收集、存储、处理和共享符合相关法规和规范。建立数据质量管理制度，确保数据的准确性、完整性和一致性，包括数据采集和录入的规范、数据清洗和校验、数据验证和修复等。建立完善的数据安全管理制度，包括确保数据中心和设备的安全、数据备份和恢复机制、网络安全措施、权限管理和访问控制等。

（3）技术工具

数据战略的落地需要技术工具的保障，企业应根据自身需要建立企业相应的技术工具体系，例如：数据目录和元数据管理、数据集成处理、数据质量管理、数据安全管理、数据分析挖掘等技术平台和工具等。通过建立这些技术工具保障体系，企业可以有效管理和应用数据，提高数据的安全性、可靠性和可用性，从而实现数据战略的成功实施。这些技术工具保障也有助于提高数据的处理效率和分析能力，支持组织的决策和业务优化。

（4）数据文化

建立企业数据文化是实施数据战略的重要一环，向组织内部的所有成员传达数据在企业决策和业务运营中的重要性。强调数据的价值和影响，让员工明白数据对于企业的战略目标和业务成功的关键作用。加强数据安全和数据管理的培训和教育，提高员工的数据安全意识和数据管理能力，这将帮助员工更好地理解和运用数据，提升数据素养和数据驱动的能力。

5. 数据战略评估体系

数据战略评估体系包括对企业数据能力评估及数据战略实施评估两个层面。

（1）数据能力评估

企业数据能力评估从全能力域的角度考虑，确保企业的数据能力符合建设预期及建设目标，作为企业定期自检自查及与其他同业数据能力进行参考对比的指标，为企业数据战略规划提供依据，为企业数据战略实施过程提供落地分析，协助企业动态调整资源，及时完成企业数据战略规划目标。企业数据能力评估可以利用一些成熟的评估模型，例如：DCMM、DMM 等，帮助企业了解自身在数据管理和数据驱动决策方面的优势和不足，以及提供指导和建议来改进企业的数据能力。

（2）数据战略实施评估

数据战略实施评估从重点实施项目的角度考虑，从落地层面评估数据战略的实施效果，推动企业数据能力提升，提高数据能力评估准确性。在数据战略实施过程中，针对短中期的数据战略目标、重点的战略举措、战略落地实施保障举措实施评估，消除客观条件不平衡的影响，为数据战略落地保驾护航。建立监测和反馈机制，持续跟踪和评估数据战略的实施成效，通过定期的数据战略评估和反馈，发现问题和改进的机会，并及时采取措施加以改进。

6.1.2 企业数据战略实施

企业数据战略的实施一般包括环境和现状评估、制定数据战略目标、规划数据战略实施路径、落实数据战略的保障措施、考核评估与持续改进 5 个步骤，如图 6-3 所示。

1. 环境和现状评估

实施数据战略要做好数据能力现状以及内外部影响环境的评估。

（1）数据能力现状评估

评估企业内部的数据治理能力，包括数据质量、数据安全、数据规范等方面，通过对数字化现状和组织能力现状的审查，明确当前企业数据能力所处的位置、要到达的数字化愿景和战略目标，以及需要改进的方面，如图 6-4 所示。

图 6-3　数据战略实施的 5 个步骤

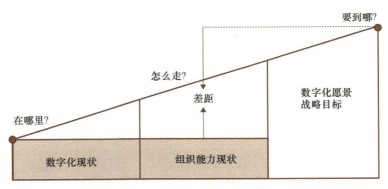

图 6-4　数据能力现状评估

（2）外部环境评估

评估企业所处的行业和市场环境，包括社会、经济、政治、政策、技术等各个领域现在或将来可能发生的变化。通过对外部环境的分析，确定企业所面临的机遇和挑战，以及需要采取的应对措施。

（3）内部环境评估

评估企业内部的资源、能力和文化，包括人力资源、组织架构、企业文化等方面，理解企业的业务战略、相关政策，清楚业务部门的现状和未来的发展方向。通过对内部环境的分析，确定企业的优势和劣势，以及需要改进的方面。

2. 制定数据战略目标

数据战略从来不是孤立存在的，而是来源于企业的业务需求，数据必须满足特定的业务需求，以实现业务目标并产生实际的业务价值。制定数据战略目标时，切不可定一些"可望不可及"的高远目标，而是要基于业务战略目标定义出可执行、可实现、可衡量、能见效的业务目标。以下是制定数据战略目标需要重点考虑的因素：

- 数据战略目标应该与业务需求紧密相关，以支持企业的业务发展和增长。因此，需要明确企业当前的业务重点和短期、中期、长期的业务目标。
- 数据战略目标应该着眼于数据价值的创造和提升，以实现企业的商业价值。因此，需要明确数据在企业中的价值和作用，以及如何通过数据来实现业务目标。
- 数据战略目标应该考虑到技术的可行性和现实性，以确保能够实现目标。因此，需要评估企业当前的数据技术和基础设施，以及如何通过技术手段来实现目标。
- 数据战略目标应该考虑到人员和组织方面的因素，以确保能够实现目标。因此，需要评估企业的人员和组织架构，以及如何通过培训、招聘等手段来提升数据能力。
- 数据战略目标应该考虑到风险管理方面的因素，以确保能够实现目标的同时，使风险最小化。因此，需要评估企业所面临的风险和挑战，以及如何通过风险管理措施来降低风险。

3. 规划数据战略实施路径

规划数据战略实施路径就是按单位、按部门进行战略目标的分解和细化，并制定出每个细化目标的实施时点和详细行动计划，确定每个行动计划的起止时间，负责的部门、岗位、角色、人员，明确输入情况及输出成果。行动计划的制定要与企业实际相结合，确保行动计划的可执行、可量化、可评估。规划数据战略实施路径的示例如图6-5所示。

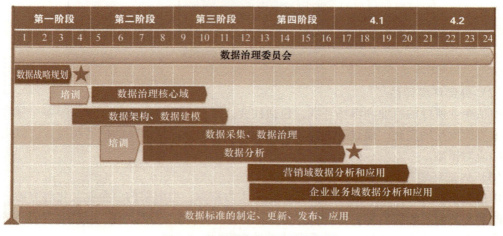

图6-5　数据战略实施路线图示例

数据战略的实施路径的规划需要考虑以下几个方面：

- 确定优先级：根据企业的业务需求和数据价值，确定数据战略中各项任务的优先级，以确保数据战略实施路径的合理性和有效性。
- 制定时间表：根据任务的优先级和复杂度，制定数据战略实施路径的时间表，以确保任务的及时完成和对整体进度的把控。
- 确定资源需求：根据任务的复杂度和实施时间表，确定所需的人力、财力和物力等资源，以确保任务的顺利实施和资源的充分利用。
- 制定具体方案：根据数据战略目标和任务的具体要求，制定实施路线图的具体方案，包括数据采集、数据清洗、数据分析和数据可视化等方面的具体措施和方法。

4. 落实数据战略的保障措施

落实数据战略的保障措施主要是数据治理管控体系以及数据治理技术体系。

（1）数据治理管控体系

数据治理管控体系的建立需要考虑数据治理组织、数据治理规范、数据质量控制机制、数据安全管理机制、数据共享机制等因素，以确保数据的质量、可用性和安全性，最终实现数据的价值创造和业务价值的提升。

- 建立专业的数据治理组织，包括数据治理委员会、数据治理办公室等，负责协调和管理数据治理的各个环节，以确保数据治理的顺利实施。
- 建立数据治理规范，包括数据命名、数据分类、数据批准流程、数据使用规范等，以确保数据的一致性和准确性。
- 建立数据质量控制机制，包括数据质量监控、数据质量报告、数据质量评估等，以确保数据的准确性和完整性。
- 建立数据安全管理机制，包括数据安全策略、数据安全技术、数据安全管理流程等，以确保数据的安全性和保密性。
- 建立数据共享机制，包括数据共享政策、数据共享平台、数据共享流程等，以促进不同部门之间的数据共享和协同。

（2）数据治理技术体系

数据治理技术体系是指基于企业数据治理框架建立的具体技术体系，包括数据采集、数据存储、数据加工、数据分析和数据可视化等方面的技术应用。

数据治理技术体系的建设需要考虑的问题：需要处理的数据类型都有哪些？业务对数据处理的实时性要求？企业内缺少的数据该如何获取，是通过网络采集还是从第三方市场中购买？如何向用户提供数据访问？数据架构与其他基础技术架构的集成关系有哪些？公司是否具备支持本地数据仓库或其他本地化数据架构方案的技能？

构建一个可伸缩、可扩展、灵活且强大的数据技术体系是一个很复杂的问题，需要将精力聚焦到业务需求上来。

5. 考核评估与持续改进

数据治理的考核评估是通过绩效打分的形式对各相关部门的数据治理进行定性和定量衡量和打分，并公布考核结果。考核评估一方面是为了促进数据治理工作的有效开展，另一方面也是为了对数据战略目标进行验证，通过对数据战略实施的各个步骤进行监控和评估，以及时调整和纠正不足，确保整体实施效果的达成。

不断地对数据战略的实施路径进行改进，以逐步提升数据能力和价值，实现数据驱动的业务创新和发展。通过建立数据创建、采集、处理、分析、应用、共享的流程，实现对数据的全生命周期管理，明确数据的流向及每个流程节点数据的输入、输出和约束。另外，数据源于业务，有些数据问题也来自业务，业务流程设置不合理、业务表单用户体验不佳都会导致数据质量问题。因此，数据治理治的不仅是数据，还有不合理的业务流程。

6.2 数据架构管理：对齐目标、搭建框架

6.2.1 数据架构设计流程概述

数据架构是数据管理的基础，通过从不同抽象层级描述企业的数据，可以帮助企业消除信息孤岛，建立一个共享、通用、一致和广泛的数据基础。数据架构的主要目标是有效地管理和使用数据。数据架构需要回答"业务需要哪些数据""应用系统之间交换哪些数据"这两个问题。数据架构设计通常包括以下流程：主题域划分、实体识别、逻辑模型设计、数据流向梳理，以及与之配套的管理机制建设，如图 6-6 所示。

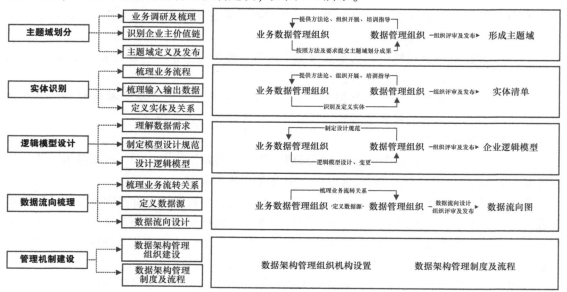

图 6-6　数据架构设计流程

6.2.2　主题域划分

主题域是对企业生产及运营各业务环节所产生数据的最高层级的定义及分类。通过划分主题域构建企业统一数据视图，从业务角度帮助用户理解、管理及使用数据。主题域划分通常基于现有的业务范围，随着业务的发展，主题域也应该随之进行调整，以满足当前企业对数据的管理应用需求。

企业可以沿用企业业务架构或流程架构中的流程/业务域分组、流程/业务域进行主题域划分。若企业没有成型的业务架构或流程架构，可以通过梳理企业主价值链流程或组织职能职责，自顶向下厘清企业有哪些业务板块、各业务板块包括哪些业务活动、各业务活动产生哪些数据，按照业务层级对数据进行主题分类，形成主题域。总之，主题域的划分应当在充分考虑企业对数据管理及应用需求的情况下确定。企业在进行主题域划分时，也应该制定统一的原则及模板要求，以保证主题域划分成果的一致性以及后期的可拓展性。以下原则及模板可供参考：

1. 主题域划分的原则

主题域划分的责任主体通常为企业的数据管理组织。数据管理组织通常提供主题域划分的具体实施方案，组织及指导主题域划分工作开展，并组织主题域划分的成果在企业内部的评审发布，使得企业内部各层级人员对数据主题的理解达成一致。

主题域划分的层级应根据业务的复杂程度确定，通常划分到二级即可，对于复杂的业务可以再细化到三级，要考虑未来在相对大的业务范围内，使确定的实体、逻辑模型、数据标准等达成一致，并能够服务于未来的企业业务贯通。如果主题域划分得过细，可能出现实体、逻辑模型、标准等各细分领域定义不一致的情况，不能通盘考虑与之关联的业务环节，对企业业务贯通不利。

2. 主题域划分模板

企业在进行主题域划分时要对主题域做统一的定义及归属认责工作，使各主题域要有唯一、名称不能重复且没有歧义的主题域名称，并使各主题域需有明确的定义以及唯一的认责部门，以保证企业内部对数据主题的统一认知。主题域划分模板如表 6-1 所示。

表 6-1　主题域划分模板

序号	一级主题域名称	一级主题域定义	认责部门	二级主题域名称	二级主题域定义	认责部门	三级主题域名称（如有）	三级主题域定义（如有）	认责部门（如有）

6.2.3 实体识别

实体是客观存在并可相互区别的事物，可以是具体的人、事、物，也可以是抽象的概念和联系，承载了业务运作和管理涉及的重要信息，是数据架构中最重要的管理要素。

企业进行实体识别时，通常由企业业务管理组织根据企业的业务分工、职责，梳理业务流程，收集业务活动所产生表、单据、报告、图纸等业务数据，并基于已经收集到业务数据，将同类业务产生的业务数据抽象形成为实体，例如采购招标业务会产生招标信息，实际可能会根据招标方式的不同产生多种表单（如单一来源招标、公开招标、邀标等），通常我们将这些不同的表单都抽象成招标信息。实体识别后，按照实体识别的原则验证实体的完整性及准确性，并对企业数据实体进行统一的定义。

通常情况下，实体识别考虑的因素包括方便对数据的理解，以及对每个实体后期的认责管理。对于企业内部实体识别也应该制定统一的原则及模板要求，以保证实体在企业内部的唯一性、可理解与可识别，方便数据管理及应用。以下原则及模板可供参考：

1. 实体识别原则

- 实体应为业务运作和管理中不可缺少的人、事、物。企业通常会建立相应流程、组织和 IT 系统对实体进行管理，每个实体应具有唯一的管理部门。
- 实体应具有唯一身份标识信息。通过唯一身份标识区分实体的实例，并支持通过唯一标识跨业务领域共享引用。
- 实体应相对独立并有属性描述。实体可独立存在，可获取、传输、使用，并发挥价值，可以与其他实体关联，但不是从属关系，同时应包含描述自己某方面特征的属性。
- 实体应可实例化。实体通常有大量具体实例存在，且实例可获取。

2. 实体梳理模板

通过梳理企业各业务活动输入及输出数据，基于输入输出数据识别实体，采用的模板如表 6-2 所示。

表 6-2　实体梳理模板

序号	一级主题域名称	一级主题域定义	认责部门	二级主题域名称	二级主题域定义	认责部门	三级主题域名称（如有）	三级主题域定义（如有）	认责部门（如有）	业务活动	业务活动定义	业务活动认责部门	输入数据	输出数据

3. 实体清单模板

企业要对实体做统一的定义及认责管理工作，以保障各实体有唯一、名称不能重复且没有歧义的名称，同时业务定义及认责部门要具有唯一性，以保证企业内部对实体的统一认知及管理。企业实体清单模板如表 6-3 所示。

表 6-3　企业实体清单模板

序号	一级主题域名称	一级主题域定义	认责部门	二级主题域名称	二级主题域定义	认责部门	三级主题域名称（如有）	三级主题域定义（如有）	认责部门（如有）	实体编码	实体名称	实体定义	实体认责部门

6.2.4　逻辑模型设计

逻辑模型是利用逻辑数据实体及实体之间的关系，准确描述业务规则的逻辑实体关系。逻辑数据实体是描述实体的某种业务特征的属性集合，是客观存在并可以相互区别的事物，可以是实际事物也可以是抽象事物，是用来保存及管理业务所需信息，并且持续存在的信息存储单位。

逻辑模型设计包括逻辑数据实体的识别及逻辑数据实体之间关系的设计，建议企业的数据管理组织制定逻辑模型设计规范，指导业务数据管理组织进行逻辑模型设计工作。一方面，逻辑模型设计通常要理解业务对数据管理及应用的需求，梳理实体在各个业务环节产生及使用到的业务属性，将全部业务属性根据业务特征进行分类，并按照逻辑数据实体识别原则，形成逻辑数据实体。逻辑数据实体要确保其在实体中的独立性，通常实体与逻辑数据实体的关系为一对一或一对多。另一方面，逻辑模型设计要定义逻辑数据实体之间关系，通常情况下逻辑数据实体之间关系包括一对一、一对多、多对多关系。

通常情况下，逻辑数据实体设计要考虑的因素包括方便对数据的理解，以及对每个逻辑数据实体后期的认责管理。对于逻辑数据实体设计也应该制定统一的原则及模板要求，以保证实体在企业内部的唯一性、可理解与可识别，方便指导物理模型设计。以下原则及模板可供参考：

1. 逻辑数据实体设计原则

- 逻辑数据实体不能脱离实体独立存在，一定是从某个特定维度对实体进行完整描述，且实体与逻辑数据实体的关系是一对一或一对多，不允许多对一的情况出现。
- 描述实体不同业务特征的密切相关的一组属性集合，应设计为一个逻辑数据实体。

- 在设计逻辑数据实体时，其属性不应重复定义，且不应包含其他逻辑数据实体的非关键类型属性。
- 在业务板块间交互或为满足具体业务场景的属性集合，应设计为逻辑数据实体。

2. 逻辑数据实体清单

企业要对逻辑数据实体做统一的定义及认责管理工作，以保障逻辑数据实体有唯一、名称不能重复且没有歧义的名称，同时定义及认责部门要具有唯一性，以保证企业内部对逻辑数据实体的统一认知及管理。企业逻辑数据实体清单模板如表6-4所示。

表6-4　企业逻辑数据实体清单模板

序号	一级主题域名称	一级主题域定义	认责部门	二级主题域名称	二级主题域定义	认责部门	三级主题域名称（如有）	三级主题域定义（如有）	认责部门（如有）	实体名称	逻辑数据实体名称	逻辑数据实体定义	逻辑数据实体认责部门

3. 逻辑模型

逻辑模型包括属性英文名称、属性中文名称、属性值示例、属性数据类型、属性定义、长度、是否唯一、是否为空等信息项。逻辑模型设计模板如表6-5所示。

表6-5　逻辑模型设计模板

序号	逻辑数据实体	属性中文名称	属性英文名称	属性定义	是否唯一	是否为空	业务规则	属性数据类型	长度	是否引用值	引用实体或参考代码名称	是否编码属性	认责部门	数据维护部门

6.2.5　数据流向梳理

数据流向定义了数据产生的源头，描述了数据如何在业务和系统中流转。数据流向包含数据起源于哪里，在哪里使用，在不同的业务域或业务系统之间如何转换。可以通过数据流向图或U/C矩阵体现某一数据在流程或系统中是如何被创建或使用。数据流向梳理包括主题域间数据流向梳理及业务系统间数据流向梳理。主题域间数据流向梳理是业务系统间数据流向梳理的参考依据，通常企业中数据管理组织提供数据流向统一梳理原则及设计规范，指导业务数据管理组织开展数据流向梳理。

数据流向梳理通常要先了解和掌握各项业务上下游流转关系，确定上下游业务流转所需数据，明确数据在哪个主题域产生，在哪个主题域使用，可以采用下发调研表或者通过业务流程梳理业务上下游流转关系。数据流向梳理的关键任务是要确定数据源，明确企业中的数据一处创建、处处引用，保证企业数据"数出一孔"，避免数据重复创建引发的数据质量问题对于业务运转及决策的影响。根据数据在主题域间流向梳理数据在业务系统间流向，并根据数据流向设计规范，绘制数据在业务系统间数据流向图或 U/C 矩阵。以下原则及模板可供参考：

1. 数据流向梳理原则

数据流向梳理原则包括以下两方面：

- 数据流向应体现数据在业务中流转关系。数据流向梳理应基于业务流，体现某一数据在哪个业务环节产生，流转到哪些业务环节被使用。
- 所有数据必须确定唯一数据源。应基于业务产生源头明确数据源头，通常将首次产生某项业务数据的业务系统定为唯一的数据源头，配合数据管理组织的认证，作为企业范围内唯一的数据源头被周边系统调用，所有的数据必须确保数据源头唯一。

2. 数据流向设计规范

U/C 矩阵使用表格设计，其中：行表示主题域/业务系统（主题域需要列到末级），列表示实体名称，中间用 C 或 U 表示实体创建和使用关系；产生实体的源头处用 C 表示，使用实体主题域或业务系统处用 U 表示；一个实体应有一个 C，可以存在多个 U。U/C 如表 6-6 所示。

表 6-6　U/C 矩阵

序号	主题域/业务系统 1	主题域/业务系统 2	主题域/业务系统 3	主题域/业务系统 4	……
实体 1					
实体 2					
……					

数据流向的另一种呈现方式为数据流向图，如图 6-7 所示。

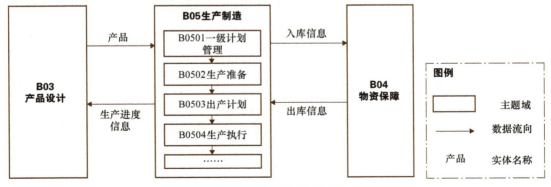

图 6-7　数据流向图示例

6.2.6 管理机制建设

数据架构的管理离不开管理机制建设，包括数据管理组织的设置与执行，以及管理制度与流程建设。针对管理机制建设：数据管理组织的领导层需要制定数据架构管理的战略规划及考核要求；管理层负责制定可落地、可执行的数据架构管理目标、计划、数据架构设计方法及实施路径要求；执行层（业务数据管理组织、数据管理组织）的职责中需规定负责执行业务领域数据主题域的划分、实体识别、逻辑模型的设计、变更及修订、数据流向梳理等工作；监督组需要对领导层、管理层、执行层数据架构管理相关的活动进行岗位要求的执行监督与绩效评价。

另外，管理机制建设的制度流程主要包括：

- 企业数据架构编制、评审、发布、执行、变更、废止的管理办法及流程。
- 主题域新增、变更、废止的管理细则及流程。
- 逻辑数据模型设计、修订、废止的管理细则及流程。
- 数据架构考核管理办法，包括考核内容、考核目标、核评分及绩效奖惩等。

6.3 元数据管理：数据管理的基础

元数据是数据管理的基础，通过元数据管理，厘清企业信息数据资产是什么，形成企业数据资产地图，梳理数据之间的关系，建立完善的数据的解释、定义，形成企业范围内一致、统一的数据定义，并可以对数据的来源、应用情况、变迁信息等进行跟踪分析，从而为数据理解、数据治理、数据应用奠定基础。

元数据管理是对企业涉及的业务元数据、技术元数据、操作元数据进行盘点、集成和管理。企业采用科学有效的机制对元数据进行管理，并面向开发人员、业务用户提供元数据服务，可以满足用户的业务需求，为企业业务系统和数据分析的开发、维护等过程提供支持。

本节从元数据需求管理、元数据建模、元数据采集和维护、元数据质量管理、元数据应用、元数据共享六个方面介绍元数据管理的方法。

6.3.1 元数据需求管理

元数据管理是利用可视化的用户体验，基于灵活、健壮的元数据管理架构，实现企业数据资产的标准化、集中化管理。企业开展元数据的管理首先要明确元数据管理的需求，重点关注元数据管理所要解决的问题，确认企业元数据管理环境、设定元数据管理的范围及优先级，以指导元数据建模、元数据维护及应用。要理解元数据需求首先从理解业务需求入手，在厘清业务需求之后，才能做出合理的元数据规划，进而开展元数据需求管理。企业主要的业务需求包括以下四个方面：

（1）基于元数据建立企业数据资产目录

"数据即资产"的理念已经得到企业的广泛认可。面对不断增长、不断变化、日益复杂的数据环境，企业需要数据资产的简单发现和跟踪能力。通过管理元数据，从业务视角和技术视角对企业数据进行描述，可以帮助企业形成统一的数据资产目录，使企业能够快速发现数据的分布、流向情况，建立业务人员与技术人员沟通的桥梁，方便用户对数据理解与使用，帮助企业有效管理数据资产。

（2）消除冗余，加强数据复用

通过元数据管理，建立基于 CWM（Common Warehouse Metamodel，公共仓库元模型）的元数据仓库，实现企业元数据的统一管理，并将元数据仓库作为"单一数据源"，为企业的应用开发提供可复用的数据模型和元数据标准，以实现元数据的重复利用，减少冗余或未使用数据，从而提高工作效率，降低软件开发成本，缩短项目交付时间。

（3）降低因人员流动而导致知识流失的风险

企业重要的数据资产常常因关键员工的调离或离职而"消失"。这里所谓的"消失"通常并不是因为员工将数据恶意删除或拿走，而是企业数据资产的存放方式、存储位置等关键数据都只留在关键员工的大脑中，一旦该员工离开企业，数据资产也就隐没在"茫茫数海"中了，而统一的元数据管理能够降低企业这种数据"消失"的风险。

（4）通过元数据分析迅速响应业务数据问题

企业在数据分析应用过程中发现指标数据存在质量问题，需要进行问题排查，但由于指标数据涉及的业务系统多、加工链条长，且缺乏全局的数据链路关系图，需要逐个排查，因此很难及时地定位到数据质量问题。通过元数据分析，可展现数据上下游流转加工关系，明确数据在什么地方产生、在什么地方使用、如何加工，快速定位数据问题，帮助企业降低定位问题的难度，帮助解决数据不准确、不一致等数据质量问题。

在充分理解企业元数据管理需求之后，需要进行元数据需求规划，设计元数据需求管理策略，以促进元数据目标的实现。

元数据贯穿企业数据资产流动的全过程，主要包括数据源的元数据、数据采集的元数据、数据仓库的元数据、数据集市的元数据、应用服务层的元数据和 BI 层的元数据等。

进行元数据的需求规划时，需要了解清楚企业的数据环境，明确数据资产的分布，以及数据的流向和路径，从而进一步确定元数据在数据库环境中的存储情况，如数据结构、数据字典、数据关系、报表工具、其他第三方系统或工具等，以及是否需要元数据梳理模板，是否需要手动整理元数据作为补充等。

元数据需求管理应重点关注的几个方面：

- 元数据模型需求：包括命名规范、结构、元素及关联关系等。
- 元数据接口需求：包括元数据资料库及其内容、适配器、所有者、系统访问、元数据血缘关系等。
- 元数据系统需求：包括元数据采集、元数据管理、元数据应用等。

- 数据安全需求：包括数据的分类分级、敏感数据分布、敏感数据管理要求等。
- 数据质量需求：包括数据质量规则、数据标准定义等。
- 数据管理需求：包括数据管理的组织、流程、制度、考核等。

元数据需求管理的步骤如下：

- 企业战略调研：调研企业的业务发展战略和主要业务领域的业务发展规划，梳理 IT 建设的历史、现状和初步规划。
- 数据管理调研：调研企业数据管理的背景、问题、目标，以及企业数据管理目前的相关制度、流程和组织。
- 制定元数据现状清单：制定的元数据现状清单的内容包括功能性信息需求、逻辑模型、物理模型、业务术语字典、已有数据环境、系统文档等。
- 数据问题分析：基于现状评估及成熟度评估，找出差异、定位问题并进行问题根本原因分析，结合行业业务、数据发展要求，制定问题解决优先级计划和改进方案。
- 制定行动路线：行动路线的制定应聚焦企业当前最紧迫、最重要的建设内容，确保项目范围可控、成效可见。

6.3.2 元数据建模

1. 建模原则

每个企业的业务各不相同，元数据建模必须围绕其特定的业务需求展开，需要确保企业收集正确的元数据清单以解决特定的业务问题。元数据建模应遵循以下原则：

（1）简单性与准确性原则

对信息对象的描述应简单易懂，应尽量基于共识采用业务语言进行设计，尽量避免使用晦涩难懂的业务语言。当然，也要考虑到简单化的业务语言可能导致描述不准确，需要在二者之间进行权衡。

（2）互操作性原则

元数据的互操作性体现在对异构系统间的互操作能力的支持，即在各种元数据标准下建立元数据模型，不仅要满足当前应用对数据的互操作，还应考虑在企业整体 IT 环境中的互操作。

（3）可扩展性原则

企业的数据环境时刻在发生变化，因此元数据建模应具备一定的可扩展性，应允许用户在不破坏既有标准的前提下，扩充一些元素或属性。

（4）用户需求原则

元数据建模的目的是向用户充分揭示信息资源，因此用户需求应作为元数据建模的最终衡量标准，特别是在数据结构与格式的设计、数据元素的增加与取舍、语义规则的制定等方面，要尽可能从用户需求出发，通过用户交互和用户反馈来完善元数据模型。

2. 建模步骤

元数据建模一般分为分类、定义、获取、发布四个步骤，并以建模结果作为基线，纳入元数据平台管理中。

（1）元数据分类

根据元数据用途及使用者的不同制定元数据分类框架，规划业务元数据、技术元数据、操作元数据所包含的数据类型和集合。明确元数据管理的种类，如数据字典、逻辑模型、物理模型、报表定义、维度加工规则、数据映射信息、接口信息等。根据规则进行元数据分类。

常用的元数据分类方式有以下两种：

一是按照业务主题进行组织，即通过从业务域到业务主题、实体数据、数据模型的逐层分解方式，进行元数据的分类。这是一种站在业务视角管理元数据的方式，能够形成业务人员容易理解的数据目录。

二是按照数据源进行组织，即通过源数据系统、数据表、数据结构形式展现企业数据目录。这种方式更便于 IT 人员使用元数据。

在实际的使用中，通常需要将两种分类方式相结合，以形成企业级的元数据地图。

（2）元数据定义

元数据定义就是对数据的业务属性、技术属性、操作属性进行规范化的定义，主要是描述数据属性的信息，如属性名称、用途、存储位置、历史数据、文件记录等。

（3）元数据获取

元数据的基本要素包括业务术语、业务规则、报表说明、指标定义。元数据获取的技术细节包括各个业务系统的数据结构、代码字段取值、数据迁移与转换规则等。元数据除了通过自动化工具获取，有时候还需要通过模板手工整理作为补充。

对于一些数据源（例如一些老旧的信息系统），由于缺乏最初的元数据模型，所以很难获取到准确的业务元数据。这就更加需要业务人员的配合，由业务人员对业务元数据进行补充，最终形成并交付业务元数据成果。

（4）元数据发布

评估和分析分散在各个应用系统、各个部门中的业务元数据、技术元数据之间的关联性，建立技术元数据与业务元数据的映射，形成企业级元数据地图，发布元数据基线。

在后续的运维过程中，根据各业务部门的数据应用需求，分析并判断元数据仓库中是否已存在相应的元数据。如果元数据仓库中已有该元数据，则直接共享使用；如果元数据仓库中没有该元数据，则需要确定采集方案，进行数据采集，并对采集的元数据进行整理完善，与生产库建立映射关系，最后完成新增元数据的发布。

元数据建模是元数据管理中最重要，也是工作量最大的一个过程，这是国内大多数企业元数据管理的现状。究其原因，主要还是数据管理体系不够成熟，也可以说是数据不够成熟。很多企业从一开始就没有完整的数据规划，比如业务术语、指标的定义，而现在几乎要整体倒推重建，获得元数据自然就比较困难。

3. 模型示例

根据元数据的标准对元数据进行分类，并确定各类元模型。元模型应该遵循标准化、国际化的 CWM。

企业需要根据业务需求定义每一类的元数据的模型和属性，包含元数据元素组成和元素属性定义。

（1）元数据组成

元数据组成：由业务部门提供组成元数据的元素（业务属性），如表 6-7 所示。

表 6-7　元数据组成表

中文名称	英文名称	编码	字段类型	责任部门	值列表	属性类型	来源系统	最大长度	备注

（2）元素属性定义

元素属性定义：对确定的元数据元素进行定义，如表 6-8 所示。

表 6-8　元数据属性定义表

序号	类　别	属　性	备　注
1	标识类	中文名称	赋予元数据元素的一个中文标记
2	标识类	英文名称	赋予元数据元素的一个英文标记
3	标识类	编码	赋予元数据元素的唯一标示
4	表示类	数据类型	对元数据元素的有效值域的规定，例如：字符型（Varchar）、包含布尔型（Boolean）、二进制（Binary）；数值型（Number）；日期型（Date）；文件型（File）
5	表示类	值域（值列表）	根据相应属性中所规定的表现形式、数据类型和最大与最小长度而决定的元数据的允许值的集合
6	表示类	属性分组	对元数据的属性进行分类，分为基础属性、业务属性
7	表示类	数据来源	产生元数据元素的来源系统
8	表示类	责任部门	指元数据元素由哪个部门维护
9	表示类	属性长度	表示元数据元素的（对应数据类型的）存储单元的最大数值
10	表示类	约束/条件	说明一个元数据元素是否必填的描述符，分为：Y 为必填、N 为非必填
11	附加类	备注	对元数据元素的进一步补充描述或说明，根据需要填写
……	……	……	……

元数据样例如表 6-9 所示。

表 6-9　元数据样例表

中文名称	英文名称	数据类型	编码	属性长度	值列表	是否必填项	数据来源	责任部门	属性类型	备注
×××	English Name	Varchar/Number/Date	1	20	Y/N	Y/N	PLM	设计	基础属性/业务属性	……

6.3.3　元数据采集和维护

元数据采集和维护是元数据管理的重要环节，可以提高元数据的质量和可用性，为业务决策提供支持。常见的元数据采集和维护的方法有自动采集元数据、手动采集元数据和元数据标识等三种。

（1）自动采集元数据

自动采集是指通过计算机程序自动收集数据的各种属性和特征。通过统一的元模型从各类 IT 系统、数据源、数据加工处理过程、数据仓库或数据主题库、数据应用层工具、数据接口服务将元数据采集到统一的元数据库进行管理。

借助元数据采集服务提供各类适配器来满足以上各类元数据的采集需求。在这个过程中，元数据采集要能够适配各种数据库、各类 ETL、各类数据仓库和报表产品。

在人工智能技术的帮助下，元数据的采集和管理更加智能，例如：通过元数据的自动感知引擎自动地采集数据库表、字段、关联关系、血缘关系等元数据的动态变化，自动提醒更新和维护；通过自定义规则识别元数据一致性，确保元数据有效性和质量；通过语义分析为元数据自动打标签，实现元数据业务含义信息、备注信息自动标注以及元数据的自动编目。

这种方法的优点是速度快、准确性高、可靠性好，但是需要投入一定的技术和资金成本。

（2）手动采集元数据

手动采集元数据是指通过人工收集元数据的各种属性和特征。这种方法的优点是可以灵活地适应各种数据管理需求，但是缺点是容易出现错误和漏洞，需要耗费大量的时间和人力成本，同时，元数据的更新依靠管理手段，无法保证元数据的时效性。

（3）元数据标识

任何不在数据库或数据文件中的数据（包括文档或其他介质）都是非结构化数据。非结构化数据的元数据更为重要，是理解数据的关键元数据，一般叫作著录项、头尾文件、描述信息等。非结构化数据的元数据标识是一个复杂的问题，需要根据具体的数据类型和需求选择合适的方法。同时，对于一些大规模的非结构化数据集，可能需要结合多种方法进行元数据标识。

非结构化数据的元数据标识包括描述、结构、管理、书目、记录和保存元数据。非结构化数据的元数据标识一般与数据采集流程有关，为了支撑后续的大数据分析、BI 等工作。

6.3.4 元数据质量管理

元数据是组织核心数据，需要对元数据的质量进行管理，保障元数据可靠、可用。元数据质量管理需要通过建立有效的数据质量检查机制，及时发现、报告和处理元数据质量问题，并进行元数据整改和质量提升活动。通过元数据质量管理，可以提高数据的可信性、可用性、可维护性和可扩展性，为企业的数据管理和应用提供基础保障。

（1）元数据质量核查

元数据质量核查重点包括以下内容：

- 元数据规范性核查：主要核查元数据的命名规范，如填写是否规范。
- 元数据完整性核查：主要核查自动采集或者手动采集的元数据及血缘关系的完整程度是否达到使用要求。
- 元数据一致性核查：通过核查源端元数据信息与元数据存储库中信息的一致性，如数据模型中表名称，表业务描述，字段描述等信息是否及时同步、更新等。
- 数据模型变更检查：当数据模型发生变更时，需要检查元数据是否同步更新，以及新旧数据模型之间的映射关系是否正确。
- 元数据版本和生命周期管理：检查元数据的版本号、变更历史和生命周期等信息是否正确、完整。
- 元数据查询：检查元数据查询语句是否符合规范，以及查询结果是否准确无误。
- 元数据分析：对元数据进行统计分析、趋势预测等，以评估元数据的质量。
- 元数据使用情况分析：分析元数据的访问频率、使用方式等，以评估元数据的可用性和价值。

除了上述内容，还可以利用一些工具或技术来辅助进行元数据质量核查，如自然语言处理技术、数据挖掘算法等。这些工具和技术可以帮助企业对元数据进行自动化的核查和评估，提高核查效率和准确性。元数据质量核查是一个持续的过程，需要定期进行数据质量评估和检查，及时发现和解决数据质量问题。同时，也需要加强数据治理和管理的力度，建立完善的数据质量管理体系和制度，确保数据的准确性和可用性。

（2）元数据质量提升

提升元数据质量需要从制度、技术、人员等多个方面入手，如建立元数据管理制度，强化元数据质量评估，优化元数据管理工具，加强元数据培训和意识提升，建立元数据共享机制，引入第三方审核和监管，以及建立奖惩机制等措施。这些措施可以有效地提升元数据的整体质量，为企业的数据管理和应用提供有力支持。

- 建立元数据管理制度：通过建立完善的元数据管理制度，包括元数据的定义、采集、存储、使用和更新等环节的管理规定和操作流程，确保元数据的准确性和完整性。

- 强化元数据质量评估：通过建立元数据质量评估标准和评估模型，对元数据进行质量评估，发现和纠正元数据质量问题。同时，定期进行元数据质量审查，确保元数据质量的持续改进。

- 优化元数据管理工具：选择适合企业需求的元数据管理工具，并不断优化工具的功能和使用体验。通过自动化工具减少人为错误和疏漏，提高元数据管理的效率和准确性。

- 加强元数据培训和意识提升：针对不同部门和人员开展元数据培训，提高其对元数据的认识和理解。同时，加强元数据意识教育，让员工认识到元数据的重要性，并积极参与元数据管理。

- 建立元数据共享机制：通过建立元数据共享机制，促进不同部门之间的元数据交流和共享。通过共享元数据，可以发现和纠正一些元数据不一致或冗余问题，提高元数据的整体质量。

- 引入第三方审核和监管：通过引入第三方对元数据进行审核和监管，可以发现和纠正一些潜在的元数据质量问题。同时，第三方审核和监管也可以为元数据的质量评估提供一定的公正性和可信度。

- 建立奖惩机制：针对元数据管理中的违规行为或质量问题，建立相应的奖惩机制。对于造成损失或不良影响的违规行为或质量问题，应进行相应的处罚；对于在元数据管理中表现优秀或做出贡献的人员，则应给予相应的奖励。

除了以上常规的数据质量提升方式以外，还可以通过人工智能的手段进行元数据探查和标记来提升元数据质量。通过人工智能可以基于数据内容识别出元数据的字段的业务含义，并进行标记，解决缺少元数据描述信息造成的理解数据困难的问题。基于人工智能从大量的非结构化数据中提取描述信息，比如提取文档的摘要信息、视频、音频等文件的内容简介，以便于更高效地提升元数据质量。

6.3.5　元数据应用

元数据应用范围很广，随着大数据时代的到来，元数据的应用价值将越来越高。常见的元数据应用主要有数据资产地图和数据血缘分析两个方面。

（1）数据资产地图

通过对企业元数据管理和编目形成定义标准、统一的数据资产地图，提供统一的理解数据、查找数据、访问数据的门户，低企业数据获取效率和使用成本，帮助企业更好地理解和利用它们的数据资产。

（2）数据血缘分析

数据血缘管理了数据的来龙去脉，包括数据源头在哪里，数据流向是什么，数据在哪里被使用这一整条数据链路。元数据的血缘管理到字段级别，从数据血缘中能够明确该数据的字段是来自于源头表的哪个字段。数据血缘管理的方法主要有元数据解析和人工维护两种方式。

- 元数据解析：通过自动化程序从数据 ETL 过程、数据加工过程、数据应用过程中提取出血缘关系信息，或者借助 ETL 工具、数据加工过程及数据接口本身的血缘管理能力进行解析。这种方式的效率高、准确性高，但是需要投入技术研发。目前市场上有部分工具是具备血缘的提取和管理能力。
- 人工维护：通过人工梳理出数据的血缘关系信息，并统一录入平台进行管理和使用。这种方式比较耗费人工，而且实效性无法保证。

数据血缘分析是建立在元数据整合的基础上，记录数据治理过程中的血缘关系信息，基于这些血缘关系信息，可以追溯其数据处理过程，并通过图形化的方式展示数据血缘分析。常见数据血缘分析应用包括血缘分析、影响分析、全链分析、关联度分析和属性差异分析等五个部分。

血缘分析是对指定元数据的起源及其推移位置的分析。它反映了数据的来源与加工过程，还描述了数据在不同过程中发生的情况。它可以帮助用户分析信息的使用方式并追踪用于特定用途的关键信息位。

影响分析帮助用户迅速了解分析对象的下游数据信息，快速掌握元数据变更可能造成的影响，以便更有效地评估变更该元数据带来的风险，从而帮助用户高效准确地对数据资产进行清理、维护与使用。

全链分析是用来分析指定元数据前后与其有关系的所有元数据，反映了元数据的来源还有数据的去向。

关联度分析是从关系数量的角度对指定数据进行分析，明确该数据和其他数据的关系，以及它们的关系是怎样建立的。关联度分析体现该数据在系统中依赖程度的高低，从一定的角度可以反映出该数据的重要程度。

属性差异分析用于比较同类型元数据之间属性值的差异，方便用户识别相似元数据之间的存在的微小差距。

6.3.6　元数据共享

元数据可以通过数据资源目录、术语表等方式分发给数据消费者或者应用。元数据还可以通过制定统一的访问接口，将元数据分发给数据管理平台或者业务系统。元数据共享的意义在于提高资源的利用率，减少冗余数据的存储，方便信息的交流和协作，同时也有助于提高科学数据的可重复性和交流效率。元数据共享主要包含数据字典共享、数据模型共享、数据流程共享和数据安全共享等四个方面。

数据字典共享是记录数据元素和数据元素之间关系的文档或数据库。通过共享数据字典，不同的用户和应用程序可以更好地理解数据元素及其之间的关系，从而提高数据的可用性和可维护性。

数据模型共享是描述数据如何存储和处理的模型。通过共享数据模型，不同的用户和应用程序可以了解数据的结构、属性和关系等信息，从而更好地理解和使用数据。

　　数据流程共享是指数据的流动过程，包括数据的采集、处理、存储和使用等环节。通过共享数据流程，不同的用户和应用程序可以了解数据的来龙去脉，从而更好地管理和控制数据。

　　数据安全共享是保护数据免受未经授权的访问、篡改或删除等威胁的过程。通过共享数据安全信息，不同的用户和应用程序可以了解如何保护数据的安全，从而更好地保障数据的机密性和完整性。

6.4　数据标准管理：没有规矩不成方圆

6.4.1　数据标准管理建设流程

　　数据标准是数据治理的核心任务之一。数据标准需要对各类数据进行标准化的定义及统一，主要包括数据元标准、指标数据标准、主数据及枚举项标准、业务术语。通常的数据标准管理落地遵循以下管理流程：数据标准规划、数据标准制定、标准审核发布、标准落地执行、标准评估改进，以及与之配套的数据标准管理机制建设，如图 6-8 所示。

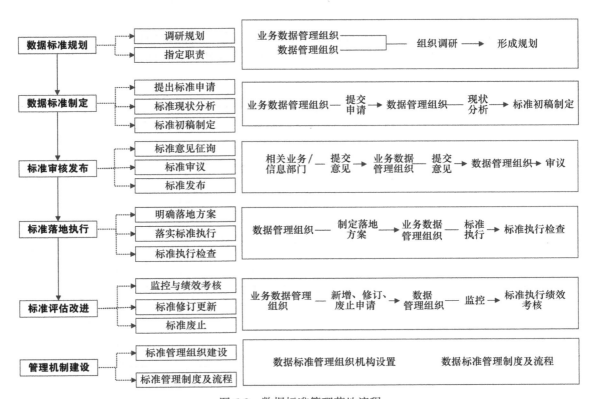

图 6-8　数据标准管理落地流程

6.4.2 数据标准规划

数据标准规划主要由数据管理组织从国家和行业标准、监管和主管机构要求、业务对标准的需求、现有数据标准几个方面开展数据标准调研工作，对调研结果进行总结分析，再对照行业最佳实践，制定企业数据标准框架，以及年度及中长期的数据标准实施计划等，如图6-9所示。

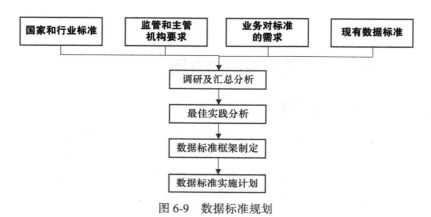

图 6-9 数据标准规划

需要注意的是，数据标准规划的制定要基于业务关注度、实施迫切程度、实施难易程度等，确定标准实施的优先级，建立既有业务驱动力又有可操性的蓝图计划。数据标准实施优先级评价如图6-10所示。

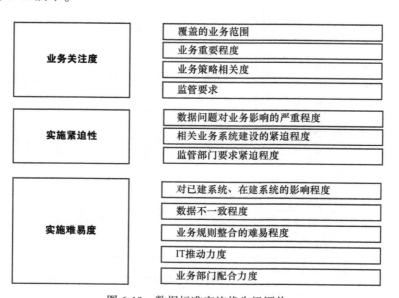

图 6-10 数据标准实施优先级评价

　　在开展数据标准制定、审核、发布、修订、监控、绩效评价等过程中，数据管理组织应该明确数据标准管理工作的相关部门及职责，多方形成有机整体，形成有效配合，完成相关工作建设。

6.4.3　数据标准制定

　　提出标准申请：各业务数据责任人提出数据标准新增、修订、废止的申请，相关领域责任人和数据管理组织审核。由业务数据责任人主动发起和推进标准完善是数据标准管理长效化运营的保障。在前期，可以由数据管理组织的人依据数据对业务的支撑问题等发起数据标准申请，也可以由信息系统负责人依据数据在信息系统中运行存在的不准确、共享困难等触发点发起数据标准申请。

　　标准现状分析：业务数据管理组织和数据管理组织调研业务流转情况、信息系统建设情况、集成共享情况、行业标准情况等，分析现行标准是否存在问题，厘清实际业务中数据的定义、业务规则、流转要求、协同要求等，评估当前对业务的影响程度，以及未来贯标涉及的影响范围等。

　　数据标准制定的主要考虑因素包括：

- 外部标准和规范：包括国际标准、国家标准、行业标准、法律、法规、指引、规范性文件等。
- 监管和主管机构要求：监督管理办法、监管报送要求等。
- 行业标杆：行业优秀实践、典型标杆样板等。
- 企业内部现状及需求：企业内部业务需求、信息系统建设需求、信息系统集成需求、数据管理建设需求等。
- 行业或企业数据模型：行业或领域的数据模型、集团或企业的数据模型。

　　标准初稿制定：业务数据管理组织梳理相关业务数据标准范围，确定业务元数据、技术元数据、管理元数据，形成标准初稿。数据标准落地计划往往从业务域颗粒度确定标准工作开展的优先级，但也不意味着该域下的全部数据都需要标准化，而是需要根据业务诉求、监管诉求、信息系统建设诉求、集成共享诉求等确定核心数据、重要数据以开展标准制定工作。数据标准的准入原则建议如下：

- 外部机构要求：监管、主管机构、地方政府、集团等具有明确要求的统计数据及相关的基础数据。
- 内部分析业务需求：支持企业内部开展运营分析相关的数据，如内部各业务部门、业务单元的月度和年度报表相关的数据。
- 内部业务贯通需求：企业内部业务流程贯通、上下游协同需要的集成共享的数据，包括已有、在建、待建业务系统交换的数据。
- 内部数据管理建设需求：同步考虑企业数据统一管理、数据仓库建设、数据中台建设等对数据全面治理的要求。

6.4.4　标准审核发布

（1）标准意见征询

数据管理组织收集相关业务部门、信息技术部门的意见时，建议组织正式的意见征询会，邀请该标准相关的所有业务部门参与，充分提出完善意见。不同数据的标准，关注度略有差异：

- 数据元标准、业务术语标准要注重对业务元数据、技术元数据、管理元数据方面描述的准确性及规范性。
- 主数据标准除了关注业务元数据、技术元数据、管理元数据以外，还要注重属性定义、字段填写规则、编码规则、枚举项值等内容，通常主数据标准在主数据管理项目中落地得更充分。
- 枚举项标准要关注枚举项的业务定义及各个枚举项值的规范化定义是否全面、是否重叠、是否准确、是否冗余等。
- 指标数据标准需要关注指标的业务定义、指标维度、加工计算逻辑、业务溯源数据等内容。

各标准相关的业务部门、信息技术部门需要充分考虑各业务环节、各信息系统的影响范围。

（2）标准审议

数据管理组织根据意见收集结果对数据标准修订完善后提交数据标准工作组审议，需要记录各项征询意见是否被采纳以及如何修改等，修改完的内容需要与意见提出人达成一致。

（3）标准发布

数据标准通过数据标准工作组审议后，由数据管理组织审批下发。各企业有不同的数据标准发布流程，建议组织数据标准发布会进行介绍并且明确提出贯标要求。数据标准需要能进行公示或印刷分发，以方便相关人员使用。

6.4.5　标准落地执行

（1）明确落地方案

数据管理组织制定数据标准落地方案，明确信息系统侧如何去执行，并且明确执行的要求。明确标准落地范围，即是在建系统、待建系统，还是也包括已建系统等；对于在建或待建的业务系统，需要参照发布的标准贯标落地；对于已建的业务系统，需要直接更改还是映射对应等，应该给出明确的方案；对于企业开展的数据管理及数据仓库建设等，也需要参照发布的标准执行，需要在数据管理方案或者数据仓库建设方案中体现。落地方案中还需要明确落标可能带来的影响和收益，相关方就影响的应对方案需要提前达成一致。

（2）落地标准执行

业务数据管理组织、数据管理组织共同推进数据标准的落地及执行，以及标准管理流程的落地及执行，需要定期、不定期收集落标过程中遇到的问题及产生的效益等。

（3）标准执行检查

对落标范围内的信息系统、数据管理系统等进行贯标检查，并对数据标准的情况及数据标准的管理流程执行情况进行跟踪评价。

6.4.6 标准评估改进

监控与绩效考核：数据管理组织评价数据标准落地的实施成效，监督标准落地流程执行情况，对标准申请、标准制定、标准发布等环节相关的管理活动进行绩效评价，并对数据标准执行的规范性进行绩效评价等，全方面敦促数据标准的制定及应用。

标准修订更新：标准修订包括需求收集、需求评审、变更评审、发布等，仍然遵循数据标准的新增过程，需要征询意见并正式发布等。数据管理组织应对标准修订进行版本管理。

标准废止：数据管理组织应依规废止无应用对象的数据标准，需要基于监控标准被引用情况确定。需要注意的是，枚举项标准往往存在枚举值逐步不适用的情况，要及时停用或废止。另外，数据标准执行情况的绩效评价结果的连续评分很低，也有可能是该项标准不合理或者不适用，必须引起关注。

6.4.7 数据标准管理机制建设

一方面，数据标准管理建设离不开数据管理组织的设置与执行，各层的管理职责中需要体现数据标准相关的管控要求：管理层的管理职责中需要对数据标准具体落地的目标、计划、内容有明确的分解和制定；执行层（业务数据管理组织、数据管理组织）需要对数据标准从提请到废止的全生命流程有明确相关的职责要求；监督组需要对领导层、管理层、执行层数据标准相关的管理活动进行相应岗位要求的执行监督与绩效评价。

另一方面，管理制度及流程建设也是数据标准建设与落地的基本保障，主要包括：

- 数据标准提请、制定、评审、发布、执行、变更、废止的管理办法及流程。
- 元数据管理规范。
- 数据质量管理办法。
- 数据标准考核管理办法，包括考核内容、考核目标、考核评分及绩效奖惩等。

6.5 数据质量管理：数据价值的生命线

6.5.1 数据质量管理过程概述

数据质量管理过程包括数据质量需求管理、数据质量诊断、数据质量提升、数据质量管理评估。

- 数据质量需求管理：数据管理的是关键数据，同样，数据质量管理的需求来源于业务应用场景，基于业务场景确定数据质量管理对象、定义数据质量规则，识别数据质量需求。

- 数据质量诊断：根据数据质量需求和业务规则，开展数据质量评估活动，识别异常情况，发现数据质量问题，记录数据质量核查结果，分析问题数据产生的根本原因。
- 数据质量提升：根据数据质量问根因分析。一方面，通过构建数据质量管理体系，保障数据质量提升；另一方面开展数据解析、标准化、清洗和整合等技术提升活动，全面提升数据质量。
- 数据质量管理评估：遵循数据质量闭环管理的原则，形成覆盖数据质量需求、问题发现、问题检查、问题整改的良性闭环机制，同时对数据采集、流转、加工、使用全流程进行质量校验管控，持续根据业务部门数据质量需求优化质量管理方案、调整质量规则库，并构建数据质量和管理过程的度量指标体系，不断改进数据质量管理策略，确保数据质量管理有效性。

6.5.2 数据质量需求管理

数据质量管理以服务业务需求为核心目标，由于不同的应用场景对数据质量的要求不同，所以倡导场景化的数据质量需求管理。比如网上购物业务场景：如果是购置实物商品，需要寄送给客户，那么地址信息是必需项目，否则商品无法配送；但是如果是购置的虚拟商品（比如消费票券，电子资料等）就不一定必填地址信息。数据质量的需求需要根据业务场景需求来进行定义，同时业务场景需求的满足也体现了数据质量管理的价值，这将成为数据质量改进的驱动力。

数据质量需求管理包括业务场景的确定、数据质量的标准确定和业务规则的梳理。其中，不同的业务场景对数据质量的标准不同，在数据质量管理当中，强调基于业务场景需求来定义数据质量的需求，转化成数据质量规则。数据质量需求管理表如表 6-10 所示。

表 6-10　数据质量需求管理表

序号	业务场景	数据质量需求	数据质量规则	责任人/责任部门
1	线损指标统计	PMS 系统设备台账数据有效性提升 30%	PMS 设备的描述不能为空 PMS 设备 ID 必须全网唯一	各省公司设备部
2		PMS 和 CMS 系统中设备台账数据一致性达到 100%		
……	……	……	……	……
			审批人	时间

6.5.3 数据质量诊断

数据质量诊断包括数据质量核查、输出数据质量报告和数据质量问题根因分析。

1. 数据质量核查

数据质量核查是借助数据质量工具或者通过技术人员进行数据质量的核查评估活动。数据质量核查包括以下步骤：

（1）数据质量规则梳理

根据数据质量的需求和数据质量标准，梳理出可以在数据库中执行的数据质量规则。数据质量规则包括基础类数据质量规则和业务类数据质量规则。

基础类数据质量规则：在企业中，有部分数据应用范围广、流转性高、数据标准要求较为严格和普适，那么可以以基础类数据质量规则进行校验，如：

- 数据唯一性。数据唯一性主要标识数据的唯一性，如员工编码，在任何业务规则中不会允许一个员工有多个编码，或者一个编码对应多个员工，那么可以将此类业务纳入基础类数据质量规则的核查的业务场景。
- 数据完整性。数据完整性主要标识数据是否有空值。空值的数据是没有任何价值的，是数据质量问题中最常见的一类，如员工的身份证号信息不能为空。
- 数据有效性。数据有效性主要标识实体对象信息是否处于合理范围。常见的问题如时间类的字段，人为输入业务数据的创建时间为 1900 年之前并不符合实际且真实的情况，员工年龄应该是 0~200。
- 数据一致性。数据一致性主要标识同一个实体对象的信息在不同的业务场景中出现不一致的情况，常见的问题如：员工在考勤系统、人力资源系统、财务系统中的姓名、工号、工龄、年龄等信息保持一致等。
- 数据时效性。数据时效性是对实体对象信息传输的时长要求。在特定的业务场景下，有的需要数据实时传输，有的需要数据定时传输。数据时效性可以保障数据是否按需传递到接收方。

业务类数据质量规则：企业中大量的数据质量规则是在特定的业务场景下的业务逻辑，如：在电网线损指标计算中，电网设备与电网设备服务的用电用户的关联关系数据准确性，这些数据质量问题不是唯一性、阈值有效性等单一的规则，是需要依赖于具体的业务数据来进行核查的。

（2）明确业务对象

基于业务场景做核查，希望在一个业务场景里梳理该场景所包含的所有业务对象信息，如单表、宽表和接口等。

- 单表：在业务场景中所有涉及的业务逻辑对应的实体对象均以单表的形式存在，不涉及多个表融合形成基础表，并在进行业务逻辑时呈现和应用。
- 宽表：在业务场景中涉及的业务逻辑对应的实体对象在多表融合后以宽表的形式进行业务应用。在此场景中，需要梳理宽表融合的规则，将单表以对应的规则融合成宽表后再进行业务核查。

- 接口：在业务场景中涉及的业务逻辑对应的实体对象是通过其他系统中的接口进行数据提供，因此需要通过调用接口的方式获取数据，完成数据质量核查工作。

（3）数据质量核查

借助技术工具定期或者不定期进行质量评估，识别出问题数据，并输出脏数据清单。

脏数据清单是指列出了数据中存在的问题、错误或异常的清单。它记录了数据质量问题的具体情况，帮助用户识别和理解数据中的脏数据，以便进行清洗和修复。

脏数据清单通常包括以下内容：

- 数据问题列表：清单中必须提供数据问题的具体列表，记录数据中存在问题、错误、异常的具体对象，这有助于用户识别真实问题数据。
- 数据问题描述：清单中会详细描述每个数据问题的具体情况，例如数据缺失、错误、冗余、格式不一致等。数据问题描述可以包括问题的类型、位置和影响程度等信息，相关内容通常来源于数据质量评估中采用的方法。
- 数据问题因素：清单中会指明数据问题的来源或原因。例如，数据输入错误、系统故障、数据传输问题等。这有助于识别问题产生的根本原因，并采取相应的纠正措施。
- 数据问题的影响：清单中会描述数据问题对业务或决策的影响。这有助于评估问题的重要性和紧急程度，并确定清洗和修复的优先级。

脏数据清单的目的是帮助用户全面了解数据质量问题，并为数据清洗和修复提供指导。脏数据清单的内容可以根据具体的数据质量诊断结果和业务需求进行定制。

2. 输出数据质量报告

数据质量诊断将输出数据质量报告。数据质量报告是针对本次诊断的相关内容总结，它反馈了数据质量诊断的结果，帮助用户识别当前数据诊断的结果，支撑用户进行决策和行动。

数据质量报告通常包含以下内容：

- 数据质量指标摘要：报告应该提供数据质量指标的摘要，包括完整性、唯一性、及时性的检测，查询数据范围说明，脏数据占比等指标的评估结果。这些指标可以以图表或表格的形式呈现，以便用户快速了解数据质量的总体情况。
- 数据质量问题概述：报告会列出数据质量问题的概述，包括问题的类型、数量、分布和影响范围等。这可以帮助用户厘清数据质量的问题范围。
- 数据质量问题详细描述：报告应该详细描述每个数据质量问题的具体情况，包括问题的描述、示例和影响程度。这有助于用户准确理解数据质量问题的具体表现。
- 数据质量问题解决方案：报告应该提供对每个数据质量问题的解决方案或建议。这可以包括数据清洗、修复、改进流程等措施，以提供给用户改善数据质量的方案。
- 数据质量趋势分析：报告包括数据质量的趋势分析，比较不同时间段或数据集的数据质量指标，以帮助用户了解数据质量的改进情况和趋势。

- 数据质量改进计划：报告的结尾通常会对数据质量情况做以总结，并提供数据质量改进计划，包括改进措施的优先级、时间表和责任分配等。这有助于制定明确的行动计划，推动数据质量的持续改进。

数据质量报告的内容可以根据具体的业务需求进行定制，其目的是向组织提供关于数据质量的全面评估和建议，以支持相关决策和行动。

3. 数据质量问题根因分析

若数据经过数据质量核查后存在问题数据，则需对问题数据出现的根本原因进行分析，以为后续提升数据质量奠定基础。数据质量问题根因分析方向包括从源头、流转过程和数据应用三方面。

（1）源头分析

明确各类数据的来源，从源头分析是否做到对数据质量的规范化管理：

- 分析是否存在多源头数据：包括信息化系统、纸质清单、电子清单或其他方式的数据，保持多源头数据规范一致性，如定义、数据含义等。
- 分析操作方式是否对数据质量产生影响：人工大量输入数据是导致数据质量发生的重要原因之一，企业应该考虑尽量自动化带入各类信息，以减少人为错误，提升数据质量，如利用第三方接口将标准化数据带入等方式。
- 分析业务数据校验规则是否合理：基于业务规范性要求及行业或国家等监管要求，预设数据校验规则，保障数据在录入的时候满足一定条件，降低数据错误的可能性，比如数据规范性、数据重复性、数据唯一性校验等。
- 分析流程是否正常运行：所有数据从录入到生效均需要按照业务流程进行一定的审核，审核通过的数据才允许进入下一个业务环节，包括但不限于数据发布、变更等所有会影响业务行为的状态。

（2）流转过程分析

明确数据的传输流向，分析数据在传输过程中是否存在引发数据质量问题：

- 分析数据传输要求：明确数据需求方的数据需求，包括信息项、规范、时效等，确保数据传输规范，并按照规范执行。
- 分析数据源和目标侧的数据一致性：根据数据一致性明确数据质量问题的产生环节。

（3）数据应用结果分析

明确数据的应用结果，分析数据在应用过程中是否存在引发数据质量问题：

- 分析处理前后数据的一致性：针对处理前和处理后的数据进行对比分析，明确数据是否在处理过程和二次加工的过程中产生数据质量问题。
- 分析数据加工过程的准确性：根据数据加工处理过程的逻辑进行分析，明确是否存在异常情况导致问题数据产生。

6.5.4 数据质量提升

通常通过两个方面开展数据质量的提升：一方面，根据数据质量问题的根因分析，通过数据标准化、数据清洗、数据解析、数据整合等技术手段提升数据质量；另一方面，应该通过事前预防、事中管控、事后改进的全生命周期管理的管理手段来提升数据质量。

1. 通过技术手段提升数据质量

通过数据标准化、数据清洗、数据解析、数据整合等方式进行数据整改和质量提升。

（1）数据标准化

数据标准化可以帮助企业统一和规范数据的各个方面，制定跨行业通用及行业定制的数据标准，规范从数据采集、录入、传输到处理等全过程，辅助和指导用户进一步更正、修复企业系统中的错误数据，从而使企业应用数据更方便，并使企业内的信息交流更高效。若原数据项已按照数据标准执行，经数据质量核查后，仍发现有问题数据，要及时跟业务对接，避免存在业务发生变化但标准未及时更新的情况，待数据标准更新后，按照新标准继续进行数据质量核查。

（2）数据清洗

在明确了问题数据后，通过分析也可得知相关数据的引入环节，如采集环节、传输环节或者是加工处理环节。根据引入环节的差异采取不同的清洗策略，如去重、补充缺失值、处理异常值等，从而提高数据质量和可用性。

- 重复数据：可通过删除或者合并的方式进行处理。
- 缺失数据：当小数据量的信息缺失时，可通过人工补录的方式完善数据；当大数据量的信息缺失时，可优先考虑自动补录，如其他接口有相关数据信息等，可通过自动化手段进行补录。
- 异常数据：包括数据不一致、数据不准确、数据无效等，需根据业务实际情况进行修正和完善。

（3）数据解析

若数据存在异常格式无法明确数据内容时，可通过技术手段对其进行解析，基于解析后的数据可进行数据质量提升优化。常见的解析格式包括 CSV、JSON、XML、正则表达式、数据库等，将数据转换为结构化数据后，按照数据标准和业务定义对数据进行优化和清洗，达到企业对数据质量的要求。

（4）数据整合

若数据无法通过直接修改其内容达到数据质量的要求，那么就需要根据实际情况进行数据整合，如以下几类情况：

- 数据项是通过加工得来的，非直接数据，需要梳理加工过程，明确是哪个加工环节中出现问题，通过修改数据加工整合逻辑来完成数据质量的提升。

- 部分重复数据无法直接明确删除哪项，需要通过数据整合的方式进行数据处理。
- 数据由第三方系统进行标准化，可通过比对第三方系统数据与企业的原始数据，确保数据的完整性与有效性，若不正确则进行数据整合即可。

2. 通过管理手段提升数据质量

数据质量管理是通过贯穿数据全生命周期进行主动管理。整个数据质量管理阶段可以分为：事前预防、事中管控、事后改进。

（1）事前预防

数据质量管理若想做到事前预防，需要从规范体系、业务流程、架构设计方面做统一梳理和管控。

1）规范体系的梳理和管控内容如下：

- 组织保障体系建设：建立数据质量管理的组织体系，明确角色职责和要求，为角色配备相关人员，定期进行培训和考核，加强相关人员的质量意识，促使相关人员在工作中重视数据质量。
- 建设数据标准体系：明确并落实数据标准体系，可有效预防数据质量问题的发生。
- 定义质量管理流程：如业务需求分析、数据质量核查、根因分析、制定改进方案、优化数据质量等，从流程上保障数据质量的规范性。

2）业务流程的梳理和管控内容如下：

- 需要梳理并明确业务本身的逻辑和流转关系、产生的数据信息、数据间的依赖关系和业务的规划，来判断当前业务流程是否合规、是否有标准规范。
- 根据业务归属明确有效的数据权责机制，明确数据的归口管理部门和相应的岗位职责要求，并配备对应的考核机制，从数据质量问题产生的根源进行管控。

3）架构设计的梳理和管控内容如下：

- 在业务系统架构设计时，需要遵循企业顶层技术规划、数据规划、全局标准要求；在业务系统实现时，需要严格遵从业务一致性和合规性，避免二义性等问题。
- 明确数据需求，根据数据定义、业务规则等进行数据模型的设计和数据校验规则的梳理，避免因技术实现等问题导致数据质量不高。

（2）事中管控

数据质量管理若想做到事中管控，则需要在数据的创建、维护、使用等多环节中进行监控和管理，主要包括以下几方面：

1）源头控制：明确各类数据的来源，从源头控制数据质量，做到数据规范化管理。

- 管理多源头数据：包括信息化系统、纸质清单、电子清单或其他方式的数据，保持多源头数据规范一致性，如定义、数据含义等。
- 减少手动操作：人工大量输入数据是导致数据质量发生的重要原因之一，企业应该考虑尽量自动化带入各类信息，以减少人为错误，提升数据质量，如利用第三方接口将标准化数据带入等方式。

- 明确业务数据校验规则：基于业务规范性要求及行业或国家等监管要求，预设数据校验规则，保障数据在录入的时候满足一定条件，降低数据错误的可能性，比如数据规范性、数据重复性、数据唯一性校验等。
- 增加流程管控：所有数据从录入到生效均需要按照业务流程进行一定的审核，审核通过的数据才允许接入下一个业务环节，包括但不限于数据发布、变更等所有会影响业务行为的状态。

2）流转过程控制：明确数据的传输流向，在传输过程中进行管控。

- 明确数据传输要求：明确数据需求方的数据需求，包括信息项、规范、时效等，确保数据传输规范，并按照规范执行。
- 定期核查数据质量：根据明确的数据质量规范进行定期核查，并根据业务变化不断提升数据质量，保障数据和业务的一致性。

(3) 事后改进

数据质量即便是在前期和中期都进行了管控，也难以保证不会再出现问题，即使是同样的数据，在不同的业务场景中的业务定义和规则也不相同。当数据质量问题产生后，需要依托于业务场景进行分析、核查、管控和改进，使数据质量形成闭环管理。

6.5.5 数据质量管理评估

数据质量管理的成效如何离不开科学的评估。以下介绍数据质量管理评估指标、评估指标体系和评估方法。

1. 数据质量管理的评估指标

数据质量管理评估需要一套数据评估指标。根据 DAMA-DMBOK，数据质量管理的评估指标应考虑以下特征：

- 可度量性。数据质量管理评估指标必须是可度量的——它必须是可被量化的东西。例如，数据相关性是不可度量的，除非设置了明确的数据相关性标准。即便是数据完整性这一指标也需要得到客观的定义才能被度量。预期的结果应在离散范围内可量化。
- 业务相关性。虽然很多东西是可测量的，但并不能全部转化为有用的指标。指标需要与业务操作或性能相关。如果指标不能与业务操作或性能紧密相关，那么它的价值是有限的。每个数据质量管理评估指标都应该与数据对关键业务期望的影响相关联。
- 可接受性。数据质量管理评估指标构成了数据质量的业务需求，根据已确定的指标进行量化是评估数据质量管理水平的有力证据。根据指定的可接受性阈值确定数据是否满足业务期望。
- 问责和管理制度。关键利益相关方（如业务所有者和数据管理专员）应理解和审核指标。当评估结果显示质量不符合预期时，会通知关键利益相关方。业务数据所有者对此负责，并由数据管理专员采取适当的纠正措施。

- 可控制性。指标应反映业务的可控方面。换句话说，如果评估结果超出合理范围，它应该触发行动来改进数据。如果没有任何响应，那么这个指标可能没有什么用处。
- 趋势分析。指标使组织能够在一段时间内评估数据质量改进的情况。跟踪有助于数据质量团队成员监控数据质量 SLA 和数据共享协议范围内的活动，并证明改进活动的有效性。一旦信息流程稳定后，就可以应用统计过程控制技术发现改变，从而实现评估结果和技术处理过程的可预测性变化。

2. 数据质量管理的评估指标体系

数据质量管理业务特性是从业务角度对组织数据进行评估。数据质量管理的评估指标体系主要包括以下内容：

- 真实性。真实性是指数据库中的实体必须与对应的现实世界中的对象一致，以样本数据的真实数据为衡量标准。
- 精确性。精确性是指数据精度符合业务需要，以样本数据满足业务对精度需求的比率为衡量标准。
- 一致性。一致性是指数据与其他系统（或者系统内部）一致，以样本数据不同存储的匹配率为衡量标准。
- 可理解性。可理解性是指数据含义明确和易于理解，以样本数据易于理解的记录比率为衡量标准。
- 可用性。可用性是指数据可获得、可满足业务使用，以样本数据可获得记录的比率为衡量标准。

3. 数据质量管理的评估方法

数据质量管理的评估一般采用给每个指标分配一个权重，然后对每个指标进行评估和打分，最终得出一个综合评分的评估方法。例如，可以采用 0～100 分的评分体系，其中每个指标的权重可以根据实际情况进行分配。在评估过程中，可以通过数据质量工具和技术来辅助评估和打分，以确保评估的准确性和可靠性。

6.6　数据安全管理：安全地使用数据

6.6.1　构建以元数据为基础的分类分级管控体系

数据从生产系统采集并汇聚到大数据平台，产生的数据源表、数据报表以及字段数量是惊人的。哪些数据资产可以内部开放共享，哪些数据资产需要严控授权和加强保护，需要对数据进行系统化的梳理归类和等级划分。我们需要建立相应的分类标准，对数据进行梳理归类，需要建立相应的等级标准及等级分级规则对数据进行等级划分，从而在大数据平台及业务系统中实现数据表的分类和分级。在企业开展数据分类分级过程中，我们一般分三个阶段实施。

1. 第一阶段：定标准

数据分类分级第一阶段的主要工作是明确数据分类的框架，并厘清需要重点参考的数据安全定级规则、数据分类分级参考标准和数据分类分级参照标准清单。

（1）数据分类框架

数据分类具有多种视角和维度，其主要目的是便于数据管理和使用，需要结合企业的组织及系统建设情况，将数据划分为不同的业务领域和系统领域。

数据分类框架需要考虑企业业务架构及数仓主题架构。一般集团性企业需要从集团业务版块出发：首先对业务领域细分，可按照集团的业务价值链进行划分；其次对数据细分，形成"从总到分"的树形逻辑体系结构；最后对分类后的数据字段明确定级，可从业务对象包含的特征属性进行定级，采取就高原则对业务对象进行初步定级。同时考虑到数据分类分级的落地管控，需要细化到逻辑对象及属性，定位数据所在的系统数据库、数据表及具体的数据字段。

① 业务分类，明确数据 Owner 和定责。根据公司组织及业务情况，按照公司的业务版块进行分类，划分业务域和业务主题域，明确每个业务域和业务主题域的数据 Owner。数据 Owner 作为该业务域或业务主题域的数据安全负责人，承担本业务域或业务主题域的数据资产梳理和数据分类分级管控工作。

② 数据资产梳理，对数据资产目录进行定级。基于数据资产目录可以识别数据管理责任，解决数据问题争议。数据资产目录能够以可视化的方式展示企业的核心数据资产，帮助企业更好地管理和利用数据。业界比较成熟的数据资产目录是基于企业架构的数据资产目录，如图 6-11 所示。

L1 为主题域分组也叫业务域，是描述公司数据管理的最高层级分类。业界通常有两种数据资产分类方式：基于数据自身特征边界进行分类和基于业务管理边界进行分类。为了强化企业内业务部门的数据管理责任，更好地推进数据资产建设、数据治理和数据消费建设，一般采用基于业务管理边界进行分类的方式，有利于更好地推进各项数据工作。

L2 为主题域，是互不重叠的数据分类，管辖一组密切相关的业务对象，通常同一个主题域有相同的数据 Owner。

L3 为业务对象，是数据资产目录的核心层，用于定义业务领域重要的人、事、物，目录建设和治理主要围绕业务对象开展。

L4 为逻辑数据实体，是指描述一个业务对象在某方面特征的一组属性集合，对应数据建模的逻辑表模型，可能涉及多个业务系统的多个物理表。

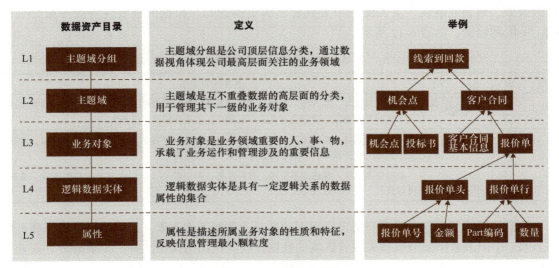

图 6-11　数据资产目录

L5 为属性，是数据资产目录的最小颗粒，用于客观描述业务对象在某方面的性质和特征，对应数据模型的表字段，也是数据定级的最小颗粒。

（2）数据安全定级规则

1）数据安全等级划分标准。数据安全等级划分标准包括外部公开、内部公开、秘密、机密、绝密五个等级，具体等级描述如表 6-11 所示。

表 6-11　数据安全等级划分标准

等　级	定　义	描　述
第 1 级	绝密	这是极度敏感的信息，如果受到破坏或泄露，可能会使组织面临严重财务或法律风险，例如财务信息、系统或个人认证信息等
第 2 级	机密	这是高度敏感的信息，如果受到破坏或泄露，可能会使组织面临财务或法律风险，例如信用卡信息、用户个人信息、商业秘密、员工的敏感个人信息、产品开单价等
第 3 级	秘密	受到破坏或泄露的数据可能会对运营产生负面影响，例如与合作伙伴和供应商的合同、员工背景调查等
第 4 级	内部公开	非公共披露的信息，例如销售手册、组织结构图、对外公开的与工作开展有关的员工信息等
第 5 级	外部公开	可以自由公开披露的数据，例如市场营销材料、对外公开的联系信息、公开的价目表等

2）数据安全定级规则。数据安全定级需要考虑数据的重要性和敏感性。数据的重要性是制定数据安全定级规则的首要考虑因素，不同的数据对于不同的组织和个人来说，其重要性是不同的。对于企业来说，重要的数据丢失或破坏，会造成企业业务中断，影响企业对客

户的服务，对企业造成严重的经济损失或者品牌负面影响。数据的重要性等级一般分为严重、一般和轻微，如表 6-12 所示。

表 6-12　数据的重要性描述

等　级	定　义	重要性的描述
3	严重	数据遭到破坏、篡改或不可用，会造成业务中断，需要较长的时间进行弥补和修复或是无法弥补和修复，涉及业务及客户范围广，使企业蒙受严重损失
2	一般	数据遭到破坏、篡改或不可用，会对业务运行造成严重影响，可以弥补和修复，涉及某个领域的业务及客户，但会对企业造成一定的损失
1	轻微	数据遭到破坏、篡改或不可用，涉及业务及客户量小，会对业务造成轻微影响，数据可以修复，损失可以忽略

数据的敏感性是制定数据安全定级规则的另一个重要考虑要素。敏感数据是指那些可能对个人、组织或者国家造成损失或者影响的数据。政府机构的机密文件、军事机密、商业机密等都属于敏感数据。敏感数据泄露可能造成严重的影响或者面临严重的法律诉讼。数据的敏感性的等级一般分为高、中和低，如表 6-13 所示。

表 6-13　数据的敏感性描述

等　级	定　义	敏感性的描述
3	高	数据包含企业高级机密或国家法规要求的不可泄露信息，其敏感性极高。此类数据或信息被泄露或破坏所带来的后果是不可接受的，将带来严重的影响或者面临严重的法律诉讼
2	中	数据包含企业内部信息和部门关键信息，其本身具有一定的敏感性。此类数据或信息被泄露或破坏所带来的后果是可接受的，但可能会影响到企业的利益
1	低	数据不包含敏感信息，可以在一定范围内公开，但是仍然需要保证数据不被破坏和篡改

在制定数据安全定级规则时，需要结合数据的重要性等级和敏感性等级进行数据安全定级，如表 6-14 所示。

表 6-14　数据安全定级规则

重　要　性	敏　感　性		
	3	2	1
3	绝密	机密	秘密
2	机密	秘密	内部公开
1	秘密	内部公开	外部公开

3）数据安全定级调整其他因素。针对应用系统的数据库、数据表及数据字段的定级，需要根据数据对企业的重要性（数据的影响程度）与数据的敏感性，进行评估判定。多个

领域或者企业的数据汇聚会提升数据的影响，应根据影响调高数据的分级等级。生产数据脱敏或标签化后，降低了原有数据的敏感性，可重新评估并调低数据的等级。个人敏感信息相关的定级如表 6-15 所示。

表 6-15　个人敏感信息定级

序　号	数据对象	最低参考级别
1	个人敏感信息	不低于绝密
2	一般个人信息	不低于秘密
3	组织内部员工个人信息	不低于秘密
4	有条件开放和共享的公共数据	不低于秘密
5	禁止开放和共享的公共数据	不低于绝密
6	去标识化的个人信息	不低于秘密
7	匿名化个人信息	不低于公开
8	个人标签信息	不低于秘密
9	处理 100 万人以上个人信息的数据处理者，按照重要数据处理者进行管理，应满足重要数据保护要求	不低于绝密

（3）数据分类分级参考标准

前面介绍了数据分类框架和定级规则，针对不同行业、组织和企业，都有不同的数据分类分级参考框架、标准及策略。当前，为指导数据分类分级工作的推进落实，各行业、各领域纷纷制定相关标准和规范，如表 6-16 所示。

表 6-16　近几年数据分类分级相关标准和规范

发布时间	名　称	发　布　方
2018 年 9 月	《证券期货业数据分类分级指引》（JR/T 0158—2018）	中国证券监督管理委员会
2020 年 2 月	《工业数据分类分级指南（试行）》	工业和信息化部办公厅
2020 年 4 月	《信息技术　大数据　分类指南》（GB/T 38667—2020）	国家市场监督管理总局、国家标准化管理委员会
2020 年 9 月	《金融数据安全　数据安全分级指南》（JR/T 0197—2020）	中国人民银行
2020 年 12 月	《基础电信企业数据分类分级方法》（YD/T 3813—2020）	工业和信息化部
2021 年 5 月	《基础电信企业重要数据识别指南》（YD/T 3867—2021）	工业和信息化部
2021 年 7 月	《数字化改革　公共数据分类分级指南》（DB33/T 2351—2021）	浙江省市场监督管理局
2021 年 10 月	《重庆市公共数据分类分级指南（试行）》	重庆市大数据应用发展管理局
2021 年 12 月	《网络安全标准实践指南——网络数据分类分级指引》	全国信息安全标准化技术委员会秘书处
2022 年 3 月	《信息安全技术　重要数据识别指南》（征求意见稿）	国家市场监督管理总局、国家标准化管理委员会
2022 年 9 月	《信息安全技术　网络数据分类分级要求》（征求意见稿）	国家市场监督管理总局、国家标准化管理委员会

以上标准和规范通过明确数据分类分级工作的原则、方法、定义，并在此基础上给出部分分类分级示例，进一步细化国家关于数据分类分级工作的要求，推动该项工作在不同行业、企业及组织机构的落地实施。中国证券监督管理委员会发布的《证券期货业数据分类分级指引》（JR/T 0158—2018）和中国人民银行发布的《金融数据安全数据安全分级指南》（JR/T 0197—2020），都详细列出企业的数据分类和最低安全级别参考标准，为企业数据分类分级提供了具体可参考的分类清单和最低定级参考标准，这也体现了金融证券行业的高度规范性和标准化。但是在其他行业，特别是监管标准化比较弱的行业，对数据分类分级的标准非常难以达成统一的规范，仅能提供数据分类分级的工作的一般方法和策略。这也是数据分类分级在很多传统企业非常难以落地的困难所在。

针对集团性企业，一般会涉及多个行业及经营版块，每个行业都有各自的数据分类分级规范和要求，因此，我们需要从大的方面对企业数据进行分类。一般企业都可以参考如表 6-17 所示的数据分类。

表 6-17　企业数据分类

数据源头划分	主体对象划分	关　注　点
内部产生数据	个人信息数据	个人隐私保护相关的数据合规问题
	企业经营管理数据	国家安全、企业生产经营相关的数据保护
外部引入数据	第三方购入数据	第三方数据源头的合法合规性问题

企业的数据产生源头一般为企业内部和外部引入。而企业内部数据，在目前个人信息保护和隐私合规日趋严格的今天，是企业数据合规需要重点关注的。企业内部产生的经营管理数据，需要关注是否为涉及国家安全、公众权益和企业利益的重要核心数据。另外，针对外部购买引入的第三方数据，需要重点关注第三方提供数据的源头是否合法合规。因此，我们可以依据数据源头及关注点，将企业数据划分为：个人信息、公司经营信息和外部信息。

1）个人信息。个人信息是《中华人民共和国个人信息保护法》和《中华人民共和国数据安全法》重点保护的数据。关于个人信息的分类，可参考《网络安全标准实践指南——网络数据分类分级指引》，个人信息分类示例如表 6-18 所示。

表 6-18　个人信息分类标准

数据分类				示 例 数 据
一级分类	二级分类	三级分类	四级分类	
用户	一般个人信息	个人基本资料	个人基本资料	姓名、生日、年龄、性别、民族、国籍、籍贯、婚姻状况
用户	敏感个人信息	个人基本资料	个人基本资料	家庭关系、住址、电话号码、电子邮件
用户	敏感个人信息	个人身份信息	个人身份信息	身份证、军官证、护照、驾驶证、工作证、出入证、社保卡、居住证、港澳台通行证、证件有效期、证件照片、证件影印件

（续）

数据分类				示例数据
一级分类	二级分类	三级分类	四级分类	
用户	敏感个人信息	个人生物识别信息	个人生物识别信息	人脸、指纹、步态、声纹、基因、虹膜、笔迹、掌纹、耳廓、眼纹以及经处理可识别特定个人的生物识别数据
用户	一般个人信息	网络身份标识信息	网络身份标识信息	用户账号、用户 ID、即时通信账号、网络社交用户账号、用户头像、昵称、个性签名、IP 地址、账户开立时间
用户	一般个人信息	个人健康生理信息	健康状况信息	体重、身高、体温、肺活量、血压、血型
用户	敏感个人信息	个人健康生理信息	个人医疗信息	病症、住院志、医嘱单、检验报告、体检报告、手术及麻醉记录、护理记录、用药记录、药物食物过敏信息、生育信息、以往病史、诊治情况、家族病史、现病史、传染病史、吸烟史
用户	一般个人信息	个人教育工作信息	个人教育信息	学历、学位、入学日期、毕业日期、学校、院系、专业、成绩单、资质证书、培训记录
用户	一般个人信息	个人教育工作信息	个人工作信息	职业、职位、职称、工作单位、工作地点、工作经历、工资、工作表现、简历
用户	敏感个人信息	个人财产信息	金融账户信息	银行卡号、支付账号、银行卡磁道数据、银行卡有效期、证券账户、基金账户、保险账户、其他财富账户、公积金账户、公积金联名账号、账户开立时间、开户机构、账户余额、支付标记信息

2）公司经营信息。公司经营信息主要是公司内部生产运营和经营管理产生的数据，可根据公司的职能领域进行划分，例如工业制造型企业一般将企业职能领域划分为：用户、研发、制造、品质、供应链、内销、外销、物流、金额、财经、HR、IT 管理。公司经营信息可参考职能领域和公司数据资产目录进行细分，如图 6-12 所示。

3）外部信息。企业日常经营一般引入外部信息，主要包括：企业工商、司法行政、企业舆情、行业市场和金融债券等信息。例如：企业相关信息（包括企业工商信息、司法诉讼风险）、电商平台信息、电商广告投放信息和行业资讯信息等。此类信息会根据不同用途引入不同数据，需要根据具体的业务应用和引入数据进行具体分类，在此就不详细介绍。

（4）数据分类分级参照标准清单

前面介绍了数据分类框架、数据安全定级规则以及数据分类分级参考标准。企业需要组织相关的业务、IT 及法律合规人员，对企业数据进行分类梳理和分级，形成企业内部的数据分类分级参照标准清单，具体格式如表 6-19 所示。

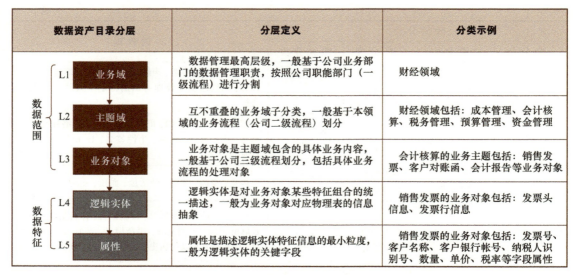

图6-12　公司数据资产目录分类框架

表6-19　数据分类分级参照标准清单

数据类型 L0	一级分类 L1	二级分类 L2	三级分类 L3	四级分类 L4	数据对象/数据特征说明	合规建议定级
个人信息	用户	一般个人信息	个人基本资料	个人基本资料	姓名、生日、年龄、性别、民族、国籍、籍贯、婚姻状况	机密
个人信息	用户	敏感个人信息	个人基本资料	个人基本资料	家庭关系、住址、电话号码、电子邮件	机密
……	……	……	……	……	……	……

数据分类分级参照标准清单是根据企业外部的数据合规监管要求以及内部的数据保护需求，形成的一个数据分类分级的规范，是企业需要重点关注和保护的数据目录清单，数据分类分级参照标准清单包括以下属性：

- 数据类型L0：是从数据来源及监管重点考虑的，分为个人信息、企业经营信息和外部信息。
- 一级分类L1：数据一级分类。企业经营信息可参考企业的数据资产目录的一级分类，即业务域或者业务领域组分类。
- 二级分类L2：数据二级分类。企业经营信息可参考企业数据资产目录二级分类，即主题域划分。
- 三级分类L3：数据三级分类。企业经营信息可参考企业数据资产目录三级分类，即业务对象划分。

- 四级分类 L4：数据四级分类。企业经营信息可参考企业数据资产目录四级分类，即逻辑实体划分。
- 数据对象/数据特征说明：主要描述数据定级依赖的数据特征属性，即最高定级的字段，一般业务对象或逻辑对象的定级是依据其包含的数据安全等级最高的字段，即数据定级就高原则。
- 合规建议定级：根据行业监管要求及企业内部管理要求，业务、IT 及法律合规人员共同讨论达成的定级建议，可以作为该类数据的最低定级参考。

2. 第二阶段：搭平台

在前面我们系统介绍了企业的数据分类框架、数据安全定级规则、数据分类分级参考标准以及数据分类分级参照标准清单，为了落地这些数据分类分级标准内容，我们需要对各系统的数据进行梳理，并识别出我们需要重点保护的数据清单，参照分类分级标准，对其定级和分级管控，也就是我们要定位哪些系统涉及哪些需要重点保护的数据，以及它们都存储在哪个数据库、数据表中。

要定位重点保护的数据落在哪个系统、哪个数据表，对于高度信息化的企业来说，都是一个工作量巨大的工程，依靠人工梳理，工作量巨大且不一定完整，需要通过自动化的数据分类分级识别工具进行自动化识别。一般的识别方式包括：基于数据内容特征匹配和基于元数据定义规则识别，如图 6-13 所示。

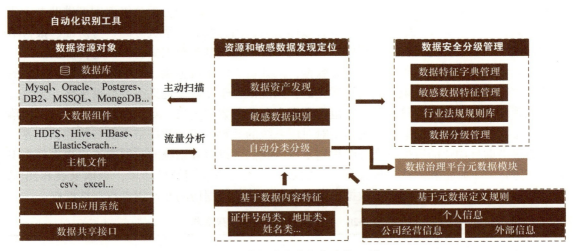

图 6-13　数据分类分级自动化识别

通过自动化的数据分类分级识别工具，可以配置需要识别的数据库的数据源，配置信息中的数据库账号需要有全库的只读权限。自动化的数据分类分级识别工具可根据扫描任务的配置情况，定期定时扫描全库的数据，并按照分类分级标准识别数据并定级。分类分级标准，可以配置到自动化的数据分类分级识别工具中。识别规则一般包括数据内容识别和元数据识别，如图 6-14 所示。

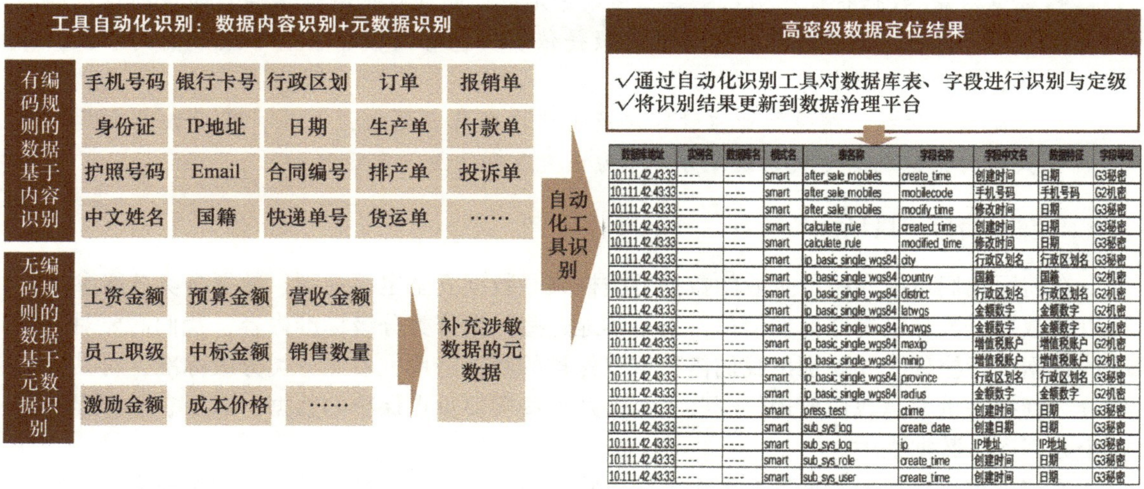

图 6-14　自动化识别规则

针对涉及具有编码规则的一些业务对象或逻辑对象的数据表，可以根据其编码规则设计正则表达式匹配规则。通过数据内容采样的方式进行数据内容特征识别，从而识别其是手机号码还是身份证或者业务订单等信息。基于个人敏感信息保护的分类分级识别可借助自动化识别工具，不用依赖于元数据的定义或者数据字典，因为姓名、手机号码、身份证、银行卡号和详细地址等字段是具有编码规则及特征的，可以直接基于数据内容特征进行识别。

但是对于没有编码规则的一些敏感数据，例如员工的工资金额、员工奖金福利和产品的生产成本等，机器是无法识别其内容属性的，只能依赖于元数据定义或者数据字典。企业在信息化管理过程中，如果没有形成规范的数据字典或元数据定义，对此类数据分类分级的落地，也是非常困难的，前置任务是需要对对应系统的元数据或者数据字典进行梳理和补齐。

通过借助自动化的数据分类分级识别工具，我们可以对各系统的数据库进行初步分类识别，并进行人工判定和确认，形成各系统的数据分类分级识别结果清单，具体见表 6-20 基于此清单，我们需要对高密级的数据加强安全防护，对数据访问和使用进行严格授权。

表 6-20　数据分类分级识别结果清单

数据库地址	实例名	数据库名	模式名	表 名 称	字 段 名 称	字段中文名	数据特征	字段等级
10.111.42.43:33	……	……	smart	after _ sale _ mo-biles	create_time	创建时间	日期	G3 秘密
10.111.42.43:33	……	……	smart	after _ sale _ mo-biles	mobilecode	手机号码	手机号码	G2 机密

（续）

数据库地址	实例名	数据库名	模式名	表 名 称	字段名称	字段中文名	数据特征	字段等级
10.111.42.43:33	……	……	smart	after_sale_mobiles	modify_time	修改时间	日期	G3 秘密
10.111.42.43:33	……	……	smart	calculate_rule	created_time	创建时间	日期	G3 秘密
10.111.42.43:33	……	……	smart	calculate_rule	modified_time	修改时间	日期	G3 秘密
10.111.42.43:33	……	……	smart	ip_basic_single_wgs84	city	行政区划名	行政区划名	G3 秘密
10.111.42.43:33	……	……	smart	ip_basic_single_wgs84	country	国籍	国籍	G2 机密
10.111.42.43:33	……	……	smart	ip_basic_single_wgs84	district	行政区划名	行政区划名	G2 机密
10.111.42.43:33	……	……	smart	ip_basic_single_wgs84	latwgs	金额数字	金额数字	G2 机密
10.111.42.43:33	……	……	smart	ip_basic_single_wgs84	lng_wgs	金额数字	金额数字	G2 机密
10.111.42.43:33	……	……	smart	ip_basic_single_wgs84	maxip	增值税账户	增值税账户	G2 机密
10.111.42.43:33	……	……	smart	ip_basic_single_wgs84	minip	增值税账户	增值税账户	G2 机密
10.111.42.43:33	……	……	smart	ip_basic_single_wgs84	province	行政区划名	行政区划名	G3 秘密
10.111.42.43:33	……	……	smart	ip_basic_single_wgs84	radius	金额数字	金额数字	G2 机密
10.111.42.43:33	……	……	smart	press_test	ctime	创建时间	日期	G3 秘密
10.111.42.43:33	……	……	smart	sub_sys_log	create_date	创建日期	日期	G3 秘密
10.111.42.43:33	……	……	smart	sub_sys_log	ip	IP 地址	IP 地址	G3 秘密
10.111.42.43:33	……	……	smart	sub_sys_role	create_time	创建时间	日期	G3 秘密
10.111.42.43:33	……	……	smart	sub_sys_user	create_time	创建时间	日期	G3 秘密

3. 第三阶段：落数据

第一阶段和第二阶段，我们分别制定了数据分类分级标准、搭建了数据分类分级自动化识别工具，第三阶段我们就需要借助工具，对各应用系统和大数据平台的数据进行识别和定位，将数据分类分级标准落地到各系统数据库及大数据数据库层面。

大数据平台作为企业的数据汇聚存储平台及数据分析平台，是数据应用的主要承载系统。以大数据平台数据分类分级为例，介绍数据分类分级落地数据的实施方案，需要考虑大数据平台的存量数据和新增数据的分类分级。大数据平台的数据分类分级结果如图 6-15 所示。

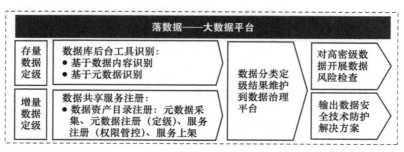

图 6-15　大数据平台的数据分类分级结果

（1）存量数据定级

存量数据，即已经存储在大数据数据库中的历史数据。这类数据需要进行初始化的全库扫描识别。基于数据内容特征或者元数据定义对大数据存量的数据库、数据表进行全库扫描识别，并将分类分级的结果回写更新到数据治理平台元数据管理模块中。对于个人信息保护相关分类分级扫描识别，直接采用基于数据内容特征的识别方法。其他类型的数据扫描识别需要借助大数据数据字典及元数据定义，根据元数据定义及字段命名规范，进行初步的识别和梳理，最终完成全库的分类分级扫描识别。

（2）增量数据定级

增量数据，即准备通过数据采集脚本采集入数据库的数据。一般企业的数据采集都是基于数据应用需求而进行采集的，对采集入数据库的数据，需要进行分类分级和数据安全管控。若某个数据应用需要用到某个数据报表，直接通过分配数据库账号进行访问，完全将数据库暴露给数据应用，且缺乏对数据报表的安全防护措施，采用数据服务接口方式可以对接口的访问字段、访问权限及访问频次等进行精准管控，还可详细记录数据服务接口的访问日志，方便对数据进行精准的数据安全管控。

以数据应用为驱动的新增数据报表为例，我们需要在数据应用上线前按照数据资产目录的注册步骤，依次完成元数据的注册和服务上架配置定义：

1）元数据采集：根据日常业务分析需要，数据治理平台的元数据采集模块会定期采集、更新业务系统的最新的技术元数据信息，包括表的字段物理名、字段类型、字段长度等技术属性。

2）元数据注册：根据数据应用的需要，补齐数据表和字段的业务元数据、管理元数据和安全元数据，包括表的业务域、主题域、业务对象、中文名称、安全等级、隐私等级等。其中安全等级分为外部公开、内部公开、秘密、机密、绝密五个等级，隐私等级分为非个人数据、一般个人数据和个人敏感数据三个等级。

3）服务注册：根据数据应用的需要，将需要共享的数据表以注册 API 的方式，共享给前端数据应用使用。服务注册是通过参数配置的方式实现数据共享服务接口的定义，包括服务的功能介绍，服务接口的数据来源、数据计算口径和计算公式，以及数据的更新频次等。

4）服务上架：数据服务维护人员根据元数据注册及服务注册的信息编写数据采集脚本，并定义数据定时采集和处理的脚本，通过定时脚本的执行，数据服务对应的数据就会定期从业务系统采集到大数据平台，并将计算结果返回给数据应用对应的报表，实现数据服务的上架。

针对涉及敏感信息的数据服务，在接口服务申请的时候，数据应用安全管控模块会根据数据服务接口的安全等级，将数据服务权限申请推送到不同管理级别的领导审批，当涉及个人敏感数据的时候，需要公司 DPO（首席数据保护官）审批，从而在服务端控制住敏感数据的调用。

以数据应用为驱动的元数据采集和服务注册，通过数据分级分类定义和分级授权管控，实现数据的安全高效应用。

6.6.2　数据安全全链路可视防护体系

数据从生产系统采集并汇聚到大数据平台，再通过大数据平台的处理、分析和加工，形成有价值的数据资产和数据应用产品，支持企业的生产运营，其间经历了数据的采集、传输、存储、处理、共享和销毁，涉及的操作人员及处理环节过长，存在数据泄露及滥用的风险，需要构建一个数据安全全链路可视防护体系，达到数据资产可见、数据资产流向可知、数据安全风险可管、数据安全态势可控。

通常情况下，在企业应用中，业务系统定位为生产运营支撑系统，一般处理事务性的业务逻辑，而大批量的离线数据查询和数据分析，一般用大数据平台支撑。企业会通过构建集中统一的大数据平台支持企业的数据查询及分析挖掘服务，并为企业管理层提供决策支持。

由于大数据平台是集团性企业的数据汇聚中心、数据处理中心和数据交换服务中心，其中汇聚了企业的大量的有价值的数据。大数据平台采集了哪些业务数据，这些数据是如何存储、如何传输的，其间经过了哪些操作人员的加工处理，哪些人申请了这些表的共享权限，并对数据进行了哪些查询和导出的行为等，这些都是大数据安全管控的难点，一旦大数据平台的数据发生泄露，会带来不可估量的影响。

因此，我们需要一个数据安全的信息化支持平台，能够梳理和识别企业数据资产，并对数据资产的各种加工、处理及流向的日志进行解析，形成数据全域的安全管控方案。数据安全全链路可视防护体系就是针对大数据汇聚、流动及交换共享过程中产生的数据安全风险推出的数据全流域安全管控方案，从数据、接口、人员三个视角建立规则模型，对数据归集、处理、共享、交换场景下的数据风险进行全域治理和合规监管，建立数据层面从"资产管理→风险感知→合规管理→响应处置"的数据安全监督管控闭环，如图 6-16 所示。

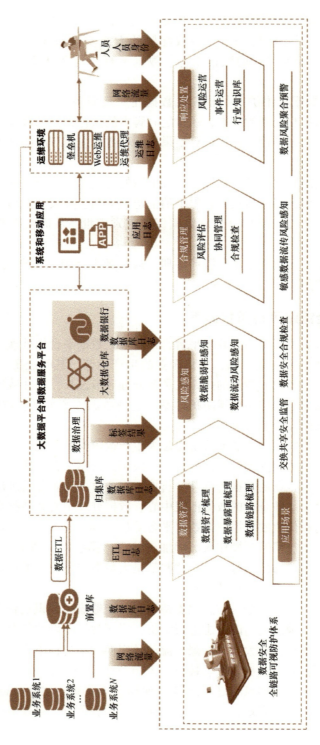

图6-16 数据安全全链路可视防护体系

6.6.3　数据安全组织建设

基于数据治理组织构架，在 IT 部门成立专业化数据安全团队，通过与数据治理组织的协同配合，保证能持续执行数据安全管理工作。制定数据安全的决策机制，界定部门和角色（受众）职责和权限，使数据安全任务有的放矢。灵活设计该组织的结构、规模和形式，协同多方部门积极参与数据安全管理过程。

6.6.4　数据安全制度规范制定

建立数据安全整体方针政策，加强数据资产分级分类和管控，划分敏感数据使用部门和人员角色，限定角色的数据使用场景，制定数据使用场景对应的制度规范、操作标准和模板，并推动执行落地。

6.6.5　数据安全技术架构建立

建立数据安全技术架构，保护计算单元、存储设备、操作系统、应用程序和网络边界各层免受恶意软件、黑客入侵和内部人员窃取等威胁。

- 信息基础设施层保护：认证机制、数据和资源访问控制、用户账户管理、身份管理系统等。
- 应用数据层保护：整个数据生命周期内正确分类和保护存储于数据库、文档管理系统、文件服务器等的敏感数据。
- 内部审计监控层：建立合规管控系统，以监控内部审计系统和数据访问控制是否有效。

6.6.6　数据分类分级设计

大数据时代，数据呈现多源异构的特点，且数据价值各不相同，企业应根据数据的重要性、价值指数等方面对数据予以区分，便于采取不同的数据保护措施，防止数据泄露。因此，数据分类分级管理是数据安全保护中的重要环节之一。

1. 数据分类

数据分类是指根据组织数据的属性或特征，将其按照一定的原则和方法进行区分和归类，并建立起一定的分类体系和排列顺序，以便更好地管理和使用组织数据的过程。数据分类是数据保护工作中的关键部分之一，是建立统一、准确、完善的数据架构的基础，是实现集中化、专业化、标准化数据管理的基础。

2. 数据分级

数据分级是指按照公共数据遭到破坏（包括攻击、泄露、篡改、非法使用等）后对受侵害各体合法权益（国家安全、社会秩序、公共利益以及公民、法人和其他组织）的危害程度，对公共数据进行定级，为数据全生命周期管理进行的安全策略制定。

数据的分类分级是数据合规的必要内容。它是为了降低数据安全风险和满足自身业务需求而设计。一方面，数据经过分类分级之后，企业可以科学合理地划分资源，配备相应的安全风险控制措施，在释放数据资源价值的同时，保护数据安全和个人隐私。通过识别出企业敏感数据，掌握企业敏感数据资产分类、分级、分布情况及各类数据的使用场景，进而可以制定有效的防护措施，平衡数据流动创造价值与数据安全的矛盾，降低企业开展业务的安全风险。最终实现数据资产精细化管理，有效监控敏感数据的动态流向，使数据使用、数据共享行为"可见可控"。另一方面，数据资产精细化管理是数据治理的基础，能够帮助业务部门、在涉及数据处理活动业务场景、制定更为合理的策略，提升业务运营能力，为企业提供精准的数据服务，促使企业业务良性持续发展。而且，数据资产精细化管理必将成为企业业务优化的发力点或突破点，也是企业竞争力之一。

由此可见，数据分类是数据资产精细化管理的第一步。不论是对数据资产进行编目、标准化，还是数据的确权、管理，抑或提供数据资产服务，进行有效的数据分类都是其首要任务。数据分类更多是从业务角度或数据管理的方向考量的，包括行业维度、业务领域维度、数据来源维度、共享维度、数据开放维度等。同时，根据这些维度，将具有相同属性或特征的数据，按照一定的原则和方法进行归类。而数据分级则是按数据的重要性和影响程度区分等级，确保数据得到与其重要性和影响程度相适应的级别保护。影响程度分别是国家安全和社会公共利益、企业利益（包括业务影响、财务影响、声誉影响）、用户利益（用户财产、声誉、生活状态、生理和心理影响）。

因此，建议企业选取影响程度中的最高影响等级为该数据对象的重要敏感程度。同时，数据定级也可根据数据的变化进行升级或降级，例如包括数据内容发生变化、数据汇聚融合、国家或行业主管要求等情况引起的数据升降级。数据分级本质上就是数据敏感维度的数据分类。数据分级说明信息如表 6-21 所示。

表 6-21　数据分级说明信息表

级别	重要程度	影响范围和程度	数据特征描述	备注
5级	极高	数据遭到破坏或泄露后，会对国家安全造成严重损害	数据仅针对特殊人员公开，且仅为必须知悉的对象访问或使用	
4级	高	数据遭到破坏或泄露后，会对公共秩序、公共利益产生严重损害，或对国家安全造成损害	数据仅针对内部人员公开，且仅为必须知悉的对象访问或使用	
3级	较高	数据遭到破坏或泄露后，对个人、企业、社会团体、党政机关及事业单位等产生严重损害，或对公共秩序、公共利益产生损害，但不危害国家安全	数据针对内部人员公开，且仅限内部人员访问或使用	

（续）

级别	重要程度	影响范围和程度	数据特征描述	备注
2级	中	数据遭到破坏或泄露后，会对个人、企业、社会团体、党政机关及事业单位等产生损害，或对公共秩序、公共利益产生轻微损害	数据有条件的公开，可被公众获知、使用	
1级	低	数据遭到破坏或泄露后，对个人、企业、社会团体、党政机关及事业单位等无负面影响，且不危害公共秩序、公共利益和国家安全	数据完全公开，可被公众获知、使用	

　　任何时候，数据的定级都离不开数据的分类。因此，在数据安全治理或数据资产管理领域都是将数据的分类和分级放在一起，统称为数据分类分级。

　　目前，诸如金融、工业、电信、医疗和汽车等行业均已出台了针对性的数据分类分级指南或技术规范。

　　以金融行业为例，其数据分类分级方法主要体现在《金融数据安全 数据安全分级指南》（JR/T 0197—2020）和《证券期货业数据分类分级指引》（JR/T 0158—2018）中，其中前者将数据分成客户、业务、经营管理和监管四类其中：客户分为个人和单位；业务则根据不同的业务线再做细分；经营管理包括营销服务、运营管理、风险管理信息、技术管理、综合管理（员工、财务、行政、机构信息）等；监管包括数据报送和数据收取。如表 6-22 所示。

表 6-22　金融领域的数据分类分级信息表

	分　类	范　围
客户	个人	指自然人对象的信息，包括个人自然信息、个人身份鉴别信息、个人资讯信息等信息
	单位	指团体对象的数据，包括单位基本信息、单位身份鉴别信息、单位标签信息等信息
业务	账户信息	指账户相关数据，如账户的基本信息、计息信息、冻结信息、介质信息和核算信息等
	法定数字货币钱包信息	指法定数字货币钱包相关属性信息
	合约协议	指合同或协议所包含的所有属性信息，如合同法以及商业银行法所规定的基本信息
	金融监管和服务	包括反洗钱业务信息、国库业务信息、货币金银业务信息、存款保险业务信息等
	交易信息	包括交易通用信息、保险收付费信息
经营管理	营销服务	包括产品信息、渠道信息、营销信息
	运营管理	包括安防管理信息、业务运维信息、客户服务信息、单证管理信息等
	风险管理信息	包括风险偏好信息、风险管控信息
	技术管理	包括项目管理信息、系统管理信息
	综合管理	包括战略规划信息、招聘信息、员工信息、机构信息等
监管	数据报送	包括监管报送信息
	数据收取	包括评价、处罚与违规信息，外部审计信息等

其中需要特别提出的是，数据的分类分级并不一定要很复杂。事实上，最佳的数据分类分级实践是将数据按照敏感程度或受影响的程度划分成 3~5 个等级即可。当企业使用过于复杂或太过随意的数据分级方法时，往往会使数据管理陷入越来越混乱的境地。

6.6.7 数据脱敏加密防护

针对数据安全的防护，并不是单一保护措施就能够解决的，而是需要从数据收集生成、数据使用、数据传输、数据存储、数据分享与披露、数据销毁整个生命周期去考虑，将需要的控制方法和理念融入产品的开发过程、技术体系搭建及流程设计体系之中。数据加密及数据脱敏是数据安全防护常用的保护策略，其中数据存储加密只说明结构化数据加密的部分，非结构化数据的加密及鉴权并不进行涉及。

1. 数据脱敏

数据脱敏是按照一定规则对数据进行变形、隐藏或者部分隐藏的数据处理方式，让处理后的数据不会直接泄露原有数据的敏感属性，从而实现对于敏感及机密数据的保护。以手机号举例，完整的手机号为 11 位存在一定规律性的数字字段，那么脱敏后的手机号可能就是 "138 * * * * * 413"，即用 " * " 替代了中间的数字。

目前主流的脱敏方案主要存在以下几种：

- **API 脱敏**：提供的方式较为标准化，且能够支持不同的脱敏需求，同时依赖于针对整体接口的统计及配置接入，防止出现遗漏从而达到整体脱敏效果。
- **数据库视图**：可实现动态脱敏方案，适用于 Web 应用场景，逻辑可封装在视图中，便于维护开发，但是碰到较为复杂的脱敏逻辑时，其占用的空间成本及性能开销都会较为凸显。
- **JS 前端脱敏**：实现成本最低，能够快速实现脱敏需求，实际为伪脱敏，容易被外部攻击者进行还原，并未起到真正脱敏的效果。
- **匿名去标识化脱敏**：实现相对简单，不需要复杂的算法和技术支持，使用场景主要集中于数据集发布或共享，因泛化及抑制的限制，匿名化数据的效用会被降低，特定查询无法进行造成信息损失。

总之，考虑到脱敏应当尽量从源头进行脱敏的原则，以及实际业务场景仍然可能需要查看明文数据的情况，选择 API 脱敏的方案是目前的最优解。

2. 数据加密

数据存储作为原始数据的基础保存形式，需要被作为源头保护起来。数据加密主要的目的就是防止原始数据被窃取之后导致的敏感数据泄露，例如数据库文件经过加密，即使在外部攻击者拿到文件后，也无法进行解密，从而使敏感数据不至于泄露。

针对数据加密算法的选择工作，主要会出现以下几种选项和考虑内容：

采用国际通用加密算法还是采用目前国内规定的国密算法。主要的业务背景在于，随着《中华人民共和国密码法》的落地，国内针对关键基础设施的密码保护要求出现了一定的变化，所以是否必须使用国密算法，核心点在于该企业或者机关单位是否为认定的关键基础设施，如果一经认定，那么使用国密算法是较为稳妥的选择。

采用非对称加密算法还是采用对称加密算法。非对称加密算法和对称加密算法在实际业务场景中存在各自的优缺点，例如：对称加密算法相较于非对称加密算法来说其加解密速度更快，更适用于大规模数据的加解密操作；而非对称算法则相反，其更适用于小规模数据的加解密操作或进行数据签名操作。在实际的加解密方案选择中，两者会结合使用，即使用对称加密大规模业务数据，使用非对称保护密钥及校验加密数据内容。

采用加密强度最高的算法还是采用强度相对适中的算法。并不是强度越高的算法在实际业务运用中就安全性越高，还需要出于业务性能、可用性、以及高强度算法本身缺陷等多方面的考虑，故在实际的业务场景中，需要以实际业务数据进行加解密性能测试后进行选择。

6.6.8　业务环节行为管控

结合数据流相关的业务流程，加强数据在访问、运维、传输、存储、销毁各环节的数据安全保护举措。

- 及时梳理和更新数据资产清单，增加或修改核心数据资产信息及安全访问角色。
- 监控数据安全指标，加强敏感数据的用户访问行为管控。
- 主动响应最新合规需求，新增或移除数据安全管控策略。
- 当业务模式或组织结构发生变化，及时调整敏感数据的访问权限和行为方式。
- 建全高效数据安全组织结构，调整和持续执行数据安全策略和规范。

6.6.9　数据审计内部稽核

对过程化主要场景，如开发测试、数据运维、数据分析、应用访问、特权访问等，引入量化内部审计手段和稽查工具进行定期的内部审计和稽核。

- 合规性检测，确保数据安全政策有效执行。
- 对操作过程数据安全进行监管和稽查。
- 监管和稽查数据访问账号和用户权限。
- 加强业务单位和运维部门的数据访问过程合法性监管和稽查。
- 运用大数据自动分析日志发现潜在异常行为。
- 采用渗透测试等技术开展数据安全测试。

6.6.10　数据安全运营闭环管理

数据安全运营闭环管理是及时根据政策合规与制度规范提升需求，滚动修订数据安全的制度、流程、标准，保障数据安全的规划、计划、实施、运行、监督的全程管控，持续提升机构的数据安全能力。数据安全能力需要进行长期性保障，建立完善的数据安全运营团队是形成数据安全运营闭环管理的必然选择。数据安全运营闭环管理主要包括以下内容：

（1）数据安全运维

主要是数据安全措施的使用、运维，驻场或定期对数据安全产品的使用情况进行分析，并结合管理要求，持续进行管控措施策略和配置的优化，并定期输出数据安全运维报告和策略优化建议等。

（2）应急预案与演练

按照相关要求，制定数据安全事件应急预案，并按照制定的应急预案将数据安全事件的危害程度、影响范围等对数据安全事件分级，定期进行应急预案演练。

（3）监测预警

围绕数据安全目标，依据相关安全标准，建立数据安全监测预警和数据安全事件通报制度，进而收集分析数据安全信息，对数据安全风险及时上报，包括按需发布数据安全监测预警信息等。

（4）应急处置

在发生数据安全事件时，相关方按照应急预案，采取应急处置措施，向主管部门上报重大数据安全事件，定期对应急预案和处置流程优化完善。

（5）灾难恢复

在数据安全事件发生后，根据数据安全事件的影响和优先级，采取合适的恢复措施，确保信息系统业务流程按照规划目标恢复。

6.7 主数据管理：管好企业黄金数据

6.7.1 主数据管理建设流程概述

主数据是企业的黄金数据。主数据管理是企业实施全面数据治理的核心基础，有效的主数据管理可以使得企业跨部门、跨系统使用一致的主数据，降低各部门、各系统之间沟通成本，提高业务协同效率，推动企业全面建设数据治理体系。主数据管理不是通过搭建一个主数据管理平台就能达到的，而是一项长期、复杂的工程在主数据管理过程中，需要依据"快速见效、急用先建"的思路进行整体规划，并以主数据模型和主数据标准为基础，以主数据管理平台为载体，来开展主数据管理专项工作，确保主数据管理项目的成功。

企业主数据通常包括人员、组织、供应商、客户、物料、设备、财务类主数据。主数据管理流程通常包括：主数据需求分析、主数据标准制定、主数据平台搭建、主数据清洗、主数据集成、主数据管理机制建设、主数据运维体系建设等阶段，如图 6-17 所示。

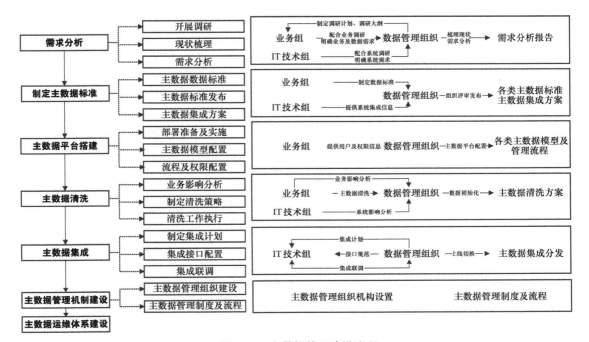

图 6-17　主数据管理建设流程

6.7.2　主数据需求分析

主数据需求分析主要是通过对企业的业务现状及系统现状进行调研，识别企业内部有哪些主数据，梳理各类主数据相关的业务现状及数据现状，如当前主数据的分类、编码、属性、管理流程、数据存量、数据增量以及在各业务系统的集成共享情况，明确企业内部各部门及系统对主数据管理及共享应用的需求，开展现状及需求的差异化分析，输出主数据需求分析报告。

主数据需求分析是主数据标准制定及后续管理工作的基础。主数据需求分析包括主数据调研、现状梳理及需求分析。主数据需求分析过程中涉及部门多、业务系统多，需要企业内部业务部门及 IT 部门的大力支持与配合，也需要企业高层领导的协调管理。主数据调研包括业务调研和 IT 调研：业务调研主要目的是了解企业主数据管理的相关流程以及业务诉求；IT 调研的主要目的是掌握主数据在各系统的集成情况、数据质量情况。主数据调研需要提前制定调研计划、调研问卷，以保证调研目标的实现。业务调研表、IT 调研表的模板如表 6-23、表 6-24 所示。

表 6-23　业务调研表

序号	调研大纲	调研要点	目的
1	业务现状	业务部门主要业务范围、主业务链条、业务活动	明确业务部门涉及的主数据类型及对应的业务场景
2		与其他业务部门的协作关系，上下游部门负责的业务活动	
3		业务部门的业务活动涉及的主数据类型	
4	属性现状	各类主数据在哪个系统可以由哪个部门新建，在哪个系统可以由哪个部门修改、删除，修改、删除的业务规则是什么	明确系统和业务侧对属性的管理现状和数据分布
5		业务部门关心的主数据属性信息	
6	分类现状	各类主数据目前的分类	明确企业各类主数据有哪些分类
7	编码现状	区分两条不同数据的编码规则的方式，编码规则是什么	明确各类主数据的编码现状，为编码标准制定提供参考
8	值列表现状	对于有值域的属性，值域是由哪个部门定义的，每个系统的是否一致，以哪个为基准	为主数据标准中的值列表的确定提供参考
9		值列表的定义部门、管理系统	
10	业务需求	业务痛点、对主数据项目的诉求，如新增、维护流程	明确业务需求
11	审批管理流程	主数据新增、维护流程现状	明确各类主数据的审批管理流程
12		审批环节各节点角色，主要审批内容，审批时效性	

表 6-24　IT 调研表

序号	调研大纲	调研要点	目的
1	各业务系统已有属性	各业务系统分别涉及的主数据类型，分别由哪些业务部门人员使用和管理	与业务调研相结合，进一步明确各类主数据在业务系统中的分布及集成路线
2		各业务系统涉及的各类主数据属性有哪些	
3	属性标准现状	主数据相关属性的校验方法及管理标准	为属性标准的制定提供参考
4	分类标准现状	涉及的主数据分类，各类主数据定义及数据范围	确定单一主数据的准确定义、分类及属性标准
5		单一主数据分类是否存在重复交叉，是否存在不同维度的多套分类	确定单一主数据的分类标准、属性标准
6	数据编码标准	主数据现有编码生成方式	确定各类主数据的编码标准
7		主数据编码是否可更改	
8		后台是否有其他唯一主键	
9	值列表现状	各类主数据中可枚举字段在不同业务系统中的值列表	为主数据标准中的值列表的确定提供参考

（续）

序号	调研大纲	调研要点	目的
10	数据质量现状	主数据质量问题及示例	指导制定主数据填写规范，确定主数据清洗策略，深入研究各类数据
11		系统能否支持设置数据质量规则	
12		提供完整数据清单	
13		提供各种维度主数据分类数据清单	
14	数据集成现状	主数据接收的上游系统，接收的字段及接口形式	明确各类主数据的集成范围及路线
15		主数据在本系统内的哪些业务环节和界面流转，数据在哪些环节可修改	
16		主数据分发的下游系统，分发的字段及接口形式	
17	系统数据现有量和增幅	主数据现有数据量	为数据编码规则制定的位数确定、开发接口性能配置、数据清洗策略制定提供参考
18		每年的平均新增数据量	
19	审批管理流程	主数据在系统中新增、维护审批流程	明确各类主数据的审批管理流程

基于调研情况梳理主数据管理现状，可从各类主数据在业务系统的分布情况、属性差异情况、现有数据标准的执行情况、数据质量情况、数据集成情况等方面进行梳理。明确主数据管理及应用需求，包括主数据应用业务场景分析、维护流程需求分析、主数据标准需求分析（分类、编码、属性、值列表等）、主数据清洗需求分析（清洗范围、清洗职责等）、主数据集成需求分析等方面。

6.7.3　主数据标准制定

制定主数据标准阶段的主要工作是制定及发布各类主数据标准以及主数据集成方案。主数据标准的制定需要以业务流程为牵引，梳理业务各阶段数据共享及应用的属性，需要业务流程各环节的业务人员及 IT 人员全程参与、相互协作。主数据标准通常包括主数据定义、主数据分类、主数据编码规则、主数据属性标准、数据字典、主数据维护流程、主数据质量规则、主数据管理组织标准和主数据服务共享标准等方面内容。

1. 主数据定义

明确了主数据标准的适用范围及数据范围，例如：人员是指和公司签订正式劳动合同的所有人员，不包括实习生、劳务用工以及与下属非控股单位签订劳动合同的人员。

2. 主数据分类

可由业务归口管理部门牵头组织及确认，当企业内部的同一类主数据存在多种分类时，应以解决当前最迫切的业务诉求作为主数据分类的优先条件，以企业当前关键业务痛点为核心，选择一种分类作为主分类，其他维度的分类可作为主数据的一个属性进行管理。主数据分类如图6-18所示。

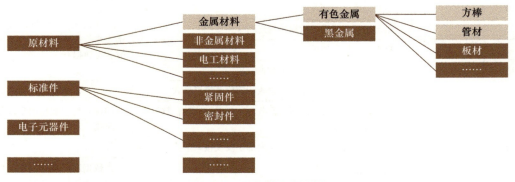

图6-18　主数据分类示例

3. 主数据编码规则

主数据编码用于确定主数据在跨部门及跨系统使用过程中的唯一识别，可由单字段或者多字段组合确定主数据的业务唯一性，例如："统一社会信用代码"确定供应商主数据的业务唯一性。各类主数据具体的编码方式和规则需要业务部门确认。

在制定主数据编码规则时候可参考以下规则：

- 保证一条编码能唯一确定一条记录。
- 保证现有编码可针对后续需求进行扩展，根据数据年增量，至少预留未来5~10年的编码需求。

主数据编码示例如图6-19所示。

4. 主数据属性标准

标准制定工作可由业务归口管理部门牵头组织及确认。主数据属性标准以业务流程为牵引进行属性的梳理，

```
20          ××××××××
                    ┌── 8位流水码
                    └── 原材料标识码
```

图6-19　主数据编码示例

确定每个流程创建、新增、共享应用的属性情况，并结合国家标准、行业标准、企业标准梳理出企业当前该类主数据所应具有的属性。主数据属性包括中文名称、英文名称、字段类型、字符长度、枚举值、是否必填、是否唯一、释义、备注等，如表6-25所示。

表6-25　主数据属性标准模板

序号	中文名称	英文名称	字段类型	字符长度	枚举值	是否必填	是否唯一	释义	备注

5. 数据字典

数据字典也叫参考数据、枚举值，可用于对其他数据进行描述或分类，一般与具体属性相关联。数据字典值域会发生缓慢变化，要确定维护角色，对数据字典质量进行负责。在进行数据字典标准制定时可参考国家标准、行业标准，如人员的政治面貌、国家、性别等。可参考如表 6-26 所示的数据字典模板。

表 6-26　数据字典模板

编　　码	名　　称	父级编码	释　　义

6. 主数据维护流程

主数据维护流程是要确定主数据的维护源头以及维护流程。主数据的维护源头一般分为两类：业务系统和主数据管理系统。主数据维护源头的确定一般需要结合具体场景：一方面，某类主数据有专门的业务系统管理，可将该系统作为该主数据的维护源头，如 HR 系统作为人员主数据维护源头；另一方面，某类主数据的属性需要在多个系统维护，可将主数据管理系统作为该主数据的维护源头，如主数据管理系统可作为物料主数据维护源头。主数据的维护流程通常包括新增、修改、启用、停用流程。主数据的维护流程需说明申请、修改、启用、停用的前置业务条件，规定流程节点及各节点的维护角色、审批角色。

7. 主数据质量规则

主数据质量规则是设置一系列数据质量校验的规则，在数据录入时对数据的质量进行校验，以防止源头数据质量问题产生。数据质量规则通常要根据业务规则确定。

8. 主数据管理组织标准

主数据管理组织标准是基于组织的目标，做一些主数据管理的规划，主要包括制度的建立、考核评价，以及制定标准规范等。首先，建立明确的主数据管理组织架构，包括决策层、管理层和执行层，确保各级部门职责和人员落实到位。其次，确定主数据管理的运营模式，包括主数据的收集、整理、审批、存储、查询和使用等环节的流程和规范。再次，明确主数据管理团队中各成员的职责和权限，以及与其他部门的协作关系，确保主数据管理的有效实施。然后，制定主数据管理制度，规定主数据管理工作的内容、程序、章程及方法，确定主数据管理人员的行为规范和准则。最后，建立符合企业实际应用的管理流程，包括主数据的生命周期管理、审批流程、变更流程等，确保主数据的标准有效执行。

9. 主数据服务共享标准

主数据服务共享标准是设置主数据集成服务接口规范，包括集成技术规范、开发规范、外围系统接入规范等内容。一方面，通过制定主数据服务的目录，包括服务的名称、功能、接口、参数等信息，方便用户查找和使用。另一方面，规定主数据服务的接口标准，包括输入及输出参数、数据格式、传输协议等，确保主数据服务接口的统一和标准化。

6.7.4　主数据管理平台搭建

主数据管理平台是主数据落地实施的载体，基于主数据管理需求组织搭建主数据管理平台，支持主数据标准落地、主数据管理流程建设、主数据集成共享应用，实现对主数据创建、审批、发布、停用的全生命周期管理，以满足企业内部对主数据跨部门、跨系统业务场景的应用。

首先，从业务和技术这两条线，对企业各职能部门和主要信息系统进行主数据管理调研，梳理出企业主数据管理的现状和业务需求。其次，对标本行业的龙头企业，借鉴其先进的主数据管理功能，形成企业主数据管理平台需求说明书。再次，通过搭建企业级主数据管理平台，为企业提供标准的主数据管理功能，并基于客户个性化定制开发需求，完成企业主数据管理定制化功能的开发。然后，设计主数据集成架构和接口，并使各系统按照统一的主数据标准进行集成架构和接口的开发。最后，组织各系统进行联调测试，测试通过后，组织关键用户进行培训，为系统上线提供保障。

主数据管理平台通常包括主数据门户、主数据模型管理、主数据编码、主数据权限、流程管理、主数据集成、系统配置等功能。通过主数据模型管理、主数据编码功能实现主数据分类、编码、属性、质量规则等标准的落地；通过主数据权限及流程管理实现主数据创建、审批、发布等管理规范的落地实施；通过主数据集成实现主数据在业务系统中的共享应用。

6.7.5　主数据清洗

主数据清洗是主数据标准落地应用的关键步骤，是将各业务环节使用到的主数据，按照主数据标准进行有效性检验、查重、规范描述、转换、调整、删除等操作，最终形成符合标准的主数据代码库的过程。主数据清洗能够提高数据的质量，实现主数据数出一源，为实现各业务环节主数据共享提供基础。主数据清洗通常需要先分析其对业务的影响，并制定清洗策略，开展主数据清洗工作。主数据清洗工作一般由企业数据管理组织负责开展，以业务方人员清洗为主。

1. 业务影响分析

结合当前主数据的业务流程，分析清洗执行过程中关键属性信息的清洗以及数据状态的改变会对涉及的业务流程产生什么影响，根据影响情况制定清洗策略，以防止对业务流程造成不必要的影响，例如：财务环节客户数据存在应收账款未结时候，客户数据不能直接从营销端废弃，还需要由财务端等相关方合并处理。

2. 制定清洗策略

主数据清洗需要明确主数据清洗的范围、责任分工、制定清洗原则，通过清洗模板或者主数据管理平台完成主数据清洗工作。主数据清洗一般以企业业务人员为主，由于企业中物料主数据的清洗工作难度最大，因此针对外购类物料的数据，必要时可联合物料供货商推进相关数据的清洗工作。

3. 清洗工作执行

主数据清洗工作由一般由企业数据管理部门负责组织及指导，各业务归口管理部门负责协调及主数据清洗的执行。参与主数据清洗工作的人员应当熟悉负责类别的主数据使用的业务场景及主数据标准，清洗之前制定明确清洗计划，以方便清洗工作的跟进。在进行主数据清洗工作时可集中办公，方便沟通，以提高清洗效率。数据清洗工作模板如表 6-27 所示。

表 6-27　数据清洗工作模板

序号	主数据类型	待清洗数据量	负　责　人	清洗小组成员	开　始　时　间	结　束　时　间

6.7.6　主数据集成

主数据集成是将主数据管理平台与各个目标业务系统集成，实现主数据的采集、分发等交互操作，从而实现主数据在企业内部的一致性共享，贯通业务流程，服务于业务应用。主数据集成通常要明确主数据集成标准、主数据集成计划及主数据集成方案，需要业务部门、IT 部门及数据管理组织的共同参与。

主数据集成标准主要目的是定义主数据集成的接口规范，通常由主数据管理平台提供统一的接口规范，由其他业务系统按照接口规范进行开发调用。主数据集成计划明确主数据平台要与哪些业务系统进行集成，以及集成的内容、负责人、接口开发、接口联调的时间等内容，方便集成工作的开展及进度跟踪。主数据集成方案用来明确主数据管理平台与各业务系统的集成方式、接口地址、集成字段及字段长度、新增修改判断依据等，是主数据集成工作的实施依据。主数据集成计划的模板如表 6-28 所示。

表 6-28　主数据集成计划模板

序号	集　成　系　统	集成主数据类型	实施方	负责人	接口开发起止时间	接口联调起止时间

6.7.7　主数据管理机制建设

主数据管理的数据标准落标及共享应用需要主数据管理组织及相关管理制度和流程的保障。一方面，主数据管理组织的职责：领导层负责制定主数据管理的战略目标及考核要求；管理层负责制定可落地与可执行的主数据管理目标、主数据管理计划及方案要求、主数据标准的评审发布；执行层（业务数据管理组织、数据管理组织）负责各类主数据标准的制定、主数据清洗、主数据在各业务系统的集成共享等工作的执行；监督组需要对领导层、管理层、执行层主数据管理相关的活动进行相应岗位要求的执行监督与绩效评价。

另一方面，在管理制度及流程上，需要做到主数据的全生命周期管理。在建立各种流程的基础上，设置对应的管理角色和职责，并落实数据的归口管理部门。因此，管理制度及流程建设也是主数据管理落地实施及持续运营的基本保障，它主要包括：

- 主数据管理制度。
- 各类主数据管理办法，如人员主数据管理办法、组织主数据管理办法、客户主数据管理办法等。
- 各类主数据标准编制、评审、发布、执行、变更、废止的管理流程。
- 主数据集成规范。
- 主数据质量管理办法。
- 主数据考核管理办法，包括考核内容、考核目标、考核评分及绩效奖惩等。

6.7.8　主数据运维体系建设

主数据管理虽然制定了数据标准，也与各系统进行了接口集成，但如果缺乏监管机制，各系统对主数据的应用程度将不得而知，容易出现主数据应用不充分的现象。因此，需要针对主数据的应用情况建立主数据运维体系，确保主数据管理规范严格执行。为了保障主数据运维体系的持续运行，以确保主数据的质量和有效性，促进企业业务发展和竞争力提升，需要建立主数据运维考核和评估机制，对主数据运维工作进行考核和评估，及时发现和解决问题，同时根据实际情况和业务需求不断优化和完善主数据运维体系。比如：设计主数据质量及监控管理等相关功能，通过开发对照工具，与目标系统主数据相关属性进行周期性比对，找出差异点，确保数据的一致性；建立主数据质量评价和分析体系，对主数据代码应用进行评价和分析，确定主数据管理策略，减少目标系统自编码数量，提高主数据质量。

6.8　数据分析应用：数据赋能业务

6.8.1　数据分析应用建设流程概述

数据分析应用是数据管理的最后一公里，也是数据价值释放最直接的工作。数据分析应用强调为业务赋能，应服务于企业业务战略的达成。为了管理而管理的数据通常不易做出效果，也不容易调动业务人员的参与与配合，更不利于组织构建数据管理体系。

　　数据分析应用的建设包括指标、报表、立方体及挖掘等，组织需要根据实际需要解决的业务问题确定数据分析应用的类型。在分析应用过程中，也需要注重数据模型的设计及建设，组织级数据模型的建设也是企业数据管理的核心任务之一。数据模型的设计通常取决于企业实际运行的业务：对业务进行描述所形成的数据模型，产生于数据的分析应用；对一手数据进行加工及运算产生的加工数据，也需要进行建模存储。数据分析应用的建设，同样离不开数据管理组织的建设及相关管理规范的建设。

6.8.2　明确业务问题

1. 开展调研

　　当组织的综合管理部门、业务部门发起数据管理及分析应用项目时，主要围绕该业务部门的绩效考核目标、业务问题、业务痛点、质量改进内容等开展业务问题调研，明确业务痛点，作为数据分析应用的输入。当组织没有明确的数据分析应用诉求，且主要是 IT 部门或数据部门这些技术部门发起的数据管理及分析应用项目时，需要积极调动能提出数据分析应用诉求的业务部门进行深入调研。如果 IT 部门或数据部门在组织的各部门中不是主要核心部门，且对于调动业务部门提出业务诉求比较困难的情况下，建议对业务系统中承载的业务日常进行"晾晒"，比如：产品研发部门暂时提不出与数据结合的业务痛点时，可以将"月度××产品生效版本的升版次数"、"××产品的 BOM 中通用件占标准件的比例"等做一些统计及展现，当某月的升版次数超出日常版次时或当通用件占比低于日常占比时，会引起业务部门主任或者领导的关注，由此牵引开展数据分析应用，解决相关业务问题及业务流程改进。

　　当调研或者收集到相关的业务问题、业务痛点时，需要继续了解数据现状及 IT 系统对于业务的支撑情况，需要收集以下几个方面的信息：

- 围绕业务问题的相关业务数据有哪些？业务数据是否有业务系统支撑？
- 业务数据的质量、标准如何？
- 相关基础数据的一致性、标准如何？
- 业务数据的集成共享情况是否通畅？存在哪些问题？
- 相关业务系统的数据以何种方式能够对外提供？
- 是否已经开展了分析应用？效果如何？

　　数据分析应用的需求调研，也应该围绕组织的业务战略、信息化建设规划、数据战略开展，将战略中提到的业务提升点、管控点、改进点作为数据分析应用的输入，将其应用场景对应的业务问题作为分析要点。

2. 业务问题明确

对于调研材料进行梳理及与相关业务方沟通，以明确业务场景、理解业务问题，进而对本期建设要解决的问题进行明确。业务问题的明确主要包括以下几个方面：

- 相关的业务数据能够获取，比如有业务系统支撑、有相关设备记录、有业务人员线下记录等，如果没有相关的业务数据，需要先制定数据收集策略及计划。
- 在进行统计分析、报表分析、多维分析、指标分析时，需要业务人员明确其运算逻辑及计算方法，没有业务主责人员的配合往往得不到正确的分析结果。
- 在进行挖掘分析、算法分析时，需要业务人员尽可能明确相关影响因素及已知的影响关系，以便后续算法工程师开展算法开发及优化。
- 有些业务问题的解决策略是需要开展数据标准化及数据集成共享，此时需要基于业务流程明确数据流转关系及数据源头。

3. 数据分析目标确定

数据分析应用目标的确定，建议依据对于业务战略支撑的紧迫程度、对于信息化建设的支撑程度、对于业务部门诉求的响应程度、同行业标杆项目建设成效、资金投入等划分阶段计划及建设目标。

需要注意的是，由数据分析应用牵引的数据管理也是数据治理的主要模式。该模式见效快，容易得到业务部门的支持，所以也需同步开展相关域的数据管理工作。如图 6-20 所示，为某组织开展数据治理的建设路径规划，各阶段有明确的业务目标做牵引。

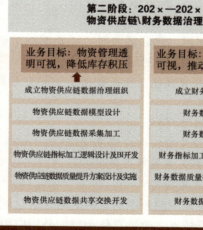

图 6-20　某组织开展数据治理的建设路径规划

6.8.3　指标体系及场景设计

指标体系及场景设计主要包括业务流程梳理、确定分析主题及分析场景、各分析主题的指标/报表体系设计、指标/报表定义及计算逻辑明确、各角色的看板设计、算法场景设计相关内容。

(1)　业务流程梳理

以管理目标相关的业务活动及业务环节作为输入，面向业务部门开展业务调研，梳理各业务活动及环节相关的业务流程，并结合业务流程进行业务内容及相互关联性的分析，以整体业务流程作为本步骤输出。比如，确定以组织物资采购及存货透明化管控为分析目标，提升物资存货的管控能力，以及物资采购执行过程的管控能力。前期已经了解到与分析场景相关的业务包括采购策略的制定、采购执行、供应商评价、存货及库龄分析等。某组织采购执行及库存管理的流程如图 6-21 所示。

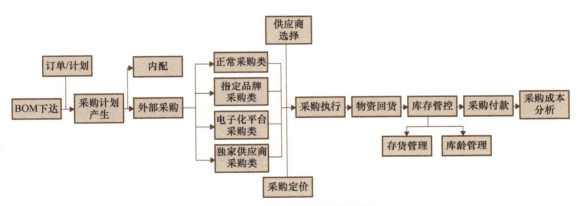

图 6-21　采购执行及库存管理流程

(2)　确定分析主题及分析场景

以业务流程作为输入，结合管理目标及业务活动进行分析，确定各业务活动支撑管理目标提升所要呈现的主题及内容。比如，以需求计划管理（包括 BOM 下达、订单/计划、采购计划生成等业务内容）、采购计划订单管理（包括采购来源类型、采购方式类型、采购定价方式、采购执行到货、采购付款、采购成本分析等内容）、供应商选择评价管理、库存管理（包括存货管理、库龄管理内容）构建分析主题及分析场景。库存管理主题的分析场景示例如图 6-22 所示。

(3)　各分析主题的指标/报表设计

对各分析主题进行细化，确定可反映此场景业务现状、对管理目标提升起到支撑的数据，形成各项指标。各指标之间相互关联，形成指标体系。比如，以物资到货分析场景为例，在物资到货管控中第一管控物资是否到齐，如果物资未到齐是外购物资未到齐还是外协物资未到齐，第二管控物资到货时间是否满足需求，第三管控物资到货后是否按时完成采购付款。针对此三项管控内容分别设置不同的指标，具体如图 6-23 所示。

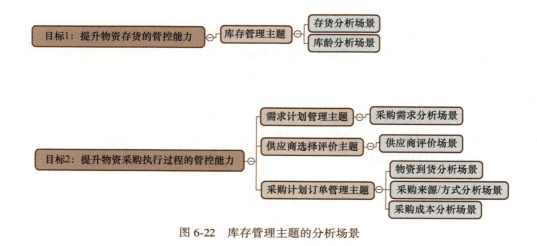

图 6-22　库存管理主题的分析场景

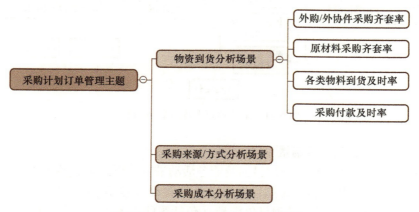

图 6-23　物资到货分析场景指标设计

（4）指标/报表定义及计算逻辑明确

对各分析场景的指标/报表进行指标定义、业务相关部门/人员、使用对象、计算公式、数据来源、指标维度、指标更新周期、指标类型、预警级别等分析，输出指标体系，如图 6-24 所示。

某原材料准备情况分析主题相关指标设计如表 6-29 所示。

序号	一级主题	二级主题	指标名称	指标定义	使用条件（需求）	业务相关部门/人员	使用对象	计算公式	数据来源	指标维度	指标更新周期	预警规则
170	外购件采购统计	外购件采购进度统计	[illegible]阶段统计	[illegible]购件整体进展情况。	企业的采购计划执行严重脱节，采购任务超期率高，影响生产作业，需要统计各类物资的采购情况，识别严重拖期的物资，以供企业跟踪解决。	计划员、调度员	厂级领导、型号分管领导、生产计划处领导	/	AX	组织机构/图号/名称/计划日期/计划状态	周/月/季度/年/自定义	自定义设置数值阈值
171			采购中任务项	外购件当前采购中的项数		计划员、调度员	厂级领导、型号分管领导、生产计划处领导	/	AX	组织机构/图号/名称/计划日期/计划状态	周/月/季度/年/自定义	自定义设置数值阈值
172			完成率	外购件采购整体完成情况		计划员、调度员	厂级领导、型号分管领导、生产计划处领导	采购完成率=[采购完成数]/[采购计划总数]×100%	AX	组织机构/图号/名称/计划日期/计划状态	周/月/季度/年/自定义	自定义设置百分比阈值
173			超期率	外购件采购过程中超期情况		计划员、调度员	厂级领导、型号分管领导、生产计划处领导	采购超期率=[采购超期数]/[采购计划总数]×100%	AX	组织机构/图号/名称/计划日期/计划状态	周/月/季度/年/自定义	自定义设置百分比阈值
174		外购件采购分类统计	采购项数	统计原材料某一类别年度采购计划总项数。	企业的采购计划执行严重脱节，采购任务超期率高，影响生产作业，需要统计各类物资的采购情况，识别严重拖期的物资，以供企业跟踪解决。	计划员、调度员	厂级领导、型号分管领导、生产计划处领导	/	主数据	组织机构/图号/名称/计划日期/计划状态	周/月/季度/年/自定义	自定义设置数值阈值
175						计划员、调度员	厂级领导、型号分管领导、生产计划处领导	/	AX	组织机构/图号/名称/计划日期/计划状态	周/月/季度/年/自定义	自定义设置数值阈值
176			完成项数	统计原材料某一类别实际采购项数		计划员、调度员	厂级领导、型号分管领导、生产计划处领导	/	AX	组织机构/图号/名称/计划日期/计划状态	周/月/季度/年/自定义	自定义设置数值阈值
177						计划员、调度员	厂级领导、型号分管领导、生产计划处领导	/		组织机构/图号/名称/计划日期/计划状态	周/月/季度/年/自定义	自定义设置数值阈值
178		外购件采购超期统计	累计超期中	累计超期中的外购件采购项数	企业的采购计划执行严重脱节，采购任务超期率高，影响生产作业，需要统计各类物资的采购情况，识别严重拖期的物资，以供企业跟踪解决。	计划员、调度员	厂级领导、型号分管领导、生产计划处领导	/	AX	组织机构/图号/名称/计划日期/计划状态	周/月/季度/年/自定义	自定义设置数值阈值
179			1个月以内	累计超期中的外购件采购项数且超期时间在1个月以内的项数。		计划员、调度员	厂级领导、型号分管领导、生产计划处领导	/	AX	组织机构/图号/名称/计划日期/计划状态	周/月/季度/年/自定义	自定义设置数值阈值
180			1~3个月	累计超期中的外购件采购项数且超期时间在1至3个月的项数。		计划员、调度员	厂级领导、型号分管领导、生产计划处领导	/	AX	组织机构/图号/名称/计划日期/计划状态	周/月/季度/年/自定义	自定义设置数值阈值
181			3个月以上	累计超期中的外购件采购项数且超期时间在3个月以上的项数。		计划员、调度员	厂级领导、型号分管领导、生产计划处领导	/	AX	组织机构/图号/名称/计划日期/计划状态	周/月/季度/年/自定义	自定义设置数值阈值
182			超期最长天数	累计超期中的外购件采购项数中超期最长的天数。		计划员、调度员	厂级领导、型号分管领导、生产计划处领导	/	AX	组织机构/图号/名称/计划日期/计划状态	周/月/季度/年/自定义	自定义设置数值阈值

图6-24　外购件采购统计主题相关指标设计

表 6-29　某原材料准备情况分析主题相关指标设计

分析主题	材料准备情况分析		
需求目标	分析原材料准备完成情况		
维度组成	时间、项目、材料类别		
维度层次	时间：年　月		
	项目：各项目		
	材料类别：各材料类别		
分析指标	材料计划数量、材料实际数量、材料准备完成率		
分析方法	对比分析、趋势分析		
分析内容	××××年××月材料准备完成情况分析；材料准备情况趋势分析；××××年××月各项目各种材料准备情况对比分析		
输出样式	折线图、柱形图、组合图		
分析周期	月		
指标定义	材料计划数量：每月各类材料准备计划完成数量 材料实际数量：每月各类材料准备实际完成数量 材料准备完成率＝材料准备实际完成数量÷材料准备计划完成数量×100%。		
分析内容详解	××××年××月材料准备完成情况分析：对各类材料的计划完成数量、实际完成数量、完成率进行对比分析，采用组合图展现数据 材料准备情况趋势分析：按月对各种材料的准备完成情况进行趋势分析，采用折线图展现数据 ××××年××月各项目各种材料准备情况对比分析：对当月各项目各种材料准备完成情况进行对比分析，采用柱形图展现数据		
数据来源	生产计划系统		
关注对象	公司领导	中层管理者	业务人员
	人员名称……	人员名称……	人员名称……
最小关注频度	月	月	月
备注	无		
粒度	每月各项目缺件明细数据		
获取周期	月		
图表示例	××××年××月材料准备完成情况分析： 		

（续）

分析主题	材料准备情况分析
图表示例	材料准备情况趋势分析： 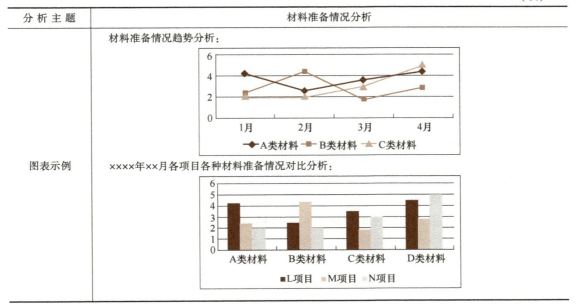

（5）各角色的看板设计

需要根据各角色的岗位职责、各管理人员和业务人员的关注点进行相关看板设计，展现不同角色关注的信息。各角色的看板设计要点包括：角色看板包括的指标、设计的图形展现方式及布局等。需要注重于相关角色的及时确认，避免看板开发后频繁变更。

不同角色的看板设计参考内容如下：

高层管理者：

- 关注组织整体表现：高层管理者通常需要密切关注组织的整体表现，因此需要导航面板，以快速访问各个部门的 KPI。
- 重点关注 KPI：以重点关注的 KPI 为主要内容，帮助高层管理者快速了解组织的表现。
- 需要汇总数据：以汇总数据为主要呈现形式，以便高层管理者更好地了解组织整体表现趋势。

部门经理/部长/主任：

- 针对特定业务领域：部门经理需要通过可视化看板了解其负责的业务领域的表现，应着重于显示部门内 KPI 表现和相关趋势。
- 展现：部门经理可根据展现的 KPI，展现相关业务明细。
- 预警：看板可根据提前设置的指标阈值，显性化地展现指标异常及预警信息。

业务执行人员：

- 具体业务现状呈现：直观展现个人负责的业务进展情况，可视化地展现进展、累计数据等信息，应着重展现个人负责的业务范围指标和相关趋势。

- 具体业务异常预警：根据提前设置的具体业务的标准阈值，显性化地展现指标异常及预警信息。
- 协办及督办信息：展现业务办理过程中需要协作及督办解决的问题信息。

看板设计需要结合数据可视化最佳实践，提供清晰、简洁、易用、可视等方面的功能和体验，帮助用户更好地理解数据、发现趋势、制定决策。

（6）算法场景设计

相关角色的看板关注内容及业务问题中，难免遇到需要开展算法分析的业务场景，如遇该情况，则需要算法工程师对场景进行理解，并分析相关影响因素，进行数据收集及预处理，开展模型设计与评估优化，最终进行模型应用。通常情况下，模型应用也将部署在各角色的应用看板中进行展现。

此处主要强调，相关场景分析可能牵引出指标分析、报表分析、多维分析、算法分析等，不限于指标一种形式，要能根据实际的应用诉求开展不同形式的分析，以确保最终业务目标的达成。

6.8.4 数据存储设计及建模

数据分析应用使用的原始业务数据、基础数据，以及分析应用产生的数据，均需要有序地存储，数据仓库是一个面向主题的（Subject-Oriented）、集成的（Integrated）、非易失性的（Nonvolatile）、随时间变化的（Time-Variant），用来支持管理人员决策的数据集合。

1. 数据仓库分层设计

为了有效地组织和管理数据，结合优秀项目经验，本书推荐"4+1"的数仓分层结构，即"ODS（原始数据层）、DWD（明细数据层）、DWS（单主题轻度汇总数据层）、DM（跨主题高度汇总数据层）和 DIM（公共维度层）"，如图 6-25 所示。

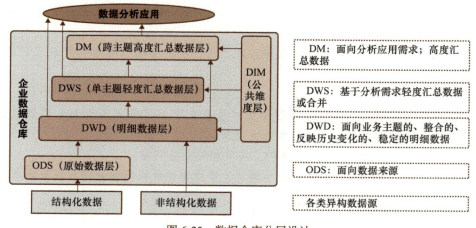

图 6-25　数据仓库分层设计

2. 数据仓库模型设计

(1) ODS 主题与模型设计

ODS 通常接入数据来源最原始的数据，所以以数据来源进行主题确定。常见的数据主题确定如表 6-30 所示。

表 6-30 ODS 数据主题确定

序 号	数 据 源	ODS 数据主题
1	质量工程系统（QES）	QES
2	质量管理系统（QMS）	QMS
3	××分厂生产管理系统（××MOM）	××MOM
4	××分厂生产管理系统（××MES）	××MES
5	主数据管理系统（MDM）	MDM
6	计划管理系统（ERP）	ERP
7	线下维护	线下

ODS 模型设计采用关系建模方法，即模型与源头基本保持一致，去除源头部分系统、标识字段，增加必要的时间标识属性等，如图 6-26 所示。

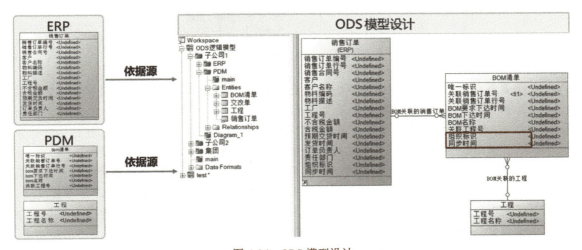

图 6-26 ODS 模型设计

ODS 模型设计原则如下：

- 保持关系：以保持数据源原有数据关系为原则，方便后续数据处理，比如主键设置、外键关联关系。
- 增加标识属性：从数据处理需求角度考虑增加必要的属性，比如增加"同步时间"，记录每次从数据源同步了哪些数据，方便数据增量或者比对等再比如，对于集团类企业需要从各子单位获取数据时，需要"组织标识"，标识数据是哪个子单位的，方便后续数据质量跟踪及统计汇总。

- 数据处理设计：该部分主要实现数据源到 ODS 数据同步。数据处理设计需要考虑如图 6-27 所示的因素。

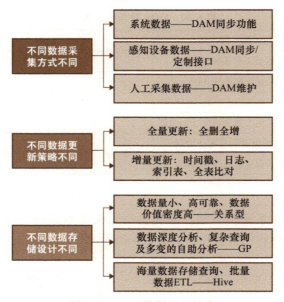

图 6-27　ODS 数据处理设计

- 全量更新：若无增量更新标识、数据量不大（通常 50 万条以内，可根据抽取时间具体确定标准），且不需要保存历史变化记录的数据，可采用全量更新方式（全删全抽）；若需要保存历史变化记录，采用每次全量抽取与前一次全量抽取进行比对的方式；若数据量较大，需要采取解析日志或改造数据源接口的方式。
- 增量更新：有时间戳（系统时间或业务时间），可根据时间戳进行增量数据更新；没有时间戳，但是有更新索引表（记录每次更新操作），可依据索引表进行增量更新；没有时间戳，也没有更新索引表，可采用日志解析方式进行增量更新；若不具备增量更新条件，且数据量较大，需要采取改造数据源接口的方式。

（2）DWD 主题及模型设计

DWD 主题通常沿用组织主题域划分。主题域的划分原则包括以下几个方面：

- 主题域应基于业务管理边界进行划分。
- 主题域间所涵盖的业务范围应不交叉、不遗漏。
- 主题域通常划分到二级即可。

某组织的主题域划分如表 6-31 所示。

表 6-31　主题域划分示例

一级主题域	二级主题域	一级主题域	二级主题域
01 战略管理	……		23 废旧物资管理
02 市场营销	……	06 生产制造	
03 产品与技术研究	……		24 作业计划管理
04 工程设计			25 生产准备
	16 方案设计		26 制造执行
	17 产品设计	07 售后服务	……
	18 工艺设计	08 项目管理	……
05 物资管理		09 质量管理	……
	19 采购计划管理	10 人力资源管理	……
	20 物资采购	11 财务管理	……
	21 仓储管理	12 资产管理	……
	22 配送管理	13 行政综合	……

　　DWD 模型设计采用关系建模方法，要考虑的因素包括数据属性范围、时间属性、派生属性、数据粒度、分离数据等，如图 6-28 所示。

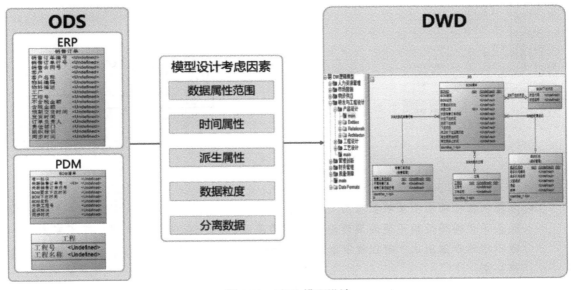

图 6-28　DWD 模型设计

DWD 的属性通常是全部接入。在一个表的字段非常多且有明确数据需求（只需少数字段）的情况下，只引入所需字段。DWD 的属性范围确定原则如下：

- 用于计算派生字段的每个元素都应该包含在数据仓库中。
- 对于事务型数据，如果事先无法确定参与运算，就应该引入它。
- 对于参照型数据，如果对是否要包括一个数据元素有异议，通常倾向于排除它。
- 如果一个源数据表中的绝大部分列都需要，那么应该考虑包括所有的元素。这种方法简化了抽取、转换和装载过程。如果仅仅需要一个源数据表中很少的几列，那么倾向于排除其他的列。

DWD 的属性通常需要重点考虑时间属性、派生属性、分离数据等情况。

- 时间属性：如果实体有时间属性，可根据是否能够满足分析的历史信息需求决定是否加入其他时间属性；如果实体没有时间属性，而又需要保存历史信息，需要加入时间属性。
- 派生属性：派生数据并入数据仓库模型中有两个主要原因，即保证一致性、提高数据交互性能。如图 6-29 所示：并入派生属性"下达状态"，当实际下达时间小于或等于计划下达时间时，标示"及时"；当实际下达时间为空并且当前时间大于或等于计划下达时间时，标示"未及时"；当实际下达时间大于计划下达时间时，标示"未及时"；当实际下达时间为空并且当前时间小于计划下达时间时，标示"未到期"。

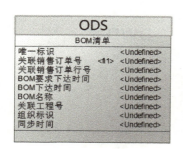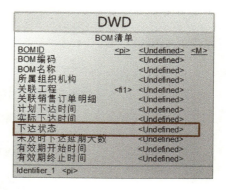

图 6-29　派生属性

- 分离数据：前提是反映数据历史变化，出于性能优化目的分离数据。将一个实体内经常变化的属性和不变的属性分离，经常变化的属性存储历史数据，而不变的属性则不需要存储历史，可以提高数据仓库的性能。如图 6-30 所示，将"下达状态"进行分离。

将数据从 ODS 接入 DWD 时需要做的数据处理包括数据过滤、数据类型标准化、量纲标准化、去除重复、编码映射等。

- 数据过滤：在数据处理时，往往要对数据所属类别、区域和时间等进行限制，将限制范围外的数据过滤掉。比如增量更新时要过滤掉没有变化的数据、数据抽取时要过滤掉关联不到父表的数据，如图 6-31 所示。

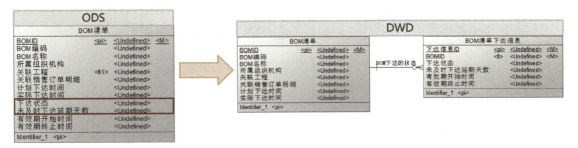

图 6-30　分离数据示例

ODS

唯一标识	关联销售订单号	关联销售订单行号	BOM要求下达时间	BOM下达时间	BOM名称	关联工程号	组织标识	同步时间
blq01	xsdd01	xsdd0101	20210514		xxblq		cb	2021/4/23
blq02	xsdd01	xsdd0101	20210314	20210314	xxblq	gg01	xb	2021/4/24
blq03	xsdd01	xsdd0102	20210315	20210319	xxblq	gg02	cb	2021/4/25
blq04	xsdd01	xsdd0101	20210314	20210314	xxblq	gg01	xb	2021/4/26
byq02	xsdd04	xsdd0401	20210517		xxbyq	gg04	cb	2021/4/27
……			……		……	……		……

过滤掉没有关联工程的BOM清单

DWD

BOM ID	BOM编码	BOM名称	所属组织机构	关联工程	关联销售订单明细	计划下达时间	实际下达时间	下达状态	未及时下达延期天数	有效期开始时间	有效期终止时间
b1	blq02	xxblq	xb	gg01	xsdd0101	2021/3/14	2021/3/14	1		2021/4/23	2021/4/23
b2	blq03	xxblq	cb	gg02	xsdd0102	2021/3/15	2021/3/19	2	4	2021/4/23	2021/4/23
b4	byq02	xxbyq	cb	gg04	xsdd0401	2021/5/17		3		2021/4/23	2021/4/23
……			……		……	……	……	……	……		……

图 6-31　数据过滤示例

- 数据类型标准化：在数据仓库中要统一数据类型的定义，比如时间属性的数据类型应统一为时间类型，而不是数值类型、字符串类型、时间类型混用，如图 6-32 所示。
- 量纲标准化：在数据仓库中要统一数据计量单位的定义，比如金额的计量单位，如图 6-33 所示。

ODS

唯一标识	关联销售订单号	关联销售订单行号	BOM要求下达时间	BOM下达时间	BOM名称	关联工程号	组织标识	同步时间
blq01	xsdd01	xsdd0101	20210514		xxblq		cb	2021/4/23
blq02	xsdd01	xsdd0101	20210314	20210314	xxblq	gg01	xb	2021/4/24
blq03	xsdd01	xsdd0102	20210315	20210319	xxblq	gg02	cb	2021/4/25
blq04	xsdd01	xsdd0101	20210314	20210314	xxblq	gg01	xb	2021/4/26
byq02	xsdd04	xsdd0401	20210517		xxbyq	gg04	cb	2021/4/27
......	......	......			......	......	......	......

将字符串类型时间属性转换为时间类型

DWD

BOM ID	BOM编码	BOM名称	所属组织机构	关联工程	关联销售订单明细	计划下达时间	实际下达时间	下达状态	未及时下达延期天数	有效期开始时间	有效期终止时间
b1	blq02	xxblq	xb	gg01	xsdd0101	2021/3/14	2021/3/14	1		2021/4/23	2021/4/23
b2	blq03	xxblq	cb	gg02	xsdd0102	2021/3/15	2021/3/19	2	4	2021/4/23	2021/4/23
b4	byq02	xxbyq	cb	gg04	xsdd0401	2021/5/17		3		2021/4/23	2021/4/23
......					......	......	......	......	......		

图 6-32 数据类型标准化示例

ODS

销售订单编号	销售订单行号	销售合同号	客户号	客户名称	物料编码	物料描述	工厂	工程号	不含税金额	含税金额	预期交货时间	发货时间	订单负责人	责任部门	组织标识	同步时间
xsdd01	xsdd0102								23.44	24.63						
xsdd03	xsdd0301								234.56	248.63						
xsdd04	xsdd0401								234.56	71.79						
......	......															

将金额单位(万元)统一为元

DWD

订单ID	订单编号	订单所属组织	订单关联工程	订单创建时间	订单总金额	需求交货时间	实际交货完成时间	拖期天数	是否履约	是否发生交货期变更	末次变更操作时间	变更次数	订单负责人	责任部门	订单类型	客户类型
1	xsdd01				246300											
3	xsdd03				2486300											
4	xsdd04				717900											
......					......											

图 6-33 量纲标准化示例

- 去除重复：重复记录属于"脏数据"，会造成数据统计和分析不正确，必须清洗掉重复记录，如图 6-34 所示。
- 编码映射：在数据接入 DWD 时需要统一数据编码，通常采用建立编码映射表方式实现各来源数据编码统一，如图 6-35 所示。

ODS

唯一标识	关联销售订单号	关联销售订单行号	BOM要求下达时间	BOM下达时间	BOM名称	关联工程号	组织标识	同步时间
blq01	xsdd01	xsdd0101	20210514		xxblq		cb	2021/4/23
blq02	xsdd01	xsdd0101	20210314	20210314	xxblq	gg01	xb	2021/4/24
blq03	xsdd01	xsdd0102	20210315	20210319	xxblq	gg01	cb	2021/4/25
blq04	xsdd01	xsdd0101	20210314	20210314	xxblq	gg01	xb	2021/4/26
byq02	xsdd04	xsdd0401	20210517		xxbyq	gg04	cb	2021/4/27
……	……	……	……		……			……

删除重复记录 (blq04)

DWD

BOM ID	BOM编码	BOM名称	所属组织机构	关联工程	关联销售订单明细	计划下达时间	实际下达时间	下达状态	未及时下达延期天数	有效期开始时间	有效期终止时间
b1	blq02	xxblq	xb	gg01	xsdd0101	2021/3/14	2021/3/14	1		2021/4/23	2021/4/23
b2	blq03	xxblq	cb	gg02	xsdd0102	2021/3/15	2021/3/19	2	4	2021/4/23	2021/4/23
b4	byq02	xxbyq	cb	gg04	xsdd0401	2021/5/17		3		2021/4/23	2021/4/23
……	……	……	……	……	……	……			……	……	……

图 6-34　去除重复示例

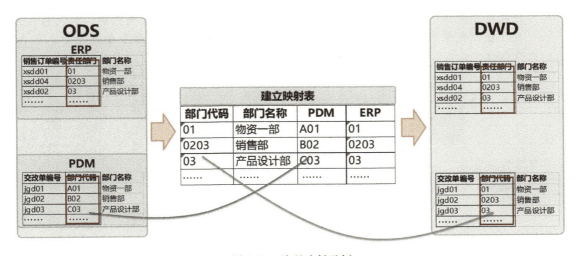

图 6-35　编码映射示例

（3）DWS 主题及模型设计

DWS 存储单主题轻度汇总的数据，一般情况下不跨域的分析可以视为轻度汇总，故其主题沿用 DWD 的主题域即可。

DWS 模型设计采用关系建模方法，通常为宽表模型。DWS 模型设计要考虑数据合并、数据汇总等，如图 6-36 所示。

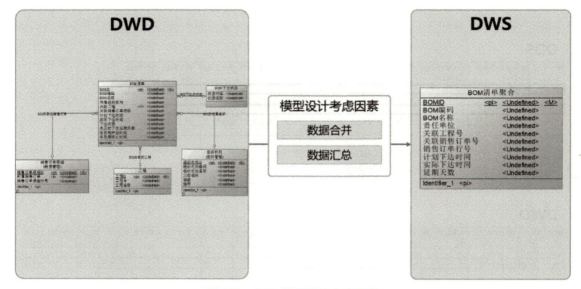

图 6-36　DWS 模型设计考虑因素

- 数据合并：主要从性能考虑，减少连接操作的数量，提高数据交互处理的性能，是逆规范化数据的一种形式。如 BOM 清单可以采用一定的冗余提高性能，但是数据合并不能取代原有数据，否则数据仓库原有的灵活性将会降低，如图 6-37 所示。

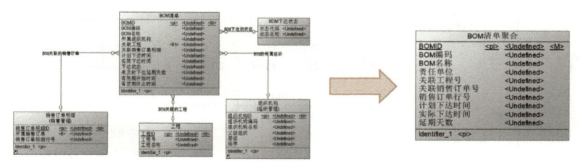

图 6-37　数据合并示例 1

- 数据汇总：需要依据分析需求保存汇总数据，提高 DWD 到 DMS 提交的性能和数据的一致性。常用的两种方法是：简单累积、卷动汇总。简单累积表示对数据的一个属性在一段时间内的数据求和；卷动汇总提供一致的时间段内的汇总数据，如图 6-38 所示。

DWS 主要将数据从 DWD 接入 DWS 时进行数据合并、数据汇总等处理。

- 数据合并：为了提升数据交付效率，将多个数据表的数据合并到一张表，如图 6-39 所示。

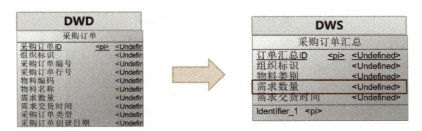

图 6-38　数据汇总示例

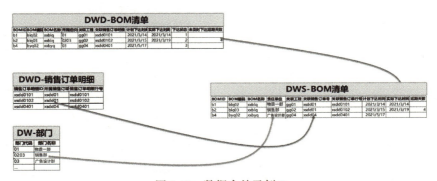

图 6-39　数据合并示例 2

- 数据汇总：数据分析应用需求在该层进行共用的、单主题的、轻度的数据汇总，如图 6-40 所示。

图 6-40　数据汇总处理示例

（4）DM 主题及模型设计

DM 的数据以分析主题进行组织。分析主题根据分析需求划分即可，如表 6-32 所示。

表 6-32　某组织 DM 数据主题

序　号	DM 数据主题	
	一级数据主题	二级数据主题
1		投入产出比分析
2		准备时长分析
3	生产管控	加工时长分析
4		在制品在制时长分析
5		加工周期分析
6		配套及订单管控分析
7		缺料情况分析
8		需求计划分析
9		基于型号的物资齐套性分析
10		报废情况分析
11	供应链管控	采购执行情况分析
12		辅料及工具工装安全库存分析
13		库存分析
14		在库质量情况分析
15		复验进度分析
16		不合格品处置分析

　　DM 数据模型完全基于分析需求设计：一类是基于数据仓库的明细数据或轻度汇总数据进行的统计分析；另一类是基于统计分析进一步分析挖掘的数据。通常采用星形模型建模方法，考虑跨域宽表模型、维度模型、维度表设计三个因素，如图 6-41 所示。

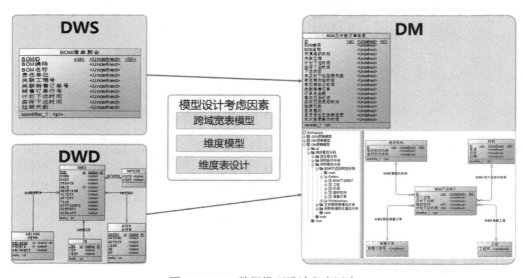

图 6-41　DM 数据模型设计考虑因素

- 跨域宽表模型：当数据存储采用非关系型数据库，且用于支撑大数据分析时，考虑提升数据访问效率，可采用跨域宽表模型，如图 6-42 所示。

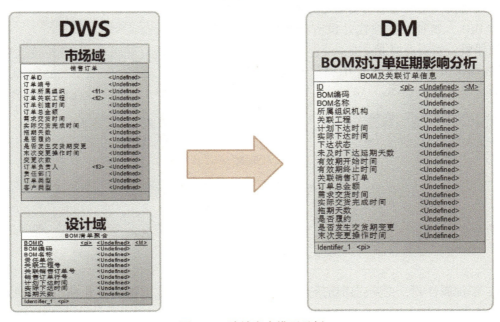

图 6-42 跨域宽表模型示例

- 维度模型：若数据存储采用关系型数据库，且用于支撑 BI 统计分析，考虑提升数据访问效率，可采用维度模型，如图 6-43 所示。

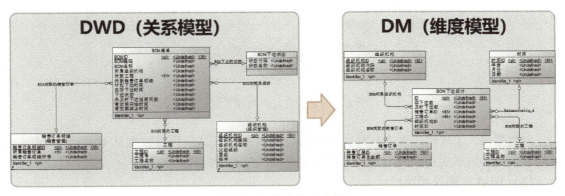

图 6-43 维度模型示例

- 维度表设计：由于现实世界中，维度的属性并不是静态的，它会随着时间的流逝发生缓慢的变化，故提出了缓慢变化维概念。针对缓慢变化维的处理方法有三种：

1）直接改写属性值，主要应用场景包括：数据必须正确，例如用户的身份证号，如需要更新则说明之前录入错误；无须考虑历史变化的维度，例如用户的头像 URL，这种数据往往并没有分析的价值，因此不做保留。如图 6-44 所示。

2）添加维度行，主要应用场景为仅需要保存历史数据，如图 6-45 所示。

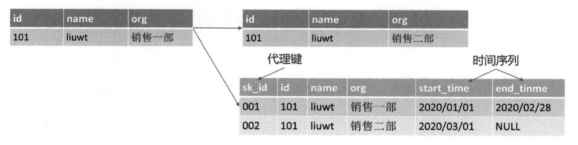

图 6-44　缓慢变化维处理方案一

图 6-45　缓慢变化维处理方案二

3）添加属性列，主要应用场景为需要分析伴随着新值或旧值的变化前后记录的事实，如图 6-46 所示。

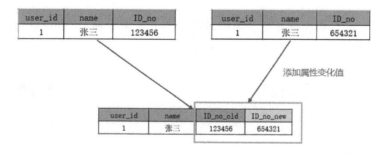

图 6-46　缓慢变化维处理方案三

将数据接入 DM 时需要进行跨主题数据合并、数据汇总，和将数据从 DW 接入 DWS 过程的数据处理方式类似，主要是可开展跨主题域的处理，此处不再赘述。

（5）DIM 主题及模型设计

DIM 主要存放基础数据。基础数据可分为参考数据和主数据。DIM 数据模型可与组织主数据模型、枚举项模型保持一致，但需注意数据合并的处理。DIM 的数据可由 ODS 的数据加工而来，所做的数据处理主要是规范性、一致性、合并处理等。DIM 层的主题及模型设计，主要是考虑到 DWD、DWS、DM 均需对基础数据进行引用、连接等，故建议单独存储。

6.8.5　数据加工及看板开发

数据分析应用实施主要包括数据采集实施、数据各层加工、可视化看板开发及算法开发、优化与部署等。

1. 数据采集实施

数据采集实施是对数据分析应用需要用到的业务数据、设备数据等进行采集接入，包括结构化数据、非结构化数据。数据采集实施需要根据各类数据的数据量、产生频率、增量情况、原始数据格式等进行数据接入技术方案选择，通常包括数据批量同步、采集接口接入、CDC、导入/录入、文件传输及上传等手段。

2. 数据各层加工

基于各层设计的模型，对数据以"ODS—DWD—DWS—DM"的处理逻辑进行开发，支撑各角色的看板指标的展现。数据加工过程通常需要根据支撑的指标更新频率、更新数据量等设置符合业务场景的调度更新策略、更新频率及关联性等。加工过程中遇到源头数据质量不规范、数据质量差等情况，可以此为契机开展数据质量管理相关工作，以确保数据指标的及时性。值得注意的是，组织在选择数据加工工具及产品时，需要考虑加工过程的数据权限问题。为避免加工过程的数据访问及调用权限不受控制，组织应选择具备基于模型的统一访问、统一查看权限的工具开展数据加工，且需要工具统一记录数据加工关系，并能呈现为血缘关系。

3. 可视化看板开发

实施落地规范的数据分析应用项目中，可视化看板的展现主要由 DM、DWS、DWD 的模型支撑，其中汇总、处理数据通常由 DM、DWS 支撑，钻取的明细数据通常由 DWD 支撑。值得注意的是，组织在选择可视化看板开发工具及产品时，也需要考虑加工过程的数据权限问题。为避免可视化看板开发过程的数据访问及调用权限不受控制，组织应选择具备基于模型的统一访问、统一查看权限的工具开展可视化看板开发。

4. 算法开发、优化与部署

针对实际的业务场景及分析应用诉求，进行算法开发、优化及部署等，需要由算法工程师完成。算法开发优化与部署所需的数据仍然从数据仓库中获取，分析的结果数据也以建模的方式存储到数据仓库中。算法开发指根据问题要求，确定模型的结构并搭建模型，以及对训练集进行模型参数的训练和优化，以获得一定的预测精度。算法开发的步骤通常包括：数据预处理，建立模型，确定模型的训练和测试方式，训练并调参，评估模型效果。在算法开发的过程中，需要重点考虑模型的准确性和泛化能力。算法优化是指在完成算法开发后，对模型进行参数调整、数据量优化、算法复杂度优化，以提高模型的准确性和泛化能力。算法优化的步骤通常包括：对模型进行分析和诊断，对异常数据的处理和增加样本数据，对模型参数的调整和调整算法参数的优化。在优化过程中，需要考虑时间和空间复杂性、数据数量、准确度等多种因素。算法部署是指将已经训练好的算法部署到实际系统中，以实现预测、推理、决策等功能。算法部署通常需要考虑算法模型的效率、可靠性、网络支持等多种因素，同时还需要考虑用户和用户数据的安全性、隐私性等因素。算法的部署方式也会因为不同的实际应用场景而有所不同，核心是满足实际需要解决的业务问题。

6.8.6 数据分析应用管理机制建设

一方面，数据分析应用离不开数据分析应用管理机制建设。各层管理职责中需体现数据标准分析应用相关的管控要求：领导层的管理职责中，需要明确对数据分析应用的人力及资金支持，也需要关注数据分析应用的价值等；管理层的管理职责中，需要对数据分析具体落地目标、计划、内容进行明确的分解和制定；执行层（业务组、IT 组、数据管理组，包括建模工程师、开发工程师、算法工程师等）的管理职责中，需要对数据分析应用各环节执行的关键行为进行职责明确；监督组需要对领导层、管理层、执行层数据分析应用相关的管理活动进行相应岗位要求的执行监督与绩效评价。

另一方面，数据分析应用管理机制建设也是数据分析应用的基本保障，主要包括：

- 指标管理规范：对指标的描述信息进行约定；对指标的新增、变更、停用、复用等设置相关的管理流程规范。
- 数据仓库建模规范：对组织数据仓库分层、各层模型设计、各层模型命名、字段命名、关系定义规范等进行约束。
- 数据开发规范：对数据采集、数据开发、报表开发、可视化看板开发等应遵循的工程命名规范、任务命名规范、接口规范、看板设计规范进行约束。
- 数据分析应用价值评估管理办法：定义组织的数据分析应用价值评估指标，根据指标按约定的周期进行价值评估，给出定性、定量的评价，体现基于评估指标的价值评估与考核机制，保障数据的价值发现被显性化。
- 数据分析应用流程规范：描述业务人员有了新的数据分析诉求时，需要遵循什么样的流程进行开发设计，以最终拿到自己关注的分析数据结果或看板。

6.9 数据服务：促进数据应用和共享

数据服务一般需经过需求收集、需求分析、服务开发与部署、服务监控与管理等过程。组织内数据服务内容如表 6-33 所示。

表 6-33　组织内数据服务内容汇总

序　号	服务类型	服务内容
1	数据分析类	指标、标签、画像、算法等
2	数据接口类	公共接口、共享接口、个性化接口等
3	数据产品类	报表产品、大屏产品、决策产品等
4	数据工具类	文本类、数据填报类、服务类

相关负责人需要完成对各类服务内容的需求收集与分析，并对需求进行合理管控，建立需求实现优先级，根据组织需求迫切度建立需求开发计划，以满足各类组织用户对数据的使用需求。

6.9.1　数据服务需求收集

根据不同的数据服务内容，通常选取多种数据需求收集方式，包括问卷调研、现场调研、文件分析等方式。基于以上数据需求收集方式，对组织数据服务需求进行识别，并整理出数据服务需求清单。数据需求收集方式如表 6-34 所示。

表 6-34　数据需求收集方式示例

序　号	收集方式	收集策略
1	问卷调研	问卷调研可根据不同业务域设计不同的问卷，优点是可覆盖全员，可分析需求趋势和比重，缺点是问卷有局限性，不能深入分析
2	现场调研	选取重点人员进行面对面访谈，识别日常工作和管理所需的数据服务需求
3	文件分析	管理层、各公司、各部门日常经营所需的数据需求，包括数据指标、数据产品、数据工具等内容
4	……	……

在选定数据需求收集方式后，制定需求调研计划，并依据实际组织现状，选取重点调研对象。需求调研计划示例如表 6-35 所示。

表 6-35　需求调研计划示例

序　号	调研层级	调研对象	调研内容
1	管理层	组织高层	汇报组织数据项目规划与建设内容，识别高层数据需求
2	业务前台	业务板块1 业务板块2 ……	对各业务重点人员进行数据分析类需求识别，主要以数据指标、数据接口为主
3	支撑中台	运营管理 战略管理 风险管理	对关键用户人员进行数据接口、数据产品类需求识别，主要以管控业务、经营决策为主
4	职能后台	人资、财务、办公	对关键用户人员进行数据指标、数据工具类需求识别，主要以管理业务、支撑工具为主

　　基于数据需求收集方式和调研计划的选取和制定，可收集到组织内不同层级、不同用户的数据服务需求，进而结合组织资源现状、需求重要性、需求优先级进行数据服务需求清单制定。任何组织内的资源都是有限的，一定要将有限的资源投入到重要的数据服务需求中。数据服务需求清单示例如表 6-36 所示。

表 6-36　数据服务需求清单

序　号	需 求 内 容	提出部门/人	提 出 时 间
1	指标服务	财务部-张三	2023 年 9 月 1 日
2	接口服务	生产中心-李四	2023 年 9 月 1 日
3	产品服务	运营中心-王五	2023 年 9 月 1 日
4	工具服务	办公室-赵六	2023 年 9 月 1 日

　　数据服务需求收集需要重点分析已有文件，收集各业务或部门中定期汇总的统计报表或报告是一种较好的数据服务需求识别方法，即通过文件分析识别出数据共享需求、指标数据需求、数据标准需求等内容。

6.9.2　数据服务需求分析

　　数据服务需求分析是指对需求进行可行性、优先性、经济性等维度的分析，以保障关键需求可视并服务于关键业务。同时也要考虑此项需求实现的投资收益率，以及中短期规划情况，如表 6-37 所示。数据服务需求分析是数据服务开发的关键节点，不是所有的需求都值得开发，组织内资源有限，需要选取最合理的数据服务需求分析结论。

表 6-37　数据服务需求分析示例

数据需求内容	建设可行性（高/中/低）	需求优先级（高/中/低）	经济性（高/中/低）
销售每日交易分析	高	高	中
客户生命周期分析	高	高	高
财务每月报表分析	高	高	高
员工绩效数据分析	中	中	中
外部市场数据分析	中	中	中

　　根据上述数据服务需求分析权重标记，结合数据服务需求实现的难易程度、覆盖范围、数据整合难度等进行加权，最终形成综合得分。以综合得分为依据与组织内各类需求方进行沟通，并制定数据服务开发计划，以保障数据服务需求的实现。

　　客户生命周期指标分析旨在了解客户在与企业交易过程中的价值和表现。以下是客户生命周期指标分析案例：

1. 数据需求

　　客户基本信息：包括客户姓名、联系方式、地理位置等。

每笔交易数据：包括交易日期、交易金额、产品种类等。

客户互动数据：包括客户服务记录、投诉记录、行为数据（如网站浏览、点击行为等）等。

客户留存数据：包括客户首次购买日期、最后一次购买日期、购买频率等。

营销活动数据：包括客户参与的市场营销活动、优惠券使用情况等。

2. 分析步骤

新客户获取：分析各渠道的新客户数量和成本，比较不同渠道的效果，了解哪些渠道带来了更多的新客户。

客户转化率：计算不同阶段客户的转化率，例如：从潜在客户转化为付费客户的转化率，从单次购买客户转化为忠实客户的转化率等。该指标可以帮助企业了解客户转化过程中的瓶颈和改进机会。

客户购买行为分析：通过分析客户的购买频率、购买金额和购买产品种类等，了解客户的消费习惯和偏好，可以识别高价值客户、低活跃度客户和流失风险客户。

客户留存率：计算特定时间段内的客户留存率，例如月度或年度留存率，了解客户的忠诚度和保持客户的努力。企业可以通过改进产品、增加客户接触点和提供个性化服务来增加留存率。

客户生命周期价值（CLV）：基于客户的消费行为和留存率，计算客户的生命周期价值。企业通过识别高价值客户，有助于制定精细化的营销策略和服务提升，提高企业利润和销售。

客户满意度调研：进行客户满意度调研，了解客户对产品、服务和品牌的满意度。企业通过定期调研，可以监测和改进客户满意度，提高客户忠诚度和口碑。

客户反馈分析：分析客户反馈，包括投诉记录、客户服务记录和社交媒体反馈等。企业通过识别和解决客户问题，提供更好的客户体验，增强客户关系和品牌形象。

以上是一个客户生命周期指标分析案例。根据组织的实际情况和目标，可以进行调整和深入分析。

同时数据服务需求还需要与组织业务战略进行匹配，以确保数据服务需求的实现是存在价值的。数据服务不能脱离业务发展而独立存在，也不能保证实现所有数据服务需求，因此如何把控数据服务需求的正确性是数据需求分析的关键。同时需要通盘考虑数据需求实现过程中可能涉及的一些问题，如：是否存在满足数据服务需求所需的数据、数据质量现状如何、数据开发人员是否足够理解数据服务需求等风险。

6.9.3　数据服务开发与部署

数据服务开发与部署是指将数据服务需求通过代码开发实现并完成需求验证的过程。数据服务开发与部署需要遵循以下规范，以保障数据开发与部署的及时性和准确性。

- 数据需求明确和规范化：确保数据需求的定义清晰明确，并与相关业务部门进行充分沟通，明确数据服务的目标和预期结果。

- 数据质量管理：确保数据的准确性、完整性和一致性，包括对数据源进行验证和清洗，处理重复、空缺或错误数据，建立数据质量监控机制，以及及时发现和解决数据质量问题。
- 数据安全和隐私保护：根据相关法律法规和业务需求，建立数据安全和隐私保护措施，包括数据加密、访问控制、身份认证等，以确保对敏感数据的保护，并仅向合法和有权限访问数据的用户提供数据。
- 数据集成和标准化：确保数据服务开发过程中的数据集成和转换遵循统一的数据标准和规范。通过数据映射、字段转换等技术手段，保证不同数据源的数据能够被正确地整合和使用。
- 数据采集和更新频率：根据业务需求和数据变化的速度，确定数据采集和更新的频率。定期或实时地获取和更新数据，确保数据服务的及时性和实用性。
- 测试和验证：在数据服务开发完成后，进行全面的测试和验证，确保数据服务的功能和性能符合预期，包括功能测试、性能测试、集成测试等环节，以发现和修复潜在的问题。
- 文档和知识管理：及时记录和更新数据服务的设计、开发、维护的相关文档和知识库，包括技术文档、用户手册等，方便团队成员之间的知识共享和培训。

遵循以上规范可以提高数据服务开发与部署的质量和效率，确保数据服务的及时性和准确性。实际应用时，还需根据具体业务需求和行业标准进行进一步的规范和定制。

遵循上述开发规范可最大限度保证数据服务开发质量，特别是对开发周期的控制。常见的数据服务开发问题与风险如表 6-38 所示。

表 6-38　数据服务开发问题与风险示例

问题与风险	影响	建议的解决方案
数据质量问题	基于低质量或错误的数据进行分析和决策，影响业务决策的准确性和可靠性	要确认是否正确的数据源，还要确认当前数据源的数据质量是否可以支撑分析，以及数据缺失问题是否严重
数据安全和隐私问题	未经授权的访问会导致数据泄露或滥用	业务上存在部分敏感数据，开发过程中需建立严格的数据访问控制和身份认证机制，对敏感数据进行加密处理
数据集成和转换问题	不同数据源之间的数据集成和转换困难，增加了开发和维护的复杂性	数据加工融合过程中会因缺少标准导致数据转换错误或产生数据失真问题，因此要提前预估数据标准引发的沟通协调等问题
	数据转换错误可能导致数据的不一致和不准确	开发过程中需要保障和验证数据转换前后的数据值是否有损失
	数据集成和转换的耗时可能延长数据服务的交付时间	提前评估数据量大小，选择合适的计算框架，保障数据 ETL 过程时间的合理性

（续）

问题与风险	影　　响	建议的解决方案
业务需求变更	频繁的业务需求变更导致开发进度延迟和资源浪费	业务需求变更问题可能是业务变更或先期确认成果未得到关键用户确认，因此需建立紧密的沟通与协作机制
	缺乏及时沟通和合作可能导致差异理解和不一致的开发结果	开发过程中应用敏捷方式，分为多个阶段确认成果
性能问题	数据服务响应时间过长，影响用户体验和业务效率	针对性能进行优化和压力测试
	高负载时系统崩溃或不可用，导致业务停滞和损失	使用合适的硬件和软件配置
	不适当的数据存储和处理方式可能导致性能瓶颈	采用缓存、索引等技术提升数据查询和访问的效率
缺乏文档和知识管理	缺乏文档和知识管理会导致项目依赖于个人或团队，增加了风险	建立文档和知识库，记录开发过程和经验教训

6.9.4　数据服务监控与管理

数据服务监控与管理是指及时监测数据服务的状态和性能，针对相关的故障和异常情况通过短信、邮件的方式及时通知下游消费方。

数据服务监控与管理包括以下内容：

- 监控数据服务的运行状态：监控数据服务的性能指标、可用性、可靠性和安全性，确保数据服务正常运行。
- 监控数据质量：实时监控数据的准确性、完整性和一致性，及时发现和解决数据质量问题。
- 监控数据访问和使用情况：跟踪数据服务的访问模式、用户行为和数据使用情况，识别潜在的安全风险和数据滥用行为。
- 报警和异常处理：及时发现和处理数据服务的异常情况和错误，如系统故障、性能下降、数据异常等。
- 数据容量规划和扩展：根据数据服务的容量需求，及时进行容量规划和资源扩展，确保数据服务的可伸缩性和性能。
- 数据备份和恢复：定期备份数据，并建立数据灾难恢复机制，以保证数据的安全性和可恢复性。
- 用户权限管理：管理用户对数据服务的访问权限，包括授权、身份验证和访问控制，确保数据的安全和隐私。

数据服务监控与管理还包括以下几项工作：

- 监控数据服务的运行状态和数据质量：确保数据服务的正常运行和准确性。

- 报警和异常处理：及时发现和处理数据服务的问题，避免影响业务。
- 数据安全和权限管理：保护数据的安全性和隐私，防止未经授权的访问和滥用。

数据服务监控与管理过程中需要由专门人员或软件来支撑管理，具体需要以下支持：

- 数据服务监控工具：用于监控数据服务的运行状态、性能指标和异常情况。
- 数据质量监控工具：用于监控数据的准确性、完整性和一致性。
- 安全信息与事件管理工具：用于监控数据访问和使用情况，实时发现异常和安全事件。
- 自动化运维工具：用于自动化部署、配置和管理数据服务。
- 数据备份和恢复工具：用于备份和恢复数据。

运维工程师、数据工程师、安全工程师等专业人员来负责监控、管理和维护数据服务的正常运行和安全性。

6.10 数据运营：持续释放数据价值

随着互联网和数字技术的不断发展，企业所面临的市场竞争越来越激烈。为了在市场竞争中立于不败之地，企业需要将数据作为重要资源，进行精细化运营。数据和数据运营对企业的作用就如同燃料和引擎对飞机：在企业整个业务链的运行中，数据是燃料，而数据运营则是驱动引擎。只有将合适的数据，在合适的时间，通过合适的方法，给到合适的人，才能形成数据应用从"被动"变为"主动"的应用场景。企业数据运营的6个过程如图 6-47 所示。

图 6-47　企业数据运营的 6 个过程

6.10.1 明确数据运营目标

企业需要明确数据运营的目标，这些目标可以是提高销售额、增加用户数量、提高客户满意度等。在大部分传统企业中，数据运营不只是服务于营销这一项业务，而是服务于企业运营的每个业务活动：价值链各业务活动的协同需要数据运营，企业的内部管控需要数据运营，产业链企业之间的业务融合需要数据运营，等等。

当然，营销似乎更需要数据运营，"数据+营销"就组成了"数字化营销"。但同样是营销，同样在 B 端，工业品和快消品的营销差别也很大。对于快消品的数据运营，其实和 2C 运营基本类似，包括用户运营、渠道运营、广告运营、活动运营等，关注的依然是用户的转化、产品的销量等。而工业品的数据运营可能也有用户运营，更确切来说是客户运营，强调以客户为中心，满足客户需求。工业品营销一般是以项目形式运作的，可能也包含广告运营、活动运营、内容运营，但这些运营活动一般都不能直接产生交易，而是为了多维度取得客户的信任，以增加项目成交的机会。因此，对于工业品企业的数据运营在于如何通过数据来驱动业务运营，帮助业务员进行项目跟进，帮助业务员提升业务能力和客户关系，进而促成项目成单。

因此，不同企业的数据运营侧重不同。企业要按照"以终为始"的原则，从业务运营目标出发，确定企业的运营目标，同时需要结合自身实际情况，确保目标的可实现性和可衡量性。

6.10.2　建立数据运营团队

数据运营贯穿企业的数据收集、加工处理、分析挖掘、业务决策等各个环节中，因此需要建立一支高效、专业的数据运营团队，负责从各种数据源中收集数据，对数据进行清洗、整合和加工，并根据业务需求构建数据模型，为业务部门提供决策支持。

(1) 明确数据运营团队职责

数据运营团队应该具备数据分析、数据挖掘、数据可视化等多方面的技能，能够将数据进行有效的整合和分析，发现数据背后的规律和趋势，为企业提供支持和指导。数据运营不是一个人的事，需要根据企业数据运营的战略目标和业务需求，明确团队成员的角色和职责，例如数据分析师、数据工程师、数据科学家等。

(2) 选用合适的人才

与传统 IT 人才不同，数据运营不仅需要懂数据治理的相关知识体系和数据处理的专业技能，还需要懂业务知识，能够将数据与业务进行深度融合。因此，数据运营对人员的能力要求较高，既懂业务、又懂技术的复合型数据运营人才非常难得。在招募数据运营团队成员时，需要考虑他们的专业技能、工作经验和团队协作能力。同时，也需要注意团队的多样性，例如文化背景、专业背景等。

(3) 建立有效沟通机制

为了确保团队成员之间的协作和沟通顺畅，需要建立有效的沟通机制，例如定期团队会议、工作报告、项目管理工具等。同时，数据运营团队还应该与业务部门进行密切的合作和沟通，深入了解业务需求和问题，为业务部门提供有针对性的解决方案和建议。

(4) 提供培训和发展机会

为了确保团队成员的技能和知识水平与企业的业务需求保持一致，需要为他们提供培训和发展机会，例如技术培训、管理培训、业务知识培训和职业发展计划等。

(5) 鼓励创新和实验

为了推动数据运营团队的不断发展和进步，需要鼓励团队成员进行创新和实验，尝试新的技术和方法，不断寻求改进和优化的机会。

6.10.3　数据收集、清洗和整合

收集、清洗和整合数据是企业数据运营的重要步骤之一。企业可以从不同的数据源收集

数据，包括企业内部系统、市场调研、用户反馈、社交媒体等。在收集、清洗和整合数据时，企业需要考虑数据的全面性、准确性和及时性，以确保数据的质量和可靠性。数据收集、清洗、整合流程如图 6-48 所示。

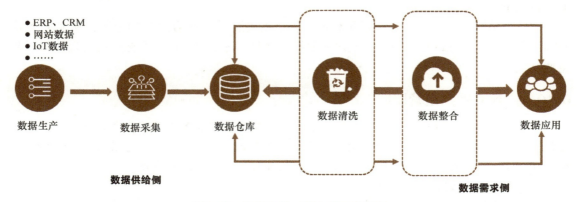

图 6-48　数据收集、清洗和整合流程

（1）数据收集

企业需要明确自己的数据需求，即需要收集哪些数据以支持业务运营和决策，这可以通过与各个部门和业务负责人进行沟通和了解来实现。以某能源企业的工业数据收集为例，需要考虑从各个能源监控点、传感器和历史数据中收集数据，包括实时能源消耗、温度、湿度、设备状态等信息。

（2）数据清洗

数据清洗是指对收集到的数据进行处理和修复，以消除数据中的错误、缺失、无效、重复或不一致等问题，填补缺失值、平滑噪声，并将不同数据源的数据进行匹配和关联，提高数据的质量和可用性。

以下是几种常用的数据清洗方法：

- 去重：去除数据中的重复记录，以确保数据的唯一性。可以使用基于字段的去重方法，比如根据关键字段进行比较和筛选；也可以使用基于算法的去重方法，如哈希算法等。

- 缺失值处理：处理数据中的缺失值，即数据缺失的情况。可以使用插补法，根据已有的数据推断缺失值；也可以直接删除缺失值，但需要注意删除后数据的完整性和准确性。

- 异常值处理：处理数据中的异常值，即与其他数据明显不符或超出合理范围的值。可以使用统计方法，如均值、中位数、标准差等，判断和修正异常值；也可以使用规则检测，通过设定阈值或规则来识别和处理异常值。

- 数据格式转换：将数据转换为统一的格式和标准，以方便后续的分析和使用。比如将日期格式统一，将文本数据转换为数值型数据，对数据进行单位转换等。

- 数据一致性校验：对数据进行一致性检验，确保数据的逻辑和关系的正确性。可以使用逻辑规则、业务规则等进行校验，比如检查数据之间的关联性、数据之间的约束关系等。

（3）数据整合

数据整合是将不同数据源的数据进行整合，形成一个统一的数据集，方便后续的数据分析和数据挖掘。例如，将来自不同传感器的数据整合到一个统一的数据存储系统中。

以下是几种常用的数据整合方法：

- 数据集成：将来自不同数据源的数据进行集成，形成一个统一的数据集。可以通过数据抽取、转换和加载的过程来实现，包括数据提取、数据清洗、数据转换和数据加载等步骤。
- 数据转换：将不同格式或结构的数据进行转换，以便于整合和分析。可以使用数据转换工具或编程语言，如 Python 的 Pandas 库、SQL 语言等，进行数据格式转换、字段映射、数据标准化等操作。
- 数据匹配和链接：根据数据的特定字段或标识符，将不同数据源中的相关数据进行匹配和链接。可以使用基于规则或算法的匹配方法，如相似度匹配、关联规则等，以识别和链接相关数据。
- 数据合并：将不同数据源中的相同或相关数据进行合并，形成一个更大的数据集。可以使用数据库的合并操作，如 SQL 中的 JOIN 操作；也可以使用数据处理工具进行合并，如 Python 的 Pandas 库的 merge 方法。

6.10.4　数据分析和挖掘

数据分析和挖掘与数据运营密切相关，可以相互赋能。数据分析和挖掘是通过对大量数据的收集整合、分析和挖掘，发现数据中的潜在模式、关系和趋势，以获取有价值的洞察和决策支持，以支持数据的有效运营和价值实现。数据分析和挖掘流程如图 6-49 所示。

图 6-49　数据分析和挖掘流程

（1）数据监测

数据监测是指对数据的收集、分析和评估，以了解数据的质量、准确性和完整性。数据监测可以通过各种技术手段，如数据挖掘、数据分析和数据可视化等，对数据进行实时或定期的监测和评估。数据运营是指在数据监测的基础上，利用数据进行业务决策和优化，帮助企业及时发现问题、解决难题，优化业务流程和提高效率。例如：某能源企业使用实时监测系统来收集并分析发电数据，以及监测每台机组的运行状态和发电效率，一旦发现某台机组发电量异常或整个厂区发电量低于预设阈值，它可以及时派遣维修人员进行检修或调整发电策略，以保证电力供应的稳定性。

（2）数据分析

数据分析是数据运营的核心步骤。在这个步骤中，数据分析师将利用统计学、机器学习和数据挖掘等技术对数据进行分析，发现数据的潜在规律和趋势，为企业提供决策支持。数据分析结果可以通过数据可视化的方式，以图表、图像等形式呈现出来，帮助企业更好地理解和解释数据。根据数据分析结果，企业需要制定相应的策略和方案。这些策略和方案应该以数据为支持，以提高企业运营效率、降低成本、增加收益为目标，并能够付诸实施，进而以"数据运营驱动业务运营"。例如，某能源企业通过对能源生产过程中的数据进行加工和分析，确定最佳的生产工艺和运营策略，制定更加精准的市场推广策略、提高客户满意度的方案等。

（3）数据智能

数据智能是指利用人工智能、机器学习、深度学习等数据挖掘技术和算法，对大量的数据进行分析和处理，从中提取有价值的信息和洞察，以支持决策和优化业务。数据智能可以通过自动化和智能化的方式，对数据进行实时的监测、分析和预测，为企业提供准确的决策支持和业务优化的建议。例如：某能源企业通过对历史负荷数据的分析和建模，预测未来的负荷需求，帮助其优化能源供应，并减少能源浪费和不必要的投资。

（4）数据创新

数据创新是指通过运用数据分析、挖掘和相关技术，在数据的基础上发现新的商业模式、产品或服务，提供新的价值和创造新的机会的过程。数据创新可以涉及产品创新、业务模式创新、用户体验创新等方面。例如：某能源企业通过对可再生能源的天气预测、发电效率等数据进行分析，帮助其优化新能源发电计划和运营并通过对电网设备、传感器等数据进行监测和分析，实现智能电网的运行和管理。

6.10.5 数据运营情况监控

数据运营情况监控是指对企业或组织的数据进行持续的监测和分析，以评估业务绩效，发现问题和机会，并做出相应的调整和优化。数据运营情况监控包含两个层面的内容：一是通过数据对业务运营情况进行监控，赋能管理和业务人员，实现管理的优化和业务的创新；二是对数据质量情况的监控，及时发现数据问题并进行修正和处理，不断提升数据质量。

（1）对业务运营的监控

以下是一个能源企业通过数据对业务运营情况进行监控及处理的案例：假设有一家能源企业，它主要从事电力生产和分销业务，它希望通过数据监控和处理业务运营情况。

- 电网负荷监控：通过对智能电网监控系统的电网负荷数据进行收集、处理，并进行实时分析和预测。一旦发现电网负荷过高或过低，可以调整发电量或调度电力资源，以保持电网的平衡和稳定。

- 能效监控：通过对能效监控系统的能源消耗和排放数据进行收集和处理，并进行分析和比较，实时监控能源消耗和排放指标，可以及时发现能源浪费或环境污染问题，并采取相应的节能减排措施。
- 安全监控：通过对发电厂的安全监控等系统的关键设备的运行数据和安全参数进行收集、处理，并进行实时分析和预警。一旦发现设备故障、过载或其他安全风险，可以立即采取措施，如停机检修、增加安全设备等，以保障员工和设备的安全。将数据运营情况与设备维修和诊断系统相结合，实现故障的预测和自动化维修。使用实时监测系统来收集数据，并设置报警机制，一旦数据指标超过预设阈值，即时发出警报通知相关人员。通过数据分析和预测模型，挖掘数据中的潜在趋势和问题，帮助企业做出决策和调整策略。
- 远程监控和管理：利用远程监控系统，实现对发电设备和电网的远程监控和管理，提高运营效率和安全性。

综上所述，通过电网负荷监控、能效监控、安全监控、远程监控和管理等策略，能源企业可以有效监控和处理业务运营情况，提高发电效率、电网稳定性和安全性。

（2）对数据质量的监控

提高数据质量是实施数据治理的基本目的，高质量数据是实现高效数据运营的前提和保障。数据运营情况监控是确保数据质量的重要手段，通过监控数据质量，可以提高数据的可信度和可用性，为企业的决策和业务运营提供有力支持。

根据数据质量的要求和业务需求，确定合适的监控指标并建立数据质量监控流程，包括数据采集、数据质量评估、数据质量报告等环节，利用数据质量监控工具来自动化监控数据质量。根据监控指标，对数据进行定期的质量评估，可以通过统计分析、数据抽样和数据比对等方法来评估数据质量，并及时发现和修复问题。监控数据质量是一个持续改进的过程。根据监控结果，不断优化数据治理策略、数据采集流程和数据质量标准，以提高数据质量水平。

更多数据质量监控技术和方法详见本书"6.5 数据质量管理：数据价值的生命线"，此处不再赘述。

6.10.6 持续数据运营机制

数据运营不是一次性的工作，而是需要持续进行的过程。企业需要建立持续数据运营的机制，不断优化和提高数据运营的效果和效率，以适应市场的变化和企业发展的需要。这是一个持续优化和不断迭代的过程，需要不断收集和分析数据，不断调整和优化策略和方案，以实现更好的成果和效益。

企业持续数据运营机制的包括数据运营组织的建设、数据管理制度的完善、数据文化的建设等。关于数据运营组织的建设相关内容在"6.10.2 建立数据运营团队"中进行了描述，此处我们重点讲解数据管理制度的完善和数据文化的建设。

（1）数据管理制度的完善

企业应该建立完善的数据管理制度，包括数据收集、整理、分析、应用等方面的规定和流程。同时，要建立健全的数据质量监控机制，确保数据的准确性和完整性。此外，还要建立科学合理的指标体系，对数据进行量化和可视化分析，为企业的决策和执行提供有效的支持和指导。

（2）数据文化的建设

企业应该积极推进数据文化建设，强化员工的数字化意识，培养数据思维习惯。同时，要加强对数字化技能和知识的学习和应用，使员工能够更好地利用数字化工具和方法来解决实际问题。此外，还要鼓励员工积极参与数据分析过程，提高员工的参与度和主人翁意识，从而促进数字化工作的深入开展。

综上，企业要想在市场竞争中立于不败之地，必须将数据进行精细化运营。通过明确数据运营目标，建立高效的数据运营团队，收集、清洗和整合数据，分析并获取数据洞察力，不断释放数据价值，实现数据创新。在未来的发展中，企业应加强数据文化建设、推进数字化转型、加强数据安全和隐私保护等方面的工作，为数字化时代的到来做好充分的准备。

第 7 章
数据治理工具与技术

数据治理已经成为大数据时代的基础性工作，各行业都已认识到提升数据治理水平的重要性。随着数据治理意识的提升，数据治理工具和技术也在不断发展迭代，从最单一的元数据管理工具、数据建模工具、主数据管理工具等，发展到现今集数据标准、数据质量、数据安全、数据应用等综合一体化的数据治理平台。数据治理工具和技术在不断适应新形势和新业务的需求与变化。

近些年人工智能及大模型技术的快速发展，也为数据治理工具提供了新的助力。如何利用这些新技术、提高数据治理的效能是业界需要深度探索的新课题。

因此，本章会先介绍目前常用的数据治理工具，以便读者了解数据治理技术现阶段发展的水平情况。然后会展望数据治理技术的发展趋势，以及数据治理工具与新技术的结合情况，使读者可在选取工具时具备一定的前瞻性，并使数据治理工作在组织中能够发挥更大的价值。

但在这里需要强调的是，如果没有严密的管理制度及专业人员，仅仅有先进的工具是不足以做好数据治理工作的。如果把数据治理比作一场战争，工具就像是战争中的航空母舰，买航空母舰容易，要把航空母舰用起来，并在战争中发挥出作用，需要配套的舰队、专业的人员、严密的流程、完善的管理、健全的保障以及适用的战略战术作指导，否则，工具真的只是工具而已。

7.1 常用的数据治理工具

7.1.1 元数据管理工具

元数据管理是数据治理中非常重要的一个核心，元数据的一致性、可追溯性是实现数据治理非常重要的一个环节。元数据管理是为了对数据资产进行有效的组织，使用元数据来帮助企业管理自身的数据，还可以帮助数据专业人员收集、组织、访问和丰富元数据，以支持数据治理。而企业拥有元数据管理工具能够帮助业务分析师、系统架构师、数据仓库工程师和软件开发工程师快速查找、分析、维护数据。因此，元数据管理工具可以提供数据源管理、分析数据血缘关系、分析数据影响等，实现对复杂的数据环境监控管理，为企业提供安全可信的数据，为数据仓库的运行与维护提供有效支撑。

元数据管理工具提供了可靠、便捷的功能，能够对企业分散的元数据进行统一、集中化管理，帮助企业绘制数据地图、统一数据口径、标明数据方位、控制模型变更。利用元数据管理工具可以更好地获取、共享、理解和应用企业的数据，降低数据集成和管理成本，提高数据资产的透明度。

1. 系统架构

从典型的元数据管理工具系统架构看，元数据管理工具应包含元数据采集层、元数据存储层、元数据服务层、元数据访问层这四层面的功能。典型的元数据管理工具系统架构图如图 7-1 所示。

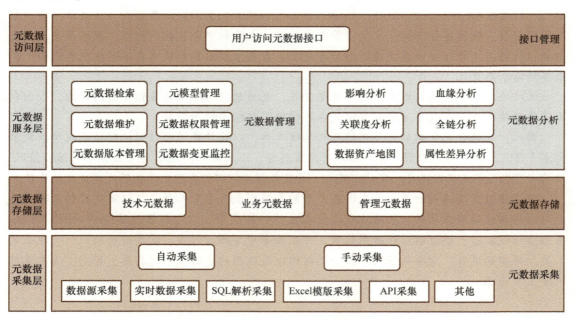

图 7-1　典型的元数据管理工具系统架构图

（1）元数据采集层

企业的元数据来自多个方面，元数据管理工具对不同数据源提供丰富的适配器，实现端到端的自动化采集。同时支持适配器扩展，实现最大限度的自动化采集。企业可以通过元数据工具自动采集和手动采集的能力进行元数据的采集。采集的元数据有如下几种类型：

- 业务系统中的元数据，例如 ERP、CRM、SCM、OA 中的元数据。
- 数据管理平台中的元数据，例如数据仓库、ODS、数据湖中的元数据。
- 数据处理工具中的元数据，例如 ETL 工具的 SQL 脚本元数据。
- 数据分析工具中的元数据，例如 Cognos、Power BI 中的元数据。
- 实时开发平台中的流式元数据，例如 Kafka 中的元数据。
- 各种半结构化数据源，例如 Word、PDF、Excel 等各种格式化电子文件。
- API 元数据，例如 Java 调用 RESTful API 中的元数据。

元数据管理工具提供了直连多种不同类型的数据源，包括：数据库类型、实时数据类型、ETL 类型、文件类型、业务系统类型等。元数据采集层主要通过对各类数据源的适配，实现元数据的统一采集，并将其存储于符合 CWM 标准的中央元数据仓库中。

（2）元数据存储层

元数据存储层主要存放元数据。在元数据存储层上可以基于关系数据库进行元数据存储，用于实现技术元数据、业务元数据和管理元数据的数据的物理存储。

1）技术元数据是结构化处理后的数据，方便计算机或数据库对数据进行识别、存储、传输和交换。技术元数据可以服务于开发人员，让开发人员更加明确数据的存储、结构，从而为应用开发和系统集成奠定基础。技术元数据也可服务于业务人员，通过元数据厘清数据关系，让业务人员更快速地找到想要的数据，进而对数据的来源和去向进行分析，支持数据血缘追溯和影响分析。常见的技术元数据有：

- 物理数据库表名称、列名称、字段长度、字段类型、约束信息、数据依赖关系等。
- 数据存储类型、位置、数据存储文件格式或数据压缩类型等。
- 字段级血缘关系、SQL 脚本信息、ETL 信息、接口程序等。
- 调度依赖关系、进度和数据更新频率等。

2）业务元数据描述数据的业务含义、业务规则等。明确业务元数据可以让业务人员更容易理解和使用业务元数据。业务元数据消除了数据二义性，让业务人员对数据有一致的认知，避免"自说自话"，进而为数据分析和应用提供支撑。常见的业务元数据有：

- 业务定义、业务术语解释等。
- 业务指标名称、计算口径、衍生指标等。
- 业务引擎的规则、数据质量检测规则、数据挖掘算法等。
- 数据的安全或敏感级别等。

3）管理元数据描述数据的管理操作属性，通常包括管理部门、管理责任人等。明确管理属性有利于将数据管理责任落实到部门和个人，是数据安全管理的基础。常见的管理元数据有：

- 数据所有者、使用者等。
- 数据的访问方式、访问时间、访问限制等。
- 数据访问权限、组和角色等。

- 数据处理作业的结果、系统执行日志等。
- 数据备份、归档人、归档时间等。

（3）元数据服务层

元数据服务层包含两个方面的服务，分别是元数据管理服务和元数据分析服务。元数据管理服务提供了元数据管理工具的基本功能，包括元数据增、删、改、查及版本发布功能，元模型增、删、改、查及版本发布功能，元数据检索及统计，元数据变更监控和元数据权限管理等功能。元数据分析服务提供了元数据影响分析、元数据血缘分析、数据表的关联分析和元数据对比分析等功能。

（4）元数据访问层

元数据访问层用于给用户提供访问控制服务。通过门户访问和后台访问，可以实现多种角色的访问控制。同时元数据访问层还提供了多种形式的接口服务，可以很方便地与其他IT 系统进行集成。

2. 功能介绍

元数据管理工具旨在实现对元数据的全面管理。该工具具备元数据模型建立功能，能够清晰展现元数据需求，为数据管理提供坚实基础。同时，它支持从各种工具中采集各种类型的元数据，并进行高效存储，确保数据的安全性和可扩展性。在元数据采集和存储完成后，元数据管理工具还能对元数据进行深入的分析，帮助用户更好地理解数据结构和数据关系，它是企业实现数据资源有效管理和应用分析的重要工具。

（1）元数据采集

元数据管理工具是否强大，部分体现在其对各类数据源的采集能力上，支持的各类数据源类型越多，说明元数据采集能力越强大。元数据采集方式主要有两种：自动采集和手工采集。

1）自动采集。自动采集主要是通过元数据管理工具提供的各类适配器进行元数据采集。在元数据采集过程中，元数据采集适配器十分重要。元数据采集既要适配各类数据库、各类 ETL 数据、各类数据仓库和报表产品，还要适配各类结构化或半结构化数据源。元数据采集适配器可以通过自动化的方式对企业各类数据源的元数据进行统一采集、统一管理。基于元数据管理工具，可以让用户通过配置数据源参数及定时采集任务，进行自动化采集，实现直连数据源的端到端元数据采集。在保证自动化采集的同时，还支持对适配器进行扩展。

2）手工采集。在元数据管理实践中，最难采集的往往不是技术元数据或操作元数据，而是业务元数据。由于企业缺乏统一的数据标准，业务系统建设过程中没有对业务元数据进行统一定义，所以即使通过元数据采集适配器将业务系统的技术元数据自动采集到元数据仓库中，也很难识别这些表、视图、存储过程、数据结构的业务含义。这就需要采用人工的方式对现有数据的业务元数据进行补齐，以实现元数据的统一管理。

（2）元数据管理

元数据管理提供元数据检索、元模型管理、元数据维护、元数据版本管理、元数据变更监控、元数据权限管理等功能。

- 元数据检索：一般是以树形结构组织元数据，按不同类型对元数据进行浏览和检索，如我们可以浏览表的结构、字段信息、数据模型、指标信息等。通过合理的权限分配，元数据检索可以大大提升信息在组织内的共享程度，提供对元数据的全文检索功能。元数据检索支持对检索范围、检索类型、修改时间进行过滤，且过滤条件支持保存，让用户可以将常用的过滤条件保存使用，以便能够更加快速浏览所需元数据。

- 元模型管理：提供以 Meta Object Facility（MOF）规范为基础，支持 XMI 格式的元模型导入和导出，同时内置大量技术元数据、业务元数据的元模型，可供用户直接使用。

- 元数据维护：提供对信息对象的基本信息、属性、被依赖关系、依赖关系、组合关系等元数据的新增、修改、删除、查询、发布等功能，以管理企业的数据标准。

- 元数据版本管理：提供元数据的版本管理功能，对于元数据新增、修改、删除、发布和状态变更都有相应的流程，同时支持对元数据进行发布、查看历史版本、导出历史版本、版本对比等操作。

- 元数据变更监控：支持实时对元数据变更进行监控，并提供变更订阅功能，将用户关心的元数据的变更情况定期发送到用户邮箱。

- 元数据权限管理：支持对不同用户对元数据查看、修改等操作权限的配置。

（3）元数据分析

元数据管理平台提供了丰富的分析应用，包括血缘分析、影响分析、全链分析、关联度分析、属性差异分析、对比分析等，同时支持将分析结果进行导出和收藏。

- 数据资产地图：基于企业元数据生成并以拓扑图的形式展示企业数据资源的全景地图，方便用户清晰直观地查找和浏览企业数据资源。通过对元数据的加工，可以形成数据资产地图等应用。数据资产地图用于在宏观层面组织信息，以全局视角对信息进行归并、整理，展现数据量、数据变化情况、数据存储情况、整体数据质量等信息，为数据管理部门和决策者提供参考。

- 血缘分析：也叫血统分析，采用向上追溯的方式查找数据来源于哪里，经过了哪些加工和处理，常用于在发现数据问题时，快速定位和找到数据问题的原因。

- 影响分析：功能与血缘分析类似，只是血缘分析是向上追溯，而影响分析是向下追踪，用来查询和定位数据去了哪里，常用于当元数据发生变更时，分析和评估变更对下游业务的影响。

- 全链分析：用来分析指定元数据前后与其有关系的所有元数据，不仅反映了元数据的来源与加工过程，也反映了元数据的使用情况，可清晰地了解该元数据的来龙去脉。

- 关联度分析：用来分析不同数据实体之间的关联关系，从而判断数据的重要程度。
- 属性差异分析：用来比较同类型元数据之间属性值的差异，方便用户识别相似元数据之间存在的微小差距。

3. 实施保障

在数据治理整体框架下，结合元数据管理工具，还需要建立元数据管理实施保障体系，从组织保障、制度保障、流程保障、技术与工具、运营维护、监控管理、统计分析、宣传推广、持续改进等方面保障元数据的有效实施和运营管理，规范元数据的日常采集和处理活动，帮助企业有效管理元数据。

- 组织保障：明确业务牵头部门、业务与信息化的协作关系，以及各部门数据认责范围。在数据治理团队的指导下，针对企业的数据管理组织现状，建立企业高层支持、中层管理协调、基层执行三个层面的数据治理组织，明确各层的工作职责，为元数据管理工作提供组织保障。
- 制度保障：元数据管理是企业的 IT 基础设施，涉及的系统较广，需要调动的资源较多，在实施的过程中，企业高层管理者需要给予强有力的支持，并制定相应的规章制度进行保障，这是项目实施持续推进的动力。
- 流程保障：为保证数据治理措施的落地执行，需要从数据认责、标准管理、质量管理等多个方面进行流程设计，制定企业范围内数据的变更管理流程，保证信息系统中的数据与管理规范、数据标准的一致性。
- 技术与工具：搭建统一的元数据管理工具平台，实现企业级元数据集中管控，支持元数据采集、元数据管理、元数据分析等功能。
- 运营维护：定义捕获、维护业务元数据、技术元数据、操作元数据，定期分发和交付元数据。
- 监控管理：提供元数据的新增和变更流程，控制元数据新增、变更等操作，支持元数据的日常监控，管理元数据版本，做好元数据的血缘分析、影响分析。
- 统计分析：提供元数据系统运营情况统计报告，支持元数据查询、元数据使用情况分析（如冷热度分析）等。
- 宣传推广：通过企业内部网络、会议等各种渠道，推广元数据管理工具平台，提高元数据管理平台的使用量，提升元数据在企业中的价值认识度。
- 持续改进：根据实际情况和业务需求，不断优化和完善元数据管理策略和方法，包括更新元数据模型、改进采集工具等，以适应不断变化的数据环境和业务需求。

4. 常见措施

当企业开始进行元数据管理实施时，除了结合元数据管理工具外，还需要使用一些具体的措施来确保元数据的有效管理和利用，常见的措施如下：

- 建立统一的数据词汇表：为了确保所有人都理解同一概念、术语和定义，企业需要建立一个统一的数据词汇表。这样可以避免不同部门或个人对同一数据元素采用不同的术语和定义，导致数据混乱、重复或失真。
- 使用标准化的元数据格式：可以帮助企业实现元数据的互操作性和可扩展性。标准化的元数据格式可以使元数据具有跨平台、跨系统、跨组织和跨部门等特点，从而提高数据的共享和重用效率。
- 实现元数据的版本控制：为了确保元数据的准确性和完整性，企业需要实现元数据的版本控制。版本控制可以追踪元数据的变化历史，记录每个版本的变更内容和日期，以及提供恢复之前版本的功能。
- 实现元数据的安全管理：为了防止元数据被非法访问或篡改，企业需要实现元数据的安全管理。元数据的安全管理可以通过访问控制、加密和审计等手段来保护元数据的机密性、完整性和可用性。
- 利用数据字典进行元数据管理：数据字典是一种存储数据相关信息的工具，可用于实现元数据管理。数据字典包含数据模型、数据流程、数据项、表、字段、约束等元素，提供了对数据资源的全面描述和访问的能力。
- 实现元数据的自动化采集和更新：企业可以使用自动化工具来实现元数据的自动化采集和更新，从而提高元数据的准确性和及时性。自动化工具可以通过扫描数据库、文件系统、应用程序和网络等方式，收集元数据信息并存储到知识库中。

5. 参考模板

在元数据管理过程中，也会使用 Excel 文档来进行元数据线下采集。为了确保所有人都理解同一概念、术语和定义，需要建立一个统一的元数据表。常用的元数据表录入信息模板如表 7-1 所示。

表 7-1　元数据表录入信息模板

系统类别	表类别	业务模块	表序号	属主	表名	表中文名	表数据量	重要程度	变化频率	备注

元数据表录入信息模板包括以下内容：
- 系统类别：该表在哪个业务系统。
- 表类别：判断表的归类，定义表所属哪块的业务。
- 业务模块：对应业务系统里的哪个业务模块。
- 表序号：表的排名序号。
- 属主：该表属于哪个用户。
- 表名：系统中的表名称。

- 表中文名：表的中文含义。
- 表数据量：数据量超过万级的表需要填写，如"1万以上""10万以上""100万以上"或具体的数据量。
- 重要程度：各个系统管理者根据下游系统或用户使用情况进行判断。
- 变化频率：表中数据变化情况，如实时变化，每天、每周、每月变化，不定期变化或者长期无变化。这个用于在开发阶段设置抽取频率，以优化资源占用。
- 备注：其他需要填写的内容。

常用的元数据表字段录入信息模板如表7-2所示。

表7-2　元数据表字段录入信息模板

表名	表中文名	字段序号	字段名	字段中文名	字段说明	数据类型（包含长度）	默认值/枚举值	是否主键	是否属于唯一性约束	外键	是否为空	是否分区	备注

元数据表字段录入信息模板包括以下内容：

- 表名：系统中的表名称。
- 表中文名：表的中文含义。
- 字段序号：字段的排名序号，根据每张表内进行字段的序号排序。
- 字段名：字段的名称，该表中定义字段的名称。
- 字段中文名：字段的中文含义。
- 字段说明：该字段大概做什么用。
- 数据类型（包含长度）：描述字段的类型及长度，例如varchar（20）。
- 默认值/枚举值：如果枚举值过多仅提供样例就可以。
- 是否主键：该字段是否是主键。
- 是否属于唯一性约束：如果没有主键，使用多列作为唯一性约束，判断该字段是否属于唯一性约束。
- 外键：判断该字段属于哪个表的外键。
- 是否为空：表示该字段是否允许为空。
- 是否分区：表示该字段是否是表中的分区字段。
- 备注：其他需要填写的内容。

7.1.2　主数据管理工具

主数据管理是企业数据治理的核心内容，有效的主数据管理和控制，直接关系到企业数据资产价值和业务效能的提升。企业应该明确主数据管理的原则和方法，充分考虑各类主数据的划分和标准化，选择合适的主数据开发工具和平台，并在实际应用中积极推进主数据使用，以此优化主数据质量、共享和使用价值。此外，主数据管理也可促进企业数字化转型的发展。建立一个高效共享的主数据管理平台，对于企业实现业务优化和数字化转型具有重要的战略意义和价值。

主数据管理工具主要通过数据建模、数据质量管理、数据集成、数据申请、数据分发和数据使用等功能模块进行基础数据的维护，保证各个系统基础数据的同源，使企业的主数据具有唯一性、准确性、一致性、及时性，使企业的各项信息更加完善，也使各项业务之间可以形成闭环。

1. 系统架构

企业在打造主数据管理工具的时候，不能只纠结于某个功能，更应构建一个完善的功能架构。典型的主数据管理工具通常包括主数据建模、主数据整合、主数据管理、主数据服务、标准管理、基础管理等主数据生命周期管理功能，可以支持业务流程自动化、数据规则管理、数据校验和审批等。典型的主数据管理工具的系统架构如图 7-2 所示。

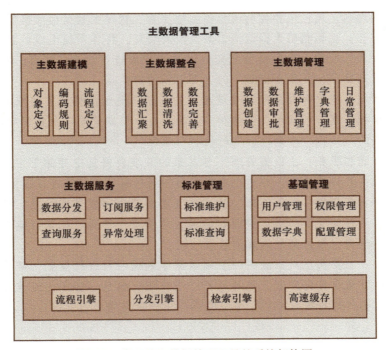

图 7-2　典型的主数据管理工具的系统架构图

典型的主数据管理工具的系统架构建设原则主要包括以下几个方面：

- 全面性：支持企业范围内主数据的全面管理，包括数据的定义、建模、归类、生命周期管理等所有环节。

- 唯一性：应该是唯一的共享主数据源，其他系统只能申请和引用主数据管理平台的主数据，避免出现数据不一致的问题。
- 集成性：能够集成现有的企业应用程序或系统，与其他系统共享数据，避免数据孤岛和重复输入。同时还需要支持多种数据交换协议和接口标准，使主数据能够与其他系统实现无缝对接。
- 安全性：具有高度的安全性和隐私保护能力，防止数据泄露、丢失或被篡改。在建设主数据管理平台时，应该采用多种安全措施，如身份验证、访问控制、数据加密等。

2. 功能介绍

主数据管理工具作为主数据管理工作的主要载体，一个成熟、稳定、便捷的主数据管理工具，可以让主数据管理工作更加得心应手。典型的主数据管理工具通常具备主数据建模、主数据整合、主数据管理、主数据存储和服务、标准文件资料管理和基础管理模块。

- 主数据建模：主要以主数据标准体系为基准，通过可视化建模工具，定义主数据对象、编码规则、属性值和控制流程等基础要素，构建主数据标准模型。
- 主数据整合：主要利用数据清洗工具及扩展功能，将各系统生成的主数据进行汇集，依据主数据标准和主数据模型定义的规则进行校验、清洗、发布，实现对主数据的全生命周期管理，并整合出统一的、可信任的主数据。
- 主数据管理：按照标准主数据管理规程的要求，通过严格的管理流程，实现主数据创建、审批、发布、修改、冻结和失效等全生命周期管理以及数据字典的管理维护，确保数据的一致性、准确性、实时性和权威性。
- 主数据存储和服务：主数据管理平台发布的基准数据集中存储于主数据基准库，提供在线查询和订阅功能，并通过流程驱动和消息驱动的标准接口提供数据共享服务。
- 标准文件资料管理：利用外部公共文档管理系统或内置管理功能，进行标准文件和相关资料的存储管理、版本管理和标准目录管理，并通过配置智能化搜索引擎，实现智能、快捷、精确高效的查询检索功能。
- 基础管理：主要实现对系统中的基础数据等数据字典进行设置，配置灵活、安全可靠的权限管理及日志管理，包括用户、用户组、角色、资源、流程配置等，以及对各类主数据的进行统计分析，为主数据应用评价提供有力支撑。

3. 实施保障

通过主数据管理工具，可以实现所有类型主数据在主数据管理工具中统一管控，最终通过集中的数据管理和全面的数据服务，实现高效的数据利用和可靠的数据质量。因此，主数据管理工具是企业实现内部决策分析、业务流程再造的前提。然而要做好各类主数据在主数据管理工具中落地和实施，还需要做到以下几个方面的保障：制定主数据标准体系保障、建立管理组织保障、设计制度流程保障、建立主数据代码库保障、建立主数据集成共享保障和主数据管理持续运营保障。

（1）制定主数据标准体系保障

主数据标准是主数据管理工作的核心内容。通过主数据标准，才能实现跨组织、跨部门、跨流程、跨系统的数据集成和共享。主数据标准一般分为数据标准、管理标准和服务标准三类，但主数据标准体系的建设要适合企业的业务，适应企业的发展。主数据标准的建设不能"先入为主"，更不能"直接照搬"。数据标准主要明确主数据的编码规则、分类标准、命名规范、编码颗粒度、属性规范、主数据模型标准等；管理标准主要明确组织、制度、流程、应用等管理规范及标准，比如明确各方职责，以及规范主数据的申请、变更及修改流程；服务标准主要明确主数据集成服务接口规范，包括集成技术规范、开发规范、外围系统接入规范等内容。

（2）建立管理组织保障

建立管理组织保障主要是建立主数据管理组织，确定主数据工作的相关各方的责任和关系，包括确定主数据过程中的决策、管理、执行等活动的参与方和负责方，以及各方承担的角色和职责等。建立管理组织保障的目标是统筹规划企业的数据战略。只有建立主数据标准规范体系、数据管理制度和流程体系、数据运营和维护体系，并依托主数据管理工具实施主数据标准化落地、推广和运营。在明确了主数据管理组织的同时，还要明确主数据管理岗位，主数据管理岗位可以兼职，也可以全职，根据企业实际情况而定。

（3）设计制度流程保障

制度流程是确保对主数据管理进行有效实施的认责制度。建立主数据管理制度和流程体系需要明确主数据的归口部门和岗位，明确岗位职责，明确每个主数据的申请、审批、变更、共享的流程。

（4）建立主数据代码库保障

主数据标准制定完成以后，需要清洗企业历史基础数据，因此，需要制定合理的清洗方案和清洗计划，将各信息系统的历史数据清洗成标准的主数据代码，从而建立企业主数据代码库。企业需要按照发布的主数据标准和规范，将现有信息系统的通用基础、人员、组织机构、会计科目、银行账号、固定资产与设备、客户供应商等核心主数据的代码、分类及名称进行规范整理。整理范围主要包含名称是否符合规范、分类是否合理、数据是否完整、编码是否重复、数据是否唯一等。然后通过系统校验、查重及人工比对、筛查、核实等多种手段对主数据代码的质量进行检查，最终建立一个高质量的主数据代码库。

（5）建立主数据集成共享保障

主数据代码库建立后，各业务系统需要基于主数据的管理要求变更主数据录入、变更、查询等流程，重新明确相关角色和职责，并对相关人员进行培训，确保查询和录入的规范性。同时，需要将主数据管理工具与各个目标业务系统进行集成，以实现主数据的申请、审核、分发等交互操作，从而最终实现主数据在多个系统之间的共享和统一。比如：制定主数据服务的目录，包括服务的名称、功能、接口、参数等信息，方便用户查找和使用；规定服务的接口标准，包括输入输出参数、数据格式、传输协议等，确保服务接口的统一和标准化。

（6）主数据管理持续运营保障

主数据管理的实施能够帮助企业初步建立主数据的管理体系，但做好持续的运营工作是发挥主数据价值的关键。有些企业实施过程很成功，但系统运行一段时间（比如半年、一年）后，主数据的质量又再度下降至以前的水平。所以，实施主数据管理只是数据治理的一个开始，企业要保持高质量的数据，必须进行持续的运营和不断的优化。首先，确保标准执行。要建立主数据的运营管理团队，推动主数据管理相关制度的落地和优化，做到定岗定责、责任到人，对主数据新增、变更、使用等的流程进行监督和改进，确保规范执行到位。其次，提升数据质量。主数据作为"黄金数据"，是企业的核心数据资产。主数据质量的好坏决定了数据价值的高低，因此要建立一套主数据质量的运维体系，确保企业及时发现主数据的质量问题，并实现闭环解决。最后，加强运营推广。主数据的应用接入无法一蹴而就，特别是对于集团型企业有很大难度，需要制定周密的推广计划，逐步推广到相关的业务系统中。

4. 常见措施

当企业开始推进数字化转型工作时，常常会从主数据治理开始。主数据治理的难题虽多，但是解决办法总比问题多，同时要相信找到问题其实就已经是解决了问题的一半，做好主数据治理典型案例分析，会使后续的企业数据治理工作水到渠成。

（1）确保主数据标准统一

主数据属于跨部门、跨系统的核心共享数据，各业务职能要对其数据颗粒度、数据维护时点、维护规则进行标准统一。数据颗粒度如果属于通用的颗粒度，则采取的原则是"就细不就粗"，因为一般来说细颗粒度数据都可以通过自动汇总累加的方式形成粗颗粒度数据，而粗颗粒度数据很难通过自动的方法进行合理有效的拆分。同时也要注意，在主数据中统一主数据对象的颗粒度时要保证主数据输出颗粒度标准唯一，以减少因为颗粒度不一致导致的数据分歧。

（2）灵活选择贯标策略

主数据贯标主要有两个原则：一是对于企业的新建系统，可以直接采用主数据标准；二是对于企业已建系统，需要分析系统应用主数据标准的风险，属于可直接替换成主数据标准代码的，采用直接贯标方式，不能直接替换成主数据标准代码的，采用映射贯标的方式。采用映射贯标的系统中，所有标准不统一的代码仅限于内部系统流转，与其他系统交互时需转换成主数据标准代码。目标系统代码转换的效果直接关系到企业基础数据质量的高低，通过目标系统代码转换实现主数据标准在各业务系统全覆盖，有效解决企业数据孤岛问题，提高企业的主数据管控能力。

（3）完善主数据质量检测和校验机制

建立完善的主数据质量检测和校验机制，通过自动化工具和人工检查相结合的方式，对主数据进行全面的质量检测和校验，确保主数据的准确性和完整性。

（4）加强主数据变更管理

建立主数据变更管理流程，明确主数据变更的申请、审核、执行、跟踪等环节，确保主数据变更的规范化和准确性。

（5）建立主数据审计机制

建立主数据审计机制，对主数据进行定期的审计和检查，确保主数据的合规性和规范性。

（6）提升主数据管理人员的专业能力

加强主数据管理人员的专业培训和能力提升，提高他们对主数据管理的认识和理解，促进他们更好地参与到主数据管理中来。

（7）建立主数据管理考核和激励制度

主数据属于企业共享通用的数据，各个业务部门都有很强的需求。主数据的管理方确定好该数据归属，同时监督下游使用方的数据，一旦数据有歧义或有问题，就会追溯到数据源头。这就应当嵌入业务部门的常规工作中，即在数据录入过程中需要承担责任，也应当给予相应的奖励评价，进而实现权责相匹配。建立主数据管理考核和激励制度，对主数据管理工作进行定期的考核和评估，奖励优秀的管理人员和工作团队，促使更多的业务部门来主动承担主数据管理的工作。

5. 参考模板

在主数据管理过程中，也会使用 Excel 文档来进行线下的主数据分类编码和模型设计，确保对相关文件产出和业务系统进行确认，建立所有人达成同一概念、术语和定义的共识。常用的主数据分类编码模板如表 7-3 所示。

表 7-3　主数据分类编码模板

编　　码	分 类 名 称	级　　别	备　　注

关于"主数据分类编码模板"进行如下说明：

- 编码：是该类主数据定义唯一的编码和对出现该类数据的唯一定义，例如数字唯一编码"10001"。
- 分类名称：表示该主数据里的分类类别名称是什么，例如物料主数据的分类有成品类、原料类、半成品类等。
- 级别：定义该编码的级别，用来表示该数据属于哪一级别的分类，例如以一级分类为第一级别，二级分类为第二级别。

- 备注：用来补充说明该编码定义的含义。

常用的主数据模型设计模板如表7-4所示。

表7-4　主数据模型设计模板

字段序号	字段名	字段中文名	字段说明	数据类型	长度	是否主键	备注

关于"主数据模型设计模板"进行如下说明：

- 字段序号：字段的排名序号，根据每张表内字段的序号排序。
- 字段名：字段的名称，该表中定义字段的名称。
- 字段中文名：该字段的中文含义。
- 字段说明：该字段的用处。
- 数据类型：描述字段的类型，例如varchar。
- 长度：该数据的长度定义。
- 是否主键：该字段是否是主键。
- 备注：用来补充说明该字段定义的含义。

7.1.3　数据质量管理工具

在数字时代，大数据的可用性促进了商业模式新颖化和业务运营自动化。大数据还帮助企业发明新的技术解决方案，发现新的商机。大数据是从传感器、机器、社交媒体、网站和电子商务门户等多种来源中生成的。数据是新的石油，是任何组织的资产，并有人试图将数据货币化。从如此多的异类来源收集的数据必然存在差异和不一致，应该有一种机制来纠正数据收集后的异常，并确保高数据质量。

准确的数据产生准确的分析和可靠的结果，避免资源浪费并提高组织的生产力和盈利能力。可靠的数据为企业在竞争激烈的市场中提供优势，有助于系统符合所有当地和国际法规。通过充分的数据备份，可以实施企业的数字化转型和成本节约计划。

1. 系统架构

数据质量管理工具有效管理数据治理过程中的质量问题，是数据治理体系中数据质量保障的重要一环。通过对错误数据的验证及分析、维护流程的支持，可持续保证数据质量的维护管理；通过企业内工具的联系，可支持实时质量管理，并能核检数据标准的落地情况。典型的数据质量管理工具的系统架构如图7-3所示。

2. 功能介绍

数据质量管理工具的功能是基于采集的元数据，即将元数据与数据标准对标生成数据质量规则，并根据质量规则对全行数据进行定期或者手动的数据质检，进而针对发现的质量问题启动问题整改流程，形成数据质量规则库、结果库和知识库。

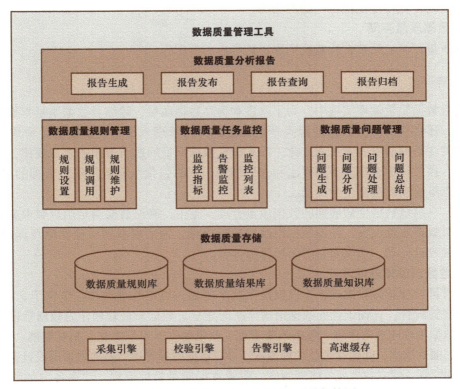

图 7-3　典型的数据质量管理工具的系统架构图

（1）数据质量规则管理

数据质量规则管理是通过将元数据与数据标准对标，将对标结果转换成质量问题进行跟踪管理，建立数据标准落地实施管理的持续机制，同时可以根据业务系统的特定质量需求补充个性化的度量规则，包括质量检核规则设置、调用、维护。

（2）数据质量任务监控

数据质量任务监控是依据数据质量规则，建立周期性的数据质检计划。数据质检计划按照指定的周期自动执行，并记录执行结果，包括监控指标、告警监控、监控列表等。

（3）数据质量问题管理

数据质量问题管理对数据质量任务监控阶段发现的数据质量问题进行修正，实现数据质量问题的后续处理，具体内容包括：数据质量问题的评估及任务分派、对数据质量问题的处理状态、处理结果进行跟踪、数据质量问题处理的复核及关闭。

（4）数据质量分析报告

数据质量分析报告是多维度质量分析报表，支持对数据质量问题线上分析，以便进行有针对性的数据质量闭环管理及质量改进，包括数据质量报告生成、数据质量报告发布、数据质量报告查询、数据质量报告归档等功能。

（5）数据质量存储

数据质量存储包括数据质量规则库、结果库和知识库。

3. 实施保障

在进行数据质量管理实施中，为了改进和提高数据质量，除结合数据质量管理工具提供保障之外，还必须从产生数据的源头开始抓起，即从管理入手，对数据全生命周期进行监控，密切关注数据质量的发展和变化，深入研究数据质量问题所遵循的客观规律，分析其产生的机理，探索科学有效的控制方法和改进措施，同时强化全面数据质量管理的思想观念，把这一观念渗透到数据全生命周期。

因此，在围绕数据生命周期的数据质量管理实施中，确保数据满足用户要求前提下，各方都需要对数据质量负责，并按照标准监控数据质量，为实现数据质量保障目标提供服务，推进可持续改进计划，形成完备的闭环保障体系。

（1）数据治理体系保障

数据质量管理要高效推进，不仅仅是个技术问题，更是管理问题，依赖于企业的组织、制度、流程的配合，有赖于企业数据治理体系的建立。数据质量管理作为数据管理活动的一种，需要数据治理体系的保障，包括战略管理、政策原则、组织文化、制度规范、监督控制、变革管理、项目推动、问题管理及法规遵从。针对数据质量管理，要加强顶层设计，明确数据质量管理的原则，建立数据质量管理制度，明确数据质量管理流程，约束各方加强数据质量意识，督促各方在日常工作中重视数据质量，在发现问题时能够追根溯源、主动解决。

在数据质量需求阶段，只有业务部门的充分参与，才能明确业务问题和优先级，确保数据质量改进具有较大的价值，而要做到这点，离不开企业数据战略的指导和企业级数据治理组织的保障（比如企业级数据治理委员会和办公室的设置），需要确保业务和技术的有效沟通，以及足够的资源投入（比如各部门数据质量管理专员的设置）。

在数据质量检查阶段，标准的有效执行和落地是数据质量管理的必要条件，包括数据模型标准、主数据和参考数据标准、指标数据标准等，有了标准，数据质量规则的制定才有据可依。

在预防未来数据错误阶段，往往需要通过对人员进行管理和培训，对业务流程进行优化，对系统问题进行修正，对制度和标准进行完善才能彻底解决问题，这些都离不开数据治理的组织文化、制度规范，监督控制等的支持。

（2）数据监测体系保障

构建数据监测体系保障数据质量管理。首先，通过数据资产的定级来触发加工链路的卡点校验，并进一步监控数据风险点，包括常见的数据保障实体、基线任务和模型，并通过这些来衡量数据质量的效果。其次，构建质量分衡量机制，并支持从多维度的视角进行衡量。最后，制定保障规则，并识别各个数据资产的待优化项。在这个过程中，有两个重要的方面需要提及：第一个方面是建立卡点校验规则库，以涵盖完整性、一致性、有效性和及时性等与数仓传统卡点校验相关的内容，在此基础上并进一步扩展到数据全生命周期各环节；第二个方面是建立事故归因知识库，用于归因相关的问题，并结合告警和恢复工具的能力，提高用户解决问题的效率，降低异常成本。

（3）数据环境分析保障

数据是一种质量管理的对象，其本身也是一项业务，对数据这项业务的理解越透彻，前面采取的那些数据质量提升方法和步骤就越有针对性，也会越有效。比如：理解了数据的应用场景，就可以有效判断业务问题的价值，从而更好地明确数据质量需求和评估业务影响程度；理解了数据模型和业务场景，就可以制定更合理的数据质量规则，更高效地进行数据质量检查；理解了数据的全流程，就可以实现数据的血缘分析，这是确定数据问题根本原因的一种有效方法，而通过流程优化往往又能预防数据质量问题的再次发生。

（4）部门间的协同保障

数据全生命周期的链路相对复杂，因此在业务部门上下游相关方协同合作中，需要共同制定符合 SLA（服务水平协议）的机制，并形成跨团队的保障机制比如：协同夜间值班的流程的制定，包括紧急跟进、原因定位、数据恢复和影响通知。数仓团队的值班人员如果触发卡点校验的告警监控，会立即采取止损措施，并评估数据是否对业务产生潜在影响。如果有影响，值班人员会及时通知相关方，并将问题转交给协同部门团队进行跟进和数据恢复。恢复完成后，值班人员会再次通知相关业务方，并对整个事项进行归档。

（5）推进日常运营保障

日常运营保障是指周期性地同步基于数据质量规则产出的保障核心指标和目标的情况，确保其达到标准。同时，定期回顾过去一段时间的历史问题，并进行规则的沉淀和归类，以避免类似问题的重复发生。比如：基于质量的核心衡量维度，关注数据的完整性、一致性、准确性和告警响应度，以及监控的覆盖率、作业稳定性、时效性和链路保障率等方面；基于八个维度设置质量分（满分为 100 分），并将其拆分为多个等级。通过质量分，可以衡量当前保障工作的进展和目标，以及分发待办事项。

4. 常见措施

常见的数据质量管理措施包括以下内容：

- 建立数据质量管理制度：明确数据质量管理流程、职责和规范，为数据质量需求管理提供制度保障。
- 建立数据标准化模型：对每个数据元素的业务描述、数据结构、业务规则、采集规则等进行清晰的定义；有了清晰的定义后就通过元数据进行管理，进而使数据可以被理解并使用，以提高数据价值；构建数据分类和编码体系，形成企业级的数据资源目录，在使用的时候就能清晰查找数据。
- 强化源头数据质量：可以通过自动化校验或人工干预审核对源头数据质量进行管理，

采用流程驱动的方式。

- 控制过程数据质量：从唯一性或及时性等方面进行控制，比如入库是否及时，是否满足主外键要求，枚举字段是否正确等。
- 建立数据质量预警机制：数据质量边界模糊的数据采用数据质量预警机制。数据质量预警机制是对数据相似性和关联性指标进行控制的一种方法，针对待管理的数据元素配置数据相似性算法或者数据关联性算法，并在数据新增变更、处理应用环节调用预先配置的数据质量的算法进行相似度和关联性分析，给出数据分析的结果来保障事中的质量控制。
- 建立数据质量规则：对数据项配置相应的数据质量指标，进行数据唯一性、准确性、完整性、一致性关联性、及时性等方面的数据质量规则配置。
- 借助工具进行数据质量检验：利用配置好的数据质量规则定义数据检验任务，可设置手动执行或定期自动执行的数据检验任务，并通过执行数据检验任务对数据进行检验，形成数据质量问题清单。
- 进行数据质量告警：根据数据质量问题清单进行数据告警。
- 生成数据质量分析报告：根据数据质量清单生成数据质量分析报告。
- 流程优化：根据数据质量分析报告，指定数据质量控制改进方案。进行评估和考核工作，定期对流程开展全面的评估：从问题率、解决率、解决时效等方面建立评价指标，进行流程评估。根据流程评估的结果进行流程优化。最终在数据质量监控的过程中反复优化监控质量的流程。
- 强化与业务部门的沟通与协作：加强与业务部门的沟通与协作，了解业务需求和发展趋势，优化数据处理流程和方法，同时向业务部门宣传数据质量的重要性，提高业务人员的质量意识和参与度。
- 建立数据质量管理培训机制：定期开展数据质量管理培训，提高企业员工的数据质量管理意识和技能水平；加强数据处理人员的培训和管理，提高数据处理人员的责任意识和质量意识，确保数据处理工作的规范化和准确性。

5. 参考模板

在数据质量管理过程中，也会使用 Excel 文档来进行线下的数据质量监测，确保对相关文件产出和业务系统进行确认，以规范数据质量管理人员对数据质量整体过程的监测行为。常用的数据质量监测关键字段信息统计模板如表 7-5 所示。

表 7-5　数据质量监测关键字段信息统计模板

数据库	表名	表描述	记录数	××关键字段信息统计				
				缺失率（%）	偏差率（%）	无效率（%）	不一致率（%）	缺失率（%）

数据质量监测关键字段信息统计模板主要是通过统计表里的关键字段监测统计信息，来反馈关键字段在完整性、准确性、有效性、一致性和唯一性上的质量分布情况。关于"数据质量监测关键字段信息统计模板"进行如下说明：

- 数据库：描述表的所属数据库名称。
- 表名：某数据库下的表名称。
- 表描述：表的中文描述。
- 记录数：统计该表总的记录数。
- ××关键字段信息统计：列举该表哪些关键字段信息需要进行数据质量监测统计，比如姓名关键字段信息统计、身份证号关键字段信息统计等。
- 缺失率（%）：统计该字段中内容为"NULL"或空字符的数据项占总记录数的比率。
- 偏差率（%）：统计该字段中内容乱码或者无意义的数据项占总记录数的比率。
- 无效率（%）：统计该字段中内容具有合理性的数据项占总记录数的比率。
- 不一致率（%）：统计该字段中内容和其他字段含义不一致（比如身份证与性别生日的一致性检测）的数据项所占总记录数的比率。
- 缺失率（%）：统计该字段中数据项内容在该字段所有数据项中是否是唯一，即不唯一的数据项占总记录数的比率。

7.1.4　数据安全管理工具

数据安全是企业稳健经营的重要因素。在长期的数据治理过程中，企业通过识别和整改数据安全风险及问题，逐步完善权限管理和数据安全评估等管控流程，严格执行数据日志内部审计和安全备份等制度，建立数据管理应急机制，通过提升安全团队专业化能力来逐步构建企业的数据安全文化，助推企业数据资产价值的不断提升。

数据安全管理涉及各种技术、流程和实践，以确保业务数据安全并防止未授权的访问。数据安全管理工具专注于保护敏感数据，如个人信息或关键业务知识产权。例如，数据安全管理可能涉及创建信息安全策略、识别安全风险，以及发现和评估 IT 系统的安全威胁。

1. 系统架构

数据安全管理工具包括数据安全基本能力、数据安全保护能力和数据安全审计能力。典型的数据安全管理工具的系统架构如图 7-4 所示。

2. 功能介绍

数据安全管理工具涵盖了数据安全基本能力、数据安全保护能力和数据安全审计能力三大核心功能。数据安全基本能力包括数据访问授权控制、身份鉴别、数据分类分级，确保只有经过授权的人员才能访问敏感数据。数据安全保护能力通过数据脱敏、数据加密、安全评估等手段，有效防止数据泄露和非法访问。数据安全审计能力提供数据安全等级统计和数据操作行为日志审计功能，便于企业及时发现和应对潜在的数据安全风险。通过数据安全管理工具的综合应用，企业能够构建坚实的数据安全防护网，确保数据的安全性和完整性，为企业的数字化转型提供有力保障。

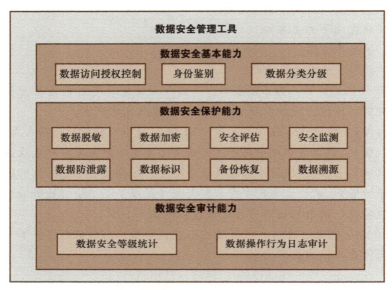

图 7-4　典型的数据安全管理工具的系统架构图

（1）数据安全基本能力

数据安全基本能力包括以下内容：

1）数据访问授权控制。数据访问授权控制是确保数据处理、数据交换服务等过程中的多元异构海量数据安全的重要机制。在大数据场景下，数据、应用和用户规模激增，对数据的处理请求复杂多变，而数据访问授权控制面临着海量数据的细粒度访问控制和跨域访问控制的挑战。

现有技术对大数据的访问授权控制方法主要是基于属性的访问授权控制和基于角色的访问授权控制两种。基于属性的访问授权控制，即使用用户属性、环境属性、资源属性等来构建访问授权权限；而基于角色的访问授权控制，即为用户分配角色授权。

- 基于属性的访问授权控制。基于属性的访问授权控制是一种利用数据加密技术的密文机制实现客体访问控制的方法，通常分为两种：基于密钥策略的属性加密（KP-ABE）和基于密文策略的属性加密（CP-ABE）。KP-ABE 主要用于访问静态数据，其密文与属性策略相关，只有当用户的属性满足密文中的访问结构时才能解密。CP-ABE 主要用于访问动态数据，其密钥是用户的属性集合，当用户的属性与密文访问结构相匹配时就能解密该段密文，使得数据拥有者可以灵活地控制允许访问数据的用户类型，因此也被广泛地应用于数据的访问授权控制方案。

- 基于角色的访问授权控制。基于角色的访问授权控制的基本思想是建立一个独立于用户集与权限集的角色集合，每个角色对应一组相应的权限。在分配了适当的角色后，用户将具有对该角色的完全访问权限。随着安全要求的提高，将角色的访问控制与加密技术相结合的数据安全存储方案相继出现。在该方案下，只有满足基于角色的访问授权控制策略的角色才可以解密和查看数据，且角色具有层次结构，解密密钥大小恒定，与用户分配的角色数无关。

基于以上两种数据访问授权控制方法，在功能层面：一方面，具备数据加密技术的密文机制，即用户的属性与密文访问结果相匹配就能解密该密文，并获得该数据信息的相应的访问权限；另一方面，提供基础用户角色授权模型的能力，即用户与角色是多对多的关系，一个用户可以拥有若干角色，一个角色也可以赋予若干用户，对系统操作的各种权限不是直接授予具体的用户，而是在用户集合与权限集合之间建立一个角色集合，每一种角色对应一组相应的权限。

2）身份鉴别。身份鉴别的核心理论是通过 3 个问题来识别确认身份：你知道什么，你拥有什么，你的唯一特征是什么。你知道什么，就是根据你知道的信息来证明你的身份。你拥有什么，就是根据你拥有的东西来证明你的身份。你的唯一特征是什么，就是根据你的唯一特征来证明你的身份。因此，通常依靠密码来进行身份鉴别，这是最基础的鉴别技术，也是适用性最广的技术。现在虽然有了其他多种身份鉴别技术，但在多因子认证方案里，基于密码鉴别身份也是其中必选的基本技术。为了保证密码鉴别技术的安全性，增大抵御暴力破解的能力，在身份鉴别功能设计时需要考虑下面的一些要求：

- 支持增强密码复杂度。建议密码长度最小 8 位，使用大小写字母、特殊符号、数字组合，能极大地增大密码的破解难度。
- 支持附加验证码校验。校验码一般是以图形显示的随机字符串，人眼可以识别，但是机器很难辨认，使用校验码可以避免恶意的在线破解密码。
- 支持多次登录失败锁死账号。多次登录失败，就很有可能是有人或机器在尝试破解密码恶意登录，这时需要有锁定账号的功能，即在一段时间内不允许再次登录，这可以大幅增加密码破解的时间。

上述方法针对在线破解有效，针对离线破解无效。要保证密码存储和验证的安全性，还必须做到：密码采用单向不可逆的哈希算法计算后存储。在对密码进行哈希计算的时候必须进行加盐处理，盐值必须随机生成；密码哈希的盐值必须存放在独立的数据库，避免和密码一起被"脱库"。

3）数据分类分级。实行数据分类分级是保障数据安全的前提，也是数据安全治理过程中极为重要的一环。企业应当尽早在内部实行数据分类分级管理制度，并根据不同业务岗位的职能和需要，遵循最小必要原则，开放相应的数据访问权限。

在数据分类分级系统里，以"高密低访"为基本原则，即高密的数据不能被低密的用户访问，高密的用户可以访问低密的数据。通过权限控制与数据脱敏的结合，可以完成更加精细化的数据安全管控场景。数据分类分级系统通常具备以下功能：

- 提供类别管理功能：对于数据分类下的数据，可以针对不同的人设置不同的数据脱敏方式，达到相同数据展现给每个人不同的结果。在数据没有设置级别时，也可以通过分类达到访问控制的效果。
- 提供级别管理功能：通过对数据、用户设置不同的级别，可以完成对用户访问权限的控制。当用户级别大于等于数据级别时，用户才可访问。
- 提供数据分类分级的展示功能：用于验证数据分类分级的安全管控效果，例如数据是否可访问、是否脱敏。

（2）数据安全保护能力

数据安全保护能力包括以下内容：

1）数据脱敏。数据脱敏一般包括静态数据脱敏功能和动态数据脱敏功能。所谓静态和动态之分，主要在于脱敏的时机不同。对于静态数据脱敏来说，数据管理员提前对数据进行不同级别的脱敏处理，生成不同安全级别的数据，然后授予不同用户访问不同安全级别数据的权限。对于动态数据脱敏来说，数据管理员通过元数据管理不同用户访问具体数据的安全权限，在用户访问具体数据的时候，动态地把具体数据按照用户权限进行脱敏处理。

2）数据加密。数据加密是确保计算机网络安全的一种重要机制。数据加密的基本功能包括防止不速之客查看机密的数据文件、防止机密数据被泄露或篡改、防止特权用户（如系统管理员）查看私人数据文件和使入侵者不能轻易地查找一个系统的文件。

3）安全评估。安全评估是针对数据资产生命周期不同阶段的实施要点和工作形式总结，内容包括：资产识别、威胁识别、脆弱性识别、风险分析与数据安全评估报告。数据安全评估方法在参照原有信息安全评估方法基础上，更关注数据资产以及在相关数据处理活动中所面临的安全情况。

4）安全监测。除基础设施、网络安全、业务系统等安全监测外，安全监测主要是对用户在访问数据过程进行监测，即监测和分析用户在访问数据时的频率情况，监测是否有数据泄露的行为风险，以及监测是否存在没有数据权限的用户在访问数据的风险等。安全监测常具备以下功能：

- 提供故障告警功能：对发出的安全预警信息和故障信息进行统一整合和自动化处理。
- 提供监控数据分析功能：通过分析计算准确、快速得到用户、数据发生问题的事件，以便快速定位问题原因，进而快速处理，保证数据安全管理的正常运行。
- 提供安全事件管理功能：能够按照分类查看所有的事件；可以查看历史事件和实时事件；进行审计分析。

5）数据防泄露。数据防泄露是通过识别文档等数据资产内容，根据策略执行相关动作，以此来保护数据资产。数据防泄露的内容识别方法包括关键字、正则表达式、文档指纹、向量学习等，策略包括拦截、提醒、记录等。

6）数据标识。数据标识是一种基于密码技术的高安全、高可信和高可用的数据属性标注与识别技术。它以规范化的数据格式描述数据属性，采用密码技术对描述信息进行安全保护，能够确保信息完整有效和真实可信，支持在不破坏数据可用性、不影响数据正常使用的情况下对数据进行安全属性标记，为数据全生命周期安全管控提供安全、可信的数据属性信息支撑与保障。

7）备份恢复。备份恢复提供了无缝、高效的备份和恢复管理，能对所有数据资产进行高效备份和恢复。备份恢复工具通过调用文件系统、数据库及应用系统的备份接口进行在线备份，确保数据的完整性及应用的一致性。

8）数据溯源。数据溯源用来记录数据全生命周期工作流演变过程、标注过程以及实验过程等信息，支持通过对内部数据操作行为进行关联分析和溯源，查看某个数据流转的全生命周期过程，同时也可以发现用户存在数据违规操作行为，还可以支持多级数据溯源。

（3）数据安全审计能力

数据安全审计能力包括数据安全等级统计和数据操作行为日志审计两方面。

1）数据安全等级统计。数据安全等级统计为数据安全等级定级提供支撑。它从保密性、完整性、可用性三个方面进行信息的统计，并以图形化界面方式为用户提供直观的展示。

2）数据操作行为日志审计。数据操作行为日志审计的核心在于对用户使用数据的操作信息进行分析、审计，可依据审计规则对泛化数据操作日志进行识别，以识别潜在安全风险、安全事件。

3. 实施保障

数据安全管理实施保障是在系统化评估数据资产的机密性、完整性和可用性，识别风险消除举措，并将风险降低到可接受水平后，进行数据安全管理规划。然后通过数据安全战略保障、数据安全组织保障、数据安全运行保障、数据安全技术保障和数据安全过程保障等五个方面，推进数据安全管理体系的不断优化，推动数据安全的持续改善。

（1）数据安全战略保障

数据安全战略保障是从完善大数据安全法律法规、健全数据安全标准、建立数据安全保障组织规划、制定数据安全保障策略规划、制定数据开放策略等方面着手，做好数据安全战略层面的整体规划和顶层设计。在遵循国家安全政策的基础上，制定数据安全保护方面的法规政策及实施办法，健全数据安全相关标准及指南，完善数据安全保障组织机构和保障角色的规划，制定数据安全保障规划和指导意见，推进数据安全开放共享，满足国家层面安全管控要求，明确数据总体安全策略，指导相关管理制度、技术防护、安全运营以及过程管理等工作的开展。

（2）数据安全组织保障

数据安全的组织管理主要是从数据安全的组织建设与岗位设置、人才储备、宣传培训、基础建设资金保障、数据分级分类管理、信息与数据治理等方面着手，积极推进网络安全责任落实制度，建立跨部门、跨单位的数据安全组织协同机制，通过明确分工、协同配合、强化执行、规范运行监督，确保数据安全要求的落地，共同推进大数据安全能力建设。

（3）数据安全运行保障

数据安全运行保障包括对数据全生命周期安全的保障和数据安全运行能力的保障。数据全生命周期是将大数据的原始数据转化为可用于行动的知识，进行知识应用，直至知识自然遗忘或主动遗忘的过程。数据全生命周期安全的保障是要保障数据全生命周期各阶段的安全，包括数据采集安全、数据传输安全、数据存储安全、数据处理安全、数据共享安全、数据使用安全、数据销毁安全，此外，还需要对整个过程涉及的个人敏感信息进行安全保障，确保个人信息得到严格保密，不得泄露、丢失、损坏、篡改或不当使用，不得出售或者非法向他人提供。数据安全运行能力的保障需要做好态势感知、预警监测、安全防护、应急响应和灾备恢复，对数据运行过程中的安全风险进行管控。

（4）数据安全技术保障

数据安全技术保障包括对数据平台与设施层安全、接口层安全、数据层安全、应用层安全和系统层安全等的防护。数据平台与设施层安全包括基础设施层安全、数据存储层安全、数据计算层安全和数据分析层安全。数据平台及设施层安全防护主要解决大数据分析平台的安全问题以及数据在大数据分析平台上存储、计算和分析过程中的安全问题，采用的关键安全防护技术包括用户认证、细粒度访问控制和权限管理、日志、安全审计、机密性和完整性保护安全技术等。接口层安全防护主要解决数据系统中数据提供者、数据消费者、数据应用提供者、数据框架提供者、系统协调者等角色之间的接口面临的安全问题，采用的关键技术包括：数据提供者到数据应用提供者之间的接口安全控制技术、数据应用提供者到数据消费者之间的接口安全控制技术、数据应用提供者到大数据框架提供者的接口安全控制技术、数据框架提供者内部以及系统控制器的安全控制技术等。数据层安全防护主要解决数据全生命周期各阶段面临的安全问题，采用的关键安全防护技术包括数据加密技术、安全数据融合技术、数据脱敏技术、数据溯源技术等。应用层安全防护主要解决大数据业务应用的安全问题，采用的关键安全防护技术包括身份访问与控制、业务逻辑安全、服务管理安全、不良信息管控等。系统层安全防护主要解决系统面临的安全问题，采用的关键技术包括大数据安全态势感知、实时安全检测、安全事件管理、系统边界防御、高级持续性威胁（APT）攻击防御等关键技术。

（5）数据安全过程保障

数据安全管理过程保障是围绕数据安全保障对象，基于数据安全管理过程，采用PDCA循环方法建立起的确保大数据安全可持续的安全能力，这种能力将贯穿数据安全管理的整个生命周期，使数据安全风险得到有效管理和控制。数据安全保障过程可分成规划、设计、实施、运维、测评与改进六个阶段。在规划阶段，主要分析数据安全存在的威胁与隐患，对数据安全提出全局性、方向性和系统性的规划要求，明确数据安全建设的目标和重点关注领域；在设计阶段，主要制定为实现目标计划采取的安全策略和措施，明确数据管理协调部门、关键基础设施及信息系统运行者以及其他参与者的责任与义务；在实施阶段，主要采取安全防护管理措施和技术措施，建立数据安全管理能力、运行保障能力、技术防护能力、服务支撑能力、针对网络攻击的检测能力；在运维阶段，主要对数据安全进行全生命周期管理，通过监测感知层、网络层、平台层和应用层等各个层次中硬件设备、控制执行系统、应用程序的运行状况，对数据安全事件及时响应并进行管理；在测评阶段，主要包括对数据安全规划的实施情况进行监督，全面评估规划设计的目标是否通过相应的安全策略得以实现；在改进阶段，主要改进整个数据安全保障体系，提升数据安全保障整体能力。

4. 常见措施

常见的数据安全管理措施包括以下内容：

- 进行数据安全自查：组织应对自身数据安全现状进行全面的了解和评估，发现存在的安全隐患和问题，为后续的数据安全管理工作提供基础。
- 构建数据安全标准体系：组织应根据业务需求和数据特点，建立相应的数据安全标准体系，包括数据采集、存储、处理、传输、共享和销毁等环节的安全防护措施，确保数据的机密性、完整性和可用性。
- 建立数据管理组织、制度和流程：明确数据管理职责和权限，建立相应的管理制度和流程，包括数据访问权限控制、数据加密、数据备份和恢复等方面的规范和流程，确保数据安全管理工作得以顺利开展。
- 制定数据安全培训计划：针对员工开展数据安全意识和技能培训，提高员工的数据安全意识和防范能力。培训内容可以包括数据安全基础知识、密码安全、数据加密、网络安全等方面的知识和技能。
- 建立数据安全应急响应机制：制定数据安全应急预案，明确应急响应流程和责任人。在发生数据安全事件时，能够迅速响应并采取相应的补救措施，减少损失。
- 引入先进的技术手段：采用先进的数据加密、网络监控、入侵检测等技术和工具，提高数据安全防护水平，同时，不断关注新技术的发展和应用，及时更新和完善数据安全防护手段。
- 定期进行数据安全检查和评估：定期对组织的数据安全管理工作进行检查和评估，及时发现和解决问题，同时，与专业的数据安全机构或组织合作，引入外部专家进行评估和建议，提高数据安全管理水平。
- 建立完善的数据备份和恢复机制：制定详细的数据备份和恢复计划，确保数据在遭受攻击或意外丢失后能够及时恢复，同时，定期测试备份和恢复流程，确保其可行性和可靠性。
- 严格控制数据访问权限：根据岗位职责和工作需要，严格控制员工对敏感数据的访问权限。通过采用多层次的授权机制，实现权限的分级管理和审批，防止未经授权的访问和泄露风险。

- 加强合作伙伴和供应商的安全管理：与合作伙伴和供应商签订安全协议，明确保密和隐私保护责任；定期对安全措施和流程进行检查和评估，确保其符合组织的数据安全要求。

5. 参考模板

在数据安全管理过程中，也会使用 Excel 文档来进行线下的数据分类分级的处理，确保对相关文件产出和数据运营人员进行确认，同时建立规范的数据分类分级管理，也方便用户了解数据分类分级过程中的监控行为。常用的数据分类分级信息表模板如表 7-6 所示。

表 7-6　数据分类分级信息表模板

编　　号	业务一级子类	业务二级子类	数据一级子类	存储表名（英文）	存储表名（中文）	来 源 系 统	备　　注

数据分类分级信息表是通过数据分类分级时梳理的信息来反馈数据分类分级情况。关于《数据分类分级信息表模板》中内容进行如下说明：

- 编号：是给该存储表进行唯一编号。
- 业务一级子类：划分的业务一级子类名称。
- 业务二级子类：划分的业务二级子类名称。
- 数据一级子类：划分的数据一级子类名称。
- 存储表名（英文）：该表的英文名称。
- 存储表名（中文）：该表的中文名称。
- 来源系统：该表来源于哪个业务系统。
- 备注：描述其他要说明的信息。

7.1.5　数据标准管理工具

数据标准管理是数据管理的基础性工作，是企业数据治理的首要环节，对于企业厘清数据资产、打通数据孤岛、加快数据流通、释放数据价值有着至关重要的作用。数据标准管理工具是关于业务和技术的一系列数据规范的集合工具，为数据标准服务提供基础能力，通过数据标准工具使企业中数据标准能够进行统一的管理，促进数据使用和数据交换都是一致、准确的，并指导数据标准快速落地，有效地帮助企业实现业务价值。

1. 系统架构

数据标准管理工具的系统架构包括数据标准应用管理、数据标准信息管理和数据标准版本管理三个功能。典型的数据标准管理工具的系统架构如图 7-5 所示。

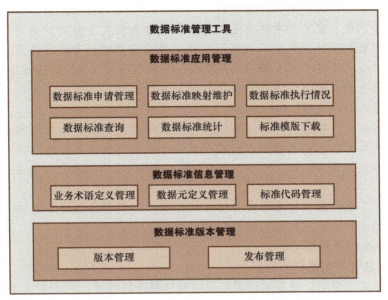

图 7-5　典型的数据标准管理工具的系统架构图

2. 功能介绍

数据标准管理工具是一个全面而高效的管理系统，涵盖了数据标准应用管理、数据标准信息管理和数据标准版本管理三大功能模块。该工具能够支持企业制定统一的数据标准，确保数据在采集、存储、处理和应用过程中的一致性和准确性。通过数据标准应用管理，企业可以灵活配置和部署数据标准，满足不同业务需求。数据标准信息管理则提供了丰富的数据标准信息录入、查询和展示能力，方便用户随时了解数据标准的最新动态。同时，数据标准版本管理确保了数据标准的更新和迭代过程可追溯、可控制，有效防止版本混乱和冲突。利用数据标准管理工具，企业能够建立起规范、高效的数据标准管理体系，提升数据质量，促进业务价值的充分发挥。

（1）数据标准应用管理

数据标准应用管理包括以下内容：

- 数据标准申请管理。数据标准申请管理模块向业务人员及数据管理开发人员提供数据标准的申请入口，为其提供标准申请功能，并按照拟定的执行标准申请流程进入审批环节，经过数据管理员审批通过后获得相关数据标准。
- 数据标准映射维护。数据标准映射维护模块提供对拟定的数据标准与逻辑表、字典等进行一一映射的功能。要明确需要映射内容的系统范围、应用领域、数据库表、数据字典、数据字段等，将已定义的数据标准与业务系统、业务应用进行映射，表明标准和现状的关系以及可能影响到的应用。

- 数据标准执行情况。数据标准执行情况模块提供定义好的数据标准执行过程的情况记录反馈功能。在充分考虑业务需求和实施难易程度上确定执行原则，以最大程度上结合目标和现状，针对不同类型系统制定相应策略，并设定合理阶段性目标。可从业务流程、业务系统、管理应用及数据平台等各方面设定数据标准执行的情况。
- 数据标准查询。数据标准查询模块提供用户查询标准的功能，可以通过全文检索出需要搜索的标准内容。
- 数据标准统计。数据标准统计模块提供组织维度或者企业全貌视角的数据标准统计情况，比如可以展示数据元、标准代码的总数，近 3 个月添加、发布、废止的数据元或标准代码数量，热门和冷门的数据元，最新 30 个标准及类型占比，标准落标率等信息。
- 标准模板下载。数据标准管理工具系统向用户提供标准模板下载功能，方便用户基于数据标准模板进行标准的规划和定义。

（2）数据标准信息管理

数据标准信息管理包括以下内容：

- 业务术语定义管理。业务术语是组织中业务概念的描述，包括中文名称、英文名称、术语定义等内容，是组织内部理解数据、应用数据的基础。业务术语定义管理就是制定统一的管理制度和流程，包括对业务术语的创建、维护和发布，进而推动业务术语的共享和组织内部的应用。通过对业务术语的管理，保证组织内部对具体技术名词理解的一致性。
- 数据元定义管理。数据元定义是对内部标识符、中文名称、英文名称、定义、中文全拼、语境、数据类型、版本、提交机构、提交时间、注册机构等数据属性进行数据元添加、修改、删除对。在数据元添加时，可以选择关联业务术语，并提供数据元的发布、废止、审核及版本变更控制管理。
- 标准代码管理。标准代码管理是对标准代码集的管理。标准代码通常包含参考数据标准和指标数据标准等方面的内容。属性包括但不限于代码编号、中文名称、英文名称、定义、版本、提交机构、提交时间、注册机构等。标准代码管理提供码值的配置，代码集的发布、废止、审核及版本变更控制等方面的管理。

（3）数据标准版本管理

数据标准版本管理包括以下内容：

- 版本管理。版本管理模块是对业务术语、数据元、标准代码在变更过程中的版本控制管理，可以对比版本之间的变化。
- 发布管理。发布管理模块是对业务术语、数据元、标准代码的发布过程进行管理，提供按照审批流程进行发布审核功能，也支持废止的功能。

3. 实施保障

数据标准管理工具平台是数据标准制定、发布、管理、查询、执行的系统载体。提供统一的数据标准管理与标准执行分析功能，为企业各系统的数据标准化工作提供良好基础。然而，数据标准管理在实施过程中常会遇到比较多的难点，比如需要各业务部门、业务厂商的积极配合，但是这无疑是对业务部门和业务厂商额外增加工作量，所以在数据标准管理实施过程中可能会遇到困难。再比如需要对业务特别精通的高精专人员参与，能够从业务角度主导数据标准制定，并以专家的身份对要制定的数据标准进行指导。因此，要让数据标准能够用起来，并在企业的数字化中真正发挥作用，需要在数据标准的建设和实施过程中具备以下保障措施：

（1）构筑数据标准管理组织保障

数据标准管理组织是指数据治理工作范围、人员和流程，组织内需要明确数据标准管理的工作目的、管理范围、工作职责，以及数据标准管理的其他相关活动和管理流程等。建立数据标准管理组织保障的方法有以下几点：一是贯彻执行数据标准体系框架，明确数据标准管理范围；二是组织各项数据管理制度的建立，通过统一数据标准，不断地推动业务创新，提高数据的使用和管理水平；三是加强全公司数据管理工作，推动建立数据管理的长效机制，作为提高数据质量的基石。

（2）建立数据标准生命周期保障

数据管理组织通过建立覆盖数据标准全生命周期的管理体系框架，确保数据标准生命周期中发起、评估、审批、发布、应用、管控遵循公司业统一语言，使标准范围贯穿数据产生、获取、整合和使用的全过程，从而形成数据标准生命周期的保障。

（3）沉淀数据标准管理知识库保障

通过在数据标准管理框架的实践中，沉淀科学合理、符合实际情况并且具有前瞻性的数据标准知识体系，形成数据标准管理知识库保障，为后续数据标准管理提供知识锦囊。数据标准管理知识库保障包括以下几个方面：一是遵循业务导向的原则，数据标准体系须满足业务发展和业务应用的实际需求，体现特色、突出重点，能够指导数据标准的定义及数据标准在业务层面及技术层面的落地工作；二是通过经验学习，积极学习同行业经验，充分借鉴国内外业界的先进实践经验，使数据标准体系充分体现业务的发展方向；三是不断地更新迭代优化，使数据标准体系根据实际情况更新优化，其包含的各项标准应可修订、可执行，整个标准体系应可扩充，能够随着业务发展和数据标准的深入应用不断更新和优化。

4. 常见措施

常见的数据标准管理措施包括以下内容：

（1）数据标准统一的规划

以数据资产管理需求为导向，结合数据标准规范指导内容，构建适应数据平台的数据标准体系，并制定统一的数据标准实施方案。这些标准应该覆盖组织的核心业务领域，包括数据格式、编码规则、数据字典等。通过制定统一的数据标准，确保不同部门和人员之间的数据能够相互兼容和共享。

（2）完善数据标准管理支撑体系

数据标准管理支撑体系包括数据标准管理组织架构、数据标准管理办法和制度流程，以及数据标准管理支撑工具。通过建立完整的数据标准管理支撑体系，有效地支撑数据标准管理工作的开展，提高组织的数据治理水平，为组织的业务发展和决策提供有力支持。

（3）面向企业全域地数据盘点

基于企业业务架构，从满足企业经营管理、数据分析、数据共享、数据集成等需求入手，对各个系统的数据资源进行盘点。明确各基础数据和指标数据的业务含义、数据口径、适用场景、数据来源、数据关系等信息。通过面向企业全域的数据盘点，摸清数据资产家底，进而能全面考虑制定统一数据标准，促进数据的共享与应用。

（4）将数据标准覆盖全域范围

从组织范围、业务应用范围和落地系统范围贯彻执行数据标准数据标准，使数据标准的覆盖范围全域覆盖。只有覆盖范围越大，数据标准就越成熟。

（5）数据标准技术与业务相结合

数据标准是为了保证数据在整个组织或行业中的一致性和可互操作性而设立的一种规范。单纯的技术标准往往无法满足业务需求。因此，在制定数据标准时，必须深入理解业务流程和业务规则，并与相关的业务专家和利益相关者密切合作。通过充分了解业务需求、数据要求和业务流程，可以确保数据标准符合实际业务场景，能够更好地支持业务决策和运营活动。

5. 参考模板

在数据标准管理过程中，也会使用 Excel 文档来进行线下的数据标准的梳理。为了确保所有人都理解同一概念、术语和定义，也需要建立一个统一的数据标准词汇表。常用的数据标准梳理模板如表 7-7 所示。

表 7-7　数据标准梳理模板

一级类目	二级类目	三级类目	四级类目	中文名称	英文名称	内部标识符	定义	业务规则	标准依据	敏感度	相关数据	与相关数据关系	数据类型	数据格式	值域	数据定义者	数据管理者	数据使用者	业务应用领域	使用系统	提交机构	版本	注册机构

数据标准梳理模板里的内容，主要是在进行数据标准梳理的信息，来描述对数据标准定义的基本情况。关于"数据标准梳理模板"中内容进行如下说明：

- 一级类目：是输入一级类目名称，类目名称字符数不超过 20 个字，允许中文、英文、数字和下划线，不允许"下划线"开头。例如"基本信息"。
- 二级类目：是输入二级类目名称，类目名称字符数不超过 20 个字，允许中文、英文、数字和下划线，不允许"下划线"开头。例如"身份信息"。

- 三级类目：是输入三级类目名称，类目名称字符数不超过 20 个字，允许中文、英文、数字和下划线，不允许"下划线"开头。例如"年龄信息"。
- 四级类目：是输入四级类目名称，类目名称字符数不超过 20 个字，允许中文、英文、数字和下划线，不允许"下划线"开头。例如"年龄段信息"。
- 中文名称：字符数不超过 50 个字，全局内唯一。例如"担保种类"。
- 英文名称：字符数不超过 50 个字，全局内唯一。例如"guarantee_type"。
- 内部标识符：字符数不超过 50 个字，全局内唯一。例如"DE0001"（必填）。
- 定义：不超过 100 字。例如"产品可接受的信贷担保种类，如保证、抵押、质押等"（必填）。
- 业务规则：不超过 100 字。例如"在产品定义时，可以选择不同的担保种类进行组合，代码采用 1 位数字顺序编码"（必填）。
- 标准依据：选择范围为"国家法律法规、国家标准、行业标准、外部监管要求、国际标准、国外先进标准、银行内部制度、系统规范、行业惯例"。例如"国家标准"（选填）。
- 敏感度：选择范围为"普通级、内部使用级"。例如"内部使用级"（选填）。
- 相关数据：字符数不超过 50 个字。例如"担保形式"（选填）。
- 与相关数据关系：选择范围为"引用、组合"。例如"组合"（选填）。
- 数据类型：选择范围为"字符型、数值型、日期型、日期时间型、时间型、布尔型、二进制型"。例如"字符型"（必填）。
- 数据格式：不超过 100 字。例如"1! n"（必填）。
- 值域：不超过 100 字。例如："抵押、质押、保证"（必填）。抵押是指债务人或者第三人不转移对拥有所有权、处分权的财产的占有，将该财产作为对银行债权的担保。质押是指债务人或者第三人将其财产移交银行占有，将该财产作为对银行债权的担保。债务人不履行债务时，银行有权以该财产折价或者以拍卖、变卖该动产、权利的价款优先受偿。保证是指保证人和银行约定，当债务人不履行债务时，保证人按照合同约定代债务人履行债务或者承担赔偿责任的行为。
- 数据定义者：不超过 100 字。例如"风险管理部"（必填）。
- 数据管理者：不超过 100 字。例如"信息中心、公司部、房贷部"（选填）。
- 数据使用者：不超过 100 字。例如"授信管理部、集团部、小企业"（选填）。
- 业务应用领域：不超过 100 字。例如"产品管理、客户关系管理、信贷、贸易融资、信用卡、资产保全、运营管理、风险管理、财务 管理、资产负债管理"（选填）。
- 使用系统：不超过 100 字。例如"贷款流程系统、账务系统、风险管理系统、评级系统"（选填）。
- 提交机构：不超过 100 字。例如"技术部"（选填）。

- 版本：不超过 30 字。例如 "v2.0.0"（必填）。
- 注册机构：不超过 100 字。例如 "技术部"（选填）。

7.1.6 数据模型管理工具

数据模型是企业进行数据资产管理的地基，一个统一的、标准的、完善的数据模型对于企业的数据资产管理往往起着事半功倍的效果。

数据模型管理工具可以清楚地展示出内部各种业务主体之间的数据关系和数据所代表的业务概念，方便企业内部不同部门的业务人员、数据开发人员进行业务数据需求交流，方便数据模型管理人员管理企业所有系统的数据模型。

1. 系统架构

数据模型管理工具通常包含数据模型可视化、数据模型设计、数据模型差异比对和数据模型变更管理功能。典型的数据模型管理工具的系统架构如图 7-6 所示。

图 7-6 典型的数据模型管理工具的系统架构图

2. 功能介绍

数据模型管理工具集成了数据模型可视化、数据模型设计、数据模型差异比对以及数据模型变更管理等模块。通过数据模型可视化，用户可以直观地查看和理解数据模型的结构和关系。数据模型设计提供了灵活的数据模型创建和编辑功能，满足用户多样化的需求。数据模型差异比对能够快速识别不同数据模型之间的差异，帮助用户准确掌握数据模型的变更情况。数据模型变更管理确保了对数据模型变更的跟踪和控制，保障数据模型的一致性和稳定性。利用数据模型管理工具，可以极大地提升数据模型管理的效率和准确性，为企业数据治理和决策支持提供有力保障。

（1）数据模型可视化

数据模型可视化可以将管理的数据模型 E-R 图（实体关系图）转换为图形、数据定义语言（DDL）等可视化展示形式，方便数据模型管理人员以全局视角监控系统中各类数据实体结构及实体间关系。

（2）数据模型设计

数据模型设计提供可视化建模的能力，可以支持自动化创建维度表、事实表，并通过图形化与列表展示进行模型设计。数据模型设计提供新建业务系统的正向建模能力，以及对原有系统的逆向工程能力。通过对数据模型进行标准化设计，能够将数据模型与整个企业架构保持一致，从源头上提高企业数据的一致性。

（3）数据模型差异比对

数据模型差异比对提供数据模型与应用数据库之间自动数据模型审核、稽核对比能力，解决数据模型设计与实现不一致而产生的"两张皮"现象，针对数据库表结构、关系等差别形成差异报告，辅助数据模型管理人员监控数据模型质量问题，提升数据模型设计和实施质量。

（4）数据模型变更管理

数据模型变更管理主要是对数据模型变更管控过程，提供数据模型从设计、提交、评审、发布、实施到消亡的在线、全过程、流程化变更管理。同时，实现各系统数据模型版本化管理，自动生成版本号、版本变更明细信息，可以辅助数据模型管理人员管理不同版本的数据模型。通过工具可以简单回溯任意时间点的数据模型设计状态以及数据模型设计变更的需求来由，实现各系统数据模型的有效管控，强化用户对其数据模型的掌控能力。

3. 实施保障

数据模型管理实施需要结合企业对数据安全、数据质量、数据标准的要求，在数据模型设计时应予以落地，同时应从多视角进行考虑，将运维阶段数据管理要求也融入数据模型中，保证研发和运维一体化，将以往在运维阶段才暴露的问题在设计阶段予以充分考虑和有效规避，提升数据模型的设计质量，提升系统运行的稳定性，有效规避数据模型方面的风险，提升数据模型质量，促使数据模型管理实施获得多方面的保障。

（1）规范逻辑模型设计流程保障

规范逻辑模型设计流程能提高模型的可靠性和可维护性。在设计数据模型时，首先，查询逻辑数据模型库中是否有可复用的逻辑模型，若有则可复用已有逻辑模型，若没有合适的逻辑模型可复用，也可以不选择已有逻辑模型。其次，结合需求进行分析，识别实体和新增数据项，优先从模型可扩展性上着手，绘制 E-R 图。再次，进行逻辑模型设计的评审，对实体属性进行一致性检查。最后，通过该一套规范的流程来检验逻辑模型的复用性。

（2）全面考虑物理模型设计保障

设计物理模型时对表的管理参数、表的属性及存储参数进行全面的考虑和设计，如输入表使用方式、表的清理策略、表的备份策略、表数据预期增长数、是否是热表等信息，以满足企业对表的管理需求。同时还要输入与表的性能密切相关的物理属性信息和物理存储信息，例如：是否 VOLATILE 表、APPEND 标识、表组织方式等表属性信息，首次分配空间大小、二次分配空间大小、PCTFREE 和 FREEPAGE、PADDED 等物理存储参数信息。全面的表属性信息和物理存储参数信息将会提高技术元数据的完整性，为数据质量以及模型性能优化提供基础保障。

（3）数据模型设计图形化保障

在进行数据模型设计时，使用一个图形化的 E-R 图工具，可以很方便地在模型中建立实体和实体的属性，标识实体的主键，建立实体之间的主外键关系，并且可以标识关系的类型（$1:1, 1:n$ 或 $m:n$）。使用 E-R 图工具来设计模型，既可以提高设计的效率，也很容易让模型使用人员理解模型，降低了设计人员与使用人员的沟通成本，提高总体的工作效率。即便后续需求发生变更，需要调整模型时，也很容易把模型中相关的表一起修改，避免了由于修改一处表结构而遗漏对相关的表结构的同步变更导致反复修改模型的问题。

（4）确立数据模型管理的组织与职责保障

数据模型管理组织包括信息化建设专项协调机制、数据标准化工作小组、数据模型管理部门、各业务相关部门、相关 IT 项目组及相关业务部门数据管理综合岗，同时要明确各个部门和人员的职责和权限，保障数据模型管理过程中的模型设计、审核、维护和优化等工作有序地进行。

（5）制定数据模型设计评审的流程保障

数据模型设计评审的主要范围为改造或新建 IT 系统的逻辑模型和物理模型。相关 IT 项目组应先对数据模型设计进行自评审，再将自评审后的设计文档提交数据模型管理部门进行评审。相关 IT 项目组及主管该 IT 系统的总行相关部门均应指派专人参与评审工作，保障数据模型设计的质量和模型一致性。

（6）确保数据模型变更管理的备案保障

数据模型设计变更的备案受理范围为：改造或新建 IT 系统在模型设计通过后及正式投产前，数据模型设计发生的较小变更，或 IT 系统正式投产后因业务发展而引起的数据模型日常变更。如果数据模型设计发生较大变更，则应重新开展设计评审工作。变更审核通过后，数据模型管理部门应将变更备案的电子文档抄送元数据管理部门和数据质量管理部门。元数据管理部门依照数据模型变更情况更新元数据检核基准库；数据质量管理部门依照数据模型变更情况更新数据质量度量规则和检核方法。

4. 常见措施

常见的数据模型管理措施包括以下内容：

- 高内聚和低耦合。主要从数据业务特性和访问特性两个角度来考虑：将业务相近或者相关的数据、粒度相同数据设计为一个逻辑或者物理模型；将高概率同时访问的数据放一起，将低概率同时访问的数据分开存储。
- 核心模型与扩展模型分离。建立核心模型与扩展模型体系：核心模型包括的字段支持常用用核心的业务，扩展模型包括的字段支持个性化或少量应用的需要。在必须让核心模型与扩展模型做关联时，不能让扩展字段过度侵入核心模型，以免破坏了核心模型的架构简洁性与可维护性。

- 公共处理逻辑下沉及单一性。底层公用的处理逻辑应该在数据调度依赖的底层进行封装与实现，不要让公用的处理逻辑暴露给应用层，不要让公共逻辑在多处同时存在。
- 成本与性能平衡。适当的数据冗余可换取查询和刷新性能，不宜过度冗余与数据复制。
- 数据可回滚。处理逻辑不变，在不同时间多次运行数据的结果需要确定不变。
- 一致性。适应业务需求和技术发展的变化，相同的字段在不同表中的字段名必须相同。
- 命名清晰可理解。表命名规范需要清晰、一致；表命名需要易于下游的理解和使用，避免过于复杂的模型导致难以维护和使用。
- 建模顺序。一个模型无法满足所有的需求，需合理选择数据模型的建模方式。通常设计顺序依次为：概念模型、逻辑模型、物理模型。

5. 参考模板

在数据模型管理过程中，也在线下使用 Excel 文档来进行数据模型设计。为了遵循模型的设计基本原则，以及每个人都能按照模型设计规范要求进行同一概念、术语和定义，也需要建立一个统一的数据模型设计规范。常用的数据模型设计规范模板如表 7-8 所示。

表 7-8　数据模型设计规范模板

模型名称	对象类型明细表	模型	
英文名称	例如：dwd_zowee_tot_objecttype_df	字段编号	
模型描述	例如：每日全量表	字段名	
业务分类	部件对象类型	字段类型	
逻辑分层	dwd	字段注释	
安全等级	数据安全等级：1 低、2 中、3 高、4 非常高	源表名	
		源表中文名	
分区字段	ds	原字段	
分区类型	string	原字段类型	
ETL 调度策略	日	原字段注释	
ETL 规则参数	${bizDate}	映射说明	
ETL 规则说明	可指定固定值格式为 "yyyymmdd"，不指定默认取上一个日的数据	备注	

数据模型设计规范模板里的内容，主要是在进行数据模型设计时需要填入的信息。关于"数据模型设计规范模板"中内容进行如下说明：

- 模型名称：定义对象类型明细表，是模型的中文名称。
- 英文名称：划分的业务一级子类名称。
- 模型描述：对模型定义的具体描述信息。
- 业务分类：划分的该数据表的分类名称。
- 逻辑分层：表示模型属于数仓哪一层级，例如 DWD 层。
- 安全等级：定义该表的数据安全等级，例如 1 表示低、2 表示中、3 表示高、4 表示非常高。
- 分区字段：描述该模型是否使用分区字段，如向填写分区字段的名称。
- 分区类型：表示分区字段的类型，例如字符串。
- ETL 调度策略：填写模型的调度策略，按日、月、季度、时、分等。
- ETL 规则参数：描述该模型数据时，需要带上过滤的条件规则。
- ETL 规则说明：描述 ETL 规则的使用说明，例如统计周期。以航运信息明细表中的实际到港时间为业务增量字段，当天分区提取前一天 18：00 到当天 18：00 时间端为一个周期，那使用 20200514 分区数据时，统计时间范围为：2020051318：00：00—2020051418：00：00。
- 模型：使用模型设计工具，截图画出该模型的 E-R 图。
- 字段编号：模型表里字段的编码。
- 字段名：模型表里的字段名称。
- 字段类型：模型表里字段的字段类型。
- 字段注释：对字段的注释信息。
- 源表名：模型表来源表的英文名称。
- 源表中文名：模型表来源表的中文名称。
- 原字段：模型表中字段来源表的原字段名称。
- 原字段类型：模型表中字段对应的原字段的类型。
- 原字段注释：模型表中字段对应的原字段的注释。
- 映射说明：模型表中的字段与源表对应的原字段之间的映射关系。
- 备注：备注描述。

7.1.7 数据共享服务工具

数据共享服务是在组织内部将数据供不同部门、系统或个体共同使用的过程。这有助于避免重复收集和存储数据，提高数据利用率，从而更好地支持组织的运营和决策。

数据治理的核心之一是推动数据有序、安全地流动，以便最大程度挖掘和释放数据价值。数据流动则需要推动数据的开放分享，实现数据的"聚""通""用"。数据的开放共享，核心在于"数据价值"的流通，"分布式数据价值分享"或将成为未来数据开放分享的重要特征，而数据共享服务工具等新型工具将为此提供技术支撑。

利用数据共享服务工具能帮助企业建立开放式企业级数据中心，统筹规划多方面业务数据，统一数据架构标准，进行数据的集成整合，破除信息壁垒，实现企业全业务数据管控和统一的数据共享服务，为决策分析应用提供数据和技术基础，打造企业数据生产力。

1. 系统架构

要实现数据共享，一方面应建立一套统一的、法定的数据标准，规范数据格式，使用户尽可能采用规定的数据标准。另一方面，要建立相应的数据使用管理办法，制定相应的数据版权保护、产权保护规定，并且各部门间签订数据使用协议，这样才能打破部门、地区间的信息保护，做到真正的信息共享。从典型的数据共享服务工具的系统架构看，它应包含共享门户、资源目录管理、API 管理、基础服务和数据存储这五个方面的功能。典型的数据共享服务工具的系统架构图如图 7-7 所示。

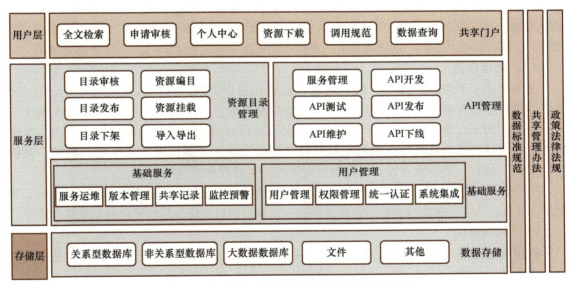

图 7-7　典型的数据共享服务工具的系统架构图

2. 功能介绍

数据共享服务工具集共享门户、资源目录管理、API 管理、基础服务和数据存储五大功能于一体。通过共享门户，用户可以便捷地访问和共享数据资源；资源目录提供清晰的数据资源索引和分类，方便用户快速定位所需数据；API 管理确保数据接口的安全、稳定和高效，支持数据服务的灵活调用；基础服务提供了一系列通用的服务运维、版本管理、监控预警和用户管理等功能，保障工具的稳定性和通用性能力；数据存储负责数据共享中对接数据资源的存储，确保数据的质量和可用性。利用数据共享服务工具，可以极大地促进数据资源的共享和利用，为企业数字化转型和智能化决策提供有力支撑。

（1）共享门户

共享门户主要为用户提供便利的数据资源应用功能，包括个人中心，调用规范，数据资源的全文检索、申请审核的全流程管理，以及基于资源目录的数据查询和资源下载，为数据资源的共享和应用提供便利的载体。

（2）资源目录管理

资源目录管理以信息资源数据标准规范和相关政策法律法规为依据，并结合共享管理办法，提供资源编目、目录发布、目录审核、资源挂载、导入导出、目录下架的全流程管理，为信息资源共享门户提供配套的管理支撑功能，同时支持跨层级、跨目录级共享的功能。

（3）API 管理

API 管理提供 API 开发、测试、发布、维护、运行到下线的全生命周期管理，以及服务管理，实现数据的实时交换、可信交换和应用程序编程接口网关管理。通过叠加授权鉴权、流量控制、并发控制、质量监测、黑白名单安全管理等功能，提供全生命周期的 API 网关管理能力。同时，实共享门户的无缝集成，提供调用规范，方便需求部门的 API 申请和调用。

（4）基础服务

基础服务主要提供平台工具的基础服务管理和用户管理。首先，基础服务管理为 API提供弹性计算、资源隔离、资源共享和高性能并发等服务运维的能力，是 API 管理的底层支撑服务，为 API 服务提供安全、高效、稳定的运行环境和智能化运维能力。其次，基础服务管理通过动态的集群与负载均衡机制进行监控预警，有效保证了 API 的高性能、高稳定性运行。最后，基础服务管理提供信息资源的版本管理和共享记录。

用户管理提供全局的用户管理与权限管理，以及统一认证与系统集成，保证数据安全，实现统一认证，为多系统集成和权限管理提供统一支撑，同时支持与其他平台的无缝整合管理。

（5）数据存储

数据存储支持对接关系型数据库、非关系型数据库、大数据数据库、文件等，是提供数据资源存储的地方。

3. 实施保障

数据资源是大数据时代的基础性战略性资源，将数据治理好、管理好、运用好，对于推进企业数字化转型，实现高质量发展具有十分重要的意义。只有不断提升数据共享管理水平、完善数据共享支撑能力、强化数据共享安全等实施保障，才能破解删除企业数据"共享难、协同难、应用难"等问题，打破企业数据"条块分割、烟囱林立"的格局，为数据共享的实施提供全方位的保障和支持。

（1）提升数据共享管理水平保障

全面摸清数据共享需求，编制数据共享需求清单，建立统一管理、动态更新的数据资源目录体系，创新数据供需对接和数据质量管理机制，推进数据资源在各项管理、外部等领域的应用，不断提升数据共享管理水平，明确各类数据资源的权利归属与共享范围，保障数据共享合规合法地开展。

（2）完善数据共享支撑能力保障

运用跨部门的非涉密专网，促进自建业务系统数据资源汇聚，并依托数据共享交换平台，通过非涉密专网集中展示共享，实现数据编目的优化和提升数据的分析能力。充分做到应编尽编，多方式、多渠道、多途径进行数据交换和编制，全方位收录数据资源，及时补充并完善数据内容，切实打通数据壁垒，提高数据支撑能力，避免出现参差不齐、质量较低、碎片化、数据拼凑等问题。

（3）强化数据共享安全保障

强化数据安全内部管理制度，完善数据安全管理保障制度建设，确定专人定期对系统数据进行备份，保证重要数据在受到破坏后，可紧急恢复。针对涉密数据、内部数据，严格按照有条件共享、数据脱敏后共享，保障共享平台安全可靠运行、共享数据规范使用。

4. 常见措施

常见的数据共享服务措施包括以下几个方面：

- 树立"数据为公共品、数据可增值"的新理念。一是必须树立"数据为公共品"的理念。在大数据时代，数据不再是某个部门的"专属品"，而具有社会"公共品"的属性。二是必须树立"数据可增值"的理念。应当认识到，企业掌握大量数据资源，若不加以充分利用，就会造成巨大的资源浪费，而通过数据共享和开发，可以让"沉睡"的数据实现增值。

- 建立数据共享的统筹整合机制。从跨部门、跨层级或跨区域的层面讲：一是通过整合打破部门对数据资源各自为政的管理格局；二是通过进行统一规划、实行统一标准、建立统一平台，促进数据的全过程规划与管理；三是通过建立大数据中心，建设覆盖全局的大数据网络和数据开放平台，实现"数据资源一张网"，推进数据资源跨部门、跨层级、跨区域共享。

- 加强技术保障，构建数据安全防御体系。安全是发展的前提，必须全面提高数据安全技术保障能力，建立覆盖数据收集、传输、存储、处理、共享、销毁全生命周期的安全防护体系。提升数据共享平台本身的安全防御能力，引入用户和组件的身份认证、数据操作安全审计、数据脱敏等隐私保护机制。借助大数据分析、人工智能等技术，实现对安全威胁的提前感知与预测、预防和溯源。

- 完善数据共享的配套法律法规。立法机关从完善数据共享的相应法律法规入手，可在吸收借鉴已有数据共享平台经验的基础上，研究制定大数据管理法律法规，为数据共享提供有力的法律支撑。法治意识欠缺及企业形成的保密习惯，导致数据公开存在很大阻碍。因此，只有完善相关法律法规，才能保证数据公开的规范性，发挥数据公开的潜在价值，并且保证数据安全。

5. 参考模板

在数据共享服务过程中，也会使用 Excel 文档在线下进行的数据资源目录清单的收集。为了遵循数据共享的数据标准规范，以及相关共享管理办法，在相应政策法律法规下建立一个统一的数据资源目录共享清单。常用的数据资源共享目录清单模板如表 7-9 所示。

表 7-9 数据资源共享目录清单模板

序号	该数据类的生产业务系统	表名称	数据类名称	包含的数据项	是否有条件共享	共享方式	数据覆盖范围	有条件共享的具体共享条件	版本	备注（有条件共享的法律、法规和规章依据）

数据资源共享目录清单模板里的内容，主要是在进行数据资源共享目录清单填报时按照数据共享的数据标准规范来填入的信息，需要将评审确认后的数据资源目录清单导入到数据共享服务平台工具里进行管理。关于"数据资源共享目录清单模板"中的内容进行如下说明：

- 序号：数据资源共享目录清单内容的编号。
- 该数据类的生产业务系统：目前生产该数据类的业务系统名称，如无系统支撑则写"无"。
- 表名称：即该数据表的英文名称。
- 数据类名称：本部门数据资源目录中涉及的具体数据类别，以业务为核心进行划分，即系统数据库设计文件中定义的数据表的规范化名称。

数据类名称命名规范参考如下：

一般数据类命名为"数据范围"+"数据主体"+"业务（行为）属性"。部分特定数据类属于特殊称谓，无法填写数据范围、数据主体的，可根据实际情况容缺命名，如中华人民共和国结婚证、残疾人证书等。具体说明如下：

"数据范围"指该数据的覆盖范围，即覆盖本单位范围、全省范围或者某个行政区域范围等。

"数据主体"指该数据涉及的人或物，主要包括公民、法人和其他社会组织，土地、车辆、房屋、道路、商品等事物等。

"业务（行为）属性"指该数据涉及的具体业务（行为），描述该数据的业务意义，包括：经济统计业务、市场监管业务、行政审批业务、公共服务业务和环境保护业务，以及部门内部管理业务等。涉及行政权力清单的具体业务，按本部门权力清单规范填写。

数据类命名样例参考如下：

样例 1，基础信息："区域（广东省、某省直部门/某地市）"+"人口、法人、空间地理、电子证照"+"基础信息"。如：广东省全员人口基础信息、广州市社会团体法人登记证书、广东省空间地理基础信息等。

样例 2，业务信息："区域（广东省、某省直部门/某地市）" + "政务服务事项" + "业务信息"。如：广东省发展和改革委员会工程招标项目信息、惠州市个人住房公积金缴存信息等。

样例 3，信用信息："区域（广东省、某省直部门/某地市）" + "行政管理事项" + "业务信息"。如：广东省工业和信息化厅道路机动车辆生产企业及产品准入许可信息、某市市场监督管理局行政检查信息等。

样例 4，统计信息："年份" + "区域（广东省、某省直部门/某地市）" + "统计指标"。如：2018 年全省高技术制造业主要行业统计指标、2018 年潮州市经济和社会发展统计年报等。

- 包含的数据项：数据类中涉及的数据项业务含义。
- 是否有条件共享：明确是无条件共享还是有条件共享。
- 共享方式：列清提供方式，具体包括库表方式、接口方式、电子文件方式等。
- 数据覆盖范围：说明该数据是覆盖全省还是仅覆盖部分具体地市。
- 有条件共享的具体共享条件：应明确包括相关具体共享条件的至少一项或多项。
- 版本：数据资源共享目录清单的版本。
- 备注：有条件共享的应列出相应法律法规依据及政策理由，详细说明该数据类纳入有条件共享的原因或依据，有明确条款规定的应列出来源及条款内容。

7.1.8　数据分析应用工具

数据分析应用工具对企业的重要性日益突出。企业在数据治理完成后，通过掌握数据资产，进行智能化决策，已成为企业脱颖而出的关键。因此，越来越多的企业开始重视大数据战略布局，并重新定义自己的核心竞争力，不同企业在不同维度的数据分析和服务正创造出新的商业模式。

1. 系统架构

典型的数据分析应用工具应能覆盖数据分析过程中的各个环节，让用户可以在一个统一的平台上完成全流程数据分析任务，极大降低了实施、集成、培训的成本，帮助用户轻松构建数据分析应用。典型的数据分析应用工具的系统架构如图 7-8 所示。

2. 功能介绍

数据分析应用工具是一个覆盖数据分析全流程的综合性工具，集分析门户、报表开发、大屏开发、数据连接与准备、公共管理和数据存储等功能于一体。该工具能够高效连接各类数据源，提供便捷的数据准备工具，支持复杂的数据计算和分析需求。同时，它还提供强大的建模训练功能，帮助用户构建和优化数据分析模型。另外，通过该工具，用户可以直观地查看和分析数据结果，快速获取有价值的业务洞察。利用数据分析应用工具，可以极大地提升数据分析的效率和准确性，为企业决策提供有力支持。

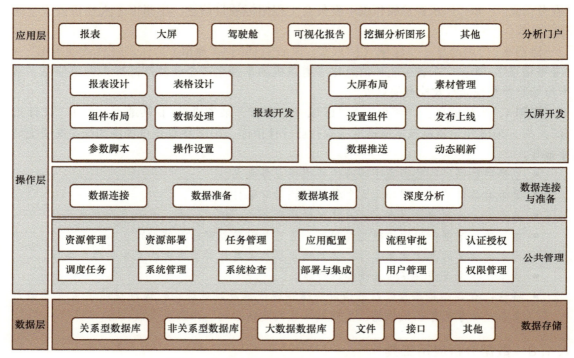

图 7-8　典型的数据分析应用工具的系统架构图

（1）分析门户

分析门户支持用户根据自己的需求来制作分析门户首页，制作好的门户既可以应用于 PC 端，也支持应用于移动端。分析门户上可以展现分析人员制作的报表、大屏、驾驶舱、可视化报告、挖掘分析图形或者其他内容。

（2）报表开发

报表开发支持用户使用各种组件将数据以一种直观和交互式的可视化界面呈现出来，支持不同的配置实现不同的查看模式与效果，也支持将报告分析给其他人查看，提供报表设计、表格设计、组件布局、数据处理、参数脚本和操作设置等功能。

（3）大屏开发

大屏开发适用于更大更宽的展示屏幕场景，提供大屏页面的设计和展现，支持超大画面，富有科技感，带有更加炫酷的视觉效果，包含大屏布局、素材管理、设置组件、数据推送、动态刷新和发布上线等功能。大屏开发广泛应用在企业数据实时监控、对外接待、展会、活动等实时数据分析和现场监控，企业生产，警务，军事活动等战略指挥中心大屏等场景中。

（4）数据连接与准备

数据连接与准备主要提供数据连接、数据准备、数据填报和深度分析等功能，在提供多种类型的数据源连接方式的同时，也支持数据录入等需求，方便业务部门补充业务数据，并创建数据集。业务部门只需简单地点击拖拽，即可实现不同源的数据组合，轻松构建数据模型，并应用于精美的可视化图表和多维度、多层次的数据分析，同时也提供算法模型进行深度分析。

（5）公共管理

公共管理主要为用户提供较通用的管理、灵活的配置等功能，满足多种分析诉求，既实现了数据的多级别安全保障，同时也降低 IT 运维成本。公共管理包括但不限于以下功能：资源管理、资源部署、任务管理、应用配置、流程审批、认证授权、调度任务、系统管理、系统检查、部署与集成、用户管理和权限管理等。

（6）数据存储

数据存储主要为用户数据分析提供数据存储的地方，支持连接的数据存储，包含关系型数据库、非关系型数据库、大数据数据库、文件、接口等。

3. **实施保障**

服务于场景的数据分析应用是释放数据资产价值的必要条件，基于业务目标的分析能力建设是企业构建数据分析应用的核心竞争力之一。保障持续提升基于应用场景的大数据分析能力，需要不断地进行数据的采集沉淀和持续迭代的数据建模分析。

（1）大数据基础底座保障

构建安全可控、高效可靠、易扩展的基础技术平台，打牢大数据赋能的底座，涵盖批量处理、流式处理、算法处理三大基础能力平台和存储、计算、网络等通用硬件的大数据基础设施，全面保障数据安全可控和数据分析服务。

（2）全域数据资产治理融合保障

推进全域数据资产治理融合，包括对数据资产的梳理、规划，以及存量数据治理，使各类数据资产在全行业形成统一业务口径、统一标准，提供完整高质量的数据资源，夯实大数据赋能的基础，打造企业级全量贴源数据的数据湖，实现贴源数据、主题数据、知识数据的全数据资产跨域融合，满足企业全域智能分析应用的不同需求。

（3）标签体系保障

从数据中提取通用标签，包含属性标签（对实体基本性质的刻画）、统计标签（实体所在场景的维度、度量方式）、算法标签（通过复杂逻辑分析推理得出）。围绕数据运营分析场景，建设类似客户产品、签约、交易行为、资金交易等特征标签库，并在此基础上提取业务共性，构建类似产品创新、数字营销、数字风控等主题能力中心，快速敏捷地实现数据与业务场景的连接。

（4）丰富多样的数据服务保障

提升大数据赋能的价值，聚焦企业业务场景快速实施，抽取可快速训练和组合的"基本服务组件"，形成客户画像、风险信息识别等跨领域、可共享的即插即用型企业级数据服务，为集"OLAP+OLTP"于一体的全能型分布式融合智能数据分析能力提供了保障。

（5）数据分析应用组织保障

成立专业数据分析团队，重视数据分析人才的培养，强化团队数据能力的提升。对相关人员进行数据分析培训和技能提升，使其能够正确使用和维护数据分析应用。同时建立完善的人员管理制度，包括岗位设置、职责划分、绩效考核等方面的工作。

4. 常见措施

在数据分析应用实施中，为了更好地明确业务问题，构建数据分析决策应用模型，并为解决问题提供更准确、可靠和支持的方案，常见的措施如下：

- 与业务人员进行沟通。经常与业务人员沟通是明确分析业务问题的关键。了解业务人员的需求、痛点和关注点，能更好地理解业务问题，并为其提供有效的解决方案。
- 收集业务数据。收集业务数据是明确分析业务问题的基础。了解业务数据的来源、结构和质量，结合业务需求建设分析主题模型。
- 确定分析目标。在明确分析业务问题时，需要确定分析的目标，能更好地理解业务需求，并为解决问题提供清晰的方向和目标。
- 建立分析框架。建立分析框架可以明确分析业务问题的结构和方法，包括确定分析的数据来源、数据处理方法、分析模型和结论等。
- 制定数据分析实施计划。制定数据分析实施计划可以明确分析业务问题的步骤和时间表，能更好地掌控分析工作的进度和结果，确保分析工作的顺利进行。
- 考虑多种因素。在明确分析业务问题时，需要考虑多种因素，包括市场环境、竞争对手、客户需求、产品特点等，能更全面地了解业务问题，并为解决问题提供更全面的视角。
- 进行假设和预测。进行假设和预测，能更好地理解业务问题的本质和未来趋势，并为解决问题提供更准确的方案。
- 验证分析结果。在完成分析工作后，需要验证分析结果是否准确可靠，并针对实际问题制定可行的方案，这样能更好地解决业务问题，并为组织的发展提供有力支持。

5. 参考工具

在数据分析应用实施时，参考工具有很多，以下列举几种常见的数据分析工具：

- Microsoft Excel：是一种电子表格软件，是数据分析和可视化的常用工具。它可以帮助用户处理和分析大量数据，包括排序、筛选、计算、绘制图表等功能。
- Tableau：是一种数据可视化工具，可帮助用户从各种数据源中创建交互式和直观的图表和报告。它具有易于使用的界面，可以在几分钟内实现专业的数据可视化。
- Python：是一种通用编程语言，广泛用于数据分析和机器学习。它有丰富的数据分析库，例如 Pandas、NumPy、SciPy 等，可以处理和分析各种数据。

- R：是一种专门用于统计分析和数据可视化的编程语言。它有丰富的数据分析包，例如 dplyr、ggplot2、tidyr 等，可以进行各种数据分析和可视化任务。
- SQL：是一种用于管理和处理关系数据库的编程语言。它可以帮助用户查询和分析大量结构化数据，包括数据集成、数据清理和数据挖掘。
- SAS：是一种专业的数据分析软件，广泛用于商业和学术领域。它具有丰富的统计分析和数据挖掘功能，包括数据管理、数据可视化和模型开发。
- 知识图谱：是一种显示知识发展进程与结构关系的一系列各种不同的图形，用可视化技术描述知识资源及其载体，挖掘、分析、构建、绘制和显示知识及它们之间的相互联系。在图书情报界，知识图谱被称为知识域可视化或知识领域映射地图。

总之，这些数据分析工具都有其独特的优势和适用范围，具体应根据实际情况选择最合适的工具来进行数据分析和可视化。

7.2 发展中的数据治理技术

7.2.1 数据治理技术发展趋势

随着国家数字化进程的加速，越来越多的组织期望通过数据的价值帮助组织实现战略落地。未来组织对数据治理需求将更加场景化和智能化。随时随地生成的新数据和数据治理标准化、规范化、流程化理念之间的矛盾会进一步扩大。组织更需要对边缘数据、过程数据和感知数据快速收集起来进行实时分析。数据治理中，以管理和标准为核心的静态治理理念与数据应用场景的变化的矛盾将会越发突出。因此数据治理自身越来越依赖 AI 技术来提升数据治理效率，以满足实时数据治理这类应用场景。

未来面向特定场景和主题的治理理念将逐步成为趋势。数据本身就是包含业务领域知识的，但同样的数据在业务、财务、资产等维度进行分析时的数据标准有关系但又不一致，所以政府或者企业试图用一套颗粒度非常细致的数据标准来作为数据治理的基础，不仅维护成本大而且会逐步难以使用。以场景和主题驱动的数据治理理念将会逐步成为趋势。不强调大而全的标准，不强调统一的流程和工具，而以服务某一场景和主题为目标的治理理念，强调因地制宜，根据具体的场景和业务情况来采用不同的数据治理的方法或组件组合。

人工智能技术的革新将推进数据治理自动化，由识别为主逐步深化为直接应用于数据治理领域。数据治理工作将更多依赖自然语言处理、机器学习、深度学习、大模型等人工智能技术，以在海量和具有复杂关系的数据中识别和管理数据。随着各行业数据生态逐步完善，以及行业知识库的建立和应用，会推进人工智能技术对数据治理技术的补充。在元数据管理方面，依托行业知识库，人工智能技术可将缺失的元数据补全，如对业务元数据进行定义，对技术元数据进行准确性校验；在数据质量管理方面，通过大模型技术可对数据进行批量质量稽核，可在多质量维度对数据进行质量问题分析，并依托行业知识库自动生成数据清洗规则，以满足不断变化的数据标准要求；在数据安全管理方面，人工智能的介入将帮助有效地识别敏感数据，发现可疑的篡改数据，并依据组织建立数据安全词库，自动对组织数据资产进行分类分级，以保障数据在全生命周期的安全合规应用。

接下来从新兴的数据治理与技术对数据治理行业的发展方面进行阐述，以帮助读者了解未来数据治理技术的发展趋势，可为组织选择数据治理产品提供参考。

7.2.2　数据编织与数据网格技术

1. 数据编织

数据编织（Data Weaving）的概念相对较新，其定义比较广泛。要了解此概念的来源，就要跳出这个概念，分析过去十年数据管理实践的演变。企业数据仓库（EDW）主导的时代正在落幕。新的大数据应用需求需要更多的技术实现支持。由于 IT 部门难以在降低预算的同时管理更多系统、实现更多需求，因此组织需要学习使用商业分析工具，进行自助数据分析工作。随着云计算和云服务、软件即服务（SaaS）等解决方案的落地，解决了组织 IT 资源和系统应用的需求，但也扩大了数据的分布范围，增加了"数据孤岛"数量，进而带来了新的挑战。

- 满足不同数据管理需求的不同专业工具不断发展，成为组织建立"单一可信来源"的障碍。这些新工具包括 EDW、数据集市、关系数据库管理系统（RDBMS）、数据湖、NoSQL、内部和外部 API、实时数据源（包括外部数据）等。
- 满足多个角色数据访问需求：数据分析师、数据科学家、业务专员、数据安全人员，它们都有不同的需求。
- 高级分析和机器学习实践中的新方法导致数据需求日益复杂化。
- 向多个云平台过渡时，混合生态系统应运而生。在此生态系统中，数据在物理上变得碎片化。IT 需要灵活地适应新架构，同时尽可能减少中断以支持业务。
- 组织必须在合规性和治理方面实行更高标准，以满足特定的法律框架并应对外部威胁。
- 组织的数量增速越来越快，针对大型集团型组织的数据汇聚工作变得越来越困难。

数据编织概述了基于以下核心理念的架构：

- 所有数据源和全体使用者通用的访问层，能够隐藏部署的复杂性，提供单一的可供使用的逻辑系统。
- 提供多种数据集成策略，能够实现不同应用场景的无缝衔接，同时满足分析和运行场景需求。
- 附加语义，能够让数据元素（以及数据元素之间的关系和联系）的使用、运行和操作变得更加容易。

- 更广泛的治理、文档和安全功能，能够提高人们对数据的信任和信心。
- 自动化，能够利用主动元数据和 AI，显著提升开发、运行和使用此类系统的便捷性。

数据编织是一种在不同的数据源之间创建通用数据模型的技术。它是指将多个数据源中的信息进行整合和转换，以创建可视化和可操作化的数据模型。数据编织可以通过使用自动化工具自动提取数据，清洗、转化和映射数据，以创建一个统一的数据模型。数据编织可以解决数据分散、格式不一致、缺乏标准化和集成等问题。

对于企业来说，数据通常存储在许多不同的系统中，这些系统可能是由不同的供应商开发的。这些系统常常使用不同的数据结构和数据格式，因此数据之间的集成变得非常困难。数据编织可以解决这些数据集成的问题，它使数据模型更具有互操作性，能够更好地满足业务需求。

在数据治理中，数据编织通常被用于数据收集、数据整合和数据清洗。数据编织可以将分散的数据源转换为一致的数据格式，将数据标准化（如时间格式、货币格式等），并为数据建立元数据信息，为数据质量管理提供支持。

此外，数据编织还可以提高数据的可信度和可靠性，因为它可以从多个数据源中提取数据并进行比较和验证。它也可以帮助企业更好地了解和分析数据，从而支持数据驱动的决策制定。综上所述，数据编织在数据治理中是一个非常重要的组成部分。

2. 数据网格

数据网格（Data Mesh）是一种基于分布式技术的数据管理方法。它将数据资源和数据处理能力分散在不同的组织之间，以更好地满足业务需求。数据网格通过将数据资源和算法服务封装成可重用的组件，并在一个分布式架构中管理这些组件，以支持更加灵活和自主的数据管理和分析。

数据网格用于解决分散的数据资源管理问题。传统的数据管理方法通常是由统一数据平台控制的，这样做可能导致数据管理的效率低下和数据所有权争议。数据网格将数据资源和算法服务从统一数据平台中释放出来，让业务团队可以自主管理数据和算法服务。这样做不仅可以提高数据驱动决策的速度和精度，还可以减轻统一数据平台的工作量，提高整个团队的效率。

在数据治理中，数据网格可以帮助企业更好地利用分散的数据资源，使数据的管理和维护更加灵活和自主。数据网格还可以促进数据合规性和安全性，并提供更好的数据可追溯性和透明度。此外，数据网格还可以促进数据共享和数据协同工作，以支持跨部门的数据分析和开发。

总之，数据网格是一种分布式的数据管理方法，它强调数据资源和算法的自主管理和分布式控制。数据网格可以帮助企业更好地管理分散的数据资源，提高数据驱动决策的速度和精度，并加强数据合规性和安全性。

3. 数据编织与数据网格的关系

数据编织和数据网格都是新兴的数据管理方法。它们的目标都是为了实现更加分散化、灵活化和自主化的数据管理和使用。虽然数据编织和数据网格的实现方式略有不同，但在一些场景下它们可以相互补充，以满足不同的数据处理需求。

数据编织是一种用于整合多个不同数据源的方法。它把不同源的数据整合到一起，创建一个统一的数据模型。它旨在解决不同数据源格式不一致、不同数据源之间不透明和数据混乱的问题。数据网格则是一种分散式数据管理方法。在数据网格中，数据来源和数据处理逻辑分布在不同的团队或部门之间，以进行自主数据管理。数据网格强调的是各种数据源和算法的自主管理和分布式控制，以支持更加分散化和自主化的数据管理和分析。

在实际场景中，数据编织和数据网格可以联合使用，以满足不同的数据管理、数据处理和数据分析需求。例如，一个企业想要在分散的数据源中搜索、整合、分析数据，它可以使用数据编织工具来解决数据格式不一的问题，还可以使用数据网格来分散处理多个团队的数据分析需求。

相对于传统数据采集与管理方法，数据编织和数据网格具有如下优势：

（1）更加灵活和多样化的数据处理方式

相对于传统的数据管理方式，数据编织和数据网格强调的是数据资源和算法的自主管理和分布式控制。这样做可以让使用者更加灵活地管理和处理数据，满足不同的业务需求。

（2）更加快速和高效的数据处理和分析

数据编织和数据网格通过分散式数据管理和处理，可以提高数据的处理和分析效率，减少按部就班的人工干预，提高数据处理的速度和可靠度。

（3）更加自主和安全的数据管理

数据编织和数据网格强调的是数据资源和算法的自主管理和分布式控制，这可以提高数据的所有权和可控性，增强数据的安全性和合规性，保护数据隐私。

综上所述，数据编织和数据网格都是新兴的数据管理方法，它们的目标都是为了实现更加分散化、灵活化和自主化的数据管理和使用。在一些场景下，数据编织和数据网格可以联合使用，以满足不同的数据处理需求。相对于传统的数据采集与管理方法，数据编织和数据网格具有更多的优势，可以提高数据处理和分析的效率，保证数据的安全和合规性。

7.2.3 数据治理与人工智能技术

1. 从人工智能技术看数据治理

人工智能技术在数据治理中可以发挥非常重要的作用，可以帮助企业更加高效地采集、整合、清洗、分析和管理数据。以下是一些常用的人工智能技术，可以支持数据治理的实施：

（1）自然语言处理

自然语言处理可以帮助企业更好地理解和利用结构化和非结构化的文本数据。使用自然语言处理可以将非结构化文本数据（如文件、文章、评论等）转换为结构化数据。同时企业可以使用自然语言处理来识别各数据的安全分类和级别，以帮助企业合规使用数据。

（2）机器学习

机器学习可以帮助企业自动分类、预测和优化数据。企业可以通过机器学习来自动识别和数据质量问题，并及时采取措施避免质量问题的再次发生。机器学习中的聚类分析可以帮助企业更好地理解和分析数据。企业可以通过聚类分析来将数据分组，并发现数据的关联关系，以便更好地进行数据资产应用。

（3）图像识别

图像识别可以帮助企业对图片和视频中的信息进行自动识别和分类。企业可以通过图像识别来自动分类和清洗图片，以提这类数据的清洗效率和质量。

总之，人工智能技术可以帮助企业更加高效地采集、整合、清洗、分析和管理数据，以支持数据治理和数据决策。在数据治理工作中，根据具体的业务需求和数据管理场景，可以选择合适的人工智能技术来支持数据治理实施。

2. 从人工智能技术看数据治理

在数据治理的各个领域内，人工智能都可以发挥非常重要的作用，可以提高数据治理工作效率和效果，帮助企业更高效地完成数据治理工作。以下是一些重要的数据治理领域，需要依赖人工智能技术：

（1）数据智能探查

数据探查是对数据集的数据进行总体分析的过程，对数据集进行初步的探索和分析，了解数据的特征、趋势、关系和异常等情况。数据探查的目的是通过对数据的探索性分析，获取对数据的初步认识，并发现可能存在的问题、异常或隐含的信息。数据智能探查是在传统的数据探查基础上对数据进一步进行剖析，包括对数据进行深入分析和挖掘，以发现更深层次的规律、关联和洞察。未来数据智能探查不仅可以实现对数据集的初步分析，还可通过关联更高级的 AI 算法和大模型技术提取数据中的有价值的信息，并用于预测、决策或优化等应用中。

（2）主动元数据分析

主动元数据分析是一种运用 AI 技术数据集的元数据进行主动、全面的分析和评估的过程。通过对元数据进行分析，可以帮助企业更好地理解数据，并支持数据管理、数据治理和数据资产价值的最大化。因此高质量的元数据信息有助于数据价值的应用。元数据管理工作长期以来大部分都缺乏业务元数据，而业务元数据信息广泛分布在企业各类非结构化文档数据中。人工智能技术可以实现非结构化数据的信息提取，并自动填充到已采集的结构化数据中。

（3）数据智能集成

数据智能集成是指将不同来源、不同格式、不同结构的数据整合在一起，并应用智能技术进行分析和挖掘的过程。它旨在消除数据孤岛、整合数据资源，以实现更全面、准确、实时的数据分析和洞察。根据 IDC 估测，数据以每年 50% 的速度增长，也就是说每两年数据总量就增长一倍。随着大量数据的产生，各类数据的集中采集、存储面临着极大的困难，因此数据智能集成首先要解决数据整合问题，需要将来自不同系统、数据库或数据仓库的数据进行整合和合并，形成统一视图，支撑企业进行关联分析操作。

（4）敏感数据识别

敏感数据是指那些在未经授权或未采取适当保护的情况下，可能会导致个人或组织遭受损失或被盗用的数据。保护敏感数据的安全性对于个人和企业来说都非常重要，以防止数据泄露、身份盗窃或其他形式的数据滥用。但敏感数据分布在企业的各类业务和系统中，并且不断新增的数据也会面临敏感数据管理的要求，因此自动识别敏感数据并推荐数据处理方式是敏感数据识别的重要需求，而人工智能技术可以支撑这类需求的实现。

（5）数据清洗规则推荐

数据清洗规则是指在数据处理和分析过程中，对数据进行筛选、转换和修复的规则，通常包括缺失值处理、异常值处理、去重处理、数据格式化、数据标准化、数据类型转换、数据过滤和数据纠错等操作。这类操作需要人工通过脚本方式使用大量的时间进行处理，还需根据数据变化不断进行迭代。人工智能技术可通过内置的规则库，自动推荐当前数据所需的数据清洗规则，并自动运行，当数据变化后自动更新清洗规则，以达到企业对数据质量的要求。

（6）数据标准推荐

数据标准是一组指导原则和规范文件，用于确保数据在不同系统、组织和应用中的一致性和互操作性，通常包括数据命名、数据结构、数据格式、数据元、数据关系等内容。数据标准在制定、变更、实施整个生命周期涉及大量的工作内容：首先，在标准制定过程中需要参考国标、行标要求的标准规范，这些标准规范也在逐步迭代更新；其次，标准随着企业业务的发展以及监管要求的变化需要及时调整，以适应最新的标准要求；最后，需要明确业务源系统如何进行标准实施，以及实施哪些标准。在这三项工作中，人工智能技术都可以通过对行业知识库的更新自动维护数据标准，并对数据标准实施进行智能推荐。

（7）数据分类分级识别

数据分类分级是一种将数据分为不同级别或类别的方法，以便根据不同的安全性和敏感性需求对其进行适当的管理和保护。在实际数据分类分级工作中，分级的细粒度可以到数据库表字段上，工作量巨大，而字段在数量级上往往以"万"为单位。人工智能技术能够对元数据进行补足并对大量字段进行分级，是一种比较好的技术方案。目前行业普遍采取词库对照的方式依赖人工智能技术对数据进行数据分类分级。

7.2.4 数据治理与区块链技术

1. 区块链技术对数据治理的作用

区块链技术可以在数据治理中发挥重要作用，主要有以下几个方面：

（1）数据可追溯性和数据安全性

区块链技术通过去中心化存储、加密技术和智能合约等手段，可以确保数据的安全性和可追溯性，防止数据被篡改、泄露或错误传输。这可以帮助企业更好地保护敏感数据和机密信息，并确保数据的准确性和可靠性。

（2）数据共享和数据交换

区块链技术可以帮助企业更好地共享和交换数据。通过智能合约和去中心化的数据存储，企业可以更加灵活地控制数据的访问和交换，以便更好地支持业务合作和数据协同工作。

（3）数据治理和数据合规性

区块链技术可以帮助企业更好地管理数据和确保数据合规性。区块链技术可以使用智能合约来执行数据访问和数据使用的规则，确保数据的正确使用和保护。另外，区块链技术还可以将数据管理和监测的工作分布到网络的各个节点上，以支持更加分散化和去中心化的数据治理。

（4）数据权限和数据所有权

区块链技术可以帮助企业更好地管理数据权限和数据所有权。通过智能合约和区块链上的数字身份验证，企业可以更好地控制数据的访问和使用权限，以支持更加安全和合理的数据管理。

总之，区块链技术在数据治理中可以帮助企业更好地管理数据和保证数据的安全性、可追溯性和合规性。在实际应用中，企业可以使用区块链技术来支持数据共享、数据交换、数据权限管理、数据所有权管理和数据治理等工作。

2. 区块链技术在数据治理的应用

医疗保健行业利用区块链技术记录和追踪药品的供应链和流转情况，并保证药品的真实性和安全性。

在传统的供应链中，药品的流通和交换涉及许多环节，包括厂商、批发商、零售商和医疗机构等。在这个过程中，可能会存在药品假冒伪劣、流向不明或者过期等问题。这些问题会导致医疗机构和患者的健康和安全受到威胁。利用区块链技术可以解决这些问题。区块链技术可以建立起去中心化存储、不可篡改、可追溯、集体维护的数据网络。药品在供应链中的各个环节可以用智能合约等技术记录流转情况，这些记录被存储在区块链上，保证了药品流通过程的可追溯性和安全性。药品被扫描时，可以通过区块链上记录的信息验证药品真实性和安全性。如果发现假冒或流向不明的情况，可以通过智能合约发出告警并追溯药品流转过程中的具体环节。

区块链技术在这个案例中的优势主要有以下几点：

- *数据安全性*：区块链通过去中心化存储和加密算法等技术，确保药品的安全和真实性。

- 数据可追溯性：区块链记录药品在供应链中的所有流通情况，可以进行追溯，防止假冒伪劣药品的流通。
- 分散式控制：区块链上的智能合约和去中心化结构，可以使得数据控制更加分散化和去中心化，从而保证数据的可控性和安全性。

总之，区块链技术在医疗保健行业中可以通过提高药品供应链的安全性和可追溯性，保证患者用药的安全性和健康性。在实际应用中，企业可以利用区块链技术来实现更加安全和合规的药品流通和管理。

7.2.5 数据治理与数据运营技术

1. 数据运营对数据治理的要求

数据运营（Data Operation）是一种将数据应用于业务决策、优化和创新的过程。它将数据从业务决策的组成部分提升为促进业务决策的重要资源。数据运营涵盖了数据管理、数据分析、数据应用等各个领域，旨在通过最大限度地发掘数据价值为业务增长和创新做出贡献。

数据运营基于数据分析和数据科学技术，通过收集、处理、分析和处理数据来帮助企业更好地了解其业务和市场情况。数据运营强调数据应用于实际业务决策之中，以达到优化业务流程、提高客户满意度、增加收入等目标。数据运营主要职能包括以下几点：

- 数据收集和管理：收集并存储各种数据。数据管理也是数据运营的重要组成部分。数据管理包括数据质量控制、数据清洗、数据整合等，以确保数据的可靠性、准确性和完整性。
- 数据分析和洞察：利用统计学和机器学习技术，探索数据中隐藏的模式和关联关系，并根据需求进行数据可视化和报告。
- 业务场景创新：将数据应用到业务场景中，找到数据中的创新点，实现业务领域的创新和提升。
- 数据科学、机器学习以及人工智能的应用：通过数据科学和人工智能技术，发现数据中的规律，并提出相应的解决方案。

数据运营可以帮助企业更好地了解其业务和市场情况，从而帮助企业制定更好的决策和策略，提高业务效率、客户满意度等，并在新的业务领域中拓展创新和成长。

2. 数据运营与数据治理的关系

数据治理和数据运营是数据驱动企业发展的不可或缺的两个方面。数据治理的目的在于最大限度地确保数据质量、数据一致性和数据安全性，以保证数据可信度，从而为各种业务场景提供支持，包括数据运营。数据运营则是关注于使数据能够提供更多的商业价值，以帮助企业做出更好的决策。

数据治理主要职责包括数据标准化、数据分类、数据访问权限控制、元数据管理、数据质量管理、数据安全等，目的在于保证数据的准确性、完整性、一致性、安全性和可用性。数据治理有助于企业的业务流程、合规性、法律责任等方面的更好管理，而数据运营则是将上述数据治理结果进行应用的过程。数据运营包括数据分析挖掘、数据可视化、数据科学、数据创新等。数据运营的目的在于通过充分利用数据来促进业务增长和创新，进而增加收益、优化流程、提高效率等。

因此，数据治理和数据运营是紧密关联的：数据治理为数据运营提供了必备的数据品质保障，并使数据可靠、可控；而数据运营则利用数据，充分发挥数据的商业价值，从而推动企业的发展。两者的关系在于，数据治理是通向数据运营的基础和先决条件。对于企业而言，对数据从治理、运营两个方面同时进行关注是非常重要的，因为这有助于提高企业的数据质量、提升数据价值、优化业务流程等。

7.2.6　数据治理与大模型技术

1. 大模型与数据治理的关系

大模型是指具有极其庞大和复杂的参数量和计算复杂度的机器学习模型。随着数据和计算资源的迅猛增长，机器学习算法和技术已经可以构建出越来越复杂的模型。像 GPT 这样的自然语言处理的模型，要求具有数十亿的参数，并且需要极其高的计算复杂度才能进行训练和推理。这些大模型的参数量非常庞大，通常需要使用分布式计算技术来进行训练和优化。这些大模型需要使用多个计算节点和分布式计算框架来进行训练和推理，消耗的计算资源十分巨大。

大模型通常具有以下几个显著的特点：
- 需要大规模的计算资源：大模型需要使用多个计算节点和分布式计算框架来进行训练和推理，消耗的计算资源十分巨大。
- 参数量极大：大模型中的参数量通常是数千万或数亿级别的，需要进行庞大的计算和存储。
- 计算复杂度高：大模型中的计算复杂度非常高，需要进行大规模的并行计算和优化。
- 表现较好：大模型通常可以在大规模的训练数据上得到更好的表现，可以取得更高的准确度和泛化能力。

综上所述，大模型不仅需要庞大的计算资源，同时还需要较大规模且质量较好的数据集进行训练。同时数据集需要具有正确的标签或注释，以提供模型的目标输出。这些标签或注释应该准确、一致，且覆盖所需的目标领域。数据集还需涵盖各种样本，以便模型能够学习和泛化到不同的情况。数据多样性有助于提高模型的鲁棒性和适应性。数据集的质量不仅影响输出内容的准确性，还可能影响大模型的平衡性。例如，包含不同性别、种族、年龄层的语言表达，避免某一方面的过度代表性。

2. 大模型技术在数据治理中的应用

要理解大模型技术在数据治理的应用，先要理解“Prompt”（提示）。如果把大模型具象成一个员工，那 Prompt 就是你给员工下的指令，你给出的指令越详细，员工执行的结果就越好。Prompt 是用于引导大模型生成符合用户意图的一段文本，可以是一个问题、一个主题、一段描述等。现阶段在使用大模型技术时，Prompt 的选择和设计非常重要，它直接影响生成的文本的质量和准确性。

Prompt 的组成包括指令词、背景、输入和输入要求四部分，各部分具体示例如表 7-10 所示。

表 7-10　Prompt 示例

要　素	定　义	示　例	技　巧
指令词	想要模型执行的特定任务或指令	简述、解释、翻译、总结、生成代码等	清晰且具体的指令
背景	包含外部信息或额外的上下文信息，引导大模型更好地响应	你要扮演一名数据标准专家或数据质量专家	指定领域和角色
输入	用户输入的内容或问题	提供的训练文本或示例文本	使用文本，包含训练文本
输入要求	指定输出的类型或格式	200 字、4 句话，以表格形式输出	指定格式，如表格、JSON 等

下面基于上述内容构建的一个 Prompt：

你是一个制造业数据标准专家，请给出制造业行业中最常用的 10 个数据元标准，要求需要包括标准中文名、标准英文名、字段类型、字段长度、值域，请以表格形式输出。大模型按照 Prompt 输出的内容如图 7-9 所示，比较符合用户的意图。

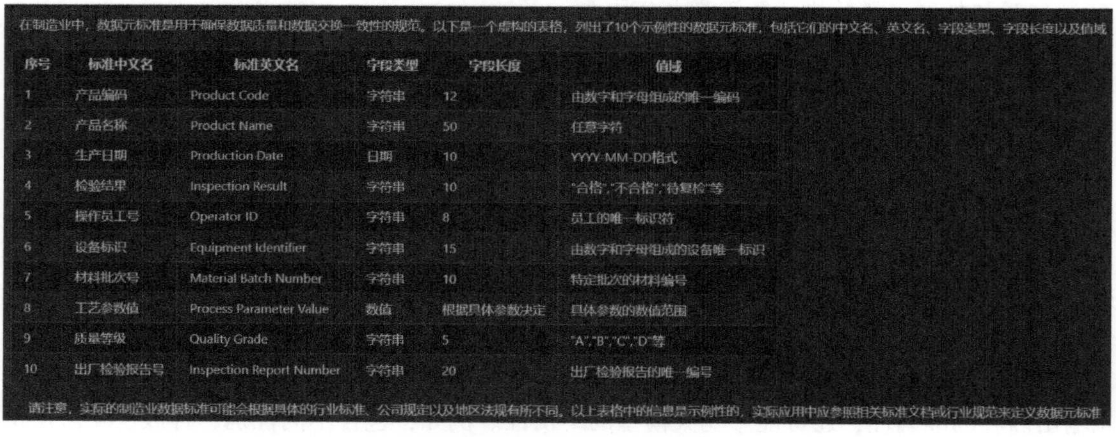
在制造业中，数据元标准是用于确保数据质量和数据交换一致性的规范。以下是一个虚构的表格，列出了10个示例性的数据元标准，包括它们的中文名、英文名、字段类型、字段长度以及值域

序号	标准中文名	标准英文名	字段类型	字段长度	值域
1	产品编码	Product Code	字符串	12	由数字和字母组成的唯一编码
2	产品名称	Product Name	字符串	50	任意字符
3	生产日期	Production Date	日期	10	YYYY-MM-DD格式
4	检验结果	Inspection Result	字符串	10	"合格","不合格","待复检"等
5	操作员工号	Operator ID	字符串	8	员工的唯一标识符
6	设备标识	Equipment Identifier	字符串	15	由数字和字母组成的设备唯一标识
7	材料批次号	Material Batch Number	字符串	10	特定批次的材料编号
8	工艺参数值	Process Parameter Value	数值	根据具体参数决定	具体参数的数值范围
9	质量等级	Quality Grade	字符串	5	"A","B","C","D"等
10	出厂检验报告号	Inspection Report Number	字符串	20	出厂检验报告的唯一编号

请注意，实际的制造业数据标准可能会根据具体的行业标准、公司规定以及地区法规有所不同。以上表格中的信息是示例性的，实际应用中应参照相关标准文档或行业规范来定义数据元标准

图 7-9　大模型按照 Prompt 输出的内容

大模型技术会对数据治理产生极大的影响和帮助。在数据治理领域中通常会涉及两种数据形态的生命周期管理，即静态数据生命周期和动态数据生命周期。静态数据生命周期是指数据生成、数据使用、数据衰退、数据归档与数据销毁这五个周期，强调数据从生成到消亡的过程；动态数据生命周期是指数据采集、数据传输、数据处理、数据应用、数据销毁这五个周期，更强调从数据处理的各个阶段来看待数据生命周期。接下来分别从两种生命周期中各环节阐述大模型技术对数据治理的应用。

（1）静态数据生命周期的大模型技术应用

在静态数据生命周期中，对数据模型的定义和管理尤为重要。在数据模型定义过程中，首先可以借助大模型技术验证数据模型定义的准确性，其次可应用大模型技术生成数据模型定义，最后可通过大模型技术依据业务发展需求优化现有的数据模型定义。应用大模型生成的数据模型定义示例如图 7-10 所示，其中 Prompt 为“你要扮演一名制造业物料主数据专家，请给出一个通用的物料主数据模型，要求输出的内容包括‘标准中文名、字段类型、值域、数据示例’，请用表格形式输出”。

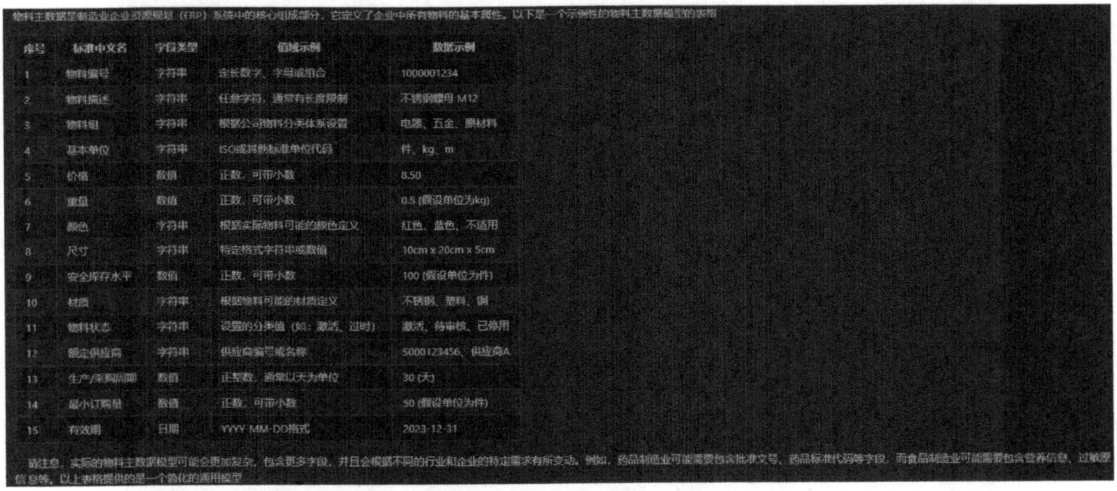

物料主数据是制造业企业资源规划（ERP）系统中的核心组成部分，它定义了企业中所有物料的基本属性。以下是一个示例性的物料主数据模型的表格

序号	标准中文名	字段类型	值域示例	数据示例
1	物料编号	字符串	定长数字、字母或组合	1000001234
2	物料描述	字符串	任意字符，通常有长度限制	不锈钢螺母 M12
3	物料组	字符串	根据公司物料分类体系设置	电器、五金、原材料
4	基本单位	字符串	ISO或其他标准单位代码	件、kg、m
5	价格	数值	正数，可带小数	8.50
6	重量	数值	正数，可带小数	0.5 (假设单位为kg)
7	颜色	字符串	根据实际物料可能的颜色定义	红色、蓝色、不适用
8	尺寸	字符串	特定格式字符串或数值	10cm x 20cm x 5cm
9	安全库存水平	数值	正数，可带小数	100 (假设单位为件)
10	材质	字符串	根据物料可能的材质定义	不锈钢、塑料、铜
11	物料状态	字符串	设置的分类值（如：激活、过时）	激活、待审核、已停用
12	额定供应商	字符串	供应商编号或名称	S000123456、供应商A
13	生产/采购周期	数值	正整数，通常以天为单位	30 (天)
14	最小订购量	数值	正数，可带小数	50 (假设单位为件)
15	有效期	日期	YYYY-MM-DD格式	2023-12-31

请注意，实际的物料主数据模型可能会更加复杂，包含更多字段，并且会根据不同的行业和企业的特定需求有所变动。例如，药品制造业可能需要包含批准文号、药品标准代码等字段，而食品制造业可能需要包含营养信息、过敏原信息等，以上表格提供的是一个简化的通用模型

图 7-10　大模型生成的内容

针对以上内容，接下来进行数据库表设计。Prompt 为大模型生成的内容如图 7-11 所示。

从以上大模型技术输出的内容来分析，数据模型质量比较符合实际工作的需求，可以根据企业更详细的 Prompt 引导大模型完成对数据模型的设计。

（2）动态数据生命周期的大模型技术应用

在动态数据生命周期中，针对元数据、数据标准、数据质量、数据安全领域管理尤为重要。接下来说明大模型技术在各领域的动态数据生命周期的应用。

以下是一个用于PostgreSQL数据库的SQL脚本，它将创建一个名为 material_master_data 的表，用于存储物料主数据的物理模型，并包括了相应的注释

```sql
CREATE TABLE material_master_data (
    -- 物料编号，作为主键使用
    material_id VARCHAR(20) PRIMARY KEY NOT NULL,

    -- 物料描述，描述物料的详细信息
    material_description VARCHAR(255) NOT NULL,

    -- 物料组，表示物料所属的分类
    material_group VARCHAR(50) NOT NULL,

    -- 基本单位，表示物料计量单位
    base_unit VARCHAR(10) NOT NULL,

    -- 价格，表示物料的单价
    price NUMERIC(10, 2) NOT NULL CHECK (price >= 0),

    -- 重量，表示物料的重量，单位为kg
    weight NUMERIC(10, 3) NOT NULL CHECK (weight >= 0),

    -- 颜色，表示物料的颜色
    color VARCHAR(50) DEFAULT NULL,

    -- 尺寸，表示物料的尺寸
    size VARCHAR(50) DEFAULT NULL,

    -- 安全库存水平，表示物料的最低库存量
    safety_stock_level NUMERIC(10, 0) NOT NULL CHECK (safety_stock_level >= 0),

    -- 材质，表示物料制造的材料
    material VARCHAR(50) DEFAULT NULL,

    -- 物料状态，表示物料的使用状态
    material_status VARCHAR(20) NOT NULL,

    -- 首选供应商，表示物料的主要供应商
    preferred_supplier VARCHAR(50) DEFAULT NULL,

    -- 生产或采购周期，表示物料的生产或采购所需的时长
    lead_time INTEGER DEFAULT NULL CHECK (lead_time >= 0),

    -- 最小订购量，表示一次最少的订购数量
    minimum_order_quantity NUMERIC(10, 0) DEFAULT NULL CHECK (minimum_order_quantity >= 0),

    -- 有效期，表示物料的失效时间
    expiration_date DATE DEFAULT NULL
);

-- 添加注释
COMMENT ON TABLE material_master_data IS '物料的主数据表，包含物料的所有基本属性。';

COMMENT ON COLUMN material_master_data.material_id IS '物料编号，唯一标识一个物料。';
COMMENT ON COLUMN material_master_data.material_description IS '详细描述物料。';
COMMENT ON COLUMN material_master_data.material_group IS '物料的分类群组。';
COMMENT ON COLUMN material_master_data.base_unit IS '物料的计量单位。';
COMMENT ON COLUMN material_master_data.price IS '物料定价。';
COMMENT ON COLUMN material_master_data.weight IS '物料的重量，单位是kg。';
COMMENT ON COLUMN material_master_data.color IS '物料的颜色。';
COMMENT ON COLUMN material_master_data.size IS '物料的尺寸信息。';
COMMENT ON COLUMN material_master_data.safety_stock_level IS '物料的安全库存水平。';
COMMENT ON COLUMN material_master_data.material IS '物料的材质。';
COMMENT ON COLUMN material_master_data.material_status IS '当前物料的状态信息。';
COMMENT ON COLUMN material_master_data.preferred_supplier IS '物料的首选供应商信息。';
COMMENT ON COLUMN material_master_data.lead_time IS '生产或采购物料所需的时间，单位是天。';
COMMENT ON COLUMN material_master_data.minimum_order_quantity IS '物料的最小订购量。';
COMMENT ON COLUMN material_master_data.expiration_date IS '物料的有效期截止日期。';
```

这个脚本为每一个字段提供了注释，说明了这些字段的含义和用途，有助于数据库的用户理解每个字段的作用。在实际使用时，可能还需根据具体的业务需求调整字段类型和大小

图 7-11　Prompt 为大模型生成的内容

1）元数据管理。通过大模型技术生成、补充元数据描述。企业的元数据管理对各项数据管理工作都尤为重要，包括支撑数据标准制定和映射、协助和指导数据质量改进、标识数据分类和安全级别、标识数据资产管理信息等作用，因此元数据管理是数据治理工作中最为重要的基础工作。现阶段，企业在进行数据资产盘点过程中，普遍遇到元数据缺失、错误的问题。缺失的元数据影响企业对数据的理解、检索和应用。

在实践应用中，不同行业的数据元命名存在差异，分为拼音命名法、英文命名法两种方式。接下来通过实例说明大模型对这两种数据元名称的识别，通过提交缺失的数据表属性使用大模型进行缺失补全和修正。

财务核算系统中关于凭证明细表的字段属性信息因缺失数据字典导致无法理解数据元含义，将以下内容提交到大模型进行元数据补充：

共提交了 18 个表字段信息，对大模型的 Prompt 问题为"你要扮演财务数据架构专家，需要对以下内容进行元数据信息补足，信息为 ### ACCOUNTCODE、ADJUSTPERIOD、ASSID、BANKACCOUNT、BILLTYPE、BUSIRECONNO、CHECKDATE、CHECKNO、CHECKSTYLE、CONTRASTFLAG、CONVERTFLAG、CREDITAMOUNT、CREDITQUANTITY、DEBITAMOUNT、DEBITQUANTITY、DETAILINDEX、DIRECTION、DISCARDFLAGV###请以表格的形式输出"。

大模型回复如图 7-12 所示。

字段名	描述
ACCOUNTCODE	账户编号
ADJUSTPERIOD	调整期间
ASSID	辅助核算项ID
BANKACCOUNT	银行账户
BILLTYPE	单据类型
BUSIRECONNO	业务对账号
CHECKDATE	支票日期
CHECKNO	支票号码
CHECKSTYLE	支票类型
CONTRASTFLAG	对比标志
CONVERTFLAG	转换标志
CREDITAMOUNT	贷方金额
CREDITQUANTITY	贷方数量
DEBITAMOUNT	借方金额
DEBITQUANTITY	借方数量
DETAILINDEX	明细索引
DIRECTION	交易方向
DISCARDFLAGV	作废标志

以上是提供的元数据信息，其中包含对应字段的简要描述，请根据需要进行进一步的数据分析和处理。

图 7-12　大模型回复的元数据补足信息

大模型补充的内容和业务理解还是比较准确的。大模型技术还可以辅助元数据管理处理内容，例如生成缺失的表中文名、字段中文名、业务含义等业务元数据信息。补充后的内容可以帮助企业更好地管理和理解数据资产。

2）数据标准管理。大模型技术对数据标准的辅助包括两个层面：一是直接输出行业基础数据元标准，如根据大模型的训练数据库中的知识进行总结、输出；二是辅助数据标准的制定，如输出数据标准相关的国标或行标文档等。

本次输入 Prompt 问题为"你要扮演快消行业数据标准专家，请给出快消品行业中最常用的 10 个数据元标准，并按照以下内容输出###数据元中文名称、业务含义、数据类型、数据值域###，请用表格形式输出"。大模型回复如图 7-13 所示。

数据元中文名称	业务含义	数据类型	数据值域
商品编码	用于唯一标识一个商品	字符串（文本）	数字和字母的组合
商品名称	商品的名称或标题	字符串（文本）	文本
商品分类	用于对商品进行分类和归类	字符串（文本）	文本
商品规格	描述商品的具体规格信息	字符串（文本）	文本
产地	商品的生产地或来源地	字符串（文本）	文本
生产日期	商品的生产日期	日期	YYYY-MM-DD
保质期	商品的保质期限	整数	天数
单位	商品的计量单位	字符串（文本）	文本
价格	商品的售价或市场价	浮点数	任意数字
库存量	商品的库存数量	整数	大于等于0的数字

请注意，以上只是快消品行业中最常用的一些数据元标准，实际情况可能因企业和行业的不同而有所差异

图 7-13　大模型回复的快消品行业中最常用的 10 个数据元标准

通过上述大模型回复可以看出，数据标准还是需要制定具体标准的返回要求与具体的标准属性内容。同时还可让大模型输出关于数据标准制定时所需要的英文词根库，辅助数据标准制定。

3）数据质量管理。大模型技术在数据质量管理过程中，可以辅助用户进行分析数据质量问题、制定质量规则等工作，可以通过上传文本内容进行质量分析。在实际工作中可通过大模型快速制定数据质量规则，以便实施数据质量管理工作。以下是一个进行数据质量规则定制的示例：

本次输入的 Prompt 问题为"你要扮演人力资源领域的数据质量专家，目前已采集人力资源系统数据，需要对该数据集进行数据质量稽核规则设计，请输出人员基本信息表中常见字段的数据质量规则，并用表格输出"。大模型回复如图 7-14 所示。

从大模型的回复可以看出，在提示词比较精准的情况下，输出的质量规则比较准确和全

面。未来还可以将脱敏数据集调用至大模型，大模型可返回当前数据集的质量问题，例如缺失数据、不一致的数据格式、错误的数据类型等。

字段名称	数据质量规则
姓名	完整性：姓名字段不允许为空值或缺失值
性别	完整性：性别字段不允许为空值或缺失值；准确性：性别字段只允许取特定值，如男、女或其他指定选项
出生日期	完整性：出生日期字段不允许为空值或缺失值；准确性：出生日期字段应符合指定的日期格式，如YYYY-MM-DD；合理性：出生日期应在合理的范围内，如不得早于1800年或晚于当前日期
身份证号码	完整性：身份证号码字段不允许为空值或缺失值；准确性：身份证号码应符合指定的格式和校验规则，如18位数字或17位数字加一位校验码
手机号码	完整性：手机号码字段不允许为空值或缺失值；准确性：手机号码应符合指定的格式和校验规则，如11位数字且以特定号段开头
邮箱地址	完整性：邮箱地址字段不允许为空值或缺失值；准确性：邮箱地址应符合指定的格式和校验规则，如包含@符号和域名
学历	完整性：学历字段不允许为空值或缺失值；准确性：学历字段只允许取特定值，如小学、初中、高中、大学本科等指定选项
毕业院校	完整性：毕业院校字段不允许为空值或缺失值
入职日期	完整性：入职日期字段不允许为空值或缺失值；准确性：入职日期字段应符合指定的日期格式，如YYYY-MM-DD；合理性：入职日期应在合理的范围内，如不得早于1800年或晚于当前日期
职位	完整性：职位字段不允许为空值或缺失值；准确性：职位字段只允许取特定值，如经理、主管、员工等指定选项

以上是人员基本信息表中常见字段的一些数据质量规则，具体规则的制定还应根据实际情况和业务需求进行进一步的细化和补充

图 7-14　大模型回复的人员基本信息中数据质量规则

4）数据安全管理。大模型技术在数据安全管理过程中，可以辅助用户对数据进行分类分级、敏感数据识别、数据加密或脱敏规则设计等工作，在数据采集、存储、处理、应用各阶段都可以提供方案和策略的支持。现在对敏感数据识别场景进行实践：

本次输入 Prompt 问题为“请给出《中华人民共和国个人信息安全保护法》中针对个人敏感信息的字段列表，以及这些敏感字段推荐的脱敏规则，并用表格输出”。大模型的回复如图 7-15 所示。

《中华人民共和国个人信息保护法》的具体规定可能因国家或地区而异，但通常对于个人敏感信息的定义比较一致，涵盖了能够识别个人身份或涉及个人隐私的信息。以下是一份常见的个人敏感信息字段列表以及对应的脱敏规则。请注意，实际的法律要求和最佳实践可能根据特定的法律框架和行业标准有所不同

敏感信息字段	脱敏规则	说明
姓名	替换为初始字母与点	如，将"张三"脱敏为"张S."
身份证号/社会保障号	显示前3位和后4位，其余用星号(*)代替	如，"123456789012345678"脱敏为"123***********5678"
手机号	显示前3位和后4位，其余用星号(*)代替	如，"13812345678"脱敏为"138****5678"
邮箱地址	显示邮箱前缀的前1位和域名，其余用星号(*)代替	如，"example@domain.com"脱敏为"e*****@domain.com"
家庭住址	显示到街道级别，其余用星号(*)代替	如，"北京市朝阳区XX街道XX小区XX号楼XX室"脱敏为"北京市朝阳区XX街道**********"
银行账号/信用卡号	显示最后4位，其余用星号(*)代替	如，"6225880112345678"脱敏为"************5678"
出生日期	仅显示年份或用星号(*)代替月日	如，"1985-08-25"脱敏为"1985-"或"1985年"

请注意，这些脱敏规则只是一般性建议，实际应用时应结合具体情况和法律要求进行调整，特别是对于涉及医疗、金融和其他特别敏感领域的信息，可能需要更严格的保护措施。在实施脱敏措施时，还需考虑到数据的实际用途和接收者的需求，确保在保护个人隐私的同时，不会过度破坏数据的可用性和价值

图 7-15　大模型回复的敏感字段脱敏规则

以上推荐的脱敏规则仅供参考，具体实施应根据不同场景和需求进行适当调整。

综上所述，大模型技术可以为数据治理各领域提供数据知识的输入，降低数据治理工作对行业专家的依赖。大部分初、中级工作可以借助大模型技术迅速提高数据治理工作效率，未来数据治理结合大模型技术会成为各数据治理产品和服务产品新的竞争差异点，产品和服务会分为使用大模型技术和未使用大模型技术两种。

第 8 章
数据治理行业实践案例

目前，各行各业都在实践数据治理工作，而每个企业由于所处行业、管理水平、数字化能力等方面不尽相同，因此数据治理的建设需求和阶段也处于不同的层次。例如：有些企业是随着数字化转型的大战略开展数据治理工作，以数据中台为聚焦点进行数据治理，更多的是解决数据在应用分析过程中遇到的数据质量问题；而有些企业是从建章立制、组织建设方面开展数据治理工作，侧重于提升数据治理的能力；还有一些企业是从业务侧遇到的问题入手，展开数据治理工作形成综合性的解决方案，并不局限于某项具体能力的建设。以上是三种不同的工作思路，它们分别从技术、管理、业务视角切入，因此所践行的路径也会不同，最后取得的成效也不会相同。

本章选取了能源、通信、金融、制造、零售行业的典型案例进行拆解，能够让读者了解不同行业不同发展阶段的企业如何探索符合自身发展特点的数据治理方法，我们希望能够让读者有一些启迪，能在自己所处的组织内选取有效合理的数据治理之路。

8.1 某能源行业集团级数据中台建设

8.1.1 项目简介

本项目聚焦数据全要素资源的治理与资产化管理，采用"基于需求驱动自上向下"和"基于业务驱动自下向上"相结合的模式，构建了覆盖组织、财务、作业、平台、项目、采购、物资装备等十大一级业务域，百余个二级业务域，近万个实体对象的企业数据模型。项目改变了传统的以业务关系为依据的企业数据模型设计方法，采用了以主数据为中心的企业数据模型设计，打破了业务壁垒，从全业务的角度和业务实体全生命周期的角度进行数据收集与分析，保障了企业数据模型的稳定性和关联结构的易扩展性，还对企业全量数据进行了汇聚、融合、标准化和智能化运营，提升了业务协同程度、运营效率和服务水平。

8.1.2 项目背景

当前，数字化企业建设趋势显著，特别是"十四五"期间能源规划、企业发展、业务转型等方面的业务革新需求，以及"力争2030年前实现碳达峰，2060年前实现碳中和"目标的提出，推动着企业开展数字化转型，实现用数据赋能业务，释放商业价值，为企业经营管理保驾护航。某油田服务股份有限公司（以下简称"公司"）明确了"1个愿景、2类目标、3个阶段、4个突破、4大主题、5个统一"的数字化转型战略蓝图，提出了"以数字化为核心驱动力，打造技术引领的全球化数字油服生态，助力成为世界一流油田服务公司"的数字化愿景。

目前，公司已基本建成了满足生产、管理需求的信息系统（以下简称"系统"）。系统数量超过60个，其中：集团层面建设的系统数量占比40%左右，覆盖了公司近一半的业务；公司层面建设的系统及各事业部的自建系统数量占比60%左右。随着公司信息化建设的不断深入以及各系统建设的多元化，实际使用过程中存在各系统独立运行、分散管理，信息孤岛众多、数据分散，数据资源缺乏统一的规划和管理，数据质量有待提升，数据交互共享困难、使用烦琐、利用率低等问题，导致多板块、多专业、多层次的"一体化"建设和应用模式推进缓慢，集成共享、协同应用程度较差，决策支撑能力显著不足，主要体现在：

- 管理业务系统以集团公司所建系统为主，该类系统管控权限未下放，数据共享程度低。
- 普遍存在多个系统覆盖同一个业务的情况。
- 系统延伸范围不足，未覆盖全部组织层级，数据链信息化断层现象严重。

针对当前的信息化建设现状以及数字化转型战略目标，公司联合某数据技术公司开展数据深度融合与数字中心平台建设：为实现"智慧客户、智慧作业、智慧运营和智慧生态四大主题，统一规划、统一架构、统一技术、统一标准、统一数据五个统一"建设提供平台支撑；为完成"业务、管理、客户一体化及作业效率提升"四大突破提供技术保障；为实现"作业、运营、客户、生态"四大智能及为降本增效奠定基础，助力公司数字化转型。

8.1.3 建设方案

数据深度融合与数字中心平台通过融合公司现有系统，消除信息孤岛，并使用新技术建设新应用系统，覆盖公司整体业务范围，助力公司数据业务化、业务数据化，打造数据与业务协同的共享应用体系。公司着力打造"五个统一"的数字化转型基础能力，将管理业务与生产业务系统数据有机结合，建成以数据统一管理、协同共享、数字化调度指挥、智能化辅助决策为主要内容的综合性数字化平台，为生产管理者和决策者提供数字化的应用及服务，通过对公司各业务口径、各业态多样数据的整合、汇聚和治理，使其成为有价值的信息资源，实现数据资产化。

数字中心平台具有数据管理能力、技术支撑能力和应用服务能力，能够采用宏观分析与微观透视相结合的方式，充分利用宏观指标数据、经济数据、产业数据、全球市场相关数据，从行业趋势、企业运营、业务管理等维度挖掘数据价值，以可视化大屏为载体构建经营指标综合展示场景、物资装备综合分析场景、计划财务分析场景、作业安全综合展示场景等大数据应用，辅助公司多维度、全视角评估企业运营管理，推动公司相关政策落地实施，实现全局可视、智能分析、精益管理，助力公司数字化转型升级。

根据公司数字化转型整体规划及需求，结合转型痛点和业务框架，建设公司数字中心平台。整体数字化转型蓝图如图 8-1 所示。

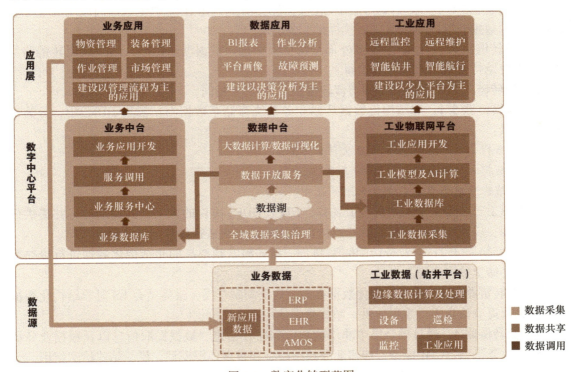

图 8-1　数字化转型蓝图

1. 数字中心平台

数字中心平台是融合技术、聚合数据、赋能应用的数字服务中枢，以智能数字技术为部件、以数据为生产资源、以标准数字服务为产出物，有效促进了公司的业务创新和高效运营，为公司数据资产服务提供数字化能力输出，助力公司实现数字化转型目标。

2. 数据汇聚融合

数字中心平台作为公司的数据管理中心、共享中心和服务中心，汇聚整合了公司及各事业部系统的全量数据，并结合业务应用范围及需求，按需接入了集团系统的相关数据。数字中心平台实施中，针对不同类型和特征的数据，按照不同的应用需求，选择合适的接入技术，将数据从源端、贴源层、数据仓库接入，支撑数据分析应用。数字中心平台数据接入流向如图8-2所示。

1）流转链路1.1：事业部系统结构化数据接入数据湖贴源层。

2）流转链路1.2：事业部系统结构化数据从源端全量至数据湖贴源层的Hive，主要接入低频度结构化数据，具体接入技术采用DF。

3）流转链路1.3：事业部系统结构化数据经过清洗，在Hive中生成面向应用的业务宽表后，存入数据仓库的MySQL，直接提供业务应用。

4）流转链路2.1：上级系统或外部结构化数据接入数据湖贴源层，之后的流转链路与事业部系统结构化数据流转链路相同。

5）流转链路2.2、2.3：分别与流转链路1.2、1.3相同。

6）流转链路3.1：非结构化数据从原业务系统存储至数据湖贴源层HDFS中，分为以下三种场景：

- 非结构化数据存储在服务器文件目录中。
- 非结构化数据存储在FTP服务器中。
- 非结构化数据存储在HDFS服务器中。

针对以上三种场景开发适配SSL协议、FTP、HDFS协议的大文件转储功能，并提供任务管理功能，以便结合不同系统的非结构化数据更新频次进行任务配置和数据转储。

7）流转链路3.2：对业务访问频率高、一站式检索频率高的非结构化数据进行冷热数据备份，存储至数据仓库。

8）流转链路3.3：将非结构化数据存储至数据湖融合层，最终结合ES对非结构化数据路径信息及提取信息进行索引，供一站式检索使用。

9）流转链路4：通过融合层中非结构化数据路径信息、数据提取信息以及根据业务场景构建的业务模型、CIM模型，构建业务地图模型和数据地图模型，供一站式检索使用。

10）流转链路5：此类数据为需要向第三方系统共享的数据，如人资数据，分为全量数据和增量数据两种。全量数据通过API封装，供第三方系统调用；增量数据在经过流转链路2.1后，再次向Kafka转发，以消息的形式推送至第三方系统，此时第三方系统需要根据消息进行消费开发。针对不同物理表的增量数据需要设计Kafka的消费主题。

数字中心平台共计接入系统60套，包括集团建设系统25套，公司及各事业部建设系统35套，累计接入数据2.4TB，包括结构化数据1.8TB，非结构化数据612GB，实现了公司级数据资源的统一接入、统一存储和统一管理，为深度挖掘数据资产价值奠定了基础。

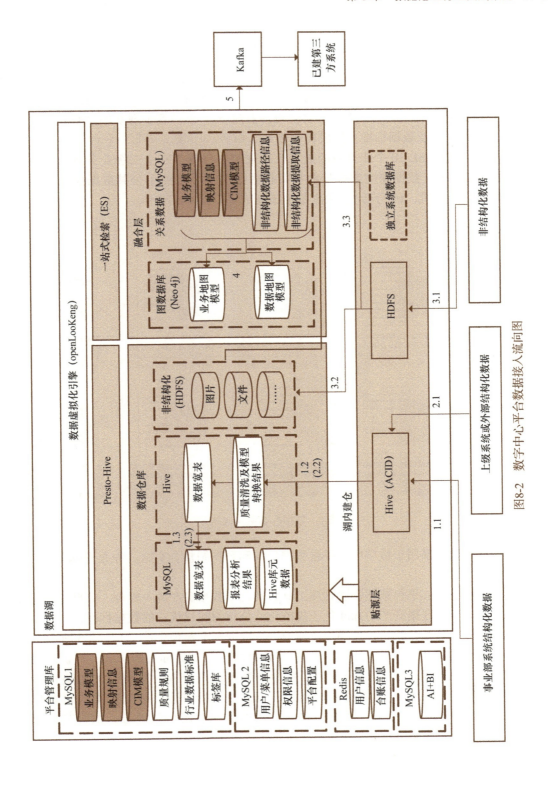

图8-2　数字中心平台数据接入流向图

3. 统一数据标准

数据标准的统一是促进公司数字中心平台管好、用好企业数据资产的核心。公司通过详细调研公司及各事业部的业务现状、数据现状，结合公司核心业务需求、在运系统数据字典等，建立数据标准框架，采用"基于需求驱动自上向下"和"基于现状驱动自下向上"相结合的模式，构建企业数据标准，形成覆盖组织、财务、市场、作业、平台、项目、知识、采购、物资装备、QHSE 10 个业务域的数据标准框架（涵盖 109 个二级业务域，6418 个实体对象），并构建了《数据深度融合与数字中心平台设计研究项目-公共数据模型（COSLD-CDM）》（包括 1 总册、10 分册）。数据标准梳理成果如图 8-3 所示。

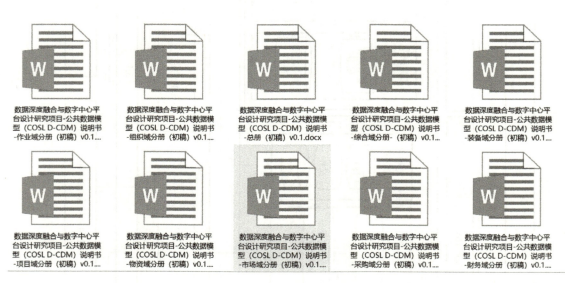

图 8-3　数据标准梳理成果

数据标准梳理成果用于数字中心平台数据接入和数据湖整合实施。各业务域之间关系如图 8-4 所示。

公司依托数字中心平台数据资源管理工具，实现了数据资产统一管理、数据标准落地整合，切实完成了公司数据资产的标准化、规范化。公司为构建统一的数据标准，对物资、人员、组织、财务、装备、市场、采购等业务域进行数据标准梳理设计，如图 8-5 所示。

数字中心平台基于知识图谱技术采用智能化算法进行数据标准的识别，对识别出的系统标准进行融合处理，最终形成统一、可落地的数据标准，同时对标准的落地执行情况进行监控和管理。相比传统的数据标准制定、下发、执行过程，数据标准的识别与融合充分考虑了现有数据标准的执行情况，避免了数据标准制定后落地难、执行难、管理难的问题。

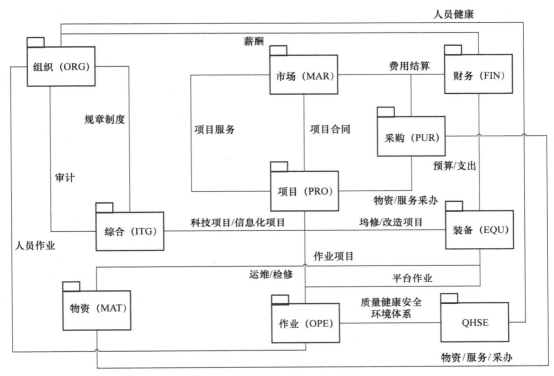

图 8-4　各业务域之间关系图

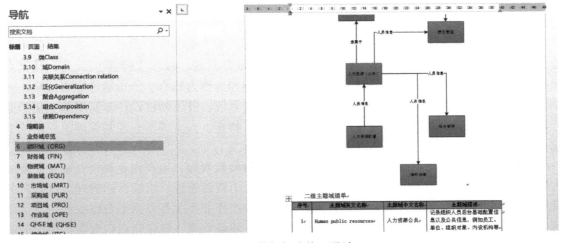

图 8-5　数据标准梳理设计

数据标准的识别采用人工智能技术，以"先融合、再统一"的整体思路，对事业部及公司现有的业务系统及数据情况进行自动融合，通过智能化、自动化的方式发现其中的数据关系，识别相应的数据标准。在识别了相应数据标准的基础上，对数据标准进行分类汇总与融合统一。最终形成契合事业部业务发展、符合公司技术及业务规划的统一数据标准。

在数据标准识别阶段，梳理事业部目前的业务现状及数据情况，对现有业务系统及数据报表、历史数据进行数据标准的自动识别。首先，需要调研分析事业部各业务线数据现状，对事业部各业务线数据进行盘点。其次，在数据资产盘点的基础上，结合现有的数据资产及数据标准情况，进行数据标准的自动识别。再次，在识别出现有、在执行的数据标准后，进行数据标准的融合。最后，在相应数据标准融合后，进行事业部数据标准的统一，从而形成统一的数据标准。

具体而言，结合事业部现有的行政办公管理、人力资源管理、物资装备管理、市场营销管理、计划财务管理等相关业务，并根据现有的钻井作业信息系统、AMOS（Analysis of Moment Structures，力矩结构分析）软件、PMS（Power Manger System，电能管理系统）、Synergi 系统、综合管理体系系统、设备故障案例集在线系统等生产、业务管理系统情况，对当前系统中已制定的、在用的数据标准进行识别，包括当前系统中的作业信息、平台作业地点信息、拖航和 POB（Pilot on Board，引水员上船）信息、装备编码、装备维保记录、库存信息、证书信息、资料信息、市场信息、客户信息、合同信息、单船信息等，形成涵盖事业部各业务的数据结构标准、数据内容标准。

4. 智能化数字应用

作为公司数字化转型关键，智能化数字应用的实现过程依赖于数字中心平台中的业务中台、数据中台和工业物联网平台所提供的数据能力和技术能力。用微服务开发框架和移动应用开发工具等进行快速开发与迭代，为事业部各级用户提供数字化服务。

（1）业务应用

业务应用对应管理控制域，聚焦事业部经营管理流程方面的应用需求，主要面向公司的业务管理（如人力资源管理、行政办公管理、物资采办管理、技术支持等）人员，其重点是将线下的流程、文件、法规等活动线上化，以流程和文档为核心。公司通过应用门户、一站式检索、报表填报等业务应用建设，有效连通现有系统，并不断建设还未实现线上化的业务流程，逐步实现事业部人事、行政、财务、装备、物资、安全等所有经营管理流程的线上化，经营管理数据的集中化，以及业务需求的高效开发。

通过调研访谈结果的归纳整理，将当前业务分为经营管理、生产作业和物资装备业务三大类，其中：经营管理类业务分为行政内控管理、人力资源管理、市场营销管理、计划财务管理、作业安全环保管理、钻井研究管理六大类，生产作业类业务分为平台作业和装备运维两大类，物资装备类业务分为采办管理、物资管理、装备管理、装备建造四大类，相应的业务结构如图 8-6 所示。

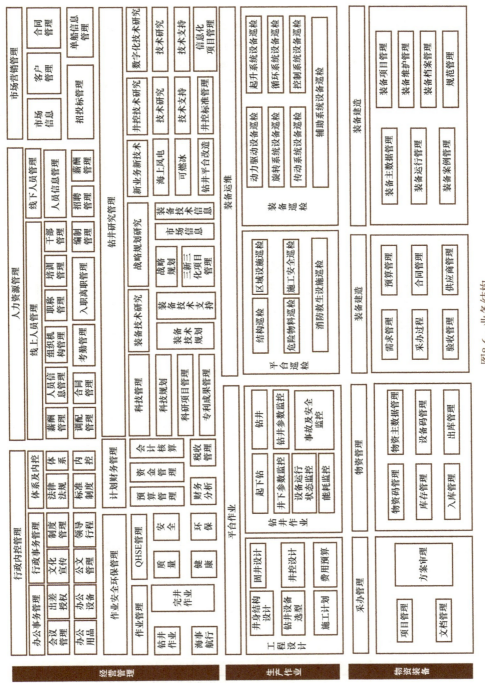

图 8-6　业务结构

（2）数据应用

数据应用对应决策分析域，聚焦事业部决策分析方面的应用需求，主要面向市场开拓、业务决策、战略分析等事业部领导需求，以业务分析和决策为核心。通过数据应用建设，逐步实现经营管理数据和工业数据的融合和价值挖掘，并实现数据全域的实时分析和智能分析，如财务数据的实时统计分析、装备数据和作业数据的在线汇总展示和分析、物资数据的在线汇总展示和分析等。

公司目前经营着亚洲规模最大、世界第三大的海上钻井船队，需要监测当前平台的经营信息，汇总财务、装备、作业、安全、人力等数据。公司从钻井平台整体运营情况出发，针对钻井平台整体财务信息、运营信息、设备信息、作业信息、平台分布信息、基础信息等内容，建设经营指标展示场景。

经营指标展示场景主要展示当前钻井业务部门的主要经营信息，通过收集 SAP 系统、钻井作业信息系统、RIMDrill 系统、EMP 系统、E-HR 系统的财务表、作业信息表、当前作业表、资产管理表、人员信息表数据，以平台为出发点，展示钻井业务中所有钻井平台的整体运营信息，包含平台作业信息、财务信息、人员配置信息、合同信息、设备信息以及各平台主要参数信息。经营指标展示场景还采用地图标记的形式实时显示当前平台的作业位置信息，点击该作业位置可跳转至选中钻井平台的展示场景处查看钻井平台的运营及作业情况，实现从整体到局部的信息钻取查看。经营指标展示场景建设需要收集的数据来源系统及数据表信息如表 8-1 所示。

表 8-1 经营指标展示场景需要收集的信息

来源系统	业务表	业务字段	备注
SAP 系统	财务表	资产总额	分年度，取当年数据合计值
		营业收入	分年度和分业务，取当年数据合计值
		利润总额	分年度，取当年数据合计值
		营业成本	分年度和分业务，取当年数据合计值
钻井作业信息系统	作业信息表	作业合同	各平台作业合同情况，取每年合同合计值
		作业日期分布	各平台作业日期分布情况，求作业船天、修理船天、未作业船天及当月未作业率
RIMDrill 系统	当前作业表	作业位置	各平台作业地点信息，取最新作业地点
		作业水深	各平台作业水深信息，取最新作业水深
EMP 系统	资产管理表	平台编号	平台编号信息，唯一值
		采购来源	平台采购信息
		投运日期	平台投运年月
		最大作业水深	平台最大作业水深信息
		最大钻井深度	平台最大钻井深度信息
		最大作业人数	平台住宿能力
		资产参数	平台其他资产信息，如型体尺寸、设计标准、储存能力、钻井设备（绞车）等

（续）

来源系统	业务表	业务字段	备注
E-HR 系统	人员信息表	员工编号	员工的编号信息
		员工姓名	员工的姓名
		国籍	员工的国籍信息
		性别	员工的性别信息
		出生年月	员工的年龄信息
		入职时间	员工的入职时间
		岗位信息	员工的岗位信息
		隶属平台	员工的隶属船队信息

经营指标展示场景的建设成效如图 8-7 所示。

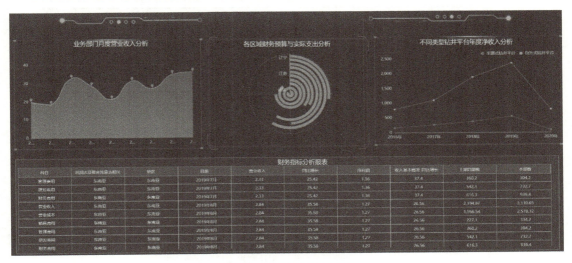

图 8-7 经营指标展示场景

经营工作是一个整体系统性的工作，事业部如何整合各类资源，发挥各专业合力的作用尤为重要，而其中最主要的途径就是开展经营活动分析。通过经营活动分析，客观、准确、全面地掌握事业部及所属各网格、各专业在一定时期和环境下的实际经营工作效果，及时总结经营工作的得失，制定出下一步更加准确有效的经营措施，使事业部保持持续稳定的发展。同时，也对各部门经营工作优劣的考核和奖罚提供了最直观有效的依据。作为一名经营管理者，要做到对每项业务的增长或下降随时掌握、及时监控，就必须扎扎实实地参与到经营活动分析中来，实现以最小的投入取得最大的经营成果。

钻井平台是钻井业务部门的主要资产，分为半潜式钻井平台和自升式钻井平台。钻井平台展示场景运用大数据挖掘技术和人工智能技术实现多源信息数据的融合，构建钻井平台

3D 展示模型。钻井平台展示场景整合来自 SAP 系统、海波龙预算管理系统、钻井作业信息系统、AMOS 平台、RIMDrill 系统和钻井 EMP 系统的业务数据，建设一个半潜式钻井平台 3D 展示模型和一个自升式钻井平台 3D 展示模型，实时监控钻井平台的基本信息、运行信息、外界环境信息、作业情况信息、设备健康状况、物资储备信息等。钻井平台展示场景建设所需数据来源系统如表 8-2 所示。

表 8-2　钻井平台展示场景建设所需数据来源系统

来源系统	业务表	业务字段
EMP 系统	平台/参数表	船舶编码、船舶名称、投运年月，以及平台的型体尺寸、设计性能、作业能力、储存能力等参数
	装备证书	平台证书编号、名称、类型、有效起止时间
	设备状态统计表	平台涉及的设备台（套）数、完好数、完好率、故障率
	设备异常信息表	异常编号、故障隐患数量、未整改数量、整改完成率
	DOWNTIME 表	DOWNTIME 时间
	修理/投资项目表	修理项目完成率、投资项目完成率
RIMDrill 系统	平台信息表	平台编号、船型、船级社、船旗国等
	钻井作业信息	作业编号、国家、地区、海域、区块、当前作业、纬度、经度、井号、作业者、压力测试间隔天数、功能测试间隔天数
	钻井日报	作业编号、报告编号、在船人数、安全天数、作业进尺、当前作业、作业计划、上次压力测试日期、上次功能测试日期、作业人数
	每日天气海况表	天气、温度、风力、浪高
	IADC 钻头信息表	班次、钻头编号、钻头尺寸、喷嘴尺寸及数量、喷嘴过流总面积、出井深度、入井深度、总进尺、总钻时
	IADC 钻具组合表	班次、钻杆立柱长度（m）、钻杆单根长度（m）、方入（m）、总长度（m）、钻柱质量（kg）
	IADC 大绳记录	滚筒编号、尺寸、穿绳股数、滑移长度、切割长度、当前/剩余长度、切割后吨公里、累计磨损或起下钻吨公里
	IADC 泥浆记录表	班次、时间、密度、压力梯度、漏斗黏度、塑性黏度、切力、滤失性、pH、固相含量
	IADC 井斜记录	班次、井深、井斜、方位、垂深、水平位移
	钻井定向测量表	钻井日期、入井深度、北南、东西
	井深结构信息表	补心海拔、作业水深、海床、套管外径、套管底端位置（深度）、下套管日期、计划井深
	钻井计划表	计划工作天数、计划钻头位置（深度）、实际工作天数、钻头位置（深度）
SAP 系统	财务管理月报	营业收入、成本投入、利润总额、毛利率
	物资出入库记录	物资消耗、物资库存

（续）

来源系统	业务表	业务字段
AMOS 系统	库存月报	物资消耗、物资库存
	修理/投资项目表	修理项目完成率、投资项目完成率
海波龙预算管理系统	钻井工作量表	年度计划完成值、实际完成值、完成率
钻井作业信息系统	平台作业井史	井名、日费/总包、区域、作业类别、井别、井类、实际钻井周期、实际建井周期、非生产时间占比
	月度作业船天	年月、作业船天、修理船天、未作业船天、本月未作业率

钻井平台展示场景通过构建钻井平台的 3D 展示模型，动态地展示当前平台的基本参数及相关证书信息，包含型体尺寸（船型、船级社）、设计标准（风速、浪高）、作业能力（最大作业水深、最大钻井深度）、储存能力（钻井水、住宿能力）、平台证书（营业执照、船舶国籍证书）等。

钻井平台展示场景展示了钻井平台的当前作业情况、钻井日报、钻井轨迹图、井深结构图、日工作进度、历史作业情况及作业井史等信息：一是通过月度设备运行状况跟踪，监控平台设备的完好率、故障率、故障隐患整改情况及 DOWNTIME 时间等；二是从时间角度对平台的经营业绩进行展示分析，分别从年度、月度的角度对平台营业收入、成本投入、利润总额、毛利率实时数据和增长速度进行展示分析，分析利润总额以及毛利率的月度变化趋势、同比变化趋势；三是跟踪物资出入库情况、装备修理及投资项目完成率，从而对平台物资状况、装备计划完成分析。钻井平台展示场景如图 8-8 所示。

图 8-8　钻井平台展示场景

（3）工业应用

工业应用对应业务运营域和协同支持域，聚焦事业部生产作业方面的应用需求，主要面向工程设计、工程施工、装备检修等一线作业人员和技术专家，以少人平台为核心。在设备数字化的基础上，逐步实现智能航行、智能钻井、智能人员管理、智能库房、预测性维修等应用的建设，实现工业数据的集中化、技术支持的协同化、钻井运营的智能化。同时，通过工业应用的建设，实现对钻井平台作业参数、设备信息、安全信息和人员信息的监测和管理，为钻井平台数字化建设奠定基础。

8.1.4 建设效果

通过数据深度融合与数字中心平台建设，实现管理业务和生产业务的全量数据的采集、汇聚、沉淀和智能化运营，构建统一融合的数据要素基础，进而实现资源的可视化、统一调度和最优配置。打通现有管理系统，实现系统之间的连接，并完善业务管理系统，进而实现全业务流程的数字化，提升业务协同水平，提高运营效率和服务水平。通过挖掘数据价值，实现各类数据分析和场景可视化，以及运营决策知识化，提高业务决策的科学性和及时性。建立智能应用试点及运行，推动生产业务变革，加快业务向智能化、柔性化和服务化转变。项目建设具体成效主要体现在以下几个方面。

首先，通过数字中心平台建设，实现了数据资源的统一、规范管理，有效解决了公司"信息孤岛"问题：减少约10TB数据的反复存储，降低了数据集成获取难度和数据分析应用难度；提升数据质量覆盖度，减少人员手工处理与核查数据工作量，降低人工查找数据和处理数据工作量90%以上，实现信息搜索时间减少80%、数据交换时间减少70%、文件协调效率提高40%；避免应用模块的重复建设，各类数字化场景、决策分析场景建设周期缩短40%。

其次，通过统一数据标准的建设，规范了企业数据资源结构，有效促进了跨专业数据共享协同，为开展跨专业应用和深度数据价值挖掘奠定基础，支撑构建了经营指标展示场景、计划财务应用场景、人力资源应用场景、作业安全应用场景、物资准备应用场景等12个跨专业应用场景，提升了经营管理、物资采办、计划财务、安全作业等业务管理效率和决策能力。

再次，基于数字中心平台的数据资源、数据服务和技术支撑能力，构建了覆盖作业、安全、船舶、物探、油技、油化等9个专业的数字化应用，为全面推进公司数字化转型升级提供了宝贵经验，具有良好的实施推广价值。

然后，通过海上平台和陆地两级技术支持中心的协同调度指挥，实现钻井平台一线人员与陆地技术专家的联动指挥与远程指导，有效减少一线人员工作量30%～50%，并逐步缩减现场人员。

最后，通过智能钻井、智能辅助作业、智能装备管理、智能巡检等生产业务数字化的建设，实现钻井平台人员减少15%～20%的目标，预计每年每个自升式钻井平台可降本600万元~900 万元，每年每个半潜式钻井平台可降本 1000 万元~1500 万元，每个钻井平台设备维护成本每年降本约 400 万元。

8.2　某制造行业主数据管理实践

8.2.1　项目简介

本项目基于公司的集约化管理业务需求开展主数据治理：首先完成了数据标准和管理制度及规范的设计；其次构建了主数据管理平台进行数据标准和管理制度及规范的落地；然后依托数据模型集中进行数据的清洗和标准化；最后以集成服务的方式把统一的、完整的、准确的、具有权威性的主数据分发给需要使用的应用系统。通过本项目制定了公司的主数据管控方案，即"公司主数据中心+二级单位分主数据中心"两级管控模式及集成模式，对公司人员、组织、往来单位、物料、会计科目、项目等主数据进行了集中管控与统一共享，扫除公司各单位、各系统互联互通的障碍，为公司大宗物资的集中采购、人员集约化管理提供了支撑。

本项目涉及数据治理职能域相关的数据管理制度建设、数据模型设计、数据集成与共享、数据标准管理、数据质量管理等内容。

8.2.2　项目背景

某集团公司（以下简称"公司"）是我国以集成电路制造装备、新型平板显示装备、光伏新能源装备和太阳能光伏产业为主的科研生产骨干单位。随着"两化融合""中国制造2025""智能制造""大数据"等国家战略的不断实施和深化，公司已经将数据提升到战略性基础资源的地位，如何做好数据治理、管理好数据资产、挖掘数据价值成为公司发展的新挑战。

随着公司的不断壮大，信息化建设工作的不断推进，信息化系统不断增加，大量重要数据以多种形式分布于不同的信息系统之中，缺乏对数据的综合管理和利用，直接制约了公司数字化转型以及两化融合。主要问题表现在：

- 公司人、财、物等关键资源缺乏统一的数据标准，制约了公司大宗物资的集中采购、人员集约化管理。
- 系统分期、分部门建设，数据各自表述、管理口径、统计口径不一致，无法支撑公司财务共享中心的建设，对公司管控风险预测支持不足，影响公司领导经营决策。
- 缺少数据治理与数据管理机制，无明确的数据质量定义和数据质量监控手段，导致数据重复、不完整、不规范等，影响数据价值发挥。

上述问题的核心在于公司缺乏对人、财、物基础数据的规范化管理及统一管理与共享。

因此，如何实现公司主数据的统一标准、统一源头、统一管理，建设公司内部"统一管理、专业化分工"的主数据管理平台，是当下数据治理迫切需要解决的问题。

8.2.3 建设方案

1. 方案架构

本项目以主数据管理平台建设为抓手，实现公司编码落地和数据整合。在公司总部及二级单位范围内，建立统一的数据编码体系，实施公司统一的数据编码规则设计，确保信息的唯一性、同一性，避免数出多源、信息失真、缺失，促进数据资源共享，并支持公司财务穿透查询、人力资源综合统计等业务工作开展。通过主数据管理平台统一管理公司通用基础数据、组织数据、人员数据、往来单位数据、物料数据、会计科目数据、项目数据共 7 类核心的数据资源，确保这些数据资源在公司总部的各业务系统以及二级单位相关系统中的一致性和共享。

项目架构方面，结合公司整体业务和信息化情况，为保障公司与各单位主数据管理平台建设过程采用一致的数据标准，同时考虑到各单位主数据管理灵活性，公司主数据管理平台总体架构应遵循"公司主数据中心+二级单位分主数据中心"两层级逻辑统一、物理分布的管理模式和集成蓝图，形成全公司主数据资源集中管控、分级部署、统一分发、集中共享的主数据治理机制，如图 8-9 所示。

2. 建设路径

主数据管理平台建设的主要工作就是把公司内多个业务系统中最核心的、最需要共享的数据（主数据）进行整合，集中进行数据的清洗和标准化，并且以集成服务的方式把统一的、完整的、准确的、具有权威性的主数据分发给需要使用这些数据的应用系统。主数据管理平台建设主要包括标准建设、数据清洗、平台建设及标准下发共享等内容，如图 8-10 所示。

3. 数据标准设计

通过对本项目的整体调研，项目组从公司数据资产盘点的成果中识别出了公司核心的主数据资产，共包含通用基础数据、组织数据、人员数据、往来单位数据、物料数据、会计科目数据、项目数据 7 类主数据。

针对这 7 类主数据，项目组为公司提供了统一的数据标准、管理规范和集成标准。其中，物料主数据是公司数据标准化实施中的重点和难点，因为公司只管理物料中的外购件，且外购件也只管理到大类和中类，而大宗外购件、各二级单位共用的外购件会管理到具体型号。外购件标准遵循行业及本单位已有外购件分类及编码标准（统一由公司的战略计划部负责制定修订）。

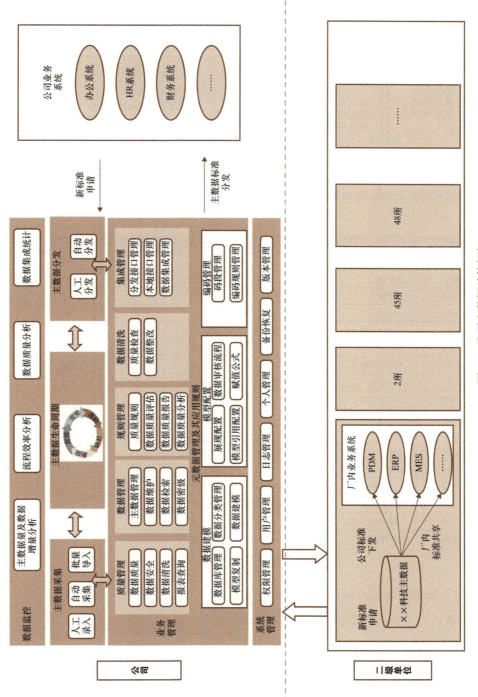

图8-9　公司主数据总体框架

图 8-10　主数据管理平台建设路径示例

1）公司主数据分类标准示例，如图 8-11 所示。

物料编码	名称	类别	等级
10	电子器件		一级
1001	电子管	电子器件	二级
100101	二极管	电子管	三级
100102	三级管	电子管	三级
100103	收讯放大管	电子管	三级
100104	发射管	电子管	三级
100105	微波电子管	电子管	三级
100106	电子束管	电子管	三级
100107	光电电子管	电子管	三级
100108	离子管	电子管	三级
100109	稳定管	电子管	三级
100110	计数管	电子管	三级
100111	X光管	电子管	三级
100112	真空开关管	电子管	三级
100113	数码显示管	电子管	三级
100114	电平调谐指示管	电子管	三级
100115	特种电子管	电子管	三级

图 8-11　公司主数据分类标准示例

2）公司主数据编码标准示例，如图 8-12 所示。

主数据编码由 2 位一级分类编码、2 位二级分类编码、2 位三级分类编码、5 位流水码组成。

3）公司主数据模型标准示例，如表 8-3 所示。

图 8-12　公司主数据编码标准示例

表 8-3　公司主数据模型标准示例

序号	属性名称	英文名称	字段类型	最大长度	值列表	必填属性	备注
1	项目编码	PROJECT CODE	字符	48		是	自动生成
2	项目名称	PROJECT NAME	字符	80		是	手动输入
3	项目分类	PROJECT CLASSIFY	字符	80	是	是	
4	项目类别	PROJECT CATEGORY	字符	40	是	是	
5	项目板块	PROJECT PLATE	字符	40	是	是	
6	项目来源	PROJECT SOURCE	字符	40	是	是	
7	批复单位	REPLY UNIT	字符	40		是	手动输入
8	批复文号	REPLY NUMBER	字符	40			手动输入
9	上级主管单位	SUPERIOR UNIT	字符	40			适用时
10	上级主管部门	SUPERIOR DEPARTMENT	字符	40			适用时
11	总经费	THE TOTAL MONEY	数值	10		是	
12	国拨经费	STATE APPROPRIATION	数值	10		是	

4. 数据管理制度及规范

数据管理制度及规范包括主数据管理流程、主数据集成规范等。

1）公司主数据管理流程示例，如图 8-13 所示。

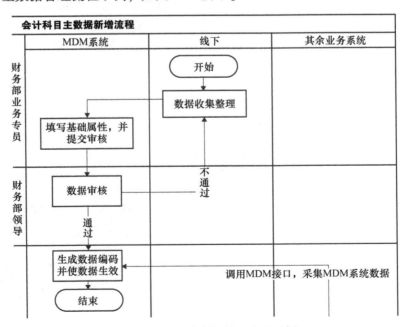

图 8-13　公司主数据管理流程示例

2）公司主数据集成规范示例，如图 8-14 所示。

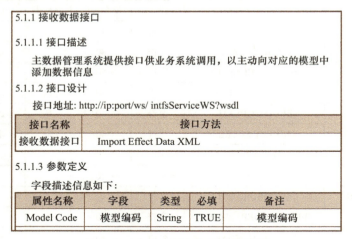

图 8-14　公司主数据集成规范示例

5. 数据质量管控

数据质量管控的目标是形成符合新的分类标准和描述标准的物料数据代码库，实现各业务环节数据共享和公司主数据数出一源。数据质量管控主数据管理平台项目实施过程中的关键阶段也是投入人力物力最多、投入时间最长且需要各部门业务人员深度参与的阶段。公司在主数据清洗过程中建立了人力、财务、物料、项目管理等主数据清洗小组，各小组负责各自主数据的清洗。以物料主数据清洗小组为例，物料主数据中的外购件数据清洗流程如图 8-15 所示。

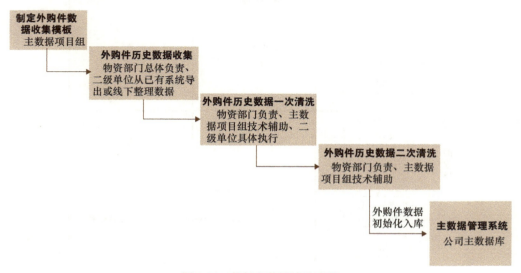

图 8-15　物料主数据清洗流程

　　基于外购件主数据标准编制历史数据采集模板，各二级单位按照模板从已有业务系统导出历史数据，并负责按照公司外购件分类标准、外购件属性标准进行历史数据清洗，主要处理数据不完整、数据重复、数据不准确等问题，主数据管理平台实施组（即主数据项目组）提供技术手段辅助数据清洗工作。各二级单位清洗完成后，公司负责进行二次数据清洗（各二级单位会有重复、不一致的数据）。

6. 平台建设

　　公司需要借助主数据管理平台建设来实现数据标准的落地，并通过主数据管理平台实现对公司所有主数据统一编码、集中管控、按需分发。借助主数据管理平台提供的机制保障清洗后的存量数据质量不再反复，保障新增的数据能按数据质量标准要求录入，保障主数据能够按预设的要求自动分发给需要的下游业务系统。主数据管理平台建设主要包括以下工作：

- 平台的部署安装。
- 平台的配置及权限分配。
- 平台中数据模型的配置。
- 平台中数据维护界面配置。
- 平台中数据维护流程配置。
- 平台中数据质量规则配置。
- 平台中数据集成管理配置。

7. 数据集成共享

　　公司及二级单位的集成关系如图 8-16 所示。

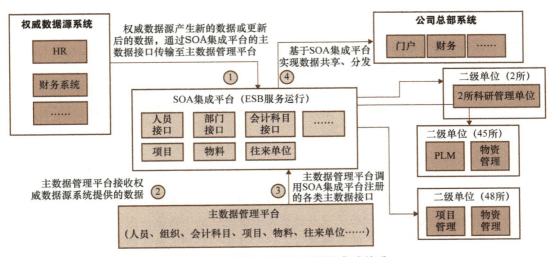

图 8-16　公司及二级单位系统的集成关系

公司及二级单位系统集成范围及内容包括：

- 开展与公司总部 HR 系统的集成，以 HR 系统为人员、组织主数据源头系统，主数据管理平台通过集成统一集成接口，对其他业务系统进行统一分发共享。
- 开展与公司总部门户系统的集成，完成单点集成和人员及组织主数据集成。
- 开展与公司 ERP、SRM、合同系统、项目系统的集成，完成人员、组织、物料、项目、往来单位、会计科目数据的分发共享。

8.2.4　建设效果

通过项目组与公司上下的共同努力，主数据管理平台项目的成功实施为公司带来了很大的收益，具体包括以下几点。

1. 形成了公司统一主数据管理框架，为公司实施全面主数据治理奠定基础

公司建立了通用基础数据、组织数据、人员数据、往来单位数据、物料数据、会计科目数据、项目数据 7 类核心主数据的标准规范，对组织、人员、往来单位、物料、会计科目、项目这 6 类主数据进行了清洗，提升了现有数据质量，为后续公司 ERP 系统、数据集采系统的建设提供有效的基础数据保障。其中：

- 组织主数据补充完善基础信息共 200 多条。
- 人员主数据补充完善基础信息约 4000 条。
- 往来单位主数据清洗前 12000 多条，清洗后 3000 多条。
- 物料主数据清洗失效脏数据 40000 多条，完善信息数据约 11 万条。
- 会计科目主数据已形成 1500 多条科目成果数据，辅助核算项近 20 项。
- 项目主数据清洗前 2000 多条，清洗后 900 多条。

通过本次项目建设，打破的公司各业务系统"信息孤岛"，数据源头不统一等信息化现状，实现公司各业务系统基础信息统一集成共享。其中：从公司 HR 系统接收人员主数据约 4000 条，接收组织主数据 200 多条；为公司门户系统推送人员主数据约 4000 条，组织主数据 200 多条；从公司 SRM 系统接收供应商主数据近 3000 条，推送物料主数据 11 万条；为公司 ERP 系统推送人员主数据约 4000 条、组织主数据 200 多条、物料主数据 11 万条、会计科目 1500 多条、项目主数据 900 多条。

2. 支持了公司物资集约化采购工作推进

通过本次项目建设，建立了公司项目管理专家组、财务专家组、物料专家组，结合主数据管控标准，为公司人、财、物等关键资源要素制定统一的主数据标准，为公司大宗物资的集中采购、人员集约化管理工作的开展奠定了坚实基础。公司人员、财务、物资集约化管理推进可有效降低公司各类运营成本 5% 左右。

3. 统一了决策分析数据口径，提升了公司决策效率

公司运营管控决策依赖于高质量的数据和统一的口径。通过公司主数据的全面治理，统一了人、财、物、项目等维度数据的统计口径；通过数据清洗提升了各类数据的质量，支撑了公司财务共享中心的建设，支撑了财务核算的核算方法、流程、口径的统一，支撑了后续公司财务的集中管控和风险预测。

8.3 某金融企业基于数据治理的数据中台实践

8.3.1 项目简介

某金融行业担保公司（以下简称"公司"）依据集团和公司自身的数字化转型规划要求，迫切需要完成对公司数据资产的管理并进行数据资产价值识别，依据数据资产管理能力与数据资产价值的释放，支撑公司数字化转型需求。公司按照前期的数字化转型规划，建立三个核心数据中台作为公司数字化转型的技术底座，其中数据中台需要打通不同的业务数据系统，整合内外部数据，构建集数据采集、数据挖掘、数据分析与数据治理于一体的数据能力平台，提升数据分析的时效性、数据反馈的及时性，提升驱动业务的能力。

公司原有数据中心承担监管报送、BI 经营分析的职责，其旧数据仓库设计主要为监管报送服务，缺少统一面向业务主题以及公司全部数据资产的管理体系，难以满足日益增加的数据应用需求，从而产生较多的数据质量、数据标准问题。本期项目不仅需要替换原有的数据中心，还需要在替换期间保障业务需求的连续性，并在此基础上建立数据资产管理体系，以建设公司对内外部数据的采集、治理、管理、分析与报送的能力，进而实现公司数据资产全生命周期管理，提升数据资产价值，支撑公司业务中台，实现公司数字化转型目标。

公司本期数据中台建设分为三个阶段，各阶段关键任务如下。

（1）第一阶段

建设内容：完成公司关键业务数据的全量采集、主要业务的标准编制、报送数据的质量提升、敏感数据的安全管控，建立公司数据资产目录体系，实现数据资产在公司各部门、各单位的共享交换，同时需要完成对旧数据中心的数据仓库和数据报送的替换，实现新数据底座构建。

关键成果：数据资源台账、数据标准、管理制度、数据报送质量规则、敏感数据脱敏加密规则、数据资产开放目录。

（2）第二阶段

建设内容：完成已有数据标准的实施工作，进行数据标准推广与贯标，在数据标准中新增指标标准体系，并继续采集公司其他系统数据，完成全量数据资产汇聚；建立公司数据集市，支撑公司各领域关键用户统计分析，重点实现公司风险管理和运营管理。

关键成果：关键数据标准落标、中台数据指标体系、风险数据集市、运营管理集市。

（3）第三阶段

根据第一、第二阶段工作的实施情况，优化已有数据资产管理体系，并重点开启数据资产运营工作，支撑公司业务创新。

8.3.2 项目背景

本次项目依据组织数字化转型规划，明确数据中台的建设规划，建立数据资产管理体系，统一数据标准，提升数据质量，规范数据服务。首先，通过数据治理咨询，实现数据标准编制与落地，建立数据质量管理体系、健全数据安全管理规范，实现数据资产共享；其次，在此基础上进行主数据、元数据、数据资产管理及数据服务发布等系统模块建设，满足公司标准化、高质量、重时效等数据应用要求；最后，通过搭建数据中心和实施数据治理工作，全面提升组织数据管理与应用水平。

经过前期业务与数据调研发现，项目建设的痛点如下。

（1）数据关系复杂

原有数据中心主要为 BI 分析提供数据支撑，在数据仓库设计阶段使用了大量的存储过程（作为数据加工层），源头系统产生变化时，数据中心需要多次调整才能满足新需求，敏捷性很差，维护操作很复杂，开发成本高。另外，原有数据中心对上层统计分析性能的影响比较严重，例如，20 张重点业务表中，部分明细报表查询时间超过 3 分钟，报表性能问题较严重。

（2）数据质量较差

数据中心数据来源分为定期报送、采集、数据填报三种方式，仅采集部分业务数据，缺少数据质量稽核工作，会导致数据报送和统计分析问题较多，需要上层应用发现问题，反馈排查数据问题，再找源头系统线下处理，整个流程较长，解决效率低。

（3）缺少数据标准

公司不同部门开展同类业务，多业务间缺少统一的数据标准，且各部门对产品目录、业务种类等认知不一致。公司信息化部门在开发业务系统过程中同样存在标准不统一的问题，从而导致各业务交互和统计存在问题。

（4）无安全管控

一方面，公司未开展数据安全管控工作，数据丢失、篡改风险较高。另一方面，公司未做敏感识别，多数敏感数据明文展示，数据导出无权限控制，数据缺少分类分级，数据安全风险高。

（5）缺少数据资产目录

公司各部门在使用数据过程中，需要联系技术人员导出明细业务数据进行自助分析，整体交互周期长，业务用户无法直接读懂后台数据库表，迫切需要建立数据资产目录，实现数据资源盘点，让数据资产可查、可看、可懂。

（6）未建立数据管理体系

公司缺少数据管理制度规范，未建立数据治理组织，缺少数据管理流程，且数据管理形式为被动式管理。

8.3.3　建设方案

总体建设方案分为现状调研、数据分析、详细设计、数据能力建设、数据治理实施难点分析、数据治理运营 6 个过程。

1. 现状调研

现状调研包括以下内容。

（1）政策调研

通过资料收集的方式，分析公司内外对数据资产的诉求，包括公司数字化规划、金融行业数字化规划、公司发展规划、公司数字化转型规划等文件。对以上文件进行分析汇总，定位本次工作的目标和价值。

调研成果：数据战略目标、数据管理能力要求、数据资产目录。

（2）业务调研

通过面对面访谈的方式，对公司内部 6 个核心部门进行调研，包括前台业务部门、中台支撑部门，覆盖了核心担保、风险管理、发展运营等关键用户对数据管理和应用的需求与问题，并向公司高层领导进行了访谈结果的汇报，收集了公司高层对数据治理的期望和诉求。

调研成果：业务痛点与需求、运营管理诉求、风险管理诉求、高层关注的内容。

（3）数据调研

收集公司核心系统的数据资源现状，并盘点数据资产台账。在此基础上分析数据标准管理现状。通过与公司信息部人员访谈，对数据管理能力成熟度进行评估，进而对公司的数据管理和应用现状进行分析与评估。

调研成果：数据管理能力成熟度评估报告，数据资产现状分析报告，包括资产来源、资产数量、资产质量和资产价值。

（4）问卷调研

问卷调研可以覆盖全组织，识别通用问题和需求。基于数据管理各领域，结合公司实际，选取若干能力域与能力项问题进行企业级的数据管理能力问卷调研，其中问卷共设置了 23 个问题（20 个选择题与 3 个开放式问答题），而且成功收回有效问卷近百份。

调研成果：形成公司数据治理调研问卷分析报告。

（5）资料收集

收集公司各部门数据统计分析报表和报告，识别现有数据统计需求、共性需求、部门需求，进行分析数据共享。

调研成果：形成公司各部门数据共享交换统计表。

2. 数据分析

数据分析包括以下内容。

(1) 政策分析

公司在发展规划中提出五项工作，要完善信息架构、完善元数据与主数据管理、设立数据组织、完善治理制度体系、构建数据平台，与本期项目规划目标一致。同时依据公司数字化转型要求需要完成数据中台搭建，以支撑公司业务中台、风控体系与创新体系的落地。

(2) 调研问题分析

针对各部门业务调研中发现的共性和个性问题，各部门普遍反映是因数据标准差异、数据质量差、数据获取难度高导致运营与风险问题。根据问题优先级、影响范围、影响人员等维度对问题进行综合评价，并将各问题中对数据的关键诉求进行分析。调研问题分析示例如表 8-4 所示。

表 8-4　调研问题分析示例

业务部门	问题个数	主要问题	问题优先级排序
风险管理		数据标准	数据标准
发展运营	41	监管报送（及时性） 质量稽核	数据共享
审计部		业务线上化	主数据
业务部门		数据共享 主数据	数据质量

(3) 数据能力需求分析

数据能力需求分析通过调研问卷结合信息部访谈的方式进行，针对业务用户发送了数据治理需求调研问卷表，针对信息部门发送了数据管理需求调研问卷表。结合业务诉求和 IT 诉求形成数据能力需求分析表。数据能力需求分析示例如表 8-5 所示。

表 8-5　数据能力需求分析示例

能力域	调研公司是否有能力实施与执行数据分析	当前得分	期望得分
数据战略	公司数据策略与公司的目标一致	1	3
	公司有没有正在执行的整体数据管控策略	1	3
	公司是否有一个集中化的流程和平台用于管理、维护和沟通所有的数据管控策略、要求、指南和标准	1	3
	公司对数据管控政策和程序是否有例行、一致的定期回顾	1	3
数据组织	公司是否存在数据管理岗位并定义了清晰的职责	2	3
	公司是否存在一个数据管控组织来处理公司的数据管控需求	2	3
	公司是否在业务部门、信息部门建立了与数据责任相关的角色	2	3
	公司是否在业务领域、业务线或者职能区域任命了数据管家	2	3
	公司的业务线的高层管理人员是否对数据管理感兴趣并支持	1	3

（续）

能　力　域	调研公司是否有能力实施与执行数据分析	当 前 得 分	期 望 得 分
数据架构	公司有没有流程标准化地定义一个统一的业务术语	1	3
	公司是否有能力实施与执行数据分析	1	3
	……	1	4

（4）数据资产价值分析

数据资产价值分析是对已采集到数据中台的数据进行价值分析的过程，包括核心业务表、核心业务数据、核心数据质量等的分析工作。本期项目在对采集到数据中台的所有业务系统数据进行了分析，分析结果如下。

核心业务与数据识别。核心业务数据与非核心业务数据遵循"二八定律"，通常来说，用企业中 20% 的关键数据可以分析企业 80% 的业务，因此针对数据资产中的核心业务数据识别尤其重要。本期项目共接入 11 个业务系统数据，收集 5000 多张表，其中有价值的核心业务数据表为 273 张。

核心业务数据质量分析。对核心业务表进行元数据分析、数据标准分析、数据质量分析等工作，详细分析核心业务数据表的数据现状，并对已发现的各类问题进行汇总说明。

（5）数据应用需求分析

数据应用需求分析聚焦于各部门、现有 BI 报表、监管上报、运营管理、风险管理对数据应用的需求，包括数据指标、数据标签、数据画像等需求，在应用端对现在使用的数据指标进行汇总和整理，分析现有指标的问题，并提出改进方案。

3. 详细设计

详细设计是指在公司与项目团队就现在分析的内容达成一致的前提下，所开展的面对能力建立、面对问题处理、面向需求实现的解决方案编制。

（1）数据治理蓝图落地设计

本期项目的数据治理蓝图落地分为三个阶段：第一阶段是完成数据管理能力与平台的搭建；第二阶段是进行数据治理实施工作；第三阶段是完善数据治理运营工作，保障数据治理工作长效运行。依据已有的调研分析和公司数字化目标，首先完成数据治理组织、制度、流程、员工能力建设，其次完成公司关键领域的数据标准编制工作，最后完成数据资产共享交换，支撑各部门对数据指标的应用诉求。

（2）数据治理组织制度

本期项目的数据治理组织制度依据公司实际资源情况，规划编制数据管理办法、数据安全管理办法与数据运营管理办法，通过三类管理办法覆盖公司数据管理领域，将数据管理组织、各部门职责、数据管理岗位进行明确，形成数据治理工作实施抓手，帮助公司各类人员了解公司数据管理要求。

（3）数据标准编制

本期项目的数据标准是在核心业务数据表识别的基础上，对标国标、行标，同时纳入监管报送数据内容和目前已梳理的指标内容进行编制。本期项目数据标准包括数据指标标准、数据元标准、参考数据标准等内容。

（4）数据质量规则

本期项目的数据质量规则是在核心业务数据表识别的基础上，结合数据标准内容，识别跨表数据稽核需求，并依据前期调研的业务规则（如业务发生的实际金额不能大于计划金额等要求），进行数据质量稽核规则配置，并定期出具数据质量分析报告，报告含质量问题明细。

（5）数据安全设计

本期项目的数据安全设计包括敏感数据识别与数据分类分级两项工作，需按照金融行业数据分类分级要求，并结合企业商密进行总体设计。目前业务系统在数据采集时已经对敏感数据进行了加密，本期敏感数据主要为数据资源共享目录中的数据。数据分类分级优先对核心业务数据表和指标数据进行标识，依据企业实际数据情况将数据分为三个等级，即重要数据、一般数据和公共数据，其中重要数据需要各数据责任部门审批，其余数据仅需数据管理员审批即可。

（6）数据仓库设计

本期项目的数据仓库设计包括两项工作：第一，需要对已有 BI 数据集市进行替换，包括集市对应的上层报表以及监管报送数据等；第二，重新构建数据仓库架构，包括设计标准层、融合层、应用层，并解决原有数据中心的性能问题。原有数据中心的性能问题如下：

- 存储过程运行速度慢，共 8000 行代码。
- 数据结构服务监管报送慢。
- 统计报表查询慢，时间大于 5 秒，最长为 3 分钟。
- 数据质量定位难。
- 没有历史数据版本。
- 缺乏数据标准，同义不同名和同命不同义的数据存在。
- 缺少指标数据管理，各表中相同指标数据存在差异。

经过本次数据仓库重构，预期实现以下效果：

- 采集加工逻辑清晰、数据层清晰。
- 数据转换有标准，同名同义，码值标准。
- 数据质量可稽核，可追根溯源并迅速定位数据问题。
- 数据多版本历史存储，可进行数据追溯。
- 报表统计查询加快，时间小于 5 秒。
- 数据按主题设计，可支撑指标、标签、画像等多个未来应用场景。

（7）数据指标设计

本期项目的数据指标设计需要梳理原有报表体系中的主营业务指标，同时引入外部数据，实现运营管理指标和风险管理指标的标准化，并减轻原有的中台部门的统计工作量，提升数据指标的准确性，未来可支撑移动端统计分析需求。

（8）数据资源目录

本期项目的数据资源目录分为数据资源目录、数据资产目录、数据服务目录，我们可以将公司数据资产依据资产加工程度进行目录挂载，其中：数据资源目录中放入从业务系统直接采集的原始数据，以业务系统名称的方式进行挂载；数据资产目录中放入经过标准加工的标准数据、经过主题加工的业务主题数据、经过指标加工形成的业务指标数据，分别以标准目录、主题目录和分析目录存放，以满足各部门人员进行数据共享应用的需求；数据服务目录是在数据资产目录的基础上依据前期调研需求中的各部门定制的数据内容，涉及运营管理部、风险管理部的个性化需求，通过 API 的方式提供。

（9）数据资产价值

本期项目在数据资产应用过程中，需要对数据资产价值进行识别，包括识别当前数据资产未来的分析和挖掘价值有哪些，行业内针对数据资产的应用案例是什么，哪些数据资产应用案例可以复用到本公司。

4. 数据能力建设

数据能力建设是指建立对数据资产产生价值过程的能力，包括数据开发、数据治理、数据共享与数据分析能力，形成数据的采、存、管、治、用闭环能力。数据开发是建立数据的采、存、管能力；数据治理是建立数据的标准、质量、安全等"治"的能力；数据共享是建立数据共享和服务等"用"的能力；数据分析是建立数据可视化与挖掘分析等"用"的能力。

（1）大数据技术平台

大数据技术平台旨在建立数据采集能力、数据处理能力。数据采集能力是实现多种数据汇聚的能力，包括离线数据和实时数据采集的能力；数据处理能力包括数据层级构建、数据加工转换、数据脚本管理等能力。

（2）大数据治理平台

大数据治理平台旨在建立数据标准管理、数据质量管理、数据安全管理、元数据管理、数据生命周期管理能力，可对已采集的数据进行全生命周期的管理。

（3）数据资产平台

数据资产平台旨在建立数据共享、数据交换、数据服务能力，可实现数据对内对外的多种方式共享。数据资产平台可作为公司数据资产管理的抓手，而业务用户依据数据资产平台进行资产查询、使用并提出个性化需求。

（4）大数据分析平台

大数据分析平台旨在提供数据分析与可视化工具，以支撑业务用户进行数据探索和挖掘。大数据分析平台可为业务用户提供自定义数据源的功能并支持可视化加工，同时还提供自助式分析模板，便于对数据进行多维度汇总和图形化展示。另外，大数据分析平台可作为公司数字化展示门户，集成汇总全部统计分析成果，保障数出一源，避免决策错误。

5. 数据治理实施难点分析

对于任何一个数据治理项目而言，其最终目标都是提升数据质量、释放数据价值。数据质量的高低需要基于用户的实际感知：一方面，要提升用户感知体验，即从数据查找、数据理解、数据获取、数据使用等四方面对用户感知体验进行专项提升；另一方面，要加强培训、宣传和推介。接下来针对本项目实施过程中的难点进行汇总，以便遇到此类问题的人可以有所借鉴。

（1）IT 部门主导，如何协同业务部门参与、配合

IT 部门主导存在两个问题。一方面是 IT 部门对数据治理的目标往往与业务部门不一致。IT 部门需要应对公司各部门的需求和问题，业务优先级往往倾向于主要领导的指示或根据自身资源评估实现成本，对于实现难度较高的工作往往不能兼顾，同时还要完成公司给 IT 部门制定的绩效目标，这些压力导致 IT 部门会选择有利于自身利益的建设方案。另一方面是"部门墙"这种问题的存在，导致 IT 部门协同的力度较低，业务部门的参与配合程度不高，项目推进困难。

面对这类问题，公司采取"一把手"推进或"有经验"的乙方服务公司推进的方式。"一把手"推进的阻力较小，需要公司"一把手"定期参与数据治理项目工作会议，并将数据治理纳入各部门绩效考核中。乙方服务公司推进秉承"外来的和尚会念经"的优势，从业务入手，给各部门灌输数据治理工作的价值和带来的收益，是较好的推进方式。业务部门的诉求通常会集中在降本增效、风险分析、数字营销、数据决策和业务创新等场景，而乙方公司会根据已有的项目经验和本期项目实际的调研情况说服业务部门参与配合。

（2）数据治理项目，如何找出价值

企业的主要目标就是盈利，投资回报率是企业衡量一项工作或业务是否值得投入的重要因素，数据治理项目同样如此。但数据治理项目是在底层针对数据资产进行治和理的工作，实际的产出往往要通过间接的影响来证实，因此大部分数据治理项目的价值难以直接衡量。这个问题困扰着企业并影响企业对数据治理的投入，包括资金、人员、组织等保障体系。

面对这个问题，可以按照两种思路拉齐对价值的认知：一方面是在项目立项和蓝图汇报期间，通过对数据治理工作的内核价值的说明，传递数据治理文化以及各项业务运行中数据问题的根源为数据治理工作缺失的信息，通过公司关键业务场景嵌入数据治理来证明数据治理工作的必要性；另一方面是从战略落地执行层面对战略进行分解，即从业务层面到数据层面进行层层分解，并陈述关键数据对战略落地执行的支撑能力。

（3）数据治理，不能仅做数据治理

本期项目就是典型的数据治理项目。企业内部的数据治理项目落地的方式需要绑定数据应用需求，以便于将数据治理工作与具体的业务目标绑定，这样项目执行落地会有一定的具体成效，而不至于变成空中楼阁。

数据治理项目需要设置一些与业务部门日常工作密切相关的内容，如数据标准中的指标标准建立、核心主数据标准建立、数据资产元目录建立，这些是业务部门可以直接应用到的成果，同时这些成果也可作为数据治理项目的价值体现。

（4）数据治理工作汇报，需要思考三个维度

数据治理专业程度较高，业务部门和管理层往往不能直接理解数据治理各项工作的内容与价值，在汇报时需要针对不同干系人采取不同的思维，用各类干系人能听懂的语言和场景说明数据治理工作进展和下一步计划。因此在对业务部门汇报时需要添加与业务关联的场景作为补充说明，在对管理层汇报时需要添加与部门绩效、公司战略相关的场景。

数据治理工作汇报周期通常为 1 个月小汇报、3 个月大汇报，以确保数据治理工作执行方向没有偏移、工作成果没有明显错误。

6. 数据治理运营

本期项目的数据治理运营旨在将项目实施期间的经验和方法论进行知识转移，提升数据管理岗、数据安全管理岗、平台运营岗对应的管理人员能力，使其具备数据治理运营能力，可针对公司发展需求不断对现有数据治理体系进行迭代和优化，以保障当前数据治理体系可支撑公司运营诉求。

8.3.4　建设效果

项目建设期为一年，试运行期三个月。通过本期项目建设，公司建立了数据资产管理体系，依托数据中台实现了数据资产的采集、存储、标准化管理，核心数据治理，数据仓库建设，数据资产共享等工作，并组建了数据治理团队，为后续数据资产运营奠定了基础。

本期项目建设主要有以下四大价值。

1. 数据管理能力建设

数据管理能力建设包括两个维度：一是对调研过程中抽象出的关键数据能力进行建设和深化，其中元数据能力、主数据能力作为建设关键内容，数据标准、数据质量、数据安全为深化建设的内容；二是通过方案赋能、体系赋能、人员赋能、平台赋能四个层面实现公司数据管理各项能力的建设，以支撑公司在未来的数据资产应用需求。

2. 数据治理体系建设

数据治理体系是保障数据管理能力落地的支撑体系，通过公司数据管理办法和流程的落地，明确了各部门的职责，同时定义了 4 个数据管理岗以承接数据治理具体的执行工作，建设了符合公司当前业务和公司现有资源的最佳落地模式。随着数据管理办法和流程的落地，公司数据治理体系可以切实地在内部执行。

3. 数据仓库优化替换

公司不仅要对旧的数据仓库进行替换，还需从公司业务层面、数据层面考虑新的数据仓库的建设规划，以满足未来的数据资源使用需求。本期数据仓库建设规划在解耦数据的同时，还对已有统计分析报表依赖的数据集进行了重新设计，实现了既定的性能要求，针对公司常用的 80 张报表的计算时间缩短至 5 秒之内，大大提升了业务部门的数据分析效率，而在监管报送层面的数据报送质量达到 99.9%。

4. 数据资产价值释放

以前，公司的数据资产看不见、管不住、应用差，而本期项目建设完成了公司全量数据资产的治理，实现了公司数据底座的建设，让各类数据资产看得见、管得住、可应用，使公司各类人员可通过数据资产平台满足对数据应用的需求，并使数据需求的实现周期从之前的 15~30 天缩短到 7 天内。

8.4　某大型零售集团基于数据治理的数据智能应用

8.4.1　项目简介

随着我国国民经济的快速发展，零售行业也得到了迅速的发展。目前，零售行业已经成为国民经济发展中不可或缺的一部分，为消费者提供了各种商品和服务，并对促进经济增长有重要作用。

B 公司是国内免税零售行业的领军企业。当前，数据智能、数据挖掘等新技术、新模式风起云涌，企业新一轮的转型升级浪潮袭来。为了抓住发展契机，B 公司需要借助最新互联网信息技术，围绕"数字化战略"实现跨越式发展。B 公司在客户引流、成本优化、精准营销、效能提升、采销衔接、客户服务等方面提升空间巨大，需要全面建设数据管理平台，进一步降本提效，提升竞争力。

8.4.2　项目背景

经过多年的信息化建设，B 公司在各业务领域都完成了业务系统的建设，包括销售管理系统、仓储物流系统、人力资源管理系统、OA 系统、CRM 系统等。这些业务系统在一定时期内对公司的管理和业务发展起到了很大的支撑作用，但随着公司业务的不断发展和扩张以及信息技术的不断进步，B 公司的信息化建设暴露出了一些问题，其中比较突出的问题有以下几个。

（1）数据多头管理，缺少专门对数据管理进行监督和控制的组织

信息系统建设不足、管理职能分散在各部门，致使数据管理的职责分散，权责不明确。

各部门关注数据的角度不一样，缺少一个从全局的视角对数据进行管理的部门，导致公司无法建立统一的数据管理规程、标准等，使相应的数据管理监督措施无法得到落实。另外，公司的数据考核体系尚未建立，无法保障数据管理标准和规程的有效执行。

（2）多系统分散建设，没有规范统一的数据标准和数据模型，导致数据集成共享困难

各部门为应对迅速变化的市场和社会需求，逐步建立了各自的信息系统。各部门站在各自的立场生产、使用和管理数据，使得数据分散在不同的部门和信息系统中，缺乏统一的数据规划、可信的数据来源和数据标准，导致数据不规范、不一致、冗余、无法共享等问题频频出现。由于各部门对数据的理解难以应用一致的语言来描述，导致各部门对数据的理解不一致。

（3）缺乏统一的集团型数据质量管理流程体系

当前，公司的数据质量管理主要由各部门分头进行，存在以下问题：跨部门的数据质量沟通机制不完善；缺乏清晰的跨部门的数据质量管控规范与标准，数据分析随机性强；存在业务需求不清的现象，影响数据质量；数据的自动采集尚未全面实现，处理过程存在人为干预，且很多部门存在数据质量管理人员不足、知识与经验不够、监管方式不全面等问题；缺乏完善的数据质量管理流程和系统支持能力。

以上问题导致 B 公司没有信息化能力支撑，集团各级公司、各部门间的纵向、横向工作协同效率不高。B 公司迫切需要建设符合公司运营管理需求的数据管理平台，以统一数据标准、统一数据管控模式、统一数据管理流程，实现公司业务数据从分散式管理到集中化管控，为公司的应用系统集成、数据统计分析提供重要支撑，解决公司系统独立应用、集成困难、分析维度不统一等问题，并实现公司提升管理水平、规范业务操作、降低运营成本、提高运营效益的业务目标。

建立统一、集中、规范的数据管理平台，可以提高数据质量及数据决策分析的效率，实现各部门、各系统之间的互通互联，切实加强公司信息的共享服务能力，提高标准化水平。具体要实现如下目标：

- 建立数据标准化体系，建设面向集团层的技术标准、数据标准、管理标准等规范。
- 收集现有的数据信息，完成通用基础数据、人员数据、商品数据、场地数据 4 大类数据的清洗工作，并形成数据标准代码库，提升数据质量。
- 规范各业务系统数据，打通从设计到制造的全流程，消除信息孤岛，为数据统计、分析及商务智能提供支撑。
- 建设分布式的数据仓库，实现业务分主题管控，历史数据的持久化存储，完成公司数据资产沉淀。

8.4.3　建设方案

B 公司的数据管理平台建设项目于 2021 年 12 月启动，整个项目历时 1 年多，于 2023 年 3 月完成全部建设工作，具体介绍如下。

1. 业务调研

B 公司通过对自身的信息化基本情况进行探查和摸底发现，其核心主数据主要分布在销售管理系统、仓储物流系统、人力资源管理系统、OA 系统、CRM 系统等信息系统中。具体来看，B 公司的核心数据现状如下。

（1）销售域

销售域涵盖了营销、销售、支付和退货等业务环节的数据，这些数据主要来源于销售管理系统。由于销售域的数据具有量大和高价值的特点，因此通过分析销售订单数据，可以深入了解客户行为、消费习惯和产品偏好等信息，从而为公司制定更有效的市场营销策略，并为公司优化供应链管理和提高客户满意度提供有力支持。

（2）仓储域

仓储域包括入库、库存和出库等业务环节的数据，这些数据主要来源于仓储物流系统。由于仓储域的数据具有快速变化的特点，因此通过对仓储各环节数据的实时监控，B 公司可以更好地了解市场需求、预测产品需求，有助于降低库存管理的成本，减少滞销品损失，提高资金利用率。此外，实时监控还可以帮助 B 公司了解仓储业务线的工作情况，有助于合理地进行人员和工作计划的管理规划，提高效率并节省成本。

（3）物流域

物流域包括报关、装车、发货等业务环节的数据，这些数据主要来源于仓储物流系统。由于物流域的数据具有快速变化的特点，因此通过对物流各环节数据的实时监控，B 公司可以了解客户对送货时间和服务质量等方面的反馈，及时处理客户投诉和建议，提高客户满意度。此外，通过分析运输路线和货物种类等数据，B 公司还可以实现精细化管理，降低运营成本。

（4）人员数据

人员数据主要包括客户、员工、供应商等方面的数据，其中，客户数据的统一源头为 CRM 系统，员工数据的统一源头为人力资源系统，这些数据管理比较规范。通过将 CRM 系统、人力资源管理系统与销售管理系统集成，多个业务系统之间已经实现了数据的打通。

（5）货物数据

货物数据主要包括商品、品牌、类别等方面的数据。在销售管理系统建设过程中，已经形成了针对这些核心数据的管理标准和规范，而仓储物流系统沿用了这些标准和规范，从而实现了商品维度数据打通。

（6）场地数据

场地数据主要包括门店、仓储、地理信息等方面的数据，这些数据主要存在于业务系统中，在业务系统建设过程中已经形成了管理标准、规范。

2. 方案设计

目前 B 公司已经成立了数据管理组织，由 IT 智能团队对集团各类业务系统数据进行统一归口管理。

在信息系统建设过程中，B 公司的通用数据域内已经形成了统一的内部编码规范。当前 B 公司迫切想要解决的问题是，承接全集团各类业务系统、业务数据，构建统一的数据指标体系，整合数据资源，改变过去分析型应用数据反复抽取、冗余存储的局面，实现"搬数据"向"搬计算"的转变，以实现公司数据资产管理，并支撑企业级数据分析应用的全面开展。因此，B 公司需要构建分布式、分主题的数据仓库，其应用架构如图 8-17 所示。

3. 数据仓库建设标准

数据仓库建设标准如下。

（1）分层标准

分层标准如下：

- ODS 层：项目名_ODS。
- DWD 层：项目名_DWD。
- DIM 层：项目名_DIM。
- DWS 层：项目名_DWS。
- ADS 层：项目名_ADS。

（2）表名标准

表名标准如下：

- ODS 层：ODS_{业务线}_{数据源}_{库名}_{表名}_{更新方式}_{更新频次}。
- DWD 层：DWD_{一级主题}_{二级主题}_{表名}_{更新方式}_{更新频次}。
- DIM 层：DIM_{主题}_{表名}_{更新方式}_{更新频次}。
- DWS 层：DWS_{一级主题}_{二级主题}_{表名}_{更新方式}_{更新频次}。
- ADS 层：ADS_{业务域}_{功能域}_{表名}_{更新方式}_{更新频次}。

更新方式如表 8-6 所示。

表 8-6　更新方式

抽 取 方 式	字　　段	字 段 全 称
全量	f	full
增量	i	incremental
拉链	c	chain
临时	tmp	temporary
中间	m	middle
测试	t	test

更新频次如表 8-7 所示。

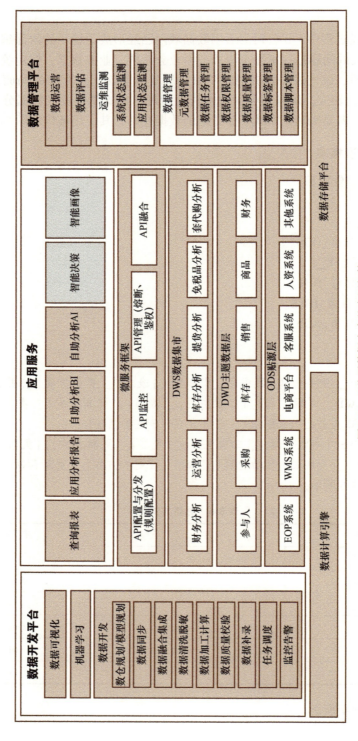

图8-17　B公司数据仓库的应用架构

表 8-7 更新频次

字 段 中 文	字 段	字 段 全 称	说 明
日	d	day	每天
周	w	week	每周
月	m	month	每月
年	y	year	每年
小时	h	hour	每小时
半小时	hh	halfhour	每半小时

（3）字段命名

构建基础词根表，如表 8-8 所示。

表 8-8 基础词根表

序 号	名 称	代 码	简 写	类 型
1	数量	count	cnt	bigint
2	金额	amount	amt	bigint
3	……	……	……	……

4. 业务架构设计

为实现企业数据集中管控，并为数字化运营提供支持服务，B 公司进行了业务架构设计。业务架构设计如图 8-18 所示。

ODS 也被称为贴源层。它的主要作用是存储各业务系统的业务数据。ODS 是存放未进行质量核查的数据的场所。ODS 作为数据分析中心的"门户"起到连接数据仓库与外界业务系统数据环境的作用。

DWD 也被称为明细层。它是整个数据仓库中最重要的一个分区。它在 ODS 的基础上，按照业务主题进行分类存储，并完成数据清洗、标准化，用于支持上层各类分析型应用。围绕 B 公司实际业务场景，构建以销售、仓储、物流为核心的业务主题域。

DIM 也被称为维度层。它的作用是建立一致分析维表，降低数据计算口径不统一的风险，围绕零售业务场景，构建以人员、货物、场地为分析核心的分析对象。

DWS 也被称为聚合层。它的作用主要是基于 DWD 明细数据，将之整合汇总成分析某一个主题域的服务数据，一般是宽表。DWS 按照专题进行划分，根据应用的需要提炼共性的需求，使用逆范式化的宽表建立业务明细，并进行轻度汇总、业务统计。

ADS 也被称为应用层。它的作用是根据各种报表及可视化功能来生成统计数据。

5. 数据管理平台技术架构

B 公司数据管理平台的技术架构如图 8-19 所示。

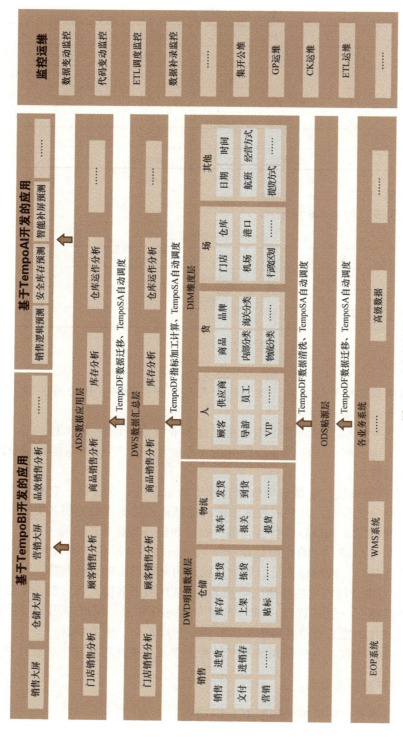

图8-18 业务架构设计

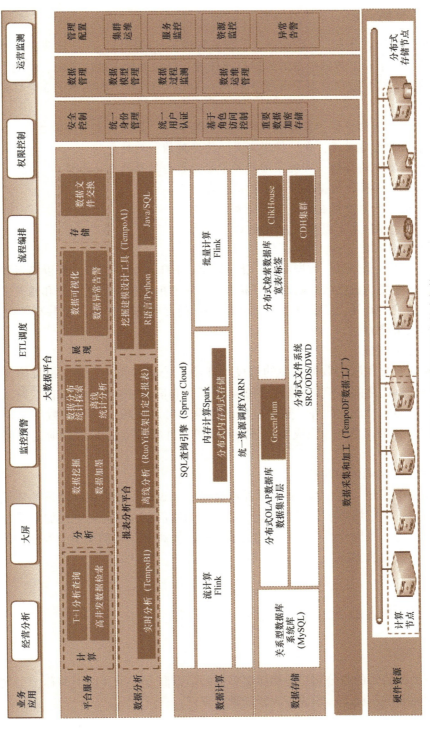

图 8-19　数据管理平台技术架构

8.4.4 建设效果

经过一年多的探索开发，B公司完成了数据管理平台的建设，成功地解决了上面提到的问题，并完成了4个以上数据平台的数据打通任务，以完成对人员、货物、场地等核心业务对象的数据治理支持。数据管理平台还带来了一些额外的收获，即实现了3个目标，提供了4种能力，如下：

- 统一指标管理的目标：保证指标定义、计算口径、数据来源的一致性。
- 统一维度管理的目标：保证维度定义、维度值的一致性。
- 统一数据出口的目标：实现了维度和指标元数据信息的唯一出口。
- 提供维度和指标元数据的统一监控及预警能力。
- 提供灵活可配的数据查询及分析能力。

本项目建设主要带来了以下3方面成效。

（1）构建数据标准

建立了统一的数据分层、数据库表、指标命名、ETL设计等标准，可以实现数据的规范化和标准化，从而提高数据的准确性和可靠性。这将有助于减少数据冗余和错误，提高数据分析的效率和精度。此外，还促进B公司内部各部门之间的协作和信息共享，提高B公司的管理效率和决策能力。

（2）数据仓库建设

完成分布式、分主题的数据仓库的建设，打通B公司营销、仓储、物流等各业务领域数据通道，打破部门之间、信息系统之间的数据孤岛和信息壁垒，为跨部门、跨系统的业务集成、管理协同奠定基础。此外，数据仓库的建设还可以提高B公司的数字化运营效率和响应速度，帮助B公司更好地完成数据分析和决策，并帮助B公司更好地把握市场机会和应对挑战。

（3）数据分析指标体系建设

在数据仓库中构建了统一的数据分析指标体系，通过数据分析指标体系的建设，B公司可以更加深入地了解市场需求、产品性能、客户行为等信息，从而制定更加科学合理的业务策略和决策。此外，数据分析指标体系的建设还可以提高B公司的竞争力和创新能力，为B公司的发展提供有力的支持。

8.5 某运营商企业全面数据治理及应用

8.5.1 项目简介

某运营商集团公司的省公司是业绩排名靠前的运营商分公司（以下简称"公司"），在多年的信息化建设的积淀下，形成了大量的数据资产。

数据越来越多，应用需求越来越多，但是运维工作也越来越繁重。哪些是关键数据，哪些是沉睡数据，信息系统部缺乏有效识别和管理区分；应用需求越多，信息系统部对外服务的部门越多，缺乏有效的开发过程统一管控，使得开发效率低下、开发质量难以保证；市场竞争越来越大，市场部需要在最短时间内，把握稍纵即逝的市场机会，但是数据模型与数据资产不完整，应用开发、数据服务需求响应周期长，无法满足快速响应市场需求的要求；缺少清晰的数据资产目录，系统间数据不一致，系统内数据不一致，存在各种数据冲突，并且缺少基于全局的、一致的数据统计结果，让决策者一头雾水。

同时，集团总部下发了《大数据数据治理规范标准》，要求通过提升数据的可视化管理，以及从数据使用者对数据质量的真实感知出发，对数据质量做出真实评价，提升数据可靠性，保障数据治理可靠化。

公司将数据治理作为年度重点工作之一，并把其作为全公司全力推进的重点项目。在参考集团总部规范的基础上，立足数据现状，围绕公司关注的热点业务，结合数据重要性和紧迫性，确定数据治理范围及优先级。

8.5.2　项目背景

公司通过综合分析，从短期快速见效方面重点考虑内外部客户的满意度情况，圈定家庭服务、市场销售两个业务域作为本项目数据治理范围。

（1）总体情况

通过对相关业务部门走访调研，分类汇总各系统数据质量问题的类别及发生频次，以此为基础确定了数据质量问题分布情况，如图 8-20 所示。

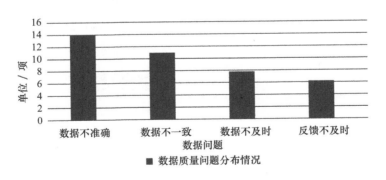

图 8-20　数据质量问题分布情况柱状图

（2）典型场景分析

1）场景一：数据不一致。

- 问题描述。客户关系管理系统、渠道管理系统中的"发卡数据"与决策分析系统中"发卡渠道数据"不一致，且"发卡渠道数据"在这三个系统中均有统计数据，即同一号码不同系统，而这种跨系统数据不一致导致缺少准确的 IT 系统数据参考，影响了业务部门以渠道为维度的发卡数据分析，增加了一线人工工作量。

- 原因分析。目前发卡主要包括四种类型，即社会渠道发卡、带号卡发卡、自助选号发卡、代销发卡。其中：渠道管理系统只包含社会渠道发卡数据；决策分析系统为了实现号卡资源的全生命周期管理，在社会渠道发卡数据基础上，按带号卡、自助选号、代销发卡三条业务线进行补充，形成号卡资源全生命周期数据。

通过分析可知，造成数据不一致的主要原因有：一是两系统统计口径有差异；二是基础数据更新不同步；三是只传输当日新增数据，不包含历史数据，不能实现及时传递。

2）场景二：数据不准确。

- 问题描述。酬金计算有误，统计范围不精准，造成酬金的计算结果不准，合作商有疑问。
- 原因分析。数据填写不完整，必填字段未能完全填写，例如 ID、工号、操作 ID、策划 ID 等必填字段缺失；结算规则配置不及时，主要由销售部下发需求、信息化 IT 人员系统配置规则，如果规则下发不及时、需求描述不准确，则直接影响是否核算酬金及酬金计算准确性。

3）场景三：数据不及时与反馈不及时。

- 问题描述。数据不及时与反馈不及时主要涉及接口问题。从前期调研中可知，目前接口问题如图 8-21 所示。

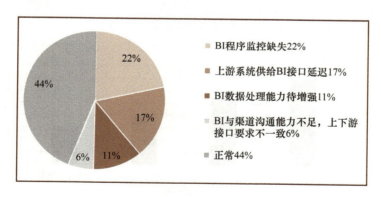

图 8-21　接口问题占比饼状图

- 原因分析。根据数据处理流，从系统间、系统内、管理问题三个层面，对接口问题的原因进行了分析。

原因 1：上游系统数据质量问题影响接口数据质量。CRM、业务决算等上游系统数据不规范、数据延迟及接口变更均会影响相应酬金质量数据处理的及时性、准确性。

上游系统数据不规范：上游系统传输的数据包含乱码、数据串行等不规范数据，影响数据处理及时性及数据准确性。

上游系统数据延迟：上游系统不能在计划时间内完成相应数据传输，影响数据处理及时性。

上游系统接口变更：上游系统接口变更，未能及时告知下游系统，导致下游系统接口无法接收正确数据，影响酬金质量数据准确性。

原因2：系统数据处理不规范、程序监控执行不到位、系统数据处理能力有待加强等影响接口数据及时性、准确性。

系统接口数据处理不规范：缺少对空值数据、重复数据、乱码、串行等不规范数据的基本校验，影响酬金质量数据准确性。

程序监控执行不到位：缺少质量数据程序监控、程序挂起、程序运行错误、维护保障不到位，影响数据及时性、准确性。

系统数据处理能力有待增强：主要是针对月末数据量较大的接口，系统的数据处理时效性有待增强，否则影响数据生成及时性。

原因3：管理不到位影响接口数据质量。因接口管理规范、接口岗位职责、系统运维保障职责、问题沟通机制不完善，导致上游接口延迟、上下游接口不一致等问题不能被及时发现，影响接口数据质量。

接口管理规范不完善：没有进行接口全范围梳理，目前仍存在上下游接口提供方式的差异；缺少接口管理规范制度要求，对于各个接口采集频率、保障要求等缺少完整的规范制度要求。

接口岗位职责不完善：上游系统接口提供及时性、准确性等监控职责缺失，接口负责人无法有效监控接口异常。

系统运维保障职责不完善：对于数据库日常运维监控职责缺失，存在异常程序监控不到位、无人预警、影响接口数据及时性的情况。

问题沟通机制不完善：缺少完善的问题沟通机制，存在上游接口变更而忘记通知下游系统的情况；缺少问题管理流程，无法按既有流程进行问题快速处理，影响接口数据及时性及准确性。

8.5.3 建设方案

1. 现有问题整改措施

现有问题的整改措施如下：

(1) 完善业务规范

从业务定义、业务规则、业务限制条件、问题清单等方面完善业务规范。

- 业务定义：清晰定义本系统报表业务含义，如新增用户是指当月装机订购成功的用户信息。

- 业务规则：是应用程序的业务逻辑，重点从报表数据源及统计口径两方面说明本系统业务报表的业务规则。
- 业务限制条件：重点指出影响业务需求的关键因素。
- 问题清单：整理汇总分公司投诉及问题清单，聚焦投诉热点。针对热点比对各个系统报表业务规范差异：业务规范一致的，则报表名称统一；业务规范有差异无法统一的，修改对应指标名称，加以区分，便于业务人员理解及应用。

（2）完善数据规范

从数据处理规范和数据校验规范两方面完善数据规范。

- 数据处理规范：完善接口数据数据处理规范，如串行、乱码、空值等，确保上下游接口数据完整性。
- 数据校验规范：完善接口数据校验规范，如增加日常传输数据量校验机制，提升数据漏传问题发现概率。

（3）完善接口管理规范

从接口梳理、接口管理、问题收集、问题管理等方面完善接口管理规范。

- 接口梳理：梳理渠道管理系统、家庭宽带运营系统上游接口清单及详细接口内容、采集频率。
- 接口管理：在现有梳理基础上，明确对新增接口的管理要求。一方面，增加"接口需求下发—需求上线—接口运维"的过程管理，重点识别已上线但未进行运维流程的接口；增加接口强制运维要求，以"过程管理+跟踪考核"的方式保障接口全量管理及监控。
- 问题收集：收集现有接口常见问题，识别隐藏风险。
- 问题管理：整理已收集问题，分析问题发生原因，规范问题处理流程，以此强化接口监控及预警的基础。

（4）加强系统能力建设

从数据异常监控能力和数据处理能力两方面加强系统能力建设。

- 数据异常监控能力：梳理系统数据异常问题，并进行异常分类，如调度异常、程序异常等，重点加强数据加载调度异常监控，确保数据可正常运行。
- 数据处理能力：加强大数据量接口的数据处理能力及月末数据量较多的情况下的数据处理能力。

2. 建立长效运营机制

数据质量问题管理机制主要是从组织、职责层面规定了对数据质量问题整改工作中涉及的部门间、项目组间的协调处理流程及形成问题解决方案的工作过程。针对数据质量问题，从谁牵头、谁负责、谁监督、谁审核四个方面重点说明数据质量问题整改工作模式及管理要求，建设长效管理机制，形成有效的管理组织与职责体系。

由此成立了数据质量工作小组，其组织结构如图 8-22 所示。

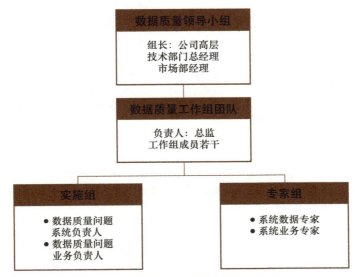

图 8-22　数据质量工作小组的组织结构

数据质量工作的角色与职责如表 8-9 所示。

表 8-9　数据质量工作角色与职责

成 员 角 色	职 责 说 明
数据质量领导小组	数据质量工作总体管理及决策： 定期听取数据质量管理问题报告，了解数据质量问题改进进展，并进行相关重大事件等的决策 听取针对数据质量管理问题升级的报告，并进行决策
数据质量工作组负责人	牵头开展数据质量问题管理： 组织数据质量工作组统一收集数据质量问题 组织数据质量工作组开展问题初步分析，识别问题相关方（信息化系统、业务部门）； 组织数据质量问题相关方以及系统数据/业务专家召开数据质量问题确认沟通会，明确数据质量问题，确认数据质量问题负责人（系统负责人、业务负责人），制定数据质量问题改进行动计划并会议达成一致 牵头协调数据质量问题负责人进行数据质量问题分析及改进方案制定，并组织系统数据/业务专家进行方案评审，达成一致意见。如涉及系统及业务两部分同时改造，则数据质量工作组负责人负责整合系统及业务方案，并组织系统数据/业务专家进行方案评审 协调数据质量问题涉及的其他相关部门的系统数据专家、系统业务专家 组织召开数据质量工作组日常例会，跟踪数据质量问题解决方案制定情况、推动问题解决方案执行计划落实 识别数据质量问题解决过程中的困难、风险，负责问题升级报告，获得并落实数据质量领导小组决策 更新数据质量问题记录清单，定期发布数据质量问题管理报告

（续）

成员角色	职责说明
数据质量工作组成员	配合数据质量工作组负责人，完成问题分类整理： 　配合数据质量工作组负责人，分类整理数据质量问题清单，开展初步原因分析并进行问题相关方识别 　捕捉热点问题（投诉次数、涉及范围、业务人员关注度等），配合数据质量工作组负责人开展问题调研、原因分析、解决方案制定和推动落实执行 　参与数据质量工作组日常例会，了解数据质量问题改进情况，配合数据质量工作组负责人识别过程改进的困难、风险 　配合数据治理工作组负责人更新数据质量问题记录清单，配合数据质量管理问题报告整理
专家组	系统数据专家： 　问题收集阶段，配合数据质量工作组负责人积极提供信息化系统数据质量问题 　问题分析阶段，为问题涉及的数据在信息系统中的技术实现提供解释说明，为确定问题相关方提供建议 　问题处理阶段，根据实施组的需要为问题解决方案提供建议 　根据需要参与后续问题解决及解决方案实施 　按要求反馈工作周报，并积极参与数据治理项目组工作，如：例会、专题会、讨论会等 系统业务专家： 　问题收集阶段，配合数据质量工作组负责人积极提供业务人员数据质量问题 　问题分析阶段，提供问题涉及的业务层面的业务定义、业务规则的解释及说明，为确定问题相关方提供建议 　问题处理阶段，确认数据质量问题业务负责人，并为问题解决方案提供建议 　根据需要参与后续问题解决及解决方案实施 　按要求反馈工作周报，并积极参与数据质量工作组工作，如：例会、专题会、讨论会等
实施组	数据质量问题系统负责人： 　根据系统数据专家意见，认领数据质量问题 　进行数据质量问题分析，识别系统及技术方面对数据质量问题的关键影响要素，形成数据质量问题详细分析说明文档并在数据质量工作组例会中评审 　制定问题改进方案及改进计划，形成数据质量问题改进说明文档并在数据质量工作组例会中评审 　按时反馈问题周报并及时反馈问题分析、改进方案，改进落实进度，以及存在的问题 数据质量问题业务负责人： 　根据系统业务专家意见，认领数据质量问题 　进行数据质量问题分析，识别业务及管理方面对数据质量问题的关键影响要素，形成数据质量问题详细分析说明文档并在数据质量工作组例会中评审 　制定问题改进方案及改进计划，形成数据质量问题改进说明文档并在数据质量工作组例会中评审 　按时反馈问题周报并及时反馈问题分析、改进方案，改进落实进度，以及存在的问题

8.5.4　建设效果

通过上述措施的整改，公司的数据质量得到极大的提升。公司涉及的数据的完整性、一致性、有效性和唯一性问题实现全部整改，合格率达到100%，数据准确性也达到90%以上，如图 8-23 所示。

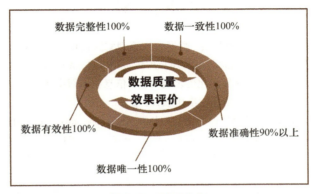

图 8-23　建设效果

参 考 文 献

［1］CCSA TC601 大数据技术标准推进委员会. 数据资产管理实践白皮书：6.0 版［R/OL］.（2023-01-04）
　　　［2023-01-31］. https://pan.baidu.com/s/leJ290WbOGmcla6ECurZpxA？pwd＝mksq.

［2］国家市场监督管理总局，中国国家标准化管理委员会. 信息技术服务 治理 第 5 部分：数据治理规范：
　　　GB/T 34960.5—2018［S］. 北京：中国标准出版社，2018.

［3］WATSON H J，FULLER C，ARIYACHANDRA T. Data warehouse governance：best practices at Blue Cross
　　　and Blue Shield of North Carolina［J］. Decision Support Systems，2004，38（3）：435-450.

［4］用友平台与数据智能团队. 一本书讲透数据治理：战略、方法、工具与实践［M］. 北京：机械工业出
　　　版社，2022.

［5］林子雨. 大数据导论：数据思维、数据能力和数据伦理：通识课版［M］. 北京：高等教育出版
　　　社，2020.

［6］DAMA International. The DAMA guide to the data management body of knowledge［M］. Denville：Technics
　　　Publications，LLC，2009.

［7］全国信息技术标准化技术委员会大数据标准工作组，中国电子技术标准化研究院. 数据治理工具图谱
　　　研究报告：2021 版［R/OL］.（2021-09-28）［2023-01-31］. http://www.cesi.cn/1202111/8005.html.

［8］中国信息通信研究院云计算与大数据研究所，CCSA TC601 大数据技术标准推进委员会. 数据标准管
　　　理实践白皮书［R/OL］.（2020-05-29）［2023-01-31］. http：//www.tc601.com/#/result/white/0.